"十四五"时期国家重点出版物出版专项规划项目

电化学科学与工程技术丛书　总主编　孙世刚

高性能固体氧化物燃料电池
——理论与实践

韩敏芳　吕泽伟　等著

科学出版社

北　京

内 容 简 介

固体氧化物燃料电池（SOFC）作为一种高效、低碳的能源转换技术，因其燃料适应性强、发电效率高和适用于多种场景集成的特点，在未来能源体系中具有重要发展潜力。本书系统介绍了SOFC的基础理论、关键材料、电池与系统设计及性能测试方法，构建了从机理研究到工程实践的完整知识框架。前半部分重点阐述了SOFC的工作原理、材料选择、电堆结构及性能评价方法，为理解和开发高性能燃料电池提供理论基础；后半部分凝练总结了作者团队近年来的研究成果，包括一体化离子传导基体的设计、阳极抗积碳策略、高性能纳米阴极构建、电堆组件的制备方法及系统集成与运行经验，体现出鲜明的创新性和工程实用价值。

本书可作为SOFC领域科研人员、工程技术人员及相关专业研究生的重要参考资料，帮助读者全面把握技术发展脉络，拓宽科研视野，开展具有前瞻性的研究与应用探索。

图书在版编目（CIP）数据

高性能固体氧化物燃料电池：理论与实践 / 韩敏芳等著. -- 北京：科学出版社，2025.6. -- （电化学科学与工程技术丛书 / 孙世刚总主编）（"十四五"时期国家重点出版物出版专项规划项目）. -- ISBN 978-7-03-081894-2

Ⅰ. TM911.4

中国国家版本馆 CIP 数据核字第 2025UM0393 号

责任编辑：李明楠　孙静惠 / 责任校对：杜子昂
责任印制：徐晓晨 / 封面设计：蓝正设计

科 学 出 版 社 出版
北京东黄城根北街16号
邮政编码：100717
http://www.sciencep.com

北京建宏印刷有限公司印刷
科学出版社发行　各地新华书店经销

*

2025年6月第 一 版　开本：720×1000　1/16
2025年6月第一次印刷　印张：22 1/2
字数：453 000
定价：180.00元
（如有印装质量问题，我社负责调换）

丛书编委会

总 主 编：孙世刚

副总主编：田中群　万立骏　陈　军　赵天寿　李景虹

编　　委：（按姓氏汉语拼音排序）

陈　军　李景虹　林海波　孙世刚

田中群　万立骏　夏兴华　夏永姚

邢　巍　詹东平　张新波　赵天寿

庄　林

丛 书 序

电化学是研究电能与化学能以及电能与物质之间相互转化及其规律的学科。电化学既是基础学科又是工程技术学科。电化学在新能源、新材料、先进制造、环境保护和生物医学技术等方面具有独到的优势，已广泛应用于化工、冶金、机械、电子、航空、航天、轻工、仪器仪表等众多工程技术领域。随着社会和经济的不断发展，能源资源短缺和环境污染问题日益突出，对电化学解决重大科学与工程技术问题的需求愈来愈迫切，特别是实现我国"碳达峰"和"碳中和"的目标更是要求电化学学科做出积极的贡献。

与国际电化学学科同步，近年来我国电化学也处于一个新的黄金时期，得到了快速发展。一方面电化学的研究体系和研究深度不断拓展，另一方面与能源科学、生命科学、环境科学、材料科学、信息科学、物理科学、工程科学等诸多学科的交叉不断加深，从而推动了电化学研究方法不断创新和电化学基础理论研究日趋深入。

电化学能源包含一次能源（一次电池、直接燃料电池等）和二次能源（二次电池、氢燃料电池等）。电化学能量转换[从燃料（氢气、甲醇、乙醇等分子或化合物）的化学能到电能，或者从电能到分子或化合物中的化学能]不受热力学卡诺循环的限制，电化学能量储存（把电能储存在电池、超级电容器、燃料分子中）方便灵活。电化学能源形式不仅可以是一种大规模的能源系统，同时也可以是易于携带的能源装置，因此在移动电器、信息通信、交通运输、电力系统、航空航天、武器装备等与日常生活密切相关的领域和国防领域中得到了广泛的应用。尤其在化石能源日趋减少、环境污染日益严重的今天，电化学能源以其高效率、无污染的特点，在化石能源优化清洁利用、可再生能源开发、电动交通、节能减排等人类社会可持续发展的重大领域中发挥着越来越重要的作用。

当前，先进制造和工业的国际竞争日趋激烈。电化学在生物技术、环境治理、材料（有机分子）绿色合成、材料的腐蚀和防护等工业中的重要作用愈发突出，特别是在微纳加工和高端电子制造等新兴工业中不可或缺。电子信息产业微型化过程的核心是集成电路（芯片）制造，电子电镀是其中的关键技术之一。电子电镀通过电化学还原金属离子制备功能性镀层实现电子产品的制造。包括导电性镀层、钎焊性镀层、信息载体镀层、电磁屏蔽镀层、电子功能性镀层、电子构件防护性镀层及其他电子功能性镀层等。电子电镀是目前唯一能够实现纳米级电子逻辑互连和微纳结构制造加工成形的技术方法，在芯片制造（大马士革金属互连）、微纳机电系统（MEMS）加工、器件封装和集成等高端电子制造中发挥重要作用。

近年来，我国在电化学基础理论、电化学能量转换与储存、生物和环境电化学、电化学微纳加工、高端电子制造电子电镀、电化学绿色合成、腐蚀和防护电化学以及电化学工业各个领域取得了一批优秀的科技创新成果，其中不乏引领性重大科技成就。为了系统展示我国电化学科技工作者的优秀研究成果，彰显我国科学家的整体科研实力，同时阐述学科发展前沿，科学出版社组织出版了"电化学科学与工程技术"丛书。丛书旨在进一步提升我国电化学领域的国际影响力，并使更多的年轻研究人员获取系统完整的知识，从而推动我国电化学科学和工程技术的深入发展。

"电化学科学与工程技术丛书"由我国活跃在科研第一线的中国科学院院士、国家杰出青年科学基金获得者、教育部高层次人才、国家"万人计划"领军人才和相关学科领域的学术带头人等中青年科学家撰写。全套丛书涵盖电化学基础理论、电化学能量转换与储存、工业和应用电化学三个部分，由 17 个分册组成。各个分册都凝聚了主编和著作者们在电化学相关领域的深厚科学研究积累和精心组织撰写的辛勤劳动结晶。因此，这套丛书的出版将对推动我国电化学学科的进一步深入发展起到积极作用，同时为电化学和相关学科的科技工作者开展进一步的深入科学研究和科技创新提供知识体系支撑，以及为相关专业师生们的学习提供重要参考。

这套丛书得以出版，首先感谢丛书编委会的鼎力支持和对各个分册主题的精心筛选，感谢各个分册的主编和著作者们的精心组织和撰写；丛书的出版被列入"十四五"时期国家重点出版物出版专项规划项目，部分分册得到了国家科学技术学术著作出版基金的资助，这是丛书编委会的上层设计和科学出版社积极推进执行共同努力的成果，在此感谢科学出版社的大力支持。

如前所述，电化学是当前发展最快的学科之一，与各个学科特别是新兴学科的交叉日益广泛深入，突破性研究成果和科技创新发明不断涌现。虽然这套丛书包含了电化学的重要内容和主要进展，但难免仍然存在疏漏之处，若读者不吝予以指正，将不胜感激。

2022 年夏于厦门大学芙蓉园

前　言

固体氧化物燃料电池（SOFC）作为一种高效、清洁的能源转换技术，近年来受到了广泛关注。其高能量转换效率和广泛的燃料适应性使其在能源领域具备了独特的优势，特别是在分布式发电、便携式能源装置和大型电力系统等方面展现出了巨大的应用潜力。然而，SOFC 的商业化应用仍面临许多挑战，包括材料的选择与优化、器件结构的设计与改进以及系统集成的复杂性。

本书的撰写旨在为研究人员、工程师和学术界的同行提供一部全面而深入的参考资料。全书共 10 章，内容涵盖了 SOFC 的基础理论、关键材料、器件与系统设计等方面。具体而言，第 1 章为燃料电池概述，介绍了燃料电池的发展历史、分类以及应用领域；第 2 章深入探讨了 SOFC 的基本理论及分析方法，为理解和设计高性能燃料电池提供了理论基础；第 3 章到第 5 章则分别对单电池的关键材料、电池堆构型及组件、性能测试及评价方法进行了详细阐述。

第 6 章至第 10 章是本书的核心部分，涵盖了作者团队近年来在 SOFC 领域取得的重要研究和实践成果。第 6 章介绍了一体化离子传导基体的设计，旨在提高燃料电池的整体性能；第 7 章则针对阳极积碳这一关键问题，提出了有效的应对策略；第 8 章聚焦于高性能纳米阴极的构建，展示了先进的材料设计和制备技术；第 9 章则进一步探讨了高性能电堆组件的制备方法及其在实际应用中的表现；第 10 章总结了 SOFC 发电系统的设计、集成和运行经验，展望了这一技术在未来能源系统中的应用前景。

本书不仅汇集了当前 SOFC 研究领域的最新进展，也凝聚了作者团队多年来在这一领域的深厚积累。在本书的撰写过程中，我们得到了许多同事、学生和研究伙伴的支持与帮助。在此，我们谨向他们表示衷心的感谢。特别感谢南京理工大学朱腾龙副教授、清华大学朱建忠助理研究员、青岛大学张海明博士，以及清华大学固体氧化物燃料电池实验室的李航越、王怡戈、崔同慧、刘耀东和刘培源等，他们在书稿撰写和校对中提供了很多帮助。感谢国家重点研发计划"高效固体氧化物燃料电池退化机理及延寿策略研究"项目组和国家重点基础研究发展计划（973 计划）"碳基燃料固体氧化物燃料电池体系基础研究"项目组，本书中介绍的部分研究成果是项目团队共同努力的结果。

最后，我们要感谢所有为本书的出版做出贡献的编辑和出版团队，正是有了你们的专业工作，这部书才能顺利面世。我们衷心希望这部专著能够为读者提供有价值的知识与启示，助力固体氧化物燃料电池及电解技术的进一步发展与应用。

韩敏芳

2025 年 5 月于清华园

目 录

丛书序
前言
第1章　燃料电池简介 ··· 1
　1.1　氢能与燃料电池发展背景 ··· 1
　1.2　燃料电池发展历史 ··· 4
　1.3　燃料电池基本原理及应用 ··· 6
　　　1.3.1　工作原理 ·· 6
　　　1.3.2　各类燃料电池的应用 ··· 10
　　　1.3.3　全球分布情况 ·· 12
　1.4　固体氧化物燃料电池（SOFC） ·· 13
　　　1.4.1　SOFC简介 ·· 13
　　　1.4.2　SOFC关键材料 ·· 13
　　　1.4.3　单电池结构 ··· 18
　　　1.4.4　电池堆结构 ··· 20
　　　1.4.5　整体系统结构 ·· 21
　1.5　SOFC面临的挑战 ··· 23
　1.6　本章小结 ··· 25
　参考文献 ·· 25
第2章　基本理论及分析方法 ··· 29
　2.1　伏安特性 ··· 29
　2.2　热力学分析及应用 ·· 30
　　　2.2.1　预测可逆电压 ·· 30
　　　2.2.2　预测阳极燃料组分 ·· 35
　　　2.2.3　预测阳极积碳趋势 ·· 37
　2.3　活化极化 ··· 38
　　　2.3.1　阴极活化极化 ·· 41
　　　2.3.2　阳极活化极化 ·· 45
　2.4　欧姆损失 ··· 45

2.5	浓差极化	46
2.6	交流电化学阻抗谱	49
2.7	本章小结	52
参考文献		52

第3章 单电池关键材料 54

3.1 SOFC 电解质 54
- 3.1.1 电解质材料的基本要求和种类 54
- 3.1.2 氧化锆基电解质 55
- 3.1.3 氧化铈基电解质 58
- 3.1.4 其他萤石结构电解质 60
- 3.1.5 LaGaO$_3$基电解质 63
- 3.1.6 质子导体电解质 64

3.2 SOFC 阳极 66
- 3.2.1 阳极材料的基本要求和种类 66
- 3.2.2 金属陶瓷阳极 67
- 3.2.3 钙钛矿阳极 71

3.3 SOFC 阴极 74
- 3.3.1 阴极材料的基本要求和种类 74
- 3.3.2 钙钛矿电子电导阴极 76
- 3.3.3 钙钛矿混合电导阴极 78
- 3.3.4 阴极的化学稳定性 80

3.4 本章小结 82
参考文献 82

第4章 电池堆构型及组件 89

4.1 电池堆构型 89
- 4.1.1 平板式构型 89
- 4.1.2 管式构型 93
- 4.1.3 微管式构型 96
- 4.1.4 各种构型的比较 97

4.2 连接体 98
- 4.2.1 连接体的基本要求和种类 98
- 4.2.2 陶瓷连接体 99
- 4.2.3 金属连接体 103

4.3 金属连接体保护涂层 110
- 4.3.1 涂层的基本要求 110

  4.3.2 涂层材料类型 ················ 111
  4.3.3 涂层沉积技术 ················ 115
 4.4 封接材料 ······················ 117
  4.4.1 封接的基本要求 ·············· 117
  4.4.2 玻璃陶瓷封接材料 ············ 118
  4.4.3 封接技术及应用 ·············· 119
 4.5 本章小结 ······················ 123
 参考文献 ························ 124

第5章 性能测试及评价方法 ········ 128
 5.1 测试装置及方法 ················ 128
 5.2 伏安特性测试 ·················· 130
  5.2.1 温度及燃料组分的影响 ········ 130
  5.2.2 燃料和空气流量的影响 ········ 133
 5.3 交流阻抗谱测试 ················ 134
  5.3.1 弛豫时间分布计算原理及方法 ·· 134
  5.3.2 弛豫时间分布敏感性分析实验 ·· 140
  5.3.3 交流阻抗测试及分析 ·········· 144
 5.4 发电效率测试 ·················· 149
  5.4.1 发电效率评估 ················ 149
  5.4.2 最优发电效率工况 ············ 151
  5.4.3 能效优化方案 ················ 155
 5.5 运行稳定性测试 ················ 157
  5.5.1 稳定性评价指标 ·············· 157
  5.5.2 稳定性发展现状 ·············· 158
  5.5.3 衰减机理的解析 ·············· 159
 5.6 本章小结 ······················ 161
 参考文献 ························ 162

第6章 一体化离子传导基体设计 ···· 167
 6.1 一体化基体设计与制备 ·········· 167
  6.1.1 一体化基体结构设计 ·········· 167
  6.1.2 电解质层薄膜化 ·············· 168
  6.1.3 电解质层致密化 ·············· 169
  6.1.4 多孔骨架层孔隙调控 ·········· 177
  6.1.5 多层薄膜共烧结 ·············· 180
 6.2 一体化基体中的离子传导 ········ 186

6.2.1 孔隙参数对电导率的影响 ·· 186
6.2.2 晶粒参数对电导率的影响 ·· 187
6.3 晶界修饰与晶界电导率 ·· 192
6.3.1 锆基电解质晶界修饰 ·· 192
6.3.2 铈基电解质晶界修饰 ·· 197
6.3.3 晶界修饰的影响 ·· 201
6.3.4 晶界修饰理论分析 ·· 205
6.4 本章小结 ·· 209
参考文献 ·· 209

第7章 阳极积碳及应对措施 ·· 211
7.1 阳极积碳机理及动力学 ·· 211
7.1.1 碳沉积过程和机理 ·· 211
7.1.2 纯甲烷析碳动力学 ·· 213
7.1.3 甲烷混合物析碳动力学 ·· 217
7.1.4 合成气析碳动力学 ·· 218
7.2 甲烷燃料 SOFC 电化学特性 ·· 220
7.2.1 燃料组分对电化学性能的影响 ······································ 220
7.2.2 燃料组分对运行稳定性的影响 ······································ 223
7.2.3 工业尺寸电池测试 ·· 225
7.2.4 热中性状态确定方法 ··· 227
7.3 甲烷燃料 SOFC 阳极结构优化 ··· 230
7.3.1 阳极结构优化策略 ·· 230
7.3.2 H_2 燃料下性能比较 ·· 231
7.3.3 CH_4-CO_2 燃料下性能比较 ··· 233
7.3.4 稳定性测试及后表征 ··· 235
7.4 本章小结 ·· 238
参考文献 ·· 238

第8章 高性能纳米阴极构建 ·· 241
8.1 一体化基体原位负载纳米阴极 ··· 241
8.1.1 纳米电极原位负载技术 ·· 241
8.1.2 基体孔隙率的影响 ·· 242
8.1.3 溶剂种类的影响 ·· 243
8.1.4 溶质浓度的影响 ·· 246
8.1.5 阴极负载量的影响 ·· 248
8.1.6 纳米电极数值模拟 ·· 252

8.2 纳米阴极材料的选择 ……………………………………………… 253
    8.2.1 LSCF 纳米阴极 ………………………………………………… 253
    8.2.2 SSC 纳米阴极 ………………………………………………… 255
    8.2.3 性能及稳定性比较 …………………………………………… 258
8.3 纳米阴极运行稳定性 …………………………………………… 259
    8.3.1 LSCF 阴极稳定性 ……………………………………………… 259
    8.3.2 乙醇水溶液浸渍 ……………………………………………… 264
    8.3.3 LSCF-GDC 复合纳米阴极 ……………………………………… 265
8.4 工业尺寸一体化电池制备及评价 ………………………………… 267
    8.4.1 工业尺寸电池制备 …………………………………………… 267
    8.4.2 输出性能评价 ………………………………………………… 269
    8.4.3 耐久性评价 …………………………………………………… 270
8.5 本章小结 ………………………………………………………… 274
参考文献 ……………………………………………………………… 274

第 9 章 高性能电堆组件制备 …………………………………………… 276
9.1 锰钴尖晶石涂层制备及应用 …………………………………… 276
    9.1.1 概述 …………………………………………………………… 276
    9.1.2 涂层制备与表征 ……………………………………………… 277
    9.1.3 涂层稳定性及应用效果 ……………………………………… 280
    9.1.4 GDC/MCO 复合涂层 …………………………………………… 282
9.2 钙钛矿接触组件制备及应用 …………………………………… 287
    9.2.1 LNF 接触层的制备与表征 …………………………………… 287
    9.2.2 接触层面电阻稳定性 ………………………………………… 288
    9.2.3 在纽扣电池中的应用 ………………………………………… 292
    9.2.4 在工业尺寸电池中的应用 …………………………………… 298
9.3 密封件优化及应用 ……………………………………………… 299
    9.3.1 Ba-Si 系玻璃陶瓷 …………………………………………… 299
    9.3.2 电堆密封性检验方法 ………………………………………… 302
    9.3.3 实际电堆封接应用 …………………………………………… 305
9.4 本章小结 ………………………………………………………… 309
参考文献 ……………………………………………………………… 310

第 10 章 发电系统设计、集成和运行 ………………………………… 311
10.1 系统设计原理 …………………………………………………… 311
10.2 燃料电池子系统 ………………………………………………… 312
10.3 燃料处理子系统 ………………………………………………… 313

10.3.1 燃料的需求 … 314
　　10.3.2 燃料的纯化 … 316
　　10.3.3 燃料的重整 … 317
　　10.3.4 电堆尾气处理 … 322
10.4 热管理子系统 … 329
　　10.4.1 基本作用 … 329
　　10.4.2 热管理分析方法 … 331
　　10.4.3 热管理子系统示例 … 334
10.5 电力电子子系统 … 337
　　10.5.1 电力调节 … 338
　　10.5.2 电力转化 … 339
　　10.5.3 监控系统 … 339
　　10.5.4 电力供给管理 … 340
10.6 整体系统运行 … 340
10.7 本章小结 … 342
参考文献 … 343
后记 … 345

第 1 章　燃料电池简介

1.1　氢能与燃料电池发展背景

从第一次工业革命至今，由于人类对化石能源（如煤、石油和天然气）的大规模利用，全球平均气温有显著性升高趋势，而气候变暖会导致冰川融化、海平面上升以及极端天气频发等诸多危害，给人类生存带来巨大的潜在危机。2021 年诺贝尔物理学奖的一半颁给了研究全球变暖的两位物理学家——真锅淑郎（Syukuro Manabe）和克劳斯·哈塞尔曼（Klaus Hasselmann）[1]。真锅淑郎的工作展示了大气中 CO_2 浓度升高如何导致地球表面温度升高，而克劳斯·哈塞尔曼的工作则定量估算了人类活动在气候变化中的贡献。基于大量研究结果，联合国政府间气候变化专门委员会（Intergovernmental Panel on Climate Change，IPCC）第六次评估报告得出结论"毋庸置疑，人为影响正在使得大气、海洋和陆地变暖"[2]。

使用传统化石能源除了引起全球变暖外，还有污染环境[3]、储量有限[4]等缺点，而可再生能源清洁环保，且无穷无尽、用之不竭，有望引领下一代能源技术革命[5]。为了抢占科学技术革命先机，尽管目前可再生能源技术尚有不成熟之处，如暂时无法完美解决供能区域性与波动性等棘手问题，但是在全球范围内，各类可再生能源技术仍然深受重视，并迅速得到推广应用[5-7]。

出于环境原因、经济与技术原因，甚至是政治原因，世界各国和地区近年来陆续提出新的碳减排要求，收紧对各行业碳排放的边界[8, 9]。2015 年的《巴黎协定》是继 1992 年的《联合国气候变化框架公约》、1997 年《京都议定书》之后的第三个具有里程碑意义的国际气候法律文本，由 195 个缔约方在第 21 届联合国气候变化大会上一致同意通过，议定了 2020 年后的全球气候治理格局。2021 年，第 26 届联合国气候变化大会就《巴黎协定》实施细则达成共识，形成决议文件，为协定的实施铺平道路。《巴黎协定》提出，其长期气候目标是将全球气温升高控制在 2℃以内，并努力将上升幅度限制在 1.5℃以内，以及在二十一世纪下半叶实现温室气体净零排放，即碳中和[10]。

放眼世界，"减碳"压力巨大。IPCC 于 2018 年发布的《全球 1.5℃升温特别报告》指出，为实现全球变暖温度控制在 1.5℃以内的目标，必须在二十一世纪中叶实现全球范围内净零碳排放[2]。2019 年联合国气候变化框架公约第二十五次缔约方大会上，77个国家承诺2050年实现零碳排放目标[11]。2020年9月，中国国家主席习近平在联合国大会上明确了中国能源生产和消费的绿色低碳化发展与转型路径[12]。

截至目前，全球已有超过137个国家和地区宣布了自己的碳中和计划[13]。以欧盟和美国为代表：2021年5月10日，欧洲议会投票通过了《欧洲气候法》（European Climate Law）[14]草案，该法案要求欧盟各成员国2030年碳排放水平相比1990年减少55%，并在2050年前实现碳中和；2020年，美国总统拜登在其就职当天签署了行政令表示重返《巴黎协定》，之后又提出"3550"目标——2035年实现无碳可再生能源发电，2050年实现碳中和[15]。碳中和行动正在全球范围内如火如荼地开展。

然而目前来看，传统化石能源仍将在较长时间内主导全球能源消费。根据英国石油公司（BP）发布的《世界能源统计年鉴2022》，2021年，全球化石燃料占一次能源消费的82%，其中煤炭占27%，石油占31%，天然气占24%[16]。而在5年前，这一占比为85%，化石能源消耗占比下降非常缓慢。当前，传统化石能源由于其高可靠性、完善的供应链和基础设施，短期内作为保障性能源不可或缺。因此，在大力发展可再生能源技术的同时，化石能源的清洁高效利用技术同样是至关重要的。

2022年3月召开的全国人民代表大会和中国人民政治协商会议上，习近平总书记指出：富煤贫油少气是我国的国情，以煤为主的能源结构短期内难以根本改变。实现"双碳"目标，必须立足国情，坚持稳中求进、逐步实现，不能脱离实际、急于求成，搞运动式"降碳"、踩"急刹车"。不能把手里吃饭的家伙先扔了，结果新的吃饭家伙还没拿到手，这不行。既要有一个绿色清洁的环境，也要保证我们的生产生活正常进行。

同时，李克强总理在《政府工作报告》中也指出：推动能源革命，确保能源供应，立足资源禀赋，坚持先立后破、通盘谋划，推进能源低碳转型。

我国作为全球煤炭生产与消费大国，目前最主要的发电方式仍是以煤为原料的火力发电，其占比超过七成。然而，这一传统发电方式不仅发电效率较低（30%～40%，LHV），还会产生大量粉尘污染和温室气体排放。国际能源署（International Energy Agency，IEA）数据显示，2021年全球能源领域的碳排放达到363亿t，同比上涨6%，创历史新高[17]。其中我国全年排放量约120亿t，约占全球总量的三分之一。以燃煤为主的火力发电行业提效、减排需求已日渐凸显，加强煤炭清洁高效利用，有序减量替代，推动煤电提效、节能、降碳改造，探索清洁、高效、灵活、安全的发电技术已成为未来煤电的主要发展方向。

而从世界能源发展趋势来看，碳中和将改变世界能源以化石燃料为主导、以可再生能源和新能源为补充的结构格局，迫使各国寻找、开发和使用更加经济、洁净的能源（包括可再生和不可再生能源）。应对气候变化的脱碳愿景已成为推动以氢能为代表的新型零碳能源大规模部署的主要驱动力，俨然成为二十一世纪世界能源科技的主题。根据国际氢能委员会预测[18]，到 2050 年，氢能将在全球终端能源需求中占比达到 18%，帮助交通运输、化工原料、工业能源、建筑供暖、发电等领域实现深度脱碳，将减少 60 亿 t 碳排放，消纳和存储 5000 亿 kW·h 的可再生电力来促进其大规模部署。"双碳"目标也是推动中国能源发展从数量扩张向提质增效转变，发展氢能产业则是中国加快绿色低碳发展、全面提高资源利用效率、优化能源结构、保障能源安全的重要举措。2022 年 3 月，中国《氢能产业发展中长期规划（2021—2035 年）》正式印发，明确了氢能作为未来国家能源体系的重要组成部分、用能终端实现绿色低碳转型的重要载体、战略性新兴产业和未来产业重点发展方向的战略定位[19]。

在氢能利用端，最核心的技术之一是燃料电池发电和热电联供技术。按照化石能源传统技术方式首先要通过燃烧，将燃料的化学能转化为热能，或直接利用，或继续转化为电能，或合成产品（如汽油、乙醇等其他二次能源），再被利用。化石类能源在上述利用过程中，会放出 CO、CO_2、NO_x、SO_2、颗粒物等，严重污染环境；另外，能量利用效率也不够理想。而燃料电池技术则通过电化学反应过程，使得化石类燃料的化学能直接转化为电能，可避免燃烧、降低污染[20]（表 1.1）；同时由于能量转换不受卡诺循环的限制，能量利用效率也得到很大提高，达到 40%~80%[21]。

表 1.1 普通发电技术和燃料电池发电的污染比较

标准污染物质	美国实际平均排放[lb/(MW·h)]	燃料电池排放量[lb/(MW·h)]*
NO_x	7.65	0.016
CO	0.34	0.023
活性有机气体（ROG）	0.34	0.0004
硫氧化物（SO_x）	16.1	0
颗粒物（PM_{10}）	0.46	0
二氧化碳（CO_2）	2.43	1.13

* 1 lb = 0.453592 kg。

燃料电池技术已被认为是解决化石燃料污染、降低碳排放最有效的技术之一，也是我国《"十四五"现代能源体系规划》（以下简称《规划》）中优先支持的方向[22]。《规划》指出，我国将适度超前部署一批氢能项目，着力攻克可再生能源制氢和氢能储运、应用及燃料电池等核心技术，力争氢能全产业链关键技术取得突破，推动氢能技术发展和示范应用。

1.2　燃料电池发展历史

燃料电池的历史最早可以追溯到1839年W. R. Grove进行的试验[23, 24]。从1839年到二十世纪初，很多人尝试通过燃料电池使用煤或炭直接发电，但都没有成功。1932年，F. T. Bacon使用碱性电解质和金属镍电极，成功地试制了第一台氢气燃料电池。1952年，F. T. Bacon等制造了5 kW的燃料电池系统，开启了燃料电池应用时代。燃料电池技术的蓬勃发展始于20世纪50年代，为应对美国国家航空航天局（NASA）空间飞船的供能需求，由于核能太危险，普通电池太重，太阳能电池很难处理，所以最合适的选择为燃料电池。Gemini公司和Space Shuttle公司共同完成了这一项目，成功使用燃料电池为"阿波罗"登月飞船提供了动力。

随后，在20世纪七八十年代，燃料电池的研发工作大多集中于开发新材料、优化性能和降低成本等方面，如杜邦公司于20世纪60年代成功开发出了燃料电池专用的高分子电解质薄膜（Nafion膜）。1973年石油危机爆发，使世界各国普遍认识到能源独立的重要性，纷纷制定政策以降低对进口石油的依赖，并因此引发了人们对燃料电池的广泛兴趣。直到1993年，加拿大巴拉德动力公司（Ballard Power Systems Inc.）展示了一辆零排放、最高速度为72 km/h、以质子交换膜燃料电池（proton exchange membrane fuel cell，PEMFC）为动力的公交车，作为燃料电池技术在民用领域的里程碑，引发了全球性燃料电池电动车的研究开发热潮，燃料电池也在二十一世纪开始进入早期商业化。2008年和2010年，由巴拉德动力技术支撑的燃料电池公交车先后亮相北京奥运会和上海世博会[25]。2011年起，美国Bloom Energy公司开始销售其百千瓦级固体氧化物燃料电池（solid oxide fuel cell，SOFC）产品，如今Bloom Energy公司已成为SOFC领域最成功的企业之一。同在2011年，日本启动了Ene-Farm项目，大力推动住宅用燃料电池热电联供系统商业化，截至2022年，累计销售超过40万台[26]。2014年，丰田公司首先推出了量产的燃料电池乘用车Mirai，续航里程约500 km；2021年，丰田又推出了第二代Mirai，相比前代燃料容量和续航里程提高了30%，达到650 km。迄今为止，商业化最成功的燃料电池汽车是韩国现代公司于2018年推出的Nexo，据统计，2021年全球燃料电池汽车总销量约1.6万辆，其中Nexo的市场份额占比近60%。

我国燃料电池研究始于1958年左右。1958~1970年，一些大专院校、科研院所分散地进行了燃料电池的探索性基础研究工作，积累了一些相关的基础知识及制备技术。20世纪70年代我国开始了燃料电池产品开发工作，并形成了第一个短暂的小高潮。70年代末，由于总体计划的变更，燃料电池的研发工作终止。20世纪70~80年代，多数原有的研究单位先后停止燃料电池研究工作，只有少数单位坚持下来,并于80年代后期尝试将航天燃料电池技术应用于水下机器人的动力电源。90年代以来,国际上燃料电池技术研发取得巨大进展,并初步走向商业化应用,在此影响下,中国也再一次掀起了燃料电池研究开发热潮。90年代初期,针对当时国际上燃料电池的研究热点,我国部分高校和中国科学院相关研究所也开展了一些工作。

表1.2中展示了燃料电池发展历史中的里程碑式的事件。据英国E4tech机构统计,2021年,尽管受到了新冠疫情的影响,燃料电池出货功率相较于2019年实现了翻番,达到了2.3 GW,出货量也达到了近8.6万台[27]。以出货功率统计,丰田Mirai和现代Nexo两款乘用车占据主导地位;以出货件数统计,主要是日本Ene-Farm项目销售的家用热电联供系统。

表1.2 燃料电池发展历程中的重要事件

年份	重要事件
1839	W. R. Grove 和 C. F. Schöenbein 分别独立地证实了燃料电池工作原理
1889	L. Mond 和 C. Langer 开发了多孔电极,并发现了 CO 引起的电极毒化现象
1893	F. W. Ostwald 建立了燃料电池的基础电化学理论,并描述了不同组件的功能
1896	W. W. Jacques 制造了第一个能够实际应用的燃料电池
1933~1959	F. T. Bacon 开发了碱性燃料电池(alkaline fuel cell, AFC)技术
1937~1939	E. Baur 和 H. Preis 开发了固体氧化物燃料电池(SOFC)技术
1950	聚四氟乙烯被用于铂/酸和碳/碱性燃料电池
1955~1958	T. Grubb 和 L. Niedrach 在通用电气开发了质子交换膜燃料电池(PEMFC)技术
1958~1961	G. H. J. Broers 和 J. A. A. Ketelaar 开发了熔融碳酸盐燃料电池(molten carbonate fuel cell, MCFC)技术
1960	NASA 在阿波罗登月计划中使用了 AFC 技术
1961	G. V. Elmore 和 H. A. Tanner 试验并开发了磷酸燃料电池(phosphoric acid fuel cell, PAFC)技术
1962~1966	由通用电气开发的 PEMFC 技术被用于 NASA 的"双子星座"太空计划
20世纪60年代	杜邦公司研发出 PEMFC 用全氟磺酸膜(Nafion 膜)
1992	美国喷气推进实验室和 NASA 开发了直接甲醇燃料电池(direct methanol fuel cell, DMFC)技术
20世纪90年代	全球范围内开始广泛研究各种类型的燃料电池,尤其是 PEMFC
约2000	燃料电池开始早期商业化
2008	巴拉德动力(Ballard power)技术支持的燃料电池公交车出现在 2008 年北京奥运会上
2011	Bloom Energy 公司开始在美国加利福尼亚部署 SOFC 发电系统,日本启动 Ene-Farm 住宅用燃料电池热电联供系统项目
2014	丰田公司推出了世界第一辆量产的燃料电池汽车 Mirai
2021	全球燃料电池年出货功率达 2.3 GW,出货量近 8.6 万台

1.3 燃料电池基本原理及应用

1.3.1 工作原理

燃料电池（fuel cell）是一种电化学发电装置，由多孔的燃料电极（阳极）、空气电极（阴极）及两极之间的致密电解质组成，其运行原理如图 1.1 所示。在阳极侧持续通入燃料气（如 H_2、CO 和 CH_4 等），在阴极侧持续通入氧气或空气，由于两侧气氛不同，在化学势的驱动下，带电离子（如 H^+ 和 O^{2-} 等）可以通过电解质传导，使得阴极侧和阳极侧实现电荷转移。连接两极形成闭合回路，在外电路中形成电子电流，便可带动负载工作。

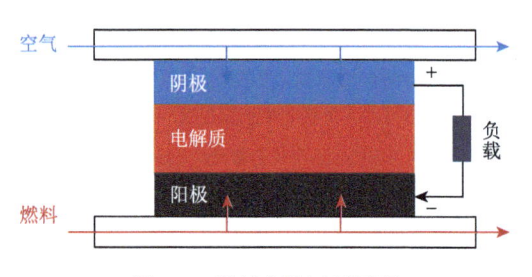

图 1.1 燃料电池运行原理

燃料电池与通常所说的"电池（battery）"有所不同："电池"需要事先将电能转化为化学能储存于电极材料中，属于储能装置，能量耗尽之后即无法运行；而燃料电池是一种发电装置，只要保证燃料供应，就能够持续不断地产生电能。

相比于传统的发电装置，燃料电池具有以下特点：

（1）高效率：燃料电池直接将燃料的化学能转换为电能，避免了火力发电中"化学能 $\longrightarrow$ 内能 $\longrightarrow$ 机械能 $\longrightarrow$ 电能"转化过程中的能量损失，一次发电效率高达 45%~65%。对于高温燃料电池，通过热电联供可将整体能量转换效率进一步提升至 90% 以上。

（2）低排放：由表 1.1 可见，燃料电池的污染物排放要比燃烧发电低几个数量级。

（3）模块化：燃料电池具有模块化结构，尺寸灵活性大，发电规模易于调节，可覆盖数瓦到数百兆瓦等各类应用场景。

（4）灵活性强：燃料电池中没有运动部件，无噪声、无振动，工作环境灵活。此外，高温燃料电池可以采用 H_2、CO 和 CH_4 等多种燃料，无论是在现阶段以化石燃料为主的能源结构下，还是在未来以可再生能源为主的能源结构下，燃料电池都能够拥有一席之地。

根据电解质种类不同，燃料电池可以分为五类：碱性燃料电池（alkaline fuel cell，AFC）、磷酸燃料电池（phosphoric acid fuel cell，PAFC）、质子交换膜燃料电池（proton exchange membrane fuel cell，PEMFC）、熔融碳酸盐燃料电池（molten carbonate fuel cell，MCFC）和固体氧化物燃料电池（solid oxide fuel cell，SOFC）。

各类燃料电池的工作原理有所不同。

（1）碱性燃料电池（AFC）利用碱性电解质氢氧化钾（KOH），电解质中可传导氢氧根离子（OH^-）。图 1.2 给出了碱性燃料电池的示意图，在阳极侧发生氧化反应，氢气和带负电荷的氢氧根离子结合，生成水并释放电子。释放的电子通过外电路到达阴极，与水和氧气反应生成氢氧根离子。碱性燃料电池通常在 60～90℃下工作运行。

（2）磷酸燃料电池（PAFC）使用液态磷酸（H_3PO_4）作为电解质，电解质中可传导氢离子（H^+）。磷酸在低温下离子电导率较低，因此 PAFC 运行温度一般在 150～200℃。PAFC 运行时，氢气在阳极侧转变为氢离子（H^+），并释放电子。氢离子经过磷酸从阳极传导至阴极，电子则通过外电路到达阴极产生电流。在阴极侧，氧气、氢离子和电子在催化剂（如 Pt）的作用下生成水（图 1.3）。

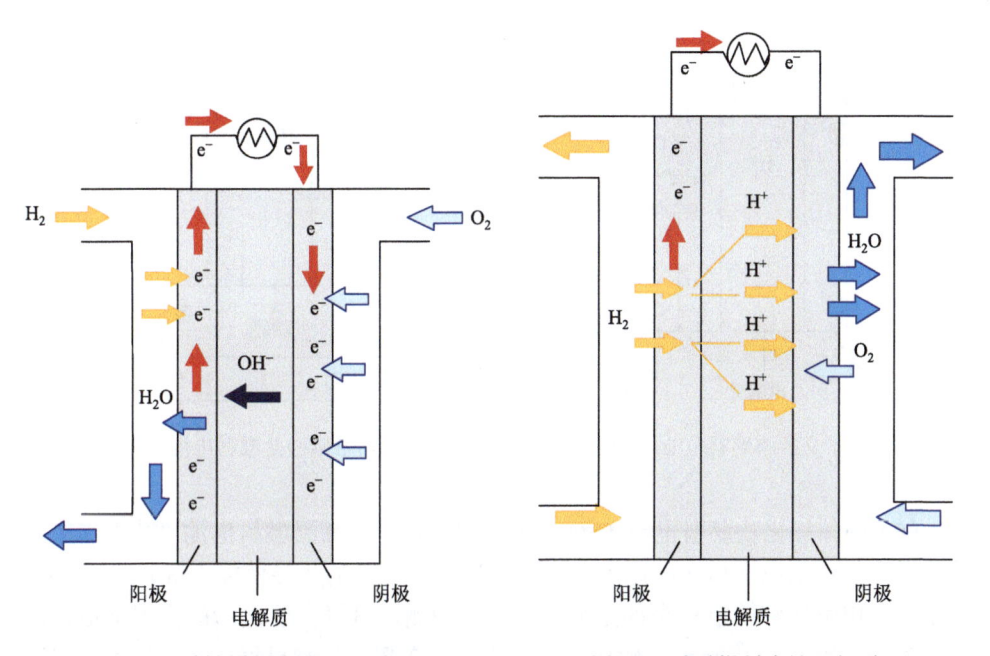

图 1.2　碱性燃料电池运行原理

图 1.3　磷酸燃料电池运行原理

（3）质子交换膜燃料电池（PEMFC）的运行原理与PAFC类似：氢气在阳极侧被贵金属催化剂（如Pt）活化，形成氢离子和电子，氢离子穿过质子交换膜（如Nafion膜）到达阴极，电子则经由外电路到达阴极，与氢离子和氧气反应生成水。PEMFC反应原理如图1.4所示。PEMFC通常在80℃左右工作运行。

（4）熔融碳酸盐燃料电池（MCFC）是一种高温燃料电池，采用碳酸盐作电解质，电解质中传导碳酸根离子（CO_3^{2-}）。MCFC由两个相互渗透的多孔板隔膜组成，它们之间的空间被填充了碳酸盐电解质。燃料气体（如氢气或甲烷）在阳极处进入MCFC，同时氧气和二氧化碳在阴极处进入，并在阴极催化剂的作用下生成碳酸根离子（CO_3^{2-}）。离子穿过碳酸盐电解质到达阳极，并与燃料反应产生水和电子。电子从阳极回流到阴极，形成电路，从而产生电能（图1.5）。由于碳酸盐电解质需要在高温下（通常在500～700℃）变为熔融状态，才可以较好传导CO_3^{2-}，所以MCFC运行温度较高。同时，由于高温下电化学反应速率更快，MCFC具有更高的能量转换效率和更高的功率密度。

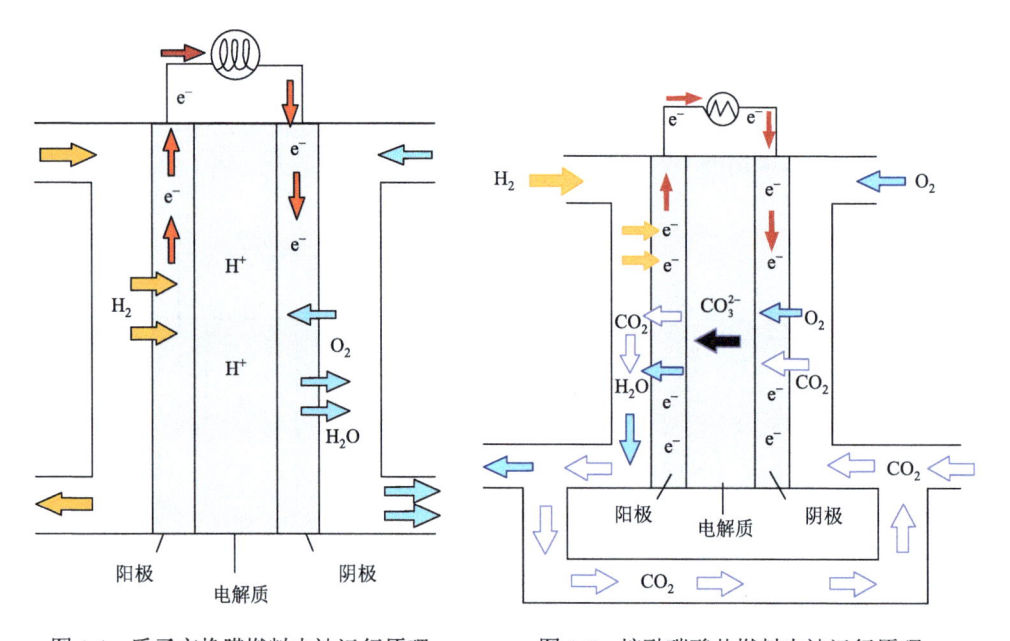

图1.4　质子交换膜燃料电池运行原理　　　图1.5　熔融碳酸盐燃料电池运行原理

（5）固体氧化物燃料电池（SOFC）同样也是一种高温燃料电池，其工作原理基于固态氧化物电解质在高温下产生的氧离子（O^{2-}）的传导性能（图1.6）。SOFC由阳极、电解质和阴极三个部分组成。在阴极侧，氧气在催化剂的作用下被还原为氧离子（O^{2-}）；O^{2-}穿过电解质，到达阳极，在那里与燃料气体（如氢气、甲烷等）反应产生水和电子。电子从阳极经由外电路回到阴极，形成回路，从而产生电能。SOFC 使用固态氧化物作为电解质，通常使用氧化锆/氧化钇等稀土材料制成。这些材料在高温下具有良好的离子传导性能，因此 SOFC 通常需要在 600℃以上才能正常工作，是各类燃料电池中能量转换效率最高的；SOFC 在高温下也可以将多种复杂燃料直接氧化成水和电子，因此也是各类燃料电池中燃料适应性最广的。

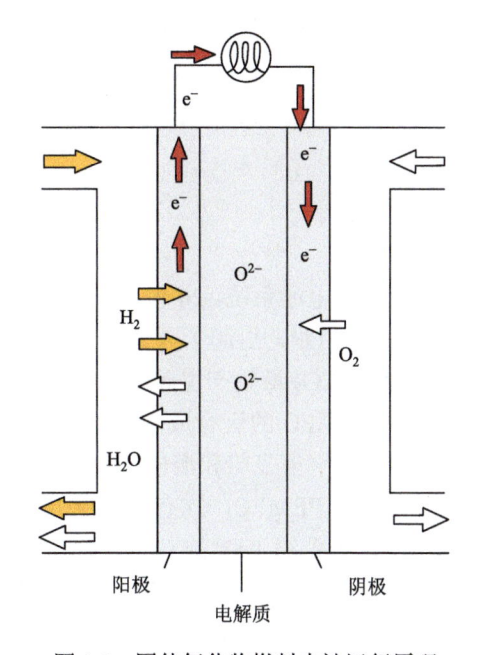

图 1.6 固体氧化物燃料电池运行原理

由于上述运行原理的差异，各类燃料电池的组成材料和工作条件也有很大区别，具体比较如表 1.3 所示[28, 32]。

表 1.3 各种燃料电池的组成结构和运行条件比较

	AFC	PAFC	PEMFC	MCFC	SOFC
电解质	KOH 溶液	液态 H_3PO_4	全氟磺酸膜	熔融 Li_2CO_3 和 K_2CO_3	Y_2O_3 稳定的 ZrO_2（YSZ）
电解质支撑体	石棉	碳化硅	无	$LiAlO_2$	无
阴极	Pt、Pd、Ag 等	Pt-C-聚四氟乙烯（PTFE）	Pt-C-聚四氟乙烯（PTFE）	锂化 NiO	钙钛矿复合氧化物
阳极	Pt、Pd、Au 等	Pt-C-聚四氟乙烯（PTFE）	Pt-C-聚四氟乙烯（PTFE）	Ni 基合金	Ni-YSZ
连接体	Ni	玻璃碳	石墨	不锈钢	不锈钢

续表

	AFC	PAFC	PEMFC	MCFC	SOFC
温度	20～90℃	150～210℃	50～90℃	500～700℃	600～1000℃
压力	1～10 atm*	1～8 atm	1～5 atm	1～8 atm	1～3 atm
燃料	H_2	H_2	H_2	H_2、CO 等	H_2、CO、CH_4 等
氧化剂	O_2	O_2、空气	O_2、空气	O_2、空气-CO_2	O_2、空气
杂质兼容性	无 CO_2、CO, 无 S	<1% CO <50 ppm S	<50 ppm CO 无 S	<1 ppm S	<100 ppm S

* 1 atm = 10^5 Pa，1 ppm 为 10^{-6}。

1.3.2 各类燃料电池的应用

AFC 是最早获得应用的燃料电池系统，20 世纪 60 年代 NASA 首先使用 AFC 为"阿波罗"飞船提供电力和饮用水，引起了人们普遍关注。但是，由于 AFC 使用 KOH 溶液作为电解质，易受 CO_2 毒化产生碳酸钾（K_2CO_3），因此需要将净化空气或纯氧通入阴极，这增加了 AFC 的运行成本，导致其应用范围受到限制。目前，AFC 的主要应用仍然集中在宇宙飞船和潜艇等特殊场合[29]。

PAFC 工作温度高于 AFC 和 PEMFC，这有助于加快电极反应，并提高对燃料中 CO 的耐受性，PAFC 可以耐受约 1.5%的 CO，远高于 AFC 和 PEMFC；同时 PAFC 还耐受 CO_2。PAFC 是第一种商业化的燃料电池，于 20 世纪 60 年代中期开发，自二十世纪七十年代以来进行了现场测试，在稳定性、性能和成本方面都有了显著提高，成为早期固定式发电应用领域的良好选择。

PEMFC 工作温度低，在 50～90℃，系统启停时间较短[30, 31]，目前主要应用于动力电源领域。2014 年，日本丰田公司推出了世界上第一款商业化的 PEMFC 轿车（Mirai），紧接着韩国现代公司推出了同类产品 Nexo。此外，巴拉德等公司也相继推出多款燃料电池公交车和卡车。在分布式发电领域，国际上 Ene-Farm、PACE 和 KfW 433 等项目的微型热电联供机组中多数也使用的是 PEMFC。目前，全球约 5.5 万台 PEMFC 系统被应用到各种场合中，在安装功率和出货量方面都处于相对领先地位。

PEMFC 的发电效率约为 40%～50%，较低的工作温度限制了发电效率的提升。而在数百摄氏度下工作的 MCFC 和 SOFC 则可以达到更高的发电效率（>60%），远高于上述各类低温燃料电池。当对尾气中的余热加以利用时，高温燃料电池的整体能量转换效率可高达 90%以上。此外，高温燃料电池比低温燃料电池更能抵抗 CO、CO_2、硫等杂质毒化，对燃料的纯度要求相对较低，甚至可以直接使用 CO 作为燃料。与低温燃料电池不同，MCFC 和 SOFC 不需要外部重整器即可将能量密度更高的碳氢燃料转化为富氢气体，即"内部重整"，这有助于进一步降低系统成本。

但是，MCFC 的不足之处在于，高温条件下液体电解质的管理困难，在长期运行过程中存在严重的腐蚀和渗漏现象，降低了电池的寿命。在过去几年中，全球 MCFC 系统的新增安装功率以 10 MW 左右的速度增加，主要集中在韩国等少数国家。

SOFC 使用固体陶瓷电解质，完全避免了其他燃料电池中酸碱电解质或熔盐电解质的腐蚀及渗漏问题，近十年来获得了较快发展。SOFC 是工作温度最高的燃料电池，无须使用贵金属作催化剂，具有最强的燃料适应性，可直接使用 H_2、烃类、醇类等作为燃料。基于上述特性，SOFC 被称为"吃粗粮的大力士"，在大型集中供电、中型分布供电和小型家用热电联供等固定式应用领域，以及船舶、车辆、无人机动力电源等移动式应用领域，都具有广阔的应用前景。

在固定式发电领域，早期主要是 PAFC，被称为第一代的燃料电池系统；随后获得应用的是 MCFC，被称为第二代燃料电池系统；近十年来，SOFC 已经取代 MCFC，成为固定式发电领域的第三代燃料电池系统。2021 年，SOFC 的安装功率从 2020 年的 148 MW 增加到 207 MW，仅次于 PEMFC，大多数应用于固定式发电。

此外，近年来 SOFC 在车船动力电源等领域也获得了一定应用。例如，日本 Nissan 公司在 2016 年试运行了一款以乙醇为燃料的 SOFC 汽车；我国潍柴动力股份有限公司于 2018 年收购英国 SOFC 开发商 CeresPower 约 20%的股权，并在潍坊成立合资公司，布局 SOFC 客车增程系统及固定式发电；此外，美国 Bloom Energy 公司正与韩国三星重工共同开发船用 SOFC 系统。

2021 年，全球燃料电池总出货功率约为 2310 MW，相比 2019 年的 1196 MW 几乎翻倍。其中应用最多的是 PEMFC 和 SOFC，其他类型燃料电池的占比相对较少。各类燃料电池的指标比较及应用情况见表 1.4[32]和表 1.5[27]。

表 1.4　各类燃料电池的指标比较

类型	发电效率（%）	CHP 总效率（%）	系统功率（kW）	2021 年安装功率（MW）
PEMFC	36~50	70~90	1~250	1998.3
SOFC	43~65	80~95	0.7~300	206.9
PAFC	36~45	>85	50~1000	95.8
MCFC	45~55	>80	1~1000	11.1
AFC	43~60	>80	10~100	0.5

表 1.5　各类燃料电池的应用领域

应用领域	固定式	移动式	便携式
典型功率	0.5 kW～2 MW	1～300 kW	1 W～20 kW
电池类型	PEMFC MCFC AFC SOFC PAFC	PEMFC SOFC AFC	PEMFC SOFC
具体应用	•大型固定电站和热电联供（CHP） •小型固定微热电联供 •不间断电源 •大型"永久"APU（如卡车和船舶）	•货运叉车 •燃料电池电动汽车 •卡车和公共车辆 •轨道交通工具 •自动驾驶交通工具（海、陆、空）	•小型可移动辅助电源（APU）（露营车、船舶、照明） •军事应用（便携式士兵携带电源、军用发电机） •便携式产品（手电筒、电池充电器）、小型个人电子产品（播放器、摄像头）

1.3.3　全球分布情况

亚洲是燃料电池近年来出货量和出货功率最多的地区，出货功率约占全球65%。这得益于亚洲各国政府强有力的政策支持，如中国的新能源汽车支持、韩国的氢经济路线图和可再生能源标准，以及日本每三年修订一次的基本能源计划和氢燃料电池战略路线图。

燃料电池出货量的增长主要来自日本的 Ene-Farm 项目，该项目旨在推广家用燃料电池热电联供系统。2021 年 7 月，该项目已在日本推广超过 40 万套系统，包括 PEMFC 和 SOFC 两类，其中 SOFC 型的销售量近一半。而出货功率的增长主要来自两部分，大部分贡献来自现代 Nexo 和丰田 Mirai 两款 PEMFC 乘用车在本土的销售，分别为约 8500 辆和约 2450 辆，以及来自中国的约 1800 辆公交车和卡车。在 2022 年北京冬奥会期间，北京、延庆和张家口三个赛区累计示范运营了 1000 多辆燃料电池汽车和 30 多个加氢站。值得一提的是，韩国具有非常坚定的氢能推广决心以及有力的政策支持。截至 2021 年，在全球 298 MW 的燃料电池电力市场中，韩国市场占比接近一半，约为 146 MW。

其余安装功率大部分集中在北美（美国），占比 27%。主要贡献来自三方面：一方面是美国 SOFC 独角兽企业 Bloom Energy 所销售的百千瓦级 SOFC 发电系统，2021 年共销售了 1897 台（100 kW 模块），占全部 SOFC 安装功率的 95%，大部分集中在美国，小部分销往韩国；一方面来自丰田 Mirai 燃料电池汽车在美国的销售，主要是由于加利福尼亚州氢能政策的大力支持；还有一方面是美国 Plug Power 公司领导销售了一万多台物料运输车辆和叉，该公司于 2021 年 2 月完成了 20 亿美元的融资。

此外，2021 年欧洲地区燃料电池安装功率占比为 9%，相比 2020 年略有增加。主要原因是除德国 KfW433 计划以外，欧洲对于燃料电池产业缺乏具体的财政激励。2021 年欧洲可供选择的产品主要是 KfW433 支持的微型家用热电联供系统以及两款燃料电池乘用车。

1.4　固体氧化物燃料电池（SOFC）

1.4.1　SOFC 简介

固体氧化物燃料电池（SOFC）的主要特点是采用了陶瓷电解质，全固态结构，除具有上述燃料电池系统的特点外，还具有无腐蚀、无泄漏，可以单体设计的优点；陶瓷电解质要求高温运行（600～1000℃），加快了反应进行，还可以实现多种碳氢燃料气体的内部重整，从而简化系统设计；同时系统产生的高品位热量，适合热电联供，能量利用效率可高达 90%左右，是一种清洁高效的能源系统。

提升电解质的离子导电性是 SOFC 的基础，目前用于 SOFC 的电解质主要有两类，即氧离子导电电解质和氢离子（质子）导电电解质。根据传导离子的不同，可以将 SOFC 分为两类：①氧离子传导型（一般称为 SOFC）；②质子传导型（一般称为 protonic ceramic fuel cell，PCFC）。SOFC 和 PCFC 可以分别看作是氧浓差电池和氢浓差电池，二者的主要区别是生成水的位置不同，氧离子导电燃料电池在燃料侧生成水，而质子导电燃料电池在氧气一侧生成水。另外，质子导电燃料电池只能用氢气作为燃料，而氧离子导电燃料电池还可以用其他气体如 CO 等作为燃料。目前，对于质子型燃料电池的研究还局限于基础材料、电导机理等方面的实验室研究，应用更为广泛的仍是氧离子导电的氧化锆基电解质燃料电池。

下文中，如果没有特殊说明，固体氧化物燃料电池（SOFC）均指氧离子传导型。

1.4.2　SOFC 关键材料

SOFC 的主要组成部分有电解质、阳极、阴极以及连接体等配件，这些组元构成"电池重复单元"（cell repeat unit，CRU），如图 1.7 所示。多个 CRU 可通过串联或并联构成电堆，以提升发电功率。

组成燃料电池的各组元材料在氧化和/或还原气氛中需要满足以下要求：具有较好的稳定性，包括化学稳定、晶型稳定和外形尺寸的稳定等；各组元彼此间的

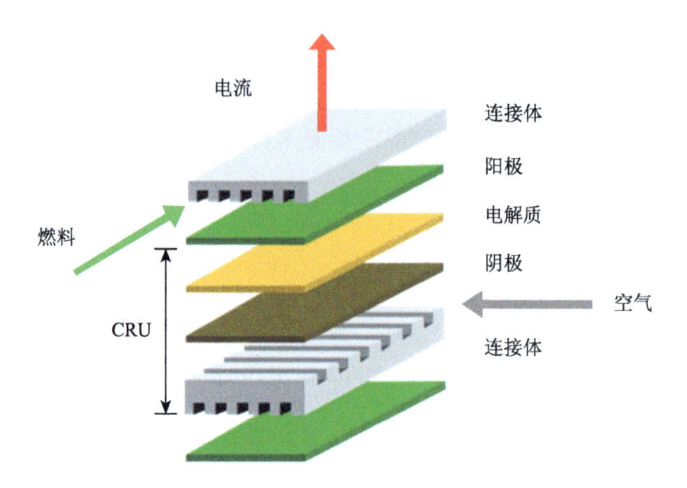

图 1.7 SOFC 基本组成（以平板式结构为例）

化学相容性；较高的电导性和相近的热膨胀系数。同时要求电解质是完全致密的，以防止燃料气和氧气的渗透混合；阳极和阴极则应是多孔的，以利于气体扩散到反应位点。

以下分别介绍 SOFC 各组元的常用材料，包括电解质材料、电极材料、连接体材料和封接材料等。

1. 电解质材料

电解质是 SOFC 的核心部件，主要起传导氧离子的作用。理想的电解质是致密的纯氧离子导体，要求具有高的氧离子导电性和尽可能低的电子电导性，在还原和氧化气氛中均能保持良好的物理化学稳定性。目前常用的电解质材料主要包括 ZrO_2 基、CeO_2 基及 Bi_2O_3 基等萤石结构氧化物和 $LaGaO_3$ 基钙钛矿结构氧化物[33-35]。

纯的 ZrO_2 在 1000℃具有 10^7 Ω/cm 电阻率，接近于绝缘物质。目前大量应用于 SOFC 的以 ZrO_2 为基的固体电解质，利用在 ZrO_2 中掺入某些二价或三价氧化物，使 Zr^{4+} 的位置被低价的金属离子置换，不仅使 ZrO_2 从室温到高温（1000℃）都有稳定的相结构，而且由于电荷补偿作用使其中产生了更多的氧空位，从而增加了 ZrO_2 的离子电导率，使其电导率达到 10^{-2} S/cm，同时扩展了离子导电的氧分压范围。在这种稳定化的 ZrO_2 中，以 O^{2-} 空位作为媒介，即利用空位机理，表现出 O^{2-} 导电性。

氧化钇稳定氧化锆（YSZ）是目前研究最充分并得到实际应用的固体电解质材料，其氧离子导电性最早由 Nernst 于十九世纪九十年代发现，其中 8%~9%（摩尔分数）Y_2O_3 全稳定 YSZ（8YSZ），在高温下（700~1000℃）表现出最大的电导率。在 SOFC 运行条件下，8YSZ 表现为纯氧离子导电性，电子导电性可以忽略不计，且物理化学结构非常稳定。800℃时，YSZ 的氧离子电导率为 0.026 S/cm，10 μm 厚电解质隔膜的内阻仅仅为 0.038 Ω/cm^2。因此，目前几乎所有商用 SOFC 系统均用 8YSZ 作为电解质材料。氧化钪稳定氧化锆（ScSZ）与 YSZ 相比具有更好的稳定性和更高的电导率，然而成本和存量限制了其成为主流的电解质材料。除此之外，还有掺杂氧化钆的氧化铈（GDC），与 YSZ 或 ScSZ 相比，在低温下表现出更高的电导率。

为了降低电解质的欧姆电阻，需要降低电解质厚度，通常采用薄膜电解质结构，在满足机械强度要求的前提下尽可能减小厚度。工业应用中，电解质材料在运行条件下的稳定性显得尤其重要，虽然很多种类的陶瓷电解质比 YSZ 具有更高的氧离子导电性，但是其由于在燃料侧还原气氛下的电子导电特性及结构稳定性等影响，在实际应用中都受到一定限制。现阶段 YSZ 仍然是实际应用最为广泛的 SOFC 电解质材料。另外，低温 SOFC 的电解质材料仍然有待发展。CeO_2 基、Bi_2O_3 基或 $LaGaO_3$ 基电解质等是目前研究最多的低温 SOFC 电解质，其在还原性气氛下的电子导电性及结构稳定性是需要解决的关键问题。

2. 阳极材料

SOFC 电极材料需要对电极反应有足够的催化能力，并且能够提供电子通往集流体的通道。因此电极材料需要满足以下基本要求：具有较强的电子导电性和离子导电性；在 SOFC 运行条件（高温、气体杂质较多等）下有足够的稳定性；与电解质和连接体材料能够匹配；电极的微观结构设计必须能够满足反应物和产物分子的传递，一般要求孔隙率＞30%（体积分数）；在电池结构中电极有时会作为支撑体，形成阳极支撑或阴极支撑电池。

SOFC 阳极材料主要有金属陶瓷和钙钛矿陶瓷两大类[36]。可以采用铂，但铂作为贵金属价格昂贵。用镍、钴等金属材料会存在与电解质热膨胀不匹配的问题，金属长期在高温下还会发生团聚，降低阳极孔隙率。目前应用最广泛的阳极材料是 Ni 基金属陶瓷材料，其极化电阻较小，陶瓷基体还可以抑制 Ni 颗粒的团聚。对于 YSZ 电解质，主要使用 Ni-YSZ 金属陶瓷阳极材料；对于 CeO_2 基电解质，Ni 主要与 CeO_2 掺杂的氧化物（如氧化钆、氧化钐等）混合作为阳极材料。Ni 对于碳氢燃料的裂解和重整反应具有很好的催化效果，并且有很高的电子导电性，YSZ 则能够提供氧离子传导的通道，Ni-YSZ 金属陶瓷是目前使用最广泛的阳极材料。Lee 等[37]对 Ni-YSZ 阳极中两者的比例进行了优化，认为 Ni 与 YSZ 的体积比在 35∶65 到 55∶45 之间具有最好的性能。目前，对于 Ni-YSZ 阳极的进一步改进仍是研究热点之一，主要目标是解决长期运行过程中 Ni 的团聚和迁移，以及在碳氢燃料下的积碳和硫毒化等问题[38]。

Cu 基金属陶瓷材料是另一种复合阳极。相比于 Ni，金属 Cu 对碳氢燃料的裂解和重整反应的催化活性很低，可以有效防止积碳的产生。但是，金属 Cu 对氢气及碳氢燃料电化学反应的催化活性也较低，所以电化学性能低于 Ni 基阳极。为了提高 Cu-YSZ 复合阳极的催化能力，通常可在其中添加氧化物催化剂，如 CeO_2[39]。在 $Cu-CeO_2-YSZ$ 阳极体系中，Cu 起电子传导的作用，CeO_2 起催化作用，YSZ 起到氧离子传导作用，在 CH_4 等碳基燃料下具有很好的电化学性能和抗积碳能力[40]。

3. 阴极材料

SOFC 阴极的作用是解离空气中的氧气分子并传导氧离子。阴极材料同样需要满足电池运行温度下的稳定性，与电解质相匹配的热膨胀性和化学相容性，以及良好的催化活性和 O^{2-} 电导率。起初 SOFC 研究使用的阴极材料为金属铂，目前 SOFC 阴极材料主要采用钙钛矿类，通式为 ABO_3，总体呈现面心立方结构，B 原子位于体心，O 原子位于面心，A 原子位于顶角，如图 1.8 所示。从 21 世纪初开始，SOFC 最常用的阴极材料是锶掺杂的锰酸镧（$La_{1-x}Sr_xMnO_3$，LSM），适用的工作温度为 800~1000℃[41]。LSM 在这个温度范围具有很高的电子导电性，但是离子导电性较差，为了拓展反应的三相界面（triple phase boundary，TPB），LSM 通常和离子导体（如 YSZ）混合使用，组成复合阴极。

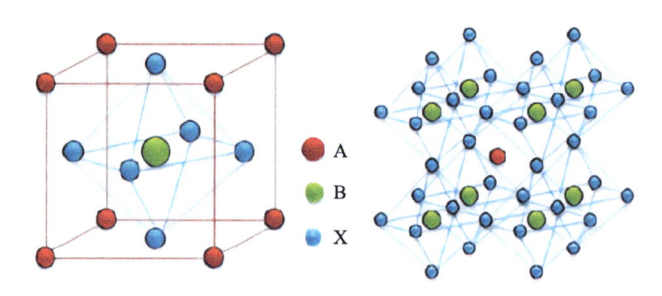

图 1.8 钙钛矿 ABX_3 结构示意图

对于氧化物钙钛矿，X 表示氧原子

为了使 SOFC 能够在中低温（<800℃）下运行，研究人员致力于寻找具有更高氧交换速率和离子电导率的材料[42]，如 $La_{1-x}Sr_xFeO_3$（LSF）、$La_{1-x}SrCoO_3$（LSC）、$La_{1-x}Sr_xFe_{1-y}Co_yO_3$（LSCF）等。但是在高温制备和长期运行过程中，这些材料会与 YSZ 电解质发生固相反应，导致电池稳定性下降。解决的办法之一是将电极材料浸渍到多孔结构电解质中[43]，液相浸渍与传统的固相制备方式相比，能够显著地降低烧结温度。LSCF 是目前最成功的用于中温 SOFC 的阴极材料，它既具有较好稳定性又有可接受的电化学性能。单相 LSCF 材料的热膨胀系数仍然大于传统的电解质材料 YSZ，且长期运行中 Sr 会发生偏析，并与 YSZ 电解质发生反应，

这是 LSCF 及其他碱土金属掺杂的钙钛矿阴极材料所面临的共同问题，因此，目前研究人员正致力于发展不含碱土金属的阴极材料[44]。

4. 连接体材料

电解质和电极材料一起组成三合一形式的单体电池，但是，单体电池的功率是有限的，只能产生 1 V 左右的电压。为了获取更大的功率，必须将若干个单电池以各种方式（串联、并联、混联）连接在一起，这就需要连接体材料和封接材料（图 1.7）。在 SOFC 中，要求连接体组件在高温下具有良好的电子导电性和稳定性，并且在阴、阳极气氛下耐腐蚀。

目前，常用的连接体材料包括金属和陶瓷两类。

常见的金属连接体材料包括铬基合金、镍基合金、钛基合金、铌基合金等。这些合金材料具有良好的高温力学性能、抗氧化性能和耐腐蚀性能，在高温环境下能够保持较高的电导率。此外，为了避免金属连接体和电极之间的反应和扩散，金属连接体通常需要进行表面涂层处理。常见的涂层材料包括金属氧化物、稀土元素等。这些涂层可以形成一层保护膜，提高金属连接体的耐高温和耐腐蚀性能，同时还可以减少与电极之间的相互反应和扩散。

最常用的陶瓷连接体材料是钙钛矿结构的铬酸镧（$LaCrO_3$），它在阴极侧的高温氧化气氛中具有较高的电导率和化学稳定性。此外，$LaCrO_3$ 也与电池堆中的其他材料相容，并且具有与其他 SOFC 组件相似的热膨胀系数，使得单体电池之间连接紧密稳定。

5. 封接材料

封接材料用于将电解质材料和连接体材料连接在一起。在 SOFC 中，封接材料需要具有高的化学稳定性、气密性以及耐高温性能，以确保燃料电池的正常运行并防止阴阳极串气或气体泄漏。目前，玻璃/陶瓷密封材料已被广泛应用于 SOFC，其基本类型包括：

钠硅酸盐玻璃（NSG）：NSG 是一种常见的玻璃密封材料，具有良好的气密性和化学稳定性。NSG 具有低的热膨胀系数和高的玻璃化转变温度，可以在 800℃以上的高温环境下工作。

钠硼硅酸玻璃（SBS）：SBS 是一种高温熔融玻璃，具有良好的热膨胀匹配性能。SBS 的主要成分是硼酸盐和硅酸盐，可以在 800~850℃的温度下熔融。

氧化铝陶瓷（Al_2O_3）：氧化铝陶瓷是一种常见的陶瓷材料，具有良好的热膨胀匹配性能和化学稳定性，可以用于 SOFC 的封接材料。氧化铝在高温环境下的稳定性优于玻璃材料，可在高达 1000℃的温度下使用。

氧化锆陶瓷（ZrO_2）：氧化锆陶瓷是一种高温陶瓷材料，具有高的热稳定性和机械强度。氧化锆的稳定性和强度优于玻璃和氧化铝,可在高达 1200℃的温度下使用。

1.4.3 单电池结构

自 SOFC 技术发展到电堆以来,出现了多种电池构型,目前仍在应用的构型主要包括管式 SOFC、平板式 SOFC 以及扁平管式 SOFC 等。不同的构型具有不同的优点和局限性,可以根据实际需求选择最适合的构型。

1. 管式 SOFC

管式 SOFC 技术起源比较早,可以追溯到二十世纪八十年代初,是最先得到实际应用的电池结构[45]。管式 SOFC 主要包括阴极、电解质、阳极、连接体、集流体等组件,其特点是采用管状电极和电解质。以阴极支撑管式 SOFC 为例,如图 1.9 所示,单电池从内到外分别为阴极、电解质、阳极以及连接体,电解质和阳极在阴极支撑管壁上均匀涂覆。圆管内部是空气或者高纯度氧气流道,外部则供燃料气通过。

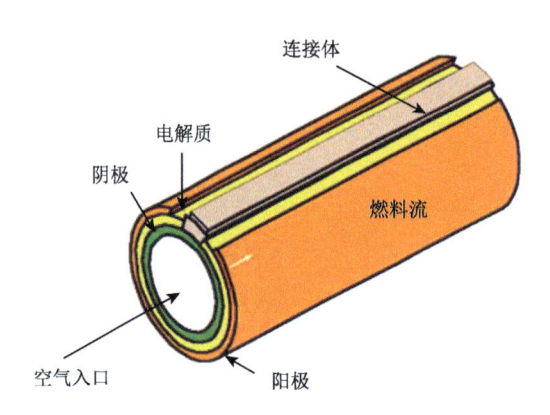

图 1.9 阴极支撑管式 SOFC 示意图

管式 SOFC 由于采用管状结构,管壁的反应面积相对较大,有助于提高体积功率密度;并且管状结构更加紧凑和稳定,更不易受到振动和变形的影响,从而提高了电池的可靠性。但是管式 SOFC 阴极集电面积较小,因此通常内阻损失较大,电池性能较差。

二十世纪八十年代,美国西屋电气公司曾经制备了以 LSM 为阴极、YSZ 为电解质、Ni-YSZ 为阳极的阴极支撑管式 SOFC,成功建立了几个示范电站,累计运行数万小时。其最大优点是不需要特殊的高温密封,电池间的连接可以使用廉价金属材料在还原气氛中实现,且性能无明显衰减。但是,其制备方法如电化学气相沉积(electrochemical vapor deposition,EVD)较昂贵,导致制备成本居高不下,远远高于美国能源部当时设定的商业化指标(400 美元/kW),难以实现商业化推广。目前采用管式结构的代表性企业主要有日本三菱重工业株式会社(Mitsubishi Heavy Industries)、韩国 LG(与 Rolls-Royce 合资)和美国 Atrex Energy 等,三菱重工业株式会社已经开发出了 250 kW 的管式 SOFC-MGT 联合发电系统,并实现了数万小时的示范运行,性能很稳定。

2. 平板式 SOFC

平板式结构的几何形状更为简单,由阳极、电解质、阴极依次叠加组成单电池,如图 1.10 所示[46]。在平板式结构中,通常有一层,其厚度最大,除了具备基本电化学功能外,还起到维持整个单电池机械稳定性的作用,被称为支撑层。早期的平板式 SOFC 通常采用电解质支撑,目前应用更为广泛的是阳极支撑结构。近年来,采用不锈钢等材料作为基体的金属支撑 SOFC 也获得了较多的关注和应用,如图 1.10 所示。

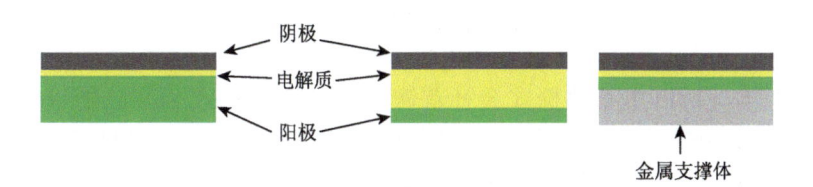

图 1.10 不同支撑结构的平板式 SOFC(依次为阳极支撑、电解质支撑、金属支撑)

平板式 SOFC 电池结构和制备工艺简单,从而可以大大降低制造成本,并且离子传导路径较短、内阻损耗较小,具有更好的输出性能。但是平板式 SOFC 电池组件边缘要求进行密封来隔离空气(或氧气)和燃料气,因此对连接体和封接的要求很高,需要与电池本体材料热匹配,并且具有良好的抗高温和耐腐蚀性能。

平板式结构是目前应用最为广泛的 SOFC 构型,代表性机构主要有美国布鲁姆能源公司(Bloom Energy)、美国燃料电池能源公司(FuelCell Energy)、英国锡里斯动力控股有限公司(Ceres Power)等,布鲁姆能源公司开发的百千瓦级 SOFC 分布式发电系统已经成功应用于谷歌、苹果、微软等多家著名企业的办公大楼、研发中心、数据中心等。

3. 扁平管式 SOFC

扁平管式 SOFC(flat-tube SOFC)是一种新型的 SOFC 构型,其发展历史相对较短。扁平管式 SOFC 将平板式 SOFC 和管式 SOFC 的优点结合起来,具体结构如图 1.11 所示。电池的主要组成部分是扁管状多孔阳极支撑体，其外层依次包覆阳极功能层、电解质，最外层两侧表面分别是阴极和连接体。这种设计可以增加电池的比表面积和气体的流动性，提高燃料利用率；同时，扁平管式 SOFC 的厚度相对较小，具有较快的热响应速度，有利于快速达到稳态工作温度；此外，扁平管式 SOFC 还具有较高的机械稳定性和耐腐蚀性能，可以在高温和高压的环境下长时间运行。

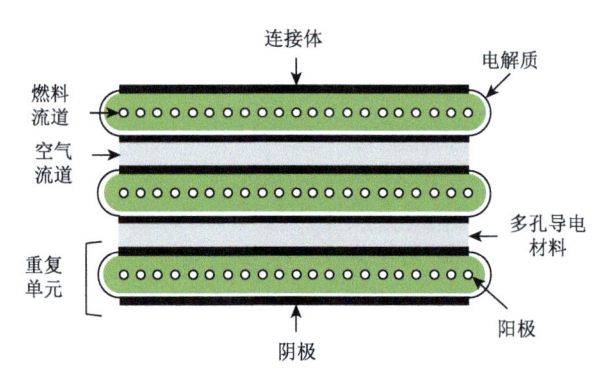

图 1.11 扁平管式 SOFC 示意图

2001 年，新日本石油株式会社首次提出了扁平管式 SOFC 的设计概念。2004 年，日本东京大学研究团队在 JX 能源的基础上，成功制备出扁平管式 SOFC 的第一代电池，其具备良好的电化学性能。近年来，日本京瓷株式会社（Kyocera）基于扁平管式 SOFC 结构已经开发出住宅用千瓦级 SOFC 热电联供系统，作为日本 Ene-Farm 项目的一部分进行推广。目前，扁平管式 SOFC 的研究还在不断进行，相关研究团队正在探索新的材料和制备技术，以进一步提高电池的性能和可靠性。

1.4.4 电池堆结构

多个单电池之间通过金属连接构成更大的单位称为电池堆，简称电堆；电堆进一步通过串联或并联的方式集成 SOFC 发电模块，集成的模块需要封装在绝热的容器中，以减少系统向外界的传热损耗。在图 1.12 中展示了平板式 SOFC 中的 CRU，主要包括电解质、电极、接触层、连接体等[47]。接触层能够增加电极和连接体之间的接触面积，减少电池内阻。阳极侧的接触层使用镍网或泡沫镍，阴极侧工作在氧化气氛下，接触层主要使用导电浆料或贵金属。此外，为了避免阴极侧连接体由于 Cr 蒸发造成的腐蚀，需要使用特殊的导电涂层，如 Mn-Co 尖晶石涂层等。

对于SOFC电池堆关键组件的更多信息，将在本书第4章中详细介绍。

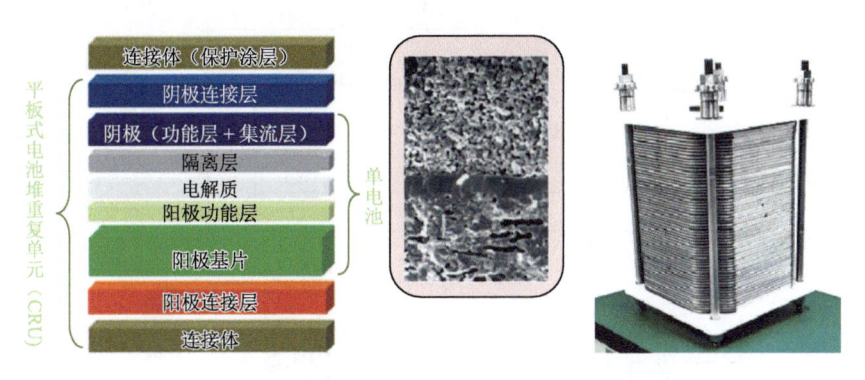

图1.12 平板式电池堆重复单元（CRU）及千瓦级电堆实物图

1.4.5 整体系统结构

除了电池堆集成的发电模块以外，完整的SOFC发电系统还需要包括以下部分：气体净化设备、化学反应设备（如催化重整器或阳极尾气补燃器）、换热设备、涡轮机械（如燃料气/空气鼓风机和压气机），对于混合动力循环还需要燃气/蒸汽透平。此外，还应该包括各种仪表、控制和自动化设备、管道、阀门和电气装置等。对于SOFC发电系统设计和集成的更多信息，将在本书第10章中详细介绍。

尽管国际上已经初步实现千瓦级至百千瓦级ER-SOFC发电系统的商业化应用，但是，当下学术界和工业界仍然在不懈地追求进一步提升系统的能效，因为这将会降低系统运行成本。除了对单电池本身电化学性能的优化之外，在电堆和系统层面也开展了较多的优化工作，希望通过更加合理的流程设计提高整体发电效率。主要包括以下方案。

1. 阳极尾气循环

在电堆实际运行时，为了防止阳极侧Ni氧化，燃料利用率最高不会超过90%。因此，阳极尾气中含有部分未转化的燃料，以及大量的H_2O和CO_2。将部分阳极尾气循环至预重整器或电堆，可以带来以下收益[48,49]：尾气中的H_2O和CO_2可以作为重整原料，从而降低系统的耗水量；循环的高温尾气能够提供燃料重整所需的部分热量，从而降低系统热损耗；尾气中未转化的燃料可被循环使用，从而提高系统燃料利用率。图1.13展示了一个SOFC发电系统的流程示意图，该系统采用了阳极尾气再循环，一部分阳极尾气再次返回重整器，以提高燃料利用率和系统效率；另一部分尾气则在补燃器中与阴极空气发生反应，热烟气可以用来预热燃料气和空气，以及提供重整器所需的热量[47]。

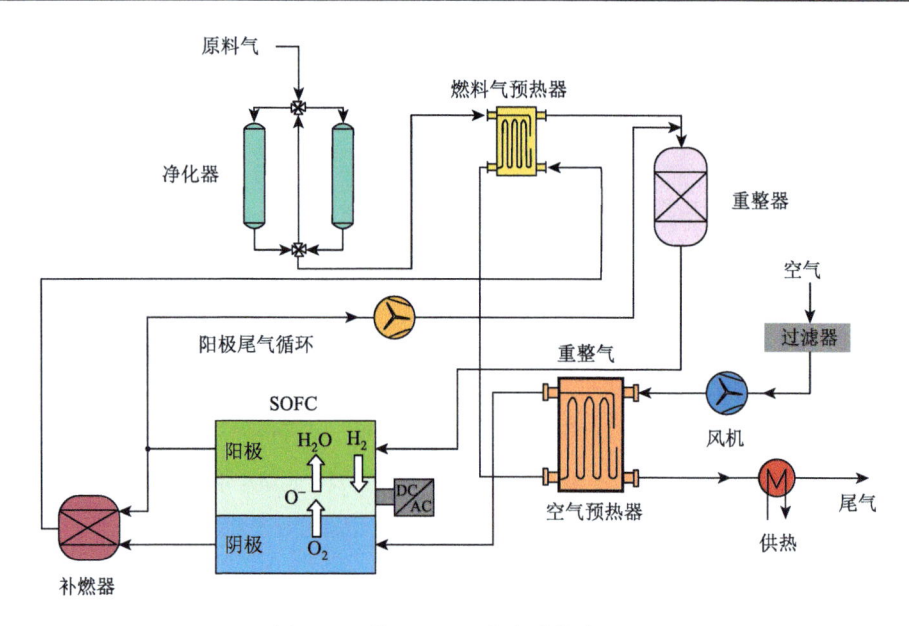

图 1.13　常压 SOFC 发电系统流程图

美国西北太平洋国家实验室的 Powell 等[50]集成了带有阳极尾气循环的千瓦级 ER-SOFC 发电系统。结果表明，通过增加阳极尾气循环，系统整体燃料利用率从 55%增加至 93%，在 1.72 kW 输出下的实测发电效率达到 56.6%（LHV）。此外，德国 Jülich 研究所也集成并运行了 5/15 kW 的可逆固体氧化物电池（reversible solid oxide cell，RSOC）系统，通过增加阳极尾气循环，系统发电效率从 48.9%提升至 62.7%[51]；近期正在进一步集成 10/40 kW 的 RSOC 发电/电解系统[52]。

但是，阳极尾气循环也会带来以下问题：一方面，过量的阳极尾气可能会稀释燃料，降低电堆的输出性能，因此，阳极尾气循环比、循环模式需要根据实际电堆特性进行调节优化[53]；另一方面，阳极尾气循环需要设计专用的循环泵，高温、还原性气氛对循环泵的材料和结构设计提出了更高要求，已有研究机构在这方面开展了一些工作[54, 55]。

2. 多级电堆串联

另外一种阳极尾气利用方式是梯级利用，即采用多级电堆串联的布置方案。将第一级电堆的阳极尾气通入下一级电堆，从而提升整体系统的燃料利用率。但是，一级尾气中含有较高浓度的 H_2O 和 CO_2，可能会降低下一级电堆的输出性能。针对这一问题，研究人员提出两种解决方案。

东京煤气公司的 Nakamura 等[56]设计并开发了阳极尾气处理技术（称为燃料再生技术），能够将一级尾气中的大部分 H_2O 和 CO_2 去除后再通入下一级电堆。

使用这种方式，他们实现了 97%的整体燃料利用率，发电效率最高可达 71.8%，比单级电堆提升了 13%[57]。目前，东京煤气公司已经集成了 5 kW 的两级 SOFC 电堆发电系统，实际发电效率 65%，正在东京两地开展示范运行。这种方案的主要缺点是，尾气处理无疑会增加系统的固定成本，并且长期稳定性也有待检验。

另一种方案是向后一级电堆中补充一部分新鲜燃料，从而提升有效燃料的浓度。但是，补充新鲜燃料可能会对整体燃料利用率和发电效率有不利影响，因此需要进行优化。在之前的工作中[58]，已经基于电堆实测数据，通过流程模拟方法详细研究了这一方案的可行性。尽管电堆实测性能偏低，但是通过两级电堆串联，最高能够实现 45%的整体发电效率。

3. 耦合底层热力循环

通过耦合适宜的底层热力循环，也可以对 SOFC 电堆的高温阳极尾气加以利用，从而提升整体系统发电效率。目前，针对 SOFC 与各类热力循环组成的混合发电系统已经开展了大量的流程模拟和实验研究，选择的热力循环包括 Brayton 循环（燃气轮机，GT）[59]、Rankine 循环（蒸汽轮机，ST）[60]、Stirling 循环[61]等，最高发电效率可以达到 70%以上。加利福尼亚大学尔湾分校的 Azizi 和 Brouwer[62]对 SOFC 混合发电系统的研究现状进行了详细的综述。

在实际系统方面，早在 2000 年，西门子西屋电气公司就集成了世界上首套 SOFC-微型燃气轮机（micro gas turbine，MGT）混合发电系统，其额定功率为 220 kW（其中 SOFC 功率 180 kW，MGT 功率 40 kW），整体发电效率可达 53%[63]。此外，三菱重工业株式会社也在 2015 年集成了 250 kW 的 SOFC-MGT 混合发电系统，整体发电效率 55%，首套原型机累计运行超过 2.5 万 h，目前已经开始推动其在日本、德国的商业化应用[64, 65]。但是，SOFC-MGT 系统的主要问题是系统流程更为复杂，导致其成本显著增加。

1.5 SOFC 面临的挑战

SOFC 在 2011～2020 年获得了较快的发展，2020 年全年出货规模达到了 147.5 MW（图 1.14），主要应用场景是分布式发电及热电联供。但是，SOFC 的进一步大规模应用仍然面临着成本过高和寿命不足带来的挑战[66]。

在成本方面，美国能源部（DOE）最新提出的目标是：2030 年将电堆成本降低至 225 美元/kW，将系统成本降低至 900 美元/kW。调查研究结果显示，目前 SOFC 电堆的总成本约为 600～800 美元/kW，发电系统的成本更是高达 2500～3000 美元/kW，其中主要是制造成本和运行成本[66]。制造成本有望随着生产规模

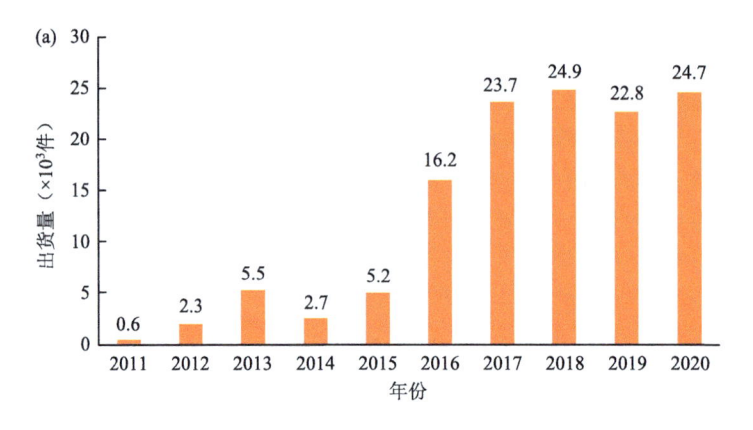

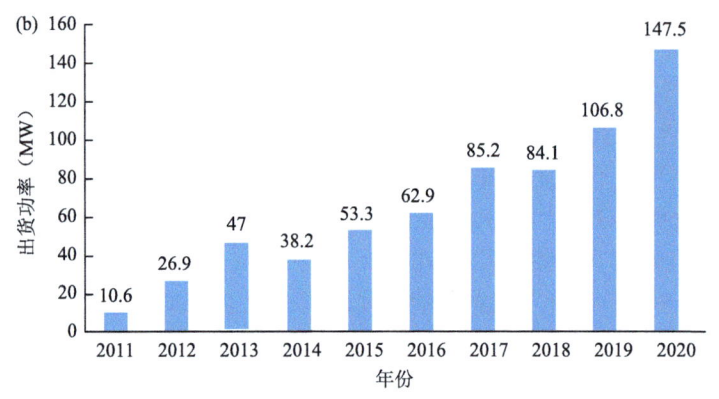

图 1.14 2011~2020 年全球 SOFC 产品出货量及出货功率

的扩大和产业链的完善而显著降低；运行成本（包括燃料费、水费、维护费等）则与电堆的能效和运行稳定性密切相关。

在寿命方面，日本新能源产业技术综合开发机构（NEDO）和美国 DOE 分别提出了 SOFC 电堆在微型热电联供（千瓦级）和分布式发电（兆瓦级）应用场景下的寿命目标，分别为 9 万 h 和 4 万 h，平均衰减率需低于 0.2%/1000 h。然而，目前国际上电堆实际测试时长达到 4 万 h 的案例还很少。此外，电堆在实际运行时会经历负载变化、冷热循环、紧急停机等意外工况，这也会对电堆的稳定性产生不利影响。因此，需要继续开展电堆的长期稳定性测试，提升其运行寿命。

综上，目前 SOFC 技术的大规模应用仍然面临着成本和寿命两方面的挑战，进一步优化电堆的能效和稳定性是解决这两方面问题的关键。2023 年 2 月，我国首套自主知识产权、自主设计研发和生产的 SOFC 热电联供系统在徐州华清京昆能源有限公司下线，这标志着我国自主技术产品"从 0 到 1"的突破。但是必须认识到，我国与发达国家在整体技术水平上还存在一定的差距。例如，在长期稳定性和耐久性方面，国内还基本没有开展过上万小时的电堆长期稳定性测试，而美国、德国、日本等发达国家已经对此开展了广泛的试验研究。因此，我们迫切需要在实际工业规模的电池、电堆和系统层面开展能效和稳定性相关的研究，为实现高效长寿 SOFC 技术的商业化应用奠定基础。

1.6 本 章 小 结

在"双碳"目标的背景下，氢能相关技术在近些年来引起了越来越多的关注，被视为未来国家能源体系的重要组成部分。在氢能利用端，最核心的技术之一是燃料电池发电技术。燃料电池能够通过电化学反应将燃料的化学能直接转化为电能，具有较高的能量转化效率。根据电解质种类不同，常见燃料电池可以分为五类：碱性燃料电池、磷酸燃料电池、质子交换膜燃料电池、熔融碳酸盐燃料电池和固体氧化物燃料电池。它们的运行原理、工作条件和应用场景有明显的不同。高温运行的 SOFC 采用全固态陶瓷结构，在 600~1000℃的高温下运行，可以使用氢气及多种碳氢燃料。数十年来，在 SOFC 核心材料、电池/电堆结构以及整体系统设计集成等方面已经取得了诸多进展，并推动了这一技术的实际应用。当下，仍然需要在工业级 SOFC 的能效、寿命和稳定性等方面取得突破，从而进一步实现其商业化应用。

参 考 文 献

[1] Nobel Prize. Nobel Prize in Physics 2021[EB/OL]. 2021. https://www.nobelprize.org/prizes/physics/2021/summary/.

[2] IPCC. 2018：Global Warming of 1.5℃，2018.

[3] Balat M，Ayar G，Oguzhan C，et al. Influence of fossil energy applications on environmental pollution[J]. Energy Sources，Part B：Economics，Planning，and Policy，2007，2（3）：213-226.

[4] Singh B R，Singh O. Global Trends of Fossil Fuel Reserves and Climate Change in the 21st Century[M]. London：IntechOpen，2012.

[5] Dufour A U. Fuel cells：a new contributor to stationary power[J]. Journal of Power Sources，1998，71（1-2）：19-25.

[6] Mathews J A，Tan H. China's Renewable Energy Revolution[M]. Basingstoke：Palgrave Macmillan，2015.

[7] Geller H. Energy Revolution：Policies for a Sustainable Future[M]. Washington：Island Press，2003.

[8] Hughes L，Meckling J. The politics of renewable energy trade：The US-China solar dispute[J]. Energy Policy，2017，105：256-262.

[9] Rennkamp B，Haunss S，Wongsa K，et al. Competing coalitions：The politics of renewable energy and fossil fuels in Mexico，South Africa and Thailand[J]. Energy Research & Social Science，2017，34：214-223.

[10] Horowitz C A. Paris agreement[J]. International Legal Materials，2016，55（4）：740-755.

[11] Black R，Cullen K，Fay B，et al. Taking stock：A global assessment of net zero targets[R]. Energy & Climate Intelligence Unit and Oxford Net Zero，2021：23.

[12] Mallapaty S. How China could be carbon neutral by mid-century[J]. Nature，2020，586（7830）：482-483.

[13] Motive Power. Race to Net Zero: Carbon Neutral Goals by Country[EB/OL]. The National Public Utilities Council (NPUC), 2024. https://www.motive-power.com/carbon-neutral-goals-by-country/.

[14] de las Heras B P. European Climate Law(s): Assessing the legal path to climate neutrality[J]. Romanian Journal of European Affairs, 2021, 21 (2): 19-32.

[15] Williams J H, Jones R A, Haley B, et al. Carbon-neutral pathways for the United States[J]. AGU Advances, 2021, 2 (1): e2020AV000284.

[16] Dale S. BP statistical review of world energy[R]. London: BP Plc, 2021.

[17] IEA. Global Energy Review 2021[EB/OL]. https://www.iea.org/reports/global-energy-review-2021.

[18] IEA. The Future of Hydrogen[EB/OL]. https://www.iea.org/reports/the-future-of-hydrogen.

[19] 国家发展改革委, 国家能源局. 氢能产业发展中长期规划（2021—2035 年）[R]. 2022.

[20] Hayashi K, Yokoo M, Yoshida Y, et al. Solid oxide fuel cell stack with high electrical efficiency[J]. NTT Technical Review, 2009, 7 (10): 14-18.

[21] Zhao Y, Xia C, Jia L, et al. Recent progress on solid oxide fuel cell: Lowering temperature and utilizing non-hydrogen fuels[J]. International Journal of Hydrogen Energy, 2013, 38 (36): 16498-16517.

[22] 国家发展改革委, 国家能源局. "十四五"现代能源体系规划[R]. 2022.

[23] Brief history of fuel cells[EB/OL]. 2011. https://corrosion-doctors.org/FuelCell/History.htm.

[24] Andújar J M, Segura F. Fuel cells: History and updating. A walk along two centuries[J]. Renewable and Sustainable Energy Reviews, 2009, 13 (9): 2309-2322.

[25] 中国汽车技术研究中心. 中国燃料电池汽车发展路线图[R]. 2017.

[26] ENEFARM PARTNERS. エネファーム[EB/OL]. 2024. https://www.gas.or.jp/user/comfortable-life/enefarm-partners/.

[27] E4tech. The Fuel Cell Industry Review 2021[EB/OL]. 2022. https://fuelcellindustryreview.com.

[28] Minh N Q, Takahashi T. Science and Technology of Ceramic Fuel Cells[M]. Amsterdam: Elsevier, 1995.

[29] Kordesch K, Hacker V, Gsellmann J, et al. Alkaline fuel cells applications[J]. Journal of Power Sources, 2000, 86 (1-2): 162-165.

[30] Sopian K, Daud W R W. Challenges and future developments in proton exchange membrane fuel cells[J]. Renewable Energy, 2006, 31 (5): 719-727.

[31] Therdthianwong A, Saenwiset P, Therdthianwong S. Cathode catalyst layer design for proton exchange membrane fuel cells[J]. Fuel, 2012, 91 (1): 192-199.

[32] Mekhilef S, Saidur R, Safari A. Comparative study of different fuel cell technologies[J]. Renewable and Sustainable Energy Reviews, 2012, 16 (1): 981-989.

[33] Malavasi L, Fisher C A J, Islam M S. Oxide-ion and proton conducting electrolyte materials for clean energy applications: structural and mechanistic features[J]. Chemical Society Reviews, 2010, 39 (11): 4370-4387.

[34] Orera A, Slater P R. New chemical systems for solid oxide fuel cells[J]. Chemistry of Materials, 2010, 22 (3): 675-690.

[35] Fergus J W. Electrolytes for solid oxide fuel cells[J]. Journal of Power Sources, 2006, 162 (1): 30-40.

[36] Cowin P I, Petit C T G, Lan R, et al. Recent progress in the development of anode materials for solid oxide fuel cells[J]. Advanced Energy Materials, 2011, 1 (3): 314-332.

[37] Lee J H, Moon H, Lee H W, et al. Quantitative analysis of microstructure and its related electrical property of SOFC anode, Ni-YSZ cermet[J]. Solid State Ionics, 2002, 148 (1-2): 15-26.

[38] Boldrin P, Ruiz-Trejo E, Mermelstein J, et al. Strategies for carbon and sulfur tolerant solid oxide fuel cell materials, incorporating lessons from heterogeneous catalysis[J]. Chemical Reviews, 2016, 116 (22): 13633-13684.

[39] McIntosh S, Gorte R J. Direct hydrocarbon solid oxide fuel cells[J]. Chemical Reviews, 2004, 104 (10): 4845-4865.

[40] Park S, Craciun R, Vohs J M, et al. Direct oxidation of hydrocarbons in a solid oxide fuel cell: I. methane oxidation[J]. Journal of the Electrochemical Society, 1999, 146 (10): 3603-3605.

[41] Jiang S P. Development of lanthanum strontium manganite perovskite cathode materials of solid oxide fuel cells: a review[J]. Journal of Materials Science, 2008, 43 (21): 6799-6833.

[42] Sun C, Hui R, Roller J. Cathode materials for solid oxide fuel cells: a review[J]. Journal of Solid State Electrochemistry, 2010, 14 (7): 1125-1144.

[43] Vohs J M, Gorte R J. High-performance SOFC cathodes prepared by infiltration[J]. Advanced Materials, 2009, 21 (9): 943-956.

[44] Chen D, Chen C, Baiyee Z M, et al. Nonstoichiometric oxides as low-cost and highly-efficient oxygen reduction/evolution catalysts for low-temperature electrochemical devices[J]. Chemical Reviews, 2015, 115 (18): 9869-9921.

[45] 宋世栋, 韩敏芳, 孙再洪. 管式固体氧化物燃料电池堆的研究进展[J]. 科学通报, 2013, 58 (21): 2035-2045.

[46] 宋世栋, 韩敏芳, 孙再洪. 固体氧化物燃料电池平板式电池堆的研究进展[J]. 科学通报, 2014, 59 (15): 1405-1416.

[47] Boaro M, Salvatore A A. Advances in Medium and High Temperature Solid Oxide Fuel Cell Technology[M]. Cham: Springer International Publishing, 2017.

[48] Torii R, Tachikawa Y, Sasaki K, et al. Anode gas recirculation for improving the performance and cost of a 5-kW solid oxide fuel cell system[J]. Journal of Power Sources, 2016, 325: 229-237.

[49] Peters R, Deja R, Blum L, et al. Analysis of solid oxide fuel cell system concepts with anode recycling[J]. International Journal of Hydrogen Energy, 2013, 38 (16): 6809-6820.

[50] Powell M, Meinhardt K, Sprenkle V, et al. Demonstration of a highly efficient solid oxide fuel cell power system using adiabatic steam reforming and anode gas recirculation[J]. Journal of Power Sources, 2012, 205: 377-384.

[51] Peters R, Frank M, Tiedemann W, et al. Long-term experience with a 5/15kW-class reversible solid oxide cell system[J]. Journal of the Electrochemical Society, 2021, 168 (1): 014508.

[52] Peters R, Tiedemann W, Hoven I, et al. Development of a 10/40 kW-class reversible solid oxide cell system at forschungszentrum Jülich[J]. ECS Transactions, 2021, 103 (1): 289-297.

[53] Lyu Z, Han M. Optimization of anode off-gas recycle ratio for a natural gas-fueled 1 kW SOFC CHP system[J]. ECS Transactions, 2019, 91 (1): 1591-1600.

[54] Wagner P H, Wuillemin Z, Constantin D, et al. Experimental characterization of a solid oxide fuel cell coupled to a steam-driven micro anode off-gas recirculation fan[J]. Applied Energy, 2020, 262: 114219.

[55] Baba S, Ohguri N, Suzuki Y, et al. Evaluation of a variable flow ejector for anode gas circulation in a 50-kW class SOFC[J]. International Journal of Hydrogen Energy, 2020, 45 (19): 11297-11308.

[56] Nakamura K, Ide T, Kawabata Y, et al. Basic study of anode off-gas recycling solid oxide fuel cell module with fuel regenerator[J]. ECS Transactions, 2021, 103 (1): 31-39.

[57] Nakamura K, Ide T, Kawabata Y, et al. Electrical efficiency of two-stage solid oxide fuel cell stacks with a fuel regenerator[J]. Journal of the Electrochemical Society, 2020, 167 (11): 114516.

[58] Lyu Z, Meng H, Zhu J, et al. Comparison of off-gas utilization modes for solid oxide fuel cell stacks based on a semi-empirical parametric model[J]. Applied Energy, 2020, 270: 115220.

[59] Calise F, d'Accadia M D, Palombo A, et al. Simulation and exergy analysis of a hybrid solid oxide fuel cell (SOFC) —gas turbine system[J]. Energy, 2006, 31 (15): 3278-3299.

[60] Rokni M. Plant characteristics of an integrated solid oxide fuel cell cycle and a steam cycle[J]. Energy, 2010, 35 (12): 4691-4699.

[61] Rokni M. Thermodynamic and thermoeconomic analysis of a system with biomass gasification, solid oxide fuel cell (SOFC) and Stirling engine[J]. Energy, 2014, 76: 19-31.

[62] Azizi M A, Brouwer J. Progress in solid oxide fuel cell-gas turbine hybrid power systems: System design and analysis, transient operation, controls and optimization[J]. Applied Energy, 2018, 215: 237-289.

[63] George R A. Status of tubular SOFC field unit demonstrations[J]. Journal of Power Sources, 2000, 86 (1-2): 134-139.

[64] Kobayashi Y, Tomida K, Nishiura M, et al. Development of next-generation large-scale SOFC toward realization of a hydrogen society[J]. Mitsubishi Heavy Industries Technical Review, 2015, 52 (2): 111-116.

[65] Tomida K, Nishiura M, Ozawa H, et al. Market introduction status of fuel cell system "MEGAMIE®" and future efforts[J]. Mitsubishi Heavy Industries Technical Review, 2021, 58 (3): 1.

[66] Whiston M M, Azevedo I M L, Litster S, et al. Meeting U.S. solid oxide fuel cell targets[J]. Joule, 2019, 3 (9): 2060-2065.

第 2 章 基本理论及分析方法

2.1 伏安特性

与锂电池等常见的储能电池类似，燃料电池的实际输出电压会受到电流的影响。当电池的电流和电压均没有随时间变化的趋势时，电流和电压对应电池的一个稳态工作点。在固定的工作温度、气体流量等运行参数下，燃料电池的全部稳态工作点构成其稳态伏安特性，简称伏安特性，在电流-电压二维图像中即为电池的伏安特性曲线。图 2.1 展示了典型 SOFC 的伏安特性曲线，通常称为电流-电压（$I\text{-}V$）曲线；若将图 2.1 中的横轴绘制为电流密度（即电流除以有效面积），则称为电流密度-电压（$j\text{-}V$）曲线。在 $I\text{-}V$（或 $j\text{-}V$）曲线中，可以计算每个稳态工作点下的发电功率——即电流和电压的乘积（或功率密度——即电流密度和电压的乘积），并同时绘制在伏安特性曲线中。

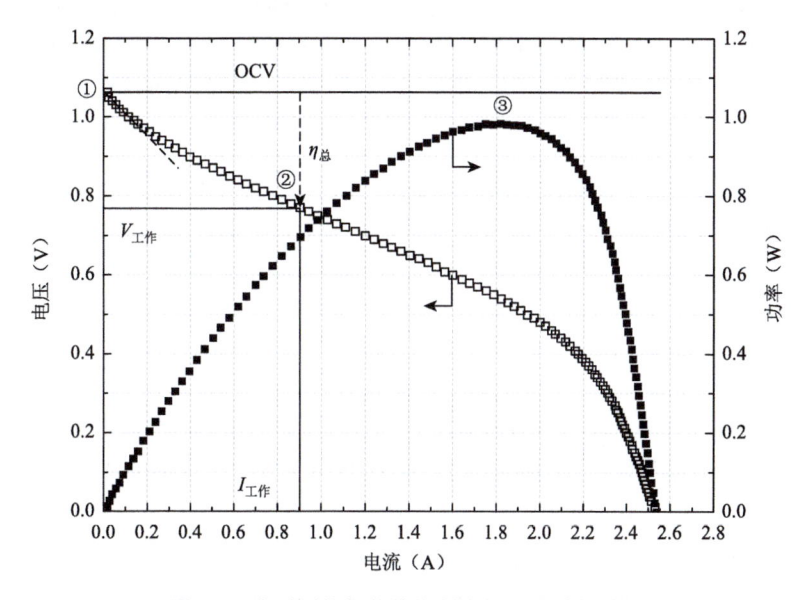

图 2.1　典型固体氧化物燃料电池伏安特性曲线

在图 2.1 中，空心方形图标为伏安特性曲线数据点，实心方形图标为功率-电流曲线数据点。观察伏安特性曲线，①为伏安特性曲线与纵轴的交点，其纵坐标为电池电流为 0 时的电压,即开路电压(open circuit voltage,OCV)。对于理想的电池,开路电压仅由燃料和氧化剂的组成及温度决定,其计算方法将在 2.2 节介绍。当电池开始发电并输出电流,电压随电流增大而减小。以图 2.1 中②处静态工作点为例,当电池输出的电流为 $I_{工作}$ 时,电池电压 $V_{工作}$ 低于开路电压 OCV,两者的差值为总过电势($\eta_总 = \text{OCV} - V_{工作}$)。不难发现,当电池电流 $I_{工作}$ 增大,总过电势 $\eta_总$ 增加。观察功率-电流曲线,当电流从 0 逐渐增大,功率逐渐增加,并在③处达到最大值,此处的功率为峰值功率。达到峰值功率后,当电流进一步增大,功率逐渐减小。此时电池电压迅速降低,总过电势 $\eta_总$ 迅速增加,燃料的化学能大部分转变为热能,电池发电效率迅速下降。实际应用中,电池通常不在高于峰值功率点的电流下工作,以维持较高的发电效率,并防止电池损坏。

高温燃料电池工作时,反应物和最终产物通常呈气态,形成气体混合物,经过气体流道和电池上的多孔电极抵达电化学反应位点,进行化学能与电能的转换。反应物通过对流和扩散被源源不断地送往反应位点,而产物被送出电池。由于电池在工作时不断消耗反应物并生成产物,所以在电池结构中不同位置的反应物和产物浓度不同。当反应物浓度下降、产物浓度增大,电池电压往往会降低,这种因反应物和产物浓度与入口不同而导致电压下降的现象,称为浓差极化。此外,在反应位点附近,当电化学反应实际发生时,部分能量被用于驱动反应过程,也会导致电池电压下降,这种源于电化学反应进行本身的电压下降,称为活化极化。燃料电池运行时,其阴极和阳极各自发生活化极化。除浓差极化和活化极化外,电荷在流经电池内部和通往外电路的途中会由于欧姆电阻而损失电能,这部分能量损失称为欧姆损失。2.3~2.5 节将详细介绍这些极化过程和损失。

2.2 热力学分析及应用

2.2.1 预测可逆电压

可以用热力学第一和第二定律简单分析一个理想的可逆燃料电池。假定燃料电池中所有的传递和反应过程均可逆,燃料气和空气分别进入燃料电池,反应产物由阴阳极分别排出,则非混合的反应物提供给燃料电池总焓为 $\sum n_i H_i$,燃料电池排出的非混合产物的总焓为 $\sum n_j H_j$,释放的可逆热为 q_{FCrev} 并可逆地传导到环境中。假如电池和环境处于相同的热力学状态,就可以实现这一过程。定义燃料电池吸收的 q_{FCrev} 为正数。燃料电池对外做的可逆有用功为 $-w_{\text{tFCrev}}$。各热力学状态量使用比摩尔量,以燃料量作为参考。

根据热力学第一定律,在等压条件下:
$$\Delta_r H = q_{\text{FCrev}} + w_{\text{tFCrev}} \tag{2.1}$$

即氧化反应的反应焓变 $\Delta_r H$，包括产生的可逆功和热。

热力学第二定律给出：

$$\Delta_r S \geq \frac{q_{FCrev}}{T_{FC}} \quad (2.2)$$

$\Delta_r S$ 为反应熵变，与传导到环境中的热量 q_{FCrev} 相关，由于过程可逆，上式取等号：

$$\Delta_r S = \frac{q_{FCrev}}{T_{FC}} \quad (2.3)$$

由式（2.1）和式（2.3）可得到可逆有用功 w_{tFCrev}：

$$w_{tFCrev} = \Delta_r H - T_{FC} \cdot \Delta_r S \quad (2.4)$$

根据吉布斯自由能的定义，上式右侧实际上是等温条件下 Gibbs 自由能的变化 $\Delta_r G$。因此，在等温、等压条件下，反应的可逆有用功 w_{tFCrev} 等于反应的 Gibbs 自由能的变化 $\Delta_r G$：

$$w_{tFCrev} = \Delta_r H - T_{FC} \cdot \Delta_r S = \Delta_r G \quad (2.5)$$

燃料电池的可逆效率 η_{FCrev} 是在电池的热力学状态下反应的 Gibbs 自由能变化 $\Delta_r G$ 和反应的焓变 $\Delta_r H$ 的比值，由式（2.5）可得：

$$\eta_{FCrev} = \frac{\Delta_r H - T_{FC} \cdot \Delta_r S}{\Delta_r H} = \frac{\Delta_r G}{\Delta_r H} \quad (2.6)$$

但燃料电池的运行环境不可能与环境状态相似，它仅仅是一个人为的模型。只有在一个运行环境和周围环境可逆连接的体系中，才会存在可逆的 SOFC 运行系统，2.3~2.5 节将详细讨论不可逆极化过程带来的影响。

SOFC 可以描述成一个发电装置，可以用热力学来解释它的能量转化过程。图 2.2 以氢气氧化反应为例，描述了一个热力学和电化学过程相结合的 SOFC 内部传输的过程。

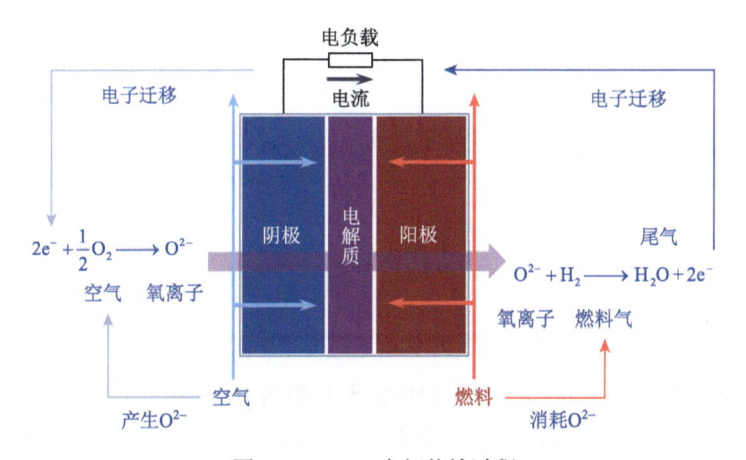

图 2.2 SOFC 内部传输过程

氢气氧化反应的方程如下：

$$H_2 + \frac{1}{2}O_2 \longrightarrow H_2O \tag{2.7}$$

这个反应方程是不依赖于过程的。在 SOFC 中，反应历程取决于阳极和阴极的反应步骤。例如，假设反应步骤为：H_2 被吸附在阳极，失去电子变为 H^+（质子），电子通过外电路转移到负载电路上，在负载上做功。O_2 被吸附在阴极，接受到达阴极的电子形成 O^{2-}，O^{2-} 通过电解质迁移到阳极，与 H^+（质子）反应生成 H_2O。

首先在阳极上发生反应①：

$$H_2 \longrightarrow 2H^+ + 2e^- \tag{2.8}$$

在阴极发生反应②：

$$\frac{1}{2}O_2 + 2e^- \longrightarrow O^{2-} \tag{2.9}$$

O^{2-} 通过电解质转移到阳极，在阳极与 H^+ 发生反应③生成 H_2O。

$$2H^+ + O^{2-} \longrightarrow H_2O \tag{2.10}$$

如图 2.2 所示，生成的 H_2O 与阳极气混合，它的浓度随着燃料利用率 U_f 增大而增大，燃料利用率 U_f 是已反应燃料的流量与进口燃料流量的比值，定义为

$$U_f = 1 - \frac{\dot{m}_{F,ano}}{\dot{m}_{F,in}} \tag{2.11}$$

式中，$\dot{m}_{F,in}$ 是燃料电池阳极进口处的燃料的质量流量；$\dot{m}_{F,ano}$ 是在燃料电池的阳极出口处的燃料的质量流量。同样也可以用摩尔流量来定义。反应物和产物在电极中的混合和扩散过程实际上是不可逆熵增过程，只有当 $U_f \to 0$ 的极限状态下，SOFC 才能可逆运行。由式（2.8）可知，电子的摩尔流量是氢气的摩尔流量的 2 倍，因此：

$$\dot{n}_{el} = 2\dot{n}_{H_2} \tag{2.12}$$

电流 I 与电子的摩尔流量 $\dot{n}_{el}$ 或与已经反应燃料气的摩尔流量呈线性关系，在这个例子中已经反应氢气的摩尔流量是 $\dot{n}_{H_2}$。

$$I = \dot{n}_{el} \cdot (-e) \cdot N_A = -\dot{n}_{el} \cdot F = -2\dot{n}_{H_2} \cdot F \tag{2.13}$$

在式（2.13）中引入了单位电荷 e：

$$e = 1.60217733 \times 10^{-19} C \tag{2.14}$$

法拉第常数 F：

$$F = e \cdot N_A = 96485.309 \, C/mol \tag{2.15}$$

法拉第常数 F 为单位电荷和阿伏伽德罗常数 N_A 的乘积。式（2.13）和式（2.15）表明电流 I 是已反应燃料的度量。因此测量电流就是测量已反应的燃料量的最简单的方法。热力学和电量之间换算可以通过功率而不是功来实现。可逆功率可写

成可逆电压 V_{FCrev} 和电流 I 的乘积,也可写成氢气摩尔流量 $\dot{n}_{\text{H}_2}$ 和电化学反应自由能变 $\Delta_r G$ 的乘积:

$$P_{\text{FCrev}} = V_{\text{FCrev}} \cdot I = \dot{n}_{\text{H}_2} \cdot w_{\text{tFCrev}} = \dot{n}_{\text{H}_2} \cdot \Delta_r G \tag{2.16}$$

由式(2.13)和式(2.16)推导出可逆电压:

$$V_{\text{FCrev}} = \frac{-\dot{n}_{\text{H}_2} \cdot \Delta_r G}{\dot{n}_{\text{el}} \cdot F} \tag{2.17}$$

式(2.12)表明,电子的摩尔流量和已经反应氢气的摩尔流量比值为 2,由此可推知,n^{el} 是一个已经反应的燃料分子在离子化的过程中所释放的电子数,代入式(2.17)就可以得到:

$$V_{\text{FCrev}} = \frac{-\dot{n}_{\text{H}_2} \cdot \Delta_r G}{n^{\text{el}} \cdot \dot{n}_{\text{H}_2} \cdot F} \tag{2.18}$$

最终可得到任何燃料气发生氧化反应的可逆电压:

$$V_{\text{FCrev}} = \frac{-\Delta_r G}{n^{\text{el}} \cdot F} \tag{2.19}$$

前面已经提到,SOFC 内部燃料使用时产生的混合效应使得 SOFC 不能可逆运行,这些效应以及电压降,可以通过将燃料利用率与系统内部组分分压的变化相关联来计算。可将式(2.4)更准确地表达为

$$\Delta_r G(T,p) = \Delta_r H(T,p) - T \cdot \Delta_r S(T,p) \tag{2.20}$$

通常假定气体为理想状态,可得:

$$\Delta_r G(T,p) = \Delta_r H(T) - T \cdot \Delta_r S(T,p) \tag{2.21}$$

用 $dS = (dH - v \cdot dp)/T$ 代替组分 j 的熵 S_j 可得:

$$S_j(T,p) = S_j^0 + \int_{T0}^{T} \frac{C_{pj}(t)}{t} dt - R_m \cdot \ln\left(\frac{p_i}{p_0}\right) \tag{2.22}$$

C_{pj} 是 j 组分的等压热容,在一般假定下,式(2.21)中压力对热容的影响可以忽略不计。可以从式(2.22)得出反应的熵变 $\Delta_r S(T,p)$:

$$\Delta_r S(T,p) = \Delta_r S_0(T) - R_m \cdot \ln K \tag{2.23}$$

平衡常数 K:

$$K = \prod_j \left(\frac{p_j}{p_0}\right)^{v_j} \tag{2.24}$$

式中,v_j 是氧化反应方程式中 j 组分的燃料相对量; p_0 是标准压力:

$$p_0 = 1\,\text{bar}(1\,\text{bar} = 10^5\,\text{Pa}) \tag{2.25}$$

由式(2.21)~式(2.24)可得:

$$\Delta_r G(T,p) = \Delta_r G_0(T) - T \cdot R_m \cdot \ln K \tag{2.26}$$

在理想气体状态下，由式（2.18）、式（2.19）和式（2.26）可推出 Nernst 电势或 Nernst 电压为

$$V_N = \frac{-\Delta_r G_0(T)}{n^{el} F} - \frac{T \cdot R_m \cdot \ln K}{n^{el} F} \quad (2.27)$$

由式（2.27）可分析以氢气（H_2）、一氧化碳（CO）和甲烷（CH_4）为例的可逆氧化反应：

$$CO + \frac{1}{2}O_2 \longrightarrow CO_2 \quad (2.28)$$

$$CH_4 + 2O_2 \longrightarrow 2H_2O + CO_2 \quad (2.29)$$

对于式（2.7）、式（2.28）和式（2.29）的反应，参考热力学数据，在标准状态（25℃，1 bar）下，从式（2.5）和式（2.19）可以得出反应焓、反应熵、自由焓和可逆氧化反应的电压。可逆电池运行环境的热力学状态的变化给出了实际电池在运行环境变化的情况下的行为。首先假定反应熵和反应焓受温度的影响不大，因此在高温下反应的自由能可以近似使用标准状态下的反应熵和反应焓计算，此时自由能与温度是线性关系，进而使用式（2.26）和式（2.27）计算可逆电压。可以分别计算出标准状态，1000℃/1 bar，以及 25℃和 1000℃在 0.1 bar 和 10 bar 时的可逆电池的电压值。相关的热力学数值和计算结果可以从表 2.1 和图 2.3 中查到[1]。

表 2.1 氢气、一氧化碳和甲烷的可逆氧化反应

燃料	H_2	CO	CH_4
$\Delta_r H^\ominus$（kJ/mol）	−241.82	−282.99	−802.31
$\Delta_r S^\ominus$[J/(mol·K)]	−44.37	−86.41	−5.13
$\Delta_r G^\ominus$（kJ/mol）	−228.59	−257.23	−800.68
$\Delta_r G^\ominus$（kJ/mol）(1000℃，1 bar)	−185.33	−172.98	−795.68
n^{el}	2	2	8
$V^\ominus$（V）	1.185	1.333	1.037
V_n（V）(1000℃，1 bar)	0.960	0.896	1.031
$\ln K$（0.1 bar）	1.1513	1.1513	0
$\ln K$（10 bar）	−1.1513	−1.1513	0
V_n（V）(25℃，0.1 bar)	1.170	1.318	1.037
V_n（V）(1000℃，0.1 bar)	0.897	0.833	1.031
V_n（V）(25℃，10 bar)	1.199	1.348	1.037
V_n（V）(1000℃，10 bar)	1.024	0.960	1.031

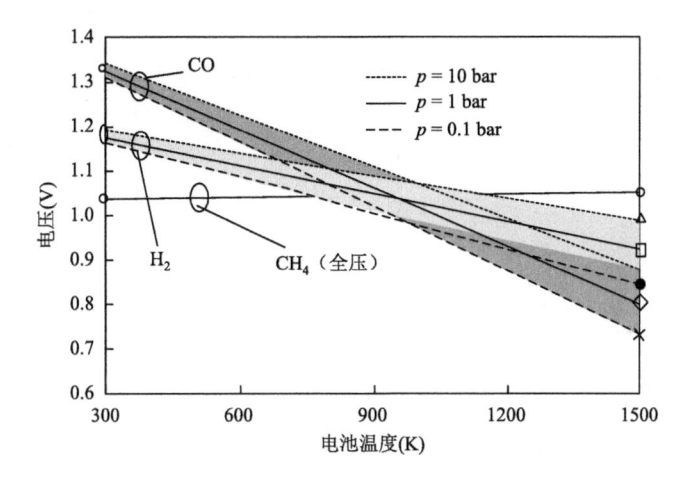

图 2.3　不同燃料在不同温度和分压下的可逆电压[1]

由式（2.7）和式（2.28）可知，H_2 和 CO 被氧化后，产物的总体积比反应物的总体积小，但 CH_4 发生氧化反应时，反应物的总体积与生成物的总体积是相等的，这也可以从平衡常数 K 为 1 看出。这就是 CH_4 氧化反应的可逆电池电压受温度和分压的影响非常小的原因。但是，H_2 和 CO 氧化反应的可逆电池电压随着温度的增加而减小，随着分压的增加而增加。

使用混合燃料，即燃料气含有 H_2、CO 等多种成分时，OCV 可通过阴极和阳极的氧分压计算，详见 Hana 等[2]的著作，此处不再赘述。

2.2.2　预测阳极燃料组分

当 SOFC 使用 CH_4 等碳氢燃料时，除了电化学反应之外，阳极侧还会发生复杂的热化学反应，如表 2.2 所示。因此，阳极侧燃料气的组分及其分布将会非常复杂，但是实际测量又很困难。通过热力学计算能够预测热力学平衡状态下的燃料组成，考虑到 SOFC 运行温度较高，在一些情况下能够非常接近热力学平衡状态。

表 2.2　SOFC 阳极反应

	反应式	焓变 $\Delta H^\ominus$(kJ/mol)
CH_4 重整反应	$CH_4 + H_2O \longrightarrow CO + 3H_2$	206
	$CH_4 + 2H_2O \longrightarrow CO_2 + 4H_2$	165
	$CH_4 + CO_2 \longrightarrow 2CO + 2H_2$	261

续表

反应式	焓变 $\Delta H^{\ominus}$(kJ/mol)
积碳反应 $\quad CH_4 \longrightarrow C + 2H_2$	74.91
$2CO \longrightarrow C + CO_2$	−172.54
水煤气生成反应 $\quad C + H_2O \longrightarrow CO + H_2$	131.31
水汽变换反应 $\quad CO + H_2O \longrightarrow CO_2 + H_2$	−41

在热力学上，吉布斯自由能最小化原理指出，对于有多个化学反应同时发生的系统，平衡状态对应系统吉布斯自由能最小的情形，即：

$$(dG_{system})_{T,p} = (d\sum n_i G_i)_{T,p} = 0 \tag{2.30}$$

式中，G_{system} 是系统的吉布斯自由能，为各组分吉布斯自由能 G_i 之和，是需要进行最小化的目标函数。物质的吉布斯自由能会受到压力或浓度的影响，各组分吉布斯自由能 G_i 可由标准压力下的吉布斯自由能 G_i^0 给出：

$$G_i = G_i^0 + RT \ln a_i \tag{2.31}$$

式中，a_i 是组分 i 的活度，如果假设组分为理想气体，则 a_i 等于气体的分压，对于纯固体或液体活度为1，则系统的吉布斯自由能可以表示为

$$G_{system} = (\sum n_i [G_i^0 + RT \ln(y_i P)])_{gas} + (\sum n_j G_j^0)_{condensed} \tag{2.32}$$

式中，第一项为气态组分的吉布斯自由能之和；第二项为凝聚相的吉布斯自由能之和。在元素守恒的约束条件之下，可以采用拉格朗日乘数法求出 G_{system} 的极小值以及对应的组分浓度等。

在图2.4中比较了不同温度和水碳比（S/C）下甲烷重整反应产物的热力学计算和实际测试结果，图中圆点为实验数据，实线为热力学平衡计算结果。可以看到，在测试温度范围内（650~850℃），不同 S/C 下的实验结果与热力学平衡计算

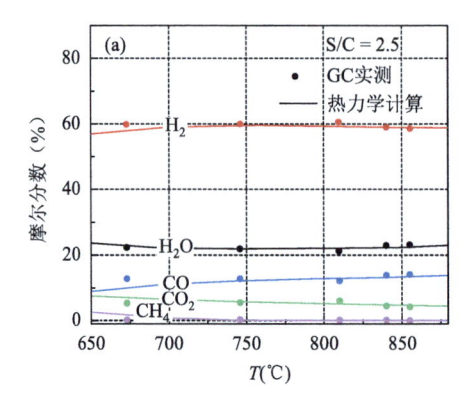

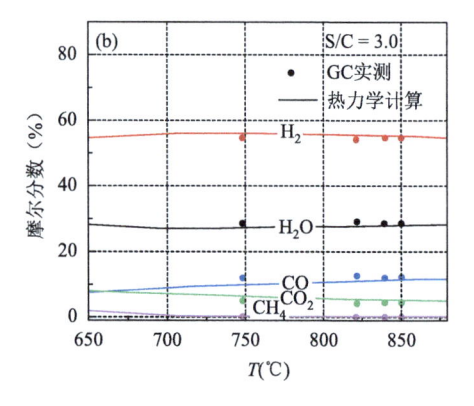

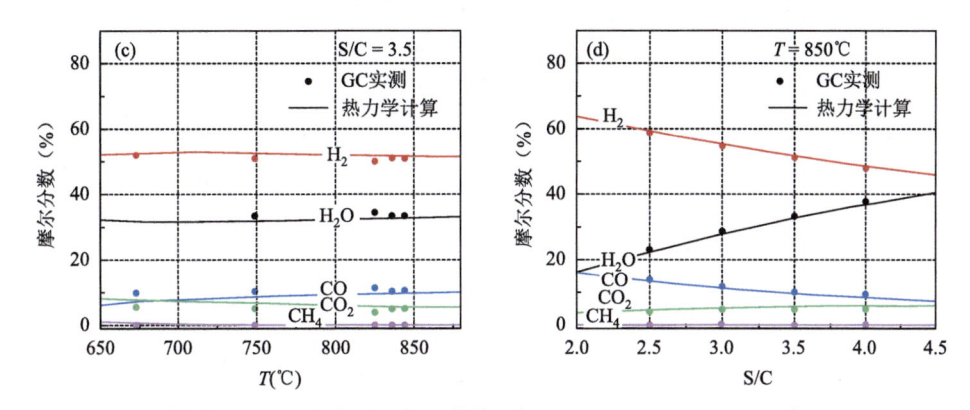

图 2.4　甲烷重整测试结果与热力学平衡计算的比较：(a) S/C = 2.5，不同温度；(b) S/C = 3.0，不同温度；(c) S/C = 3.5，不同温度；(d) 温度 850℃，不同 S/C

结果吻合良好，表明甲烷重整效果比较理想。当温度高于 650℃时，合成气中甲烷浓度低于 5%，基本被完全转化。

2.2.3　预测阳极积碳趋势

当 SOFC 使用 CH_4 等碳氢燃料时，系统中的高温部件会面临积碳的风险，从而对性能有不利影响。首先，Ni-YSZ 阳极可能会发生积碳，影响电池的性能和稳定性。此外，积碳也会发生在重整器、燃料管路、连接体和其他金属部件中，产生污垢，甚至堵塞管路。

在热力学方面，通过对 C-H-O 体系进行热力学平衡计算能够评估不同燃料组分产生积碳的趋势。日本九州大学的 Sasaki 和 Teraoka[3]对各类常见燃料进行了详细的热力学评估，并将不同温度下的积碳边界绘制在 C-H-O 三相图中，如图 2.5 所示。在边界线的上方为积碳区，下方为非积碳区。在 SOFC 通常的运行温度下（700~900℃），大部分的烷烃、烯烃和醇类燃料都处于积碳区。此外，热力学计算结果表明，通过以下三种方法有助于减小积碳的趋势：

(1) 提高运行温度。由图 2.5 可见，积碳区随着温度的升高而收缩，因此部分燃料组分在低温下处于积碳区，但是在高温下则处于非积碳区。但是，这一结论在低氧分压区（图 2.5 左下角）有例外，积碳区随着温度的升高而扩张。

(2) 向燃料中添加 H_2O、CO_2 或 O_2。在图 2.5 中，这三种组分都处于非积碳区，因此将碳氢燃料与一定比例的 H_2O、CO_2 和 O_2 混合，能够使燃料组分从积碳区移动到非积碳区。这一方法实际上是碳氢燃料的重整。

(3) 增加电流。Koh 等[4]在对 C-H-O 体系进行热力学计算时考虑了电流的影响，将电流根据 Faraday 定律折算为 O_2 流量。因此，增加电流与向燃料中添加 O_2 在热力学上是等价的，都有助于减小积碳趋势。

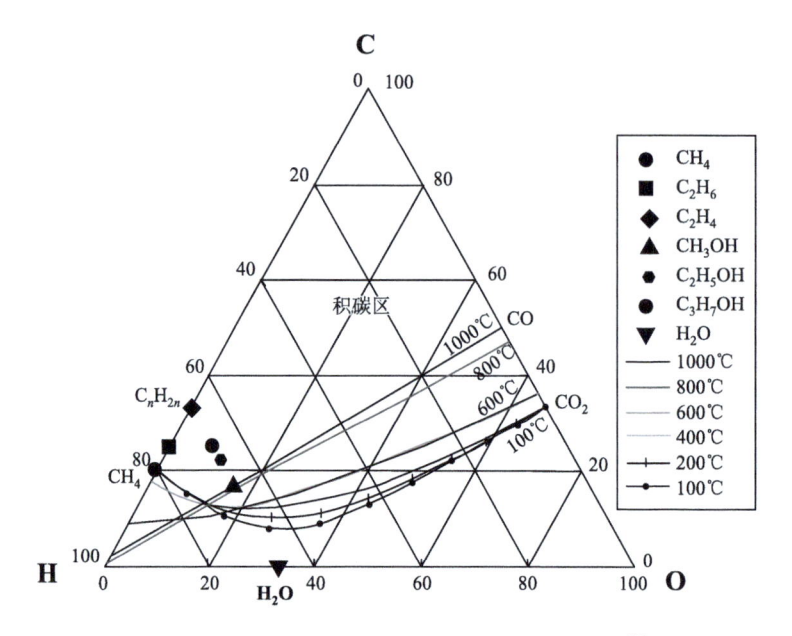

图 2.5 C-H-O 三相图中不同温度下的积碳边界[3]

需要注意的是，热力学计算结果仅能够作为积碳驱动力大小的评估，并不一定与真实的情况相符。例如，已经有大量的实验表明，在热力学预测的非积碳区域也有可能发生积碳，这主要是由于反应动力学的影响[2]。

2.3 活化极化

如上文所述，在 SOFC 中，电化学反应分别在阴极和阳极发生，在等温、等压条件下，最大可能产生的电能即为产物与反应物吉布斯自由能之差。在单个电极中，产物和反应物之一包含带电粒子，而带电粒子的吉布斯自由能随电极电势变化。以使用氢气发电的 SOFC 阳极为例，其电极反应为

$$H_2 + O^{2-} \longrightarrow H_2O + 2e^- \quad (2.33)$$

当电池处于开路状态（图 2.6 中以 OCV 标记），电极反应达到动态平衡，产物和反应物包含电势能的 Gibbs 自由能相等，反应路径中 Gibbs 自由能最高的状态比反应物吉布斯自由能高出的部分为 $\Delta G_{OCV,f}$，即正反应活化能，其中 f 表示正向（forward）。同理，反应路径中吉布斯自由能最高的状态比产物吉布斯自由能高出的部分为 $\Delta G_{OCV,r}$，即逆反应活化能，其中 r 表示逆向（reverse）。开路状态下，$\Delta G_{OCV,f} = \Delta G_{OCV,r}$，此处将正反应活化能简记为 ΔG_{OCV}，如图 2.6（a）所示。此时，阳极、电解质和阴极电势均不相同，如图 2.6（b）所示，其电势差恰好使电极反

应处于动态平衡，否则将发生微量电化学反应释放或吸收电子和离子，改变电势分布使电极反应重新达到平衡。

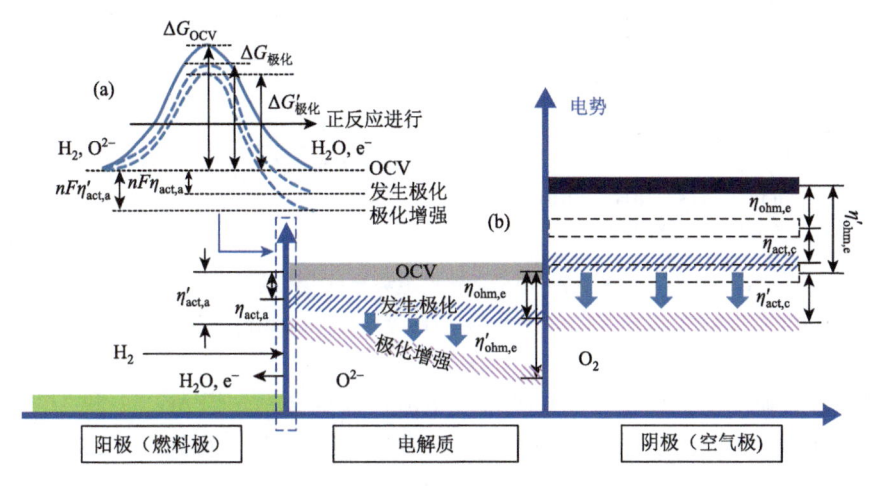

图 2.6　(a) 燃料电极反应过程中 Gibbs 自由能的变化；(b) 电池中电势的分布[5]。图仅定性示意，未按比例绘制

电极反应处于动态平衡时，正反应与逆反应对应的电流大小相等（$i_f = i_r$），恰好相互抵消，对外电路呈现零电流状态，见图 2.7 (a)。单位面积电极上的正反应电流为正反应电流密度 j_f，单位面积电极上的逆反应电流为逆反应电流密度 j_r。其中，正、逆反应电流密度与活化能的关系可由 Arrhenius 关系表示，见式（2.34）、式（2.35）。

$$j_f = j_{ex} \exp \frac{-(\Delta G_f - \Delta G_{OCV})}{R_{gas}T} \tag{2.34}$$

$$j_r = j_{ex} \exp \frac{-(\Delta G_r - \Delta G_{OCV})}{R_{gas}T} \tag{2.35}$$

此时的正逆反应电流密度大小称为交换电流密度 $j_{ex} = j_f = j_r$，其大小与材料性能、微观结构、温度和电极局部气体成分等因素均有关系。

当电池处于发电状态时，电极发生极化，活化过电势不再为零，电极反应动态平衡被打破，正逆反应电流不再相等，总电流出现，见图 2.7 (a)。此时，电势分布改变，如图 2.6 (a) 中标记"发生极化"的曲线所示。以阳极为例，$\Delta G_{极化,f}$（即 $\Delta G_{极化}$）和 $\Delta G_{极化,r}$ 满足关系式（2.36），其中 n 为电极反应式中每摩尔反应所交换的电荷物质的量，此处 $n=2$。F 为法拉第常数。$\eta_{act,a}$ 为燃料电极即此时阳极的活化过电势，其中 a 表示阳极（anode）。

$$\Delta G_{极化,f} - \Delta G_{极化,r} = nF\eta_{act,a} \tag{2.36}$$

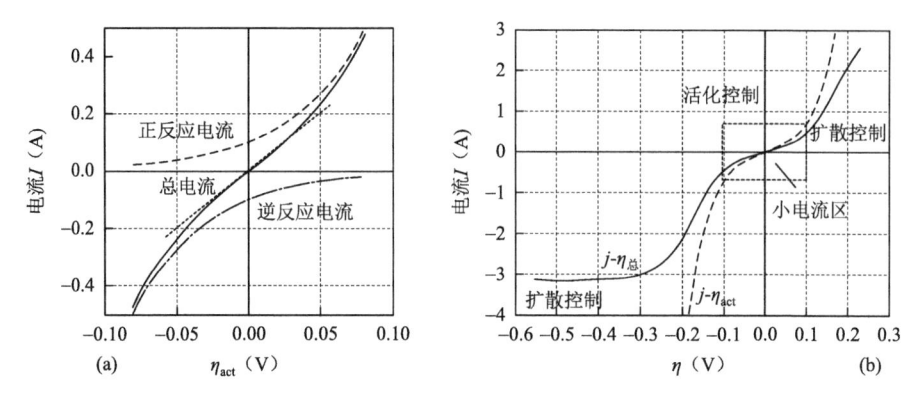

图 2.7 电极活化过电势与总电流的关系

(a) 正反应和逆反应电流与活化过电势的关系；(b) 更大范围下总电流与活化过电势和总过电势的关系

为了确定发生极化时的正逆反应电流，需要分别知道 $\Delta G_{极化,f}$ 和 $\Delta G_{极化,r}$ 相对开路时的变化。由于 $\Delta G_{OCV,f} = \Delta G_{OCV,r}$，重写式（2.36），得到式（2.37）。

$$(\Delta G_{极化,f} - \Delta G_{OCV,f}) + (-\Delta G_{极化,r} + \Delta G_{OCV,r}) = nF\eta_{act,a} \quad (2.37)$$

可见，$(\Delta G_{极化,f} - \Delta G_{OCV,f})$ 与 $(-\Delta G_{极化,r} + \Delta G_{OCV,r})$ 之和为 $nF\eta_{act,a}$。此处假定 $(\Delta G_{极化,f} - \Delta G_{OCV,f}) = \beta nF\eta_{act,a}$，于是 $(-\Delta G_{极化,r} + \Delta G_{OCV,r}) = (1-\beta)nF\eta_{act,a}$，其中 β 是一个无量纲正数，对于一步电荷迁移过程，其值介于 0 和 1 之间，称为迁移系数。

结合式（2.34）和式（2.35），可以写出电流密度与阳极过电势的关系，即 Butler-Volmer 方程：

$$j = j_f - j_r = j_{ex}\left\{\exp\left[\frac{\beta nF\eta_{act}}{R_{gas}T}\right] - \exp\left[-\frac{(1-\beta)nF\eta_{act}}{R_{gas}T}\right]\right\} \quad (2.38)$$

Butler-Volmer 方程给出了由电极过电势计算总电流的方法，但由总电流计算过电势仍需要借助迭代等多步骤数值方法。为了方便计算已知电流密度下的过电势，将其表示为电流密度 j 的初等函数，选取低电流密度和高电流密度的形式推导近似计算公式。

电流密度高低的区分，指的是电流密度 j 与电极交换电流密度 j_{ex} 的相对关系。此处将 $j/j_{ex} \gg 1$ 称为高电流密度，将 $j/j_{ex} \ll 1$ 称为低电流密度。

（1）在低电流密度下，Butler-Volmer 方程可由其在 $j/j_{ex} = 0$，即 $\eta_{act} = 0$ 附近的一阶 Taylor 级数展开近似，见式（2.39）：

$$\frac{j}{j_{ex}} \approx \frac{\beta nF\eta_{act}}{R_{gas}T} + \frac{(1-\beta)nF\eta_{act}}{R_{gas}T} = \frac{nF}{R_{gas}T}\eta_{act} \quad (2.39)$$

即电流密度 j 与交换电流密度 j_{ex} 的比值 j/j_{ex}，与活化过电势 η_{act} 近似成正比。此时，活化过电势与 j/j_{ex} 的关系近似为式（2.40）：

$$\eta_{\text{act}} \approx \frac{R_{\text{gas}}T}{nFj_{\text{ex}}} \cdot j \qquad (2.40)$$

$R_{\text{ct}}^c = R_{\text{gas}}T / nFj_{\text{ex}}$ 项具有面比电阻的单位，也称作电荷迁移电阻 R_{ct}^c。值得注意的是，在低电流密度下，虽然 η_{act} 与电流密度 j 的关系近似线性，但并不符合欧姆定律，因为该过程的响应时间长，其基础物理过程并不同于欧姆电阻。在最简单的情况中，电荷迁移过程可描述为并联的 R||C 电路，在这里时间常数为 $\tau = RC$。直流测试反映不出其响应时间，也确定不了等效电容。等效电路中 R 和 C 的值可通过阻抗测试获得，阻抗的测试和分析在 2.6 节和第 5 章中详细讨论。

（2）在高电流密度下，$nF/RT \cdot \eta_{\text{act}} \gg 1$，正反应电流密度 j_f 和逆反应电流密度 j_r 存在数量级差异。$j/j_{\text{ex}} \gg 1$ 时，$j_f \gg j_r$，$j/j_{\text{ex}} \ll -1$ 时，$j_f \ll j_r$。以正向高电流密度 $j/j_{\text{ex}} \gg 1$ 的情形为例，由于 $j_f \gg j_r \approx 0$，式（2.38）可改写为式（2.41）：

$$\frac{j}{j_{\text{ex}}} \approx \exp\left[\frac{\beta nF\eta_{\text{act}}}{RT}\right] \qquad (2.41)$$

整理式（2.41）可得过电势 η_{act} 的表达式（2.42），即 Tafel 方程：

$$\eta_{\text{act}} \approx \frac{1}{\beta}\frac{RT}{nF}\ln\frac{j}{j_{\text{ex}}} \qquad (2.42)$$

同理，逆向高电流密度 $j/j_{\text{ex}} \ll -1$ 时，过电势的表达式为式（2.43）：

$$\eta_{\text{act}} \approx \frac{-1}{1-\beta}\frac{RT}{nF}\ln\frac{-j}{j_{\text{ex}}} \qquad (2.43)$$

以上是电极中活化极化的基本物理表述，下面针对 SOFC，分别简要介绍阴极和阳极活化极化的物理机制。

2.3.1 阴极活化极化

在 SOFC 阴极，电荷转移反应包含氧气转变为氧离子的过程。其总反应式写作：

$$O_2 + 4e^- \longrightarrow 2O^{2-} \qquad (2.44)$$

阴极电化学反应同时涉及两个电荷传递过程：电子和氧离子传递。在气相存在的固态电化学中，电荷迁移过程可以包括三相或两相：当电极为混合离子-电子导体（mixed ionic electronic conductors，MIEC）时，电荷迁移过程涉及两相：MIEC 电极和孔隙相；当电极为纯电子导体时，电荷迁移过程涉及三相：电解质、电极（电催化剂）和孔隙相。其中，离子传导需要离子导体或电解质，电子传导需要电子导体或电极，气相反应物和产物传输需要孔隙，因此电荷迁移反应将在三相交界的三相界面（TPB）或 MIEC-孔隙的两相界面处发生。交换电流密度 j_{ex}^c 由 TPB 长度等电极微观结构特征决定，如电解质表面单位面积上电催化剂微粒的数量和大小。此外，j_{ex}^c 与 TPB 处的氧分压、电解质中的氧空位浓度、电解质中的氧空位迁移率、电催化剂中的电子浓度和温度均有关系。

图 2.8 是阴极电荷转移反应的示意图。当在 YSZ 上使用多孔纯电子导体如镧锶锰（LSM）阴极时，电荷转移反应受到 LSM-YSZ 界面上的 TPB 长度限制；当使用多孔 MIEC 如镧锶钴铁（LSCF）阴极时，电荷转移反应受到 LSCF 中离子传导和 LSCF 表面氧交换反应速率的限制。在单相 MIEC 电极中，电荷转移反应速率并不受 TPB 长度限制，而是可以在整个电极/气相界面上反应。这样，交换电流密度 j_{ex}^c 由氧分压、MIEC 中的氧空位浓度、MIEC 中的氧空位迁移率、MIEC 中的电子缺陷浓度和温度共同决定。

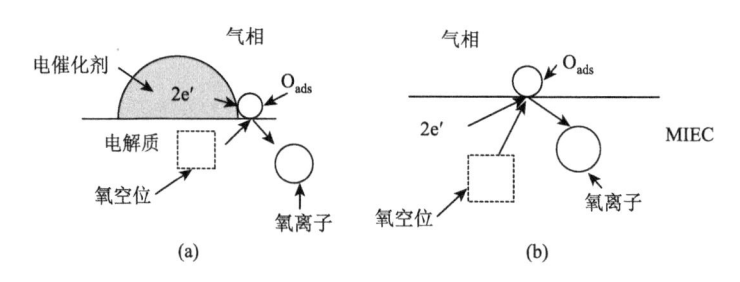

图 2.8　阴极电荷转移反应示意图
（a）纯电子电导阴极材料；（b）MIEC 阴极材料

当致密 YSZ 表面涂覆一层多孔 LSM 时，由于很难准确测量 TPB，所以 R_{ct}^c 或 j_{ex}^c 与 TPB 之间的确切关系尚不明确。然而，可以在数量级上粗略估算。LSM/YSZ 阴极在 800℃时，实验测量的面电阻 R_{ct}^c 数值约 2 Ω·cm²。对于粒径约 1 μm 的 LSM 颗粒，LSM 中孔隙的体积分数约 50%，TPB 在 2×10^4 cm⁻¹ 的数量级。根据电荷迁移电阻和 TPB 长度，定义电荷迁移电阻率 ρ_{ct}^c 为

$$R_{ct}^c = \frac{\rho_{ct}^c}{l_{TPB}} \tag{2.45}$$

那么，ρ_{ct}^c 近似为 40000 Ω·cm。应用定量显微技术分析 LSM 电极，并与电池电阻结果进行对比，可以得到 ρ_{ct}^c 的估计值。ρ_{ct}^c 的估计值在 50000～100000 Ω·cm 量级。但是，ρ_{ct}^c 很少被测量，我们对 ρ_{ct}^c 的了解并不多。对任何一组材料，ρ_{ct}^c 确定了电荷迁移过程，与微观结构（如 TPB）无关。使用同种材料，ρ_{ct}^c 确定时，当需要电荷迁移电阻 R_{ct}^c 下降一个数量级，如由 2 Ω·cm² 降低到 0.2 Ω·cm² 时，LSM 的颗粒尺寸也需要下降一个数量级，如由 1 μm 降到 0.1 μm，但这通常不易实现。因此，为了降低电荷迁移电阻 R_{ct}^c，但使用同一粒径的 LSM，需要考虑其他途径。

当允许电荷迁移反应从单纯的电解质/电极界面进一步扩展至多孔电极内部一定深度时，就有可能大幅降低电荷迁移电阻。

图 2.9 是使用多孔 MIEC 阴极时的电极反应示意图，其中给出了多种物质的迁移路径[1]。可以通过两种办法实现多孔 MIEC 阴极：①直接采用单相多孔 MIEC 材料，如 Sr 掺杂的 LaCoO$_3$（LSC），具备 MIEC 特性；②采用混合物，即电子导体（如 LSM）和离子导体（如 YSZ）的两相多孔混合物。两者的根本区别是：在采用两相混合的情况下，实际上是从微观结构量级（而不是从原子量级）使整体电极具备 MIEC 性能。在两相复合材料做成的 MIEC 电极中，TPB 贯穿于电极层间，电化学反应扩展到电极中，而不只是局限于本身的电解质/电极界面上。在单相 MIEC 电极中，电化学反应可以类似地发生在电极内部一定深度上。

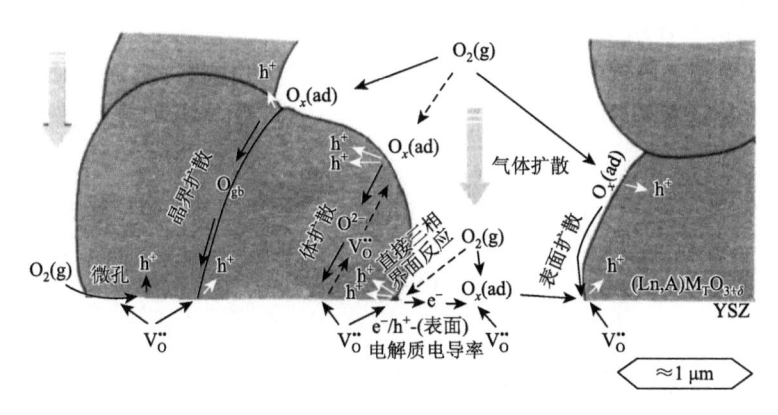

图 2.9 多孔 MIEC 阴极可能的反应路径和对于 SOFC 应用的氧还原反应中包含物质的示意图[1]，其中吸附氧的种类有 O$_x$（ad）：O$_2$（ad），O（ad），O$^-$（ad），O^{2-}（ad）

上述两种方法各有其优缺点。如果采用单相 MIEC 材料，原则上讲，电化学反应发生在整个多孔表面。但是缺点是要求单相 MIEC 材料必须同时有很高的离子电导率和电子电导率，这通常是很难实现的，特别是在氧分压和温度范围跨越很大时。而如果使用两相复合 MIEC 材料，就必须保证两相各自连通，并且有较多的 TPB，这要求对其微观结构要有精确控制。但是，相比单相 MIEC 材料，两相复合 MIEC 可以有选择性地混合两种不同的材料，以便分别优化两相的传输性能，因此具备更高的灵活性。对离子电导部分，可使用多种材料，如 YSZ、掺杂氧化铈、稳定 Bi$_2$O$_3$、LSGM 等；对电子电导部分，可使用的电催化剂有 LSM、Sr 掺杂 LaFeO$_3$（LSF）、Sr 掺杂 LaCoO$_3$（LSC）等。其中 LSF 或 LSC 实际上也具备 MIEC 特性，虽然它们的离子电导率远小于电子电导率，但是仍有助于增加一些额外的反应位点。

多孔 MIEC 电极具有以下特点：

（1）通过连通的孔隙传递气相，使得反应物或产物能够进入或离开反应区。

（2）对于双相 MIEC 材料，电子通过电子电导相传输，氧离子通过离子电导相传输，在 TPB 附近发生电荷转移反应。对于单相 MIEC，电子和氧离子均通过单相 MIEC 传输，沿着多孔 MIEC 表面发生电荷转移反应。

（3）不管是双相还是单相 MIEC 电极，电荷转移反应都会从电解质/电极界面扩展到电极内部一定深度，扩展深度除了与电极材料的传输性能有关，还与电极的微观结构有关。通常，微观结构越精细，扩展深度越小。

（4）在电解质附近，以离子电流传输为主；而在扩展深度以外的电极中，以电子电流传输为主。在扩展深度内部，电流则从电解质附近的离子传输逐渐转变为阴极集流体附近的电子传输，如图 2.10 所示[6]。因此，电极主要是在扩展深度内表现出 MIEC 特性。通常把电极在扩展深度中的区域称为"功能层"或"活性层"，其厚度在几微米至几十微米的量级。

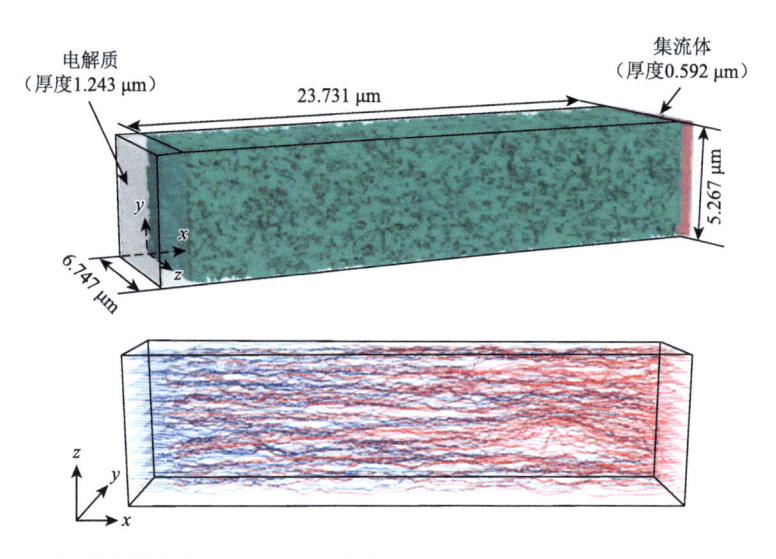

图 2.10 采用数值模拟获得的 LSCF 阴极中的三维电流分布情况（红色代表电子电流，蓝色代表离子电流）[6]

通过单独制备电极中的功能层，可以实现更为精细的微观结构，这种精细结构提高了电化学反应速率，有助于降低活化极化。然而，由于精细结构可能阻碍气体传输，如 Knudsen 扩散效应和可能存在的吸附/脱附效应，精细结构也有不利的一面。因此，通过调节电极微观结构可以减小整体极化，例如，在电解质/电极界面附近，电极表现出精细显微结构和 MIEC 特性；在远离界面处，电极表现出大孔径、疏松的微观结构和电子电导特性。

2.3.2 阳极活化极化

在阳极，电荷转移反应包含燃料气组分被氧化的过程。以氢气和一氧化碳为例，其阳极总反应式写作：

$$H_2 + O^{2-} \longrightarrow H_2O + 2e^- \tag{2.46}$$

$$CO + O^{2-} \longrightarrow CO_2 + 2e^- \tag{2.47}$$

与阴极类似，阳极电化学反应同时涉及两个电荷传递过程：电子和氧离子传递，电荷转移过程同样可以包括三相或两相。目前常见的阳极为 Ni-YSZ 金属陶瓷阳极。YSZ 为氧化钇稳定氧化锆，高温下具有离子导电性，并且可抑制高温下 Ni 颗粒的粗化，同时与 Ni 配合，使阳极具备 MIEC 特性。以下以 Ni-YSZ 阳极为例，介绍阳极活化极化。

以氢气为例，阳极总反应中各反应物和生成物位于不同区域：

$$O^{2-}(\text{YSZ相}) + H_2(\text{气相}) \longrightarrow H_2O(\text{气相}) + 2e^-(\text{Ni相}) \tag{2.48}$$

简化的阳极反应机理涉及以下步骤：

（1）H_2 在阳极 Ni 表面吸附：

$$H_2(\text{气相}) \longrightarrow H_{2\text{ads}}(\text{Ni}) \tag{2.49}$$

（2）吸附的 H_2 表面扩散到 TPB 附近：

$$H_{2\text{ads}}(\text{Ni}) \longrightarrow H_{2\text{ads}}(\text{TPB}) \tag{2.50}$$

（3）电荷转移反应：

$$O_O^x(\text{YSZ}) + H_{2\text{ads}}(\text{TPB}) \longrightarrow H_2O(\text{气相}) + 2e^-(\text{Ni}) + V_O^{\cdot\cdot}(\text{YSZ}) \tag{2.51}$$

类似于阴极活化过电势，阳极活化过电势也与材料性能、微观结构、气氛、温度和电流密度有关，即：

$$\eta_{\text{act}}^a = f(\text{材料性能，微观结构，温度，气氛，电流密度})$$

如上所述，阳极活化过电势可以通过 Butler-Volmer 方程描述，并且可以在低电流密度和高电流密度区域分别近似为线性和 Tafel 关系。其中最为关键的参数是表观交换电流密度，同样地，阳极交换电流密度也取决于一系列参数：

$$j_{\text{ex}}^a = f(\text{TPB，环境中的氢气分压，电解质中的氧空位浓度，氧空位迁移率，温度})$$

2.4 欧姆损失

除超导体外，所有物质对电荷传输都存在电阻，可由最简单的欧姆定律描述，即根据材料电阻率，把电压降和电流密度描述为近似的线性关系。因此，氧离子在电解质中的传输与电解质的离子电阻率相关。类似地，电子（或电子空穴）在电极中的传输也由它们相应的电子电阻率决定（并且由孔隙率和可能存在的绝缘相修正）。由于欧姆电阻的存在，在给定的电流密度下，可以预测相应的电压损失 η_{ohm}，公式如下：

$$\eta_{ohm} = (\rho_e l_e + \rho_c l_c + \rho_a l_a + R_{contact})j \quad (2.52)$$

式中，ρ_e、ρ_c 和 ρ_a 分别是电解质、阴极和阳极的电阻率；l_e、l_c 和 l_a 分别是电解质、阴极和阳极的厚度；$R_{contact}$ 是任何可能的接触电阻。欧姆极化可以用一个等效电路来描述，该电路由一个电阻组成。从本质上讲，它的响应时间基本是零，即它是瞬时的。然而实际上，虽然响应时间非常短，但并不为零。

在 SOFC 中，电解质（如氧化钇稳定氧化锆 YSZ）的离子电阻率远大于阴极（如镧锶锰 LSM）和阳极（如 Ni-YSZ 金属陶瓷）的电子电阻率，所以欧姆电压损失 η_{ohm} 主要来源于电解质。例如，YSZ 在 800℃下离子电阻率约为 50 $\Omega\cdot cm$。然而，LSM 电子电阻率约为 10^{-2} $\Omega\cdot cm$，Ni-YSZ 金属陶瓷的电子电阻率在 10^{-4} $\Omega\cdot cm$ 量级。因此，欧姆极化主要来源于电解质，特别是厚膜电解质支撑的电池。二十一世纪以来，电极或支撑体支撑电池获得了更多的关注，其中电解质厚度约 5~30 μm，欧姆极化较小，因此有助于降低运行温度。同时，使用更高电导率的电解质材料，如掺杂氧化铈和镓酸镧等，同样可以降低欧姆极化。

2.5 浓差极化

在 SOFC 阳极，H_2（或 $H_2 + CO$）燃料气通过多孔阳极到达（或接近）阳极/电解质界面。H_2（或 $H_2 + CO$）与穿过电解质的氧离子在或接近阳极/电解质界面处反应生成 H_2O（或 $H_2O + CO_2$），释放电子并通过外电路传输到阴极。生成的 H_2O（或 $H_2O + CO_2$）从电解质/阳极界面导出，穿过多孔阳极进入燃料气流。受电化学反应原理约束，H_2（或 $H_2 + CO$）和 H_2O（或 $H_2O + CO_2$）的传输与通过电池的净电流成正比。在稳态下，遵循以下方程：

$$|\dot{N}_{H_2}| + |\dot{N}_{CO}| = |\dot{N}_{H_2O}| + |\dot{N}_{CO_2}| = 2|\dot{N}_{O_2}| = \frac{jN_A}{2F} \quad (2.53)$$

式中，$\dot{N}_{H_2}$ 和 $\dot{N}_{CO}$ 分别是氢气和一氧化碳通过多孔阳极到达阳极/电解质界面的流量；$\dot{N}_{H_2O}$ 和 $\dot{N}_{CO_2}$ 分别是水蒸气和二氧化碳通过多孔阳极离开阳极/电解质界面的流量；$\dot{N}_{O_2}$ 是穿过多孔阴极到达阴极/电解质界面的氧气流量；N_A 是阿伏伽德罗常数。

为了简化，用纯氢作为燃料来讨论，式（2.53）简化为

$$|\dot{N}_{H_2}| = |\dot{N}_{H_2O}| = 2|\dot{N}_{O_2}| = \frac{jN_A}{2F} \quad (2.54)$$

通过二元扩散，通常可以实现气相的物质传输，其中有效二元扩散系数是基

本二元扩散系数 $D_{H_2-H_2O}$ 的函数,也是阳极微观结构参数的函数。在很小孔隙尺寸的电极微观结构中,可能存在 Knudsen 扩散、吸附/解吸和表面扩散的效应。在给定的电流密度下,气相物质穿过阳极需形成浓度梯度,反映为电压损失。这种电压损失称为浓差极化(η_{conc}^a):

$$\eta_{conc}^a = f(D_{H_2-H_2O}, 微观结构, 分压, 电流密度)$$

式中,$D_{H_2-H_2O}$ 是二元 H_2-H_2O 扩散系数。此处忽略 Knudsen 扩散、吸附/解吸和表面扩散的效应,η_{conc}^a 随电流密度增加而增加,但不是线性关系。给定稳态电流密度 j,当电流密度围绕 j 小幅度变化时,η_{conc}^a 与 j 的关系近似线性,动态响应可近似由有限长度沃伯格(finite length Warburg,FLW)电路等效[7]。由于电极内组分传输需要时间,FLW 电路的响应时间不为零。

根据实际的测量参数,可获得阳极浓差极化的解析表达式,其中重要的变量之一为阳极极限电流密度。极限电流密度是在阳极-电解质界面处燃料分压(如 H_2)接近为零时的电流密度,此时电池的燃料严重不足。在实际运行过程中出现这种情况时,电压会随电流密度进一步增大骤降。阳极极限电流密度 j_{lim}^a 由以下公式给出:

$$j_{lim}^a = \frac{2F p_{H_2}^a D_{eff}^a}{R_{gas} T l_a} \tag{2.55}$$

式中,$D_{eff}^a = D_{H_2-H_2O} \cdot \varepsilon_a / \tau_a$,是通过阳极的气体有效扩散系数;$l_a$ 是阳极厚度。有效阳极扩散系数包括相关组分即 H_2 和 H_2O 的二元扩散系数 $D_{H_2-H_2O}$、孔隙体积分数 ε_a 和曲折因子 τ_a。假如燃料包括碳氢化合物,则必须考虑气体扩散的多组分特性。

阳极浓差极化可以表达如下:

$$\eta_{conc}^a = \frac{R_{gas} T}{2F} \ln\left(\frac{1 - j/j_{lim}^a}{1 + j/j_{lim}^a}\right) \tag{2.56}$$

由方程可知,当电流密度接近阳极极限电流密度,即当 $j \to j_{lim}^a$,η_{conc}^a 趋向无穷大。因此,可得到的最大电流密度往往要小于 j_{lim}^a。从宏观尺寸和微观结构参数角度看,孔隙体积分数越低,曲折因子越大,阳极越厚,η_{conc}^a 越大。

阳极侧气相扩散过程的特征时间常数可近似表示为

$$t_{conc,a} \sim \frac{l_a^2}{D_{eff}^a} \tag{2.57}$$

对于一个典型的阳极支撑电池,l_a 在 0.5~1 mm 之间,D_{eff}^a 在 0.1~0.5 cm²/s 之间。因此,相应的特征时间在几毫秒到几十毫秒量级。根据测得的电池性能,估算的曲折因子大致范围在 5~20。而根据气体分子迁移的几何路线,估算的曲折因子通常小于 6。实际上,当气体在低孔隙率和小孔隙尺寸的多孔体中扩散时,由实验测得的曲折因子往往更大。较大的曲折因子不能仅仅由几何因素解释，其他因素如 Knudsen 扩散、吸附和表面扩散等可能也起到了一定作用。

类似地，阴极的浓差极化与通过多孔阴极的 O_2 和 N_2 有关。气体中通过阴极到达阴极/电解质界面的净 O_2 流量与净电流密度呈线性，气体传输也是基本二元扩散系数 $D_{O_2-N_2}$ 和阴极微观结构的函数。气体传输通过阴极所受到的阻力反映为电压损失。这种极化损失称为阴极浓差极化：

$$\eta_{\text{conc}}^c = f(D_{H_2-H_2O}, 微观结构, 分压, 电流密度)$$

η_{conc}^c 随电流密度的增加而增加，但不是线性关系。时间常数或响应时间是扩散系数和特征扩散距离的函数，因此，响应时间是非零的有限值。类似于阳极，阴极气相扩散过程的特征时间也符合以下关系：

$$t_{\text{conc},c} \sim \frac{l_c^2}{D_{\text{eff}}^c} \tag{2.58}$$

式中，D_{eff}^c 是通过阴极的气体有效扩散系数；l_c 是阴极厚度。对于阳极支撑的电池，若阴极厚度约为 20 μm，有效阴极扩散系数 D_{eff}^c 约为 0.05 cm²/s，则特征时间约为 0.08 ms，远小于阳极侧相应的特征时间。

根据实际可测的参数，可获得阴极浓差极化的解析表达式。与阳极一样，其中重要参数之一为阴极极限电流密度，极限电流密度是在阴极/电解质界面处氧化剂分压（如 O_2 分压）接近零时的电流密度，此时电池处于缺氧状态。与其他条件综合考虑，这种现象在电池运行中是不会出现的。但是，假如这种现象在运行中出现，电压就会骤降为零。这时阴极极限电流密度就可以表示如下：

$$j_{\text{lim}}^c = \frac{4Fp_{O_2}^c D_{\text{eff}}^c}{\left(\dfrac{p - p_{O_2}^c}{p}\right) R_{\text{gas}} T l_c} \tag{2.59}$$

有效阴极扩散系数包括相关物质的二元扩散系数 $D_{O_2-N_2}$、阴极处孔隙的体积分数 $V_{V(c)}$ 和曲折因子 τ_c。根据电流密度 j、阴极极限电流密度 j_{lim}^c，阴极浓差极化可以表示如下：

$$\eta_{\text{conc}}^c = \frac{R_{\text{gas}} T}{4F} \ln\left(1 - \frac{j}{j_{\text{lim}}^c}\right) \tag{2.60}$$

对于电解质支撑结构电池，阳极浓差极化通常要低于阴极浓差极化，具体原因有：①由于 H_2 的分子质量比其他分子都小，H_2-H_2O 的二元扩散系数 $D_{H_2-H_2O}$ 大约是 O_2-N_2 二元扩散系数 $D_{O_2-N_2}$ 的四到五倍；②在燃料气侧 H_2 的典型分压 $p_{H_2}^a$ 远大于氧化气侧氧气的典型分压 $p_{O_2}^a$。而当 CO 和 CO_2 存在时，由于阳极中发生的水汽变换反应可补充电化学反应消耗的氢气，阳极浓差极化会进一步降低。

而对于阳极支撑结构电池，由于阳极厚度远大于阴极厚度，即 $l_a \gg l_c$，这种情况下，通常是 $j_\text{lim}^\text{c} > j_\text{lim}^\text{a}$。以纯氢作为燃料，阳极厚度在 1 mm 量级，$j_\text{lim}^\text{a}$ 在 800℃ 时可达到 5 A/cm² 甚至更高。因此可制备相对较厚的阳极支撑电池，同时不会过度增大浓差极化，这是阳极支撑结构优于其他电池结构的主要原因之一。

此外，SOFC 中还存在"气体转化损失"[8]。以 H_2-H_2O 混合燃料为例，在 SOFC 实际运行时，$p(H_2, \text{anode})$ 从阳极入口至出口逐渐下降，而 $p(H_2O, \text{anode})$ 则逐渐上升。这会引起理论电动势从入口至出口逐渐降低，因此平均电动势低于理论预测值。对于低温运行（<100℃）的燃料电池，如 PEMFC，由于电化学反应产生的 H_2O 为液态，因此阳极气体转化过程不会产生电压损失。此外，气体转化损失在工业大尺寸 SOFC 中比较明显，尺寸较小的纽扣电池中由于燃料过量，几乎没有气体转化损失。

2.6 交流电化学阻抗谱

图 2.11 中再次展示了 SOFC 的典型伏安特性曲线，与图 2.1 不同的是，图 2.11 中定性地标注了上述各项极化损失。随着电流密度的增加，各类极化损失均逐渐增长，共同导致电池的输出电压降低。在电流较小时，活化极化损失增长最快，因此 I-V 曲线的小电流段为活化极化主导区域；而在电流较大时，浓差极化损失增长最快，因此 I-V 曲线的大电流段为浓差极化主导区域。特别是对于目前广泛使用的阳极支撑电池，由于阳极支撑体较厚，燃料气和反应产物的扩散路径较长，在 I-V 曲线的大电流段展现出显著的阳极侧浓差极化。

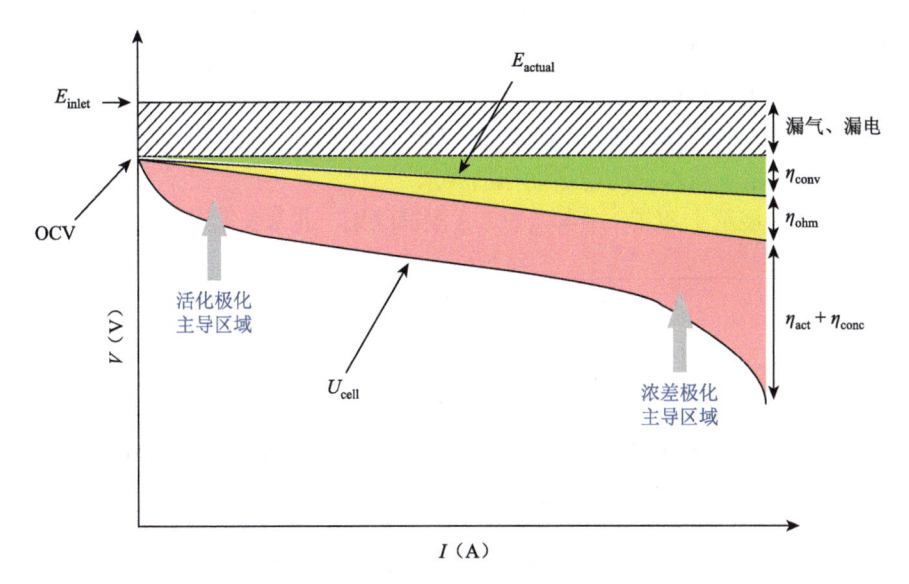

图 2.11 SOFC 中典型的 I-V 曲线及各类极化损失

然而，在实际测量 I-V 曲线时，由于各类极化损失同时产生，很难分辨损失的具体来源。为了分别对各类极化损失进行研究，可以采用交流电化学阻抗谱（electrochemical impedance spectroscopy，EIS）方法。

EIS 测试的基本原理是：对电化学系统施加一个小幅度的交流电流（或电压）扰动，根据系统的电压（或电流）响应信号计算相应的传递函数。由于该传递函数表示为交流电压与电流之比，因此可称为阻抗，不同扰动频率下的阻抗即构成阻抗谱。EIS 由于蕴含了系统中电化学反应、传质过程和欧姆损耗等动力学信息，已被广泛地应用于燃料电池、锂离子电池、超级电容器等电化学器件的研究当中[9, 10]。

假设 EIS 测试时施加的扰动信号为

$$i(t) = i_0 \sin(\omega t) \tag{2.61}$$

式中，i_0 是扰动电流的振幅；ω 是角频率，$\omega = 2\pi f$。若测得的电压响应为

$$u(t) = u_0(\omega) \sin(\omega t + \varphi(\omega)) \tag{2.62}$$

则被测系统的复数阻抗可表示为

$$\bar{Z}(\omega) = \frac{u_0(\omega)}{i_0(\omega)} e^{i\varphi(\omega)} = Z_{re}(\omega) + iZ_{im}(\omega) \tag{2.63}$$

EIS 测试的有效性需满足以下三个条件[11]：

（1）因果性（causality）：被测响应信号应当完全依赖于施加的扰动信号，而与系统以外的其他因素无关；

（2）线性（linearity）：被测响应信号应当是扰动信号的线性函数，即响应信号和扰动信号的关系满足可加性；

（3）时不变性（time-invariance）：被测响应信号与输入扰动信号的关系与测试时间无关，即任何时刻进行测试，结果都应该完全相同。

因果性主要是对被测系统的运行工况、环境因素等外部稳定性作出要求；线性对扰动信号的幅值作出要求（扰动信号较小时可认为满足线性关系）；时不变性则主要是对被测系统本身的稳定性作出要求。

图 2.12 中展示了 SOFC 中典型的 EIS 测试结果，通常表示为 Nyquist 图或 Bode

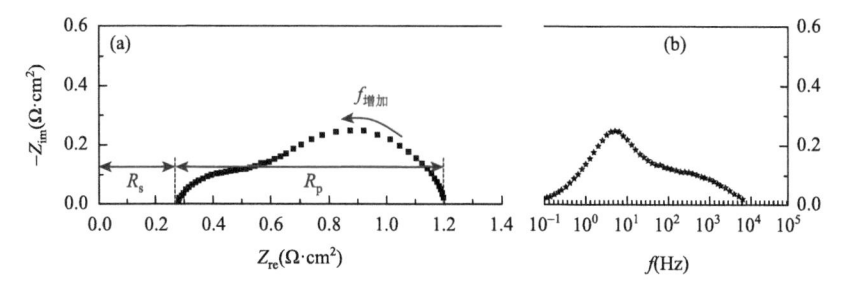

图 2.12 SOFC 中典型的 EIS 测试结果

（a）Nyquist 图；（b）Bode 图

图两种形式。在 Nyquist 图中，若不考虑电感的影响，则 EIS 高频端与实轴的交点即为欧姆电阻（R_s），EIS 低频端与实轴的交点即为总内阻，总内阻减去 R_s 即为极化电阻（R_p）。通过 EIS 测得的总内阻应当与 j-V 曲线在对应电流下的斜率相等，即为面比电阻（ASR）。

通过 EIS 测试能够分辨 SOFC 中的欧姆电阻和极化电阻，但是由于各项极化阻抗在 EIS 中严重重叠，无法清晰地区分不同的电极过程。因此，通常需要借助适宜的等效电路模型（ECM）对 EIS 测试结果进行拟合分析。ECM 中的基本元件包括常见的电子元件如电阻、电容和电感，以及根据电极过程模型抽象得到的阻抗元件，如常相位角元件（constant phase angle element，CPE）、Warburg 元件（G-FLW）和 Gerischer 元件等[7, 12]，这些元件的阻抗特性将在第 5 章中详细介绍。

需要说明的是，ECM 的建立和选取具有一定的主观性，这会影响阻抗分析的结果。由图 2.12（a）可见，SOFC 中典型的 EIS 通常包含两个半圆弧，因此早期研究者们通常采用"$R + (R//CPE) + (R//CPE)$"形式的 ECM 进行阻抗分析。但是，理想的 ECM 应当具有明确的物理含义，即 ECM 中的每个元件都有与之对应的基本物理/化学过程，这就需要对多孔电极中复杂的电化学反应机理和传质过程有准确的认识。例如，日本产业技术综合研究所（AIST）的 Sumi 等[13]选择了图 2.13（a）所示的多个（R//C）串联的 ECM 研究微管式 SOFC 的阻抗特性。卡尔斯鲁厄理工学院（KIT）的 Leonide 等[14]建立了图 2.13（b）所示的 ECM 研究平板式 SOFC 的阻抗特性，其中阳极侧电极反应通过两个（R//CPE）元件

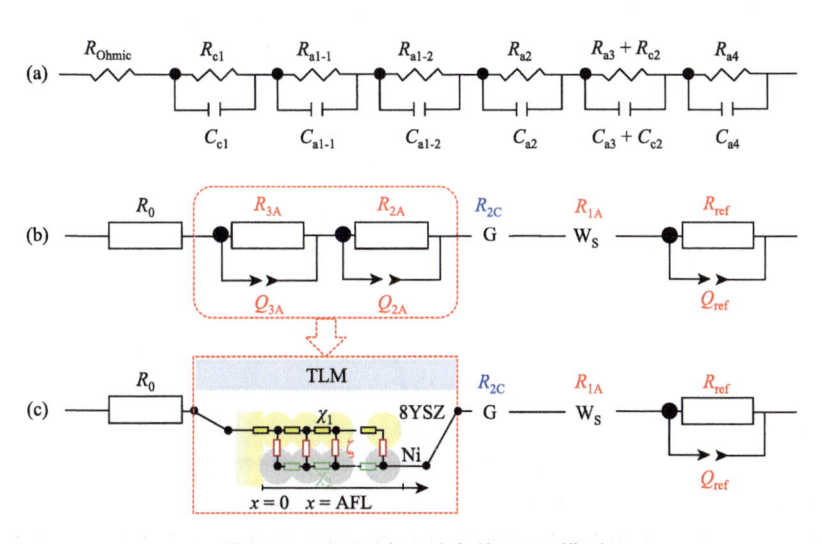

图 2.13 不同研究者建立的 ECM 模型

(a) Sumi 等[13]；(b) Leonide 等[14]；(c) Dierickx 等[15]

串联表示，阴极侧电极反应通过 Gerischer 元件表示，而阳极侧气相扩散阻抗通过 G-FLW 元件表示。Dierickx 等[15]进一步发展了 Leonide 等建立的 ECM 模型，使用传输线模型（TLM）描述阳极功能层（AFL）中的电荷转移反应引起的极化阻抗 [图 2.13（c）]。

使用不同的 ECM 拟合同样的 EIS 测试数据，可能都能得到较小的拟合误差，但是研究结论可能相互矛盾。因此，选择合理的 ECM 对于阻抗分析至关重要。近期发展起来的弛豫时间分布（DRT）能够为 ECM 的选取提供指导[16-18]。DRT 计算不需要依赖具体的物理/化学过程，因此能够避免主观因素带来的影响。这一方法将在第 5 章中详细介绍。

2.7 本章小结

从热力学的角度可以理解 SOFC 的能量转化过程。在理想可逆状态下（等温、等压条件下），SOFC 可输出的最大有用功等于反应的吉布斯自由能。由吉布斯自由能很容易得到 Nernst 方程，从而确定 SOFC 的理论电动势。此外，基于吉布斯自由能最小化的热力学分析方法能够帮助确定平衡状态下阳极侧的燃料组分，这对研究 SOFC 在含碳等复杂燃料下的特性十分有益。SOFC 的实际电压由理论电动势和各类不可逆极化过程引起的电压损失共同决定，具体包括活化极化、欧姆极化和浓差极化等，对于各类极化过程的深入理解是抑制损失、提升电池性能的基础。交流电化学阻抗谱（EIS）有助于分辨不同响应时间的电极过程，随着近年来 ECM 和 DRT 等分析方法的发展，EIS 在电化学领域引起了越来越多的关注。

参 考 文 献

[1] Kendall K, Kendall M. High-Temperature Solid Oxide Fuel Cells for the 21st Century: Fundamentals, Design and Applications[M]. 2nd ed. Amsterdam: Elsevier, 2015.

[2] Hanna J, Lee W Y, Shi Y, et al. Fundamentals of electro-and thermochemistry in the anode of solid-oxide fuel cells with hydrocarbon and syngas fuels[J]. Progress in Energy and Combustion Science, 2014, 40: 74-111.

[3] Sasaki K, Teraoka Y. Equilibria in fuel cell gases: II. the C-H-O ternary diagrams[J]. Journal of the Electrochemical Society, 2003, 150 (7): A885.

[4] Koh J H, Kang B S, Lim H C, et al. Thermodynamic analysis of carbon deposition and electrochemical oxidation of methane for SOFC anodes[J]. Electrochemical and Solid-State Letters, 2001, 4 (2): A12.

[5] Lyu Z, Li H, Wang Y, et al. Performance degradation of solid oxide fuel cells analyzed by evolution of electrode processes under polarization[J]. Journal of Power Sources, 2021, 485: 229237.

[6] Matsuzaki K, Shikazono N, Kasagi N. Three-dimensional numerical analysis of mixed ionic and electronic conducting cathode reconstructed by focused ion beam scanning electron microscope[J]. Journal of Power Sources, 2011, 196 (6): 3073-3082.

[7] Boukamp B A. Derivation of a distribution function of relaxation times for the (fractal) finite length Warburg[J].

Electrochimica Acta, 2017, 252: 154-163.

[8] Primdahl S, Mogensen M. Gas conversion impedance: a test geometry effect in characterization of solid oxide fuel cell anodes[J]. Journal of the Electrochemical Society, 1998, 145 (7): 2431-2438.

[9] Boukamp B A. Electrochemical impedance spectroscopy in solid state ionics: recent advances[J]. Solid State Ionics, 2004, 169 (1-4): 65-73.

[10] Tang Z, Huang Q A, Wang Y J, et al. Recent progress in the use of electrochemical impedance spectroscopy for the measurement, monitoring, diagnosis and optimization of proton exchange membrane fuel cell performance[J]. Journal of Power Sources, 2020, 468: 228361.

[11] Boukamp B A. A linear Kronig-Kramers transform test for immittance data validation[J]. Journal of the Electrochemical Society, 1995, 142 (6): 1885-1894.

[12] Boukamp B A, Bouwmeester H J M. Interpretation of the Gerischer impedance in solid state ionics[J]. Solid State Ionics, 2003, 157 (1-4): 29-33.

[13] Sumi H, Shimada H, Yamaguchi Y, et al. Degradation evaluation by distribution of relaxation times analysis for microtubular solid oxide fuel cells[J]. Electrochimica Acta, 2020, 339: 135913.

[14] Leonide A, Sonn V, Weber A, et al. Evaluation and modeling of the cell resistance in anode-supported solid oxide fuel cells[J]. Journal of the Electrochemical Society, 2008, 155 (1): B36.

[15] Dierickx S, Joos J, Weber A, et al. Advanced impedance modelling of Ni/8YSZ cermet anodes[J]. Electrochimica Acta, 2018, 265: 736-750.

[16] Dierickx S, Weber A, Ivers-Tiffée E. How the distribution of relaxation times enhances complex equivalent circuit models for fuel cells[J]. Electrochimica Acta, 2020, 355: 136764.

[17] Ivers-Tiffée E, Weber A. Evaluation of electrochemical impedance spectra by the distribution of relaxation times[J]. Journal of the Ceramic Society of Japan, 2017, 125 (4): 193-201.

[18] Boukamp B A. Distribution (function) of relaxation times, successor to complex nonlinear least squares analysis of electrochemical impedance spectroscopy?[J]. Journal of Physics: Energy, 2020, 2 (4): 042001.

第 3 章 单电池关键材料

3.1 SOFC 电解质

3.1.1 电解质材料的基本要求和种类

电解质是 SOFC 单电池的核心，主要起传导氧离子的作用。具体要求如下：

（1）电导率：在两侧氧化/还原双重气氛中，电解质要有足够高的离子电导率，一般要求工作温度下离子电导率大于 10^{-2} S/cm，以及极低的电子电导率，并且在较长的时间内保持稳定；

（2）气密性：电解质要具有高致密性，从室温到操作温度下，都不允许燃料气和氧气渗漏；

（3）稳定性：在氧化/还原气氛中及从室温到工作温度范围内，电解质必须保持化学稳定、晶型稳定和结构稳定；

（4）相容性：在工作温度和制备温度下，电解质应与其他组元化学相容性良好，相互之间不发生反应；

（5）热膨胀性：从室温到工作温度和制备温度范围内，电解质都应该与其他组元的热膨胀系数相匹配，以避免电极开裂、变形和脱落；

（6）其他：较高的机械强度和韧性，易加工性和低成本。

十九世纪九十年代，Nernst 首次发现了含有 15%（质量分数）Y_2O_3 的 ZrO_2，即氧化钇稳定氧化锆（YSZ），在高温下具有导电性，并制成历史上著名的 Nernst 灯，但当时并不清楚其氧离子传导机理。1937 年，Baur 和 Preis 首先将这种氧化锆陶瓷应用于燃料电池中。1943 年，Wagner 发现了混合氧化物固溶体中阴离子亚晶格存在空位，并解释了 Nernst 灯的导电机理。因此，Nernst 灯被认为是最早实现应用的固体电解质燃料电池。此后数十年，研究者们相继开发了多种固体氧化物材料用于 SOFC 电解质，在图 3.1 中比较了一些常见电解质材料的离子电导率。根据结构类型，目前应用最广泛的电解质材料主要包括两类——萤石结构氧化物和 $LaGaO_3$ 基钙钛矿结构氧化物。

萤石型结构是阳离子形成的面心立方排列，阴离子占据所有四面体的间隙，并存在大量八面体空位。因此，它是一种开放型结构，可以实现快速离子传导。ZrO_2 是一种应用广泛的氧化物陶瓷，纯 ZrO_2 在室温下是单斜晶系，只有到高温下

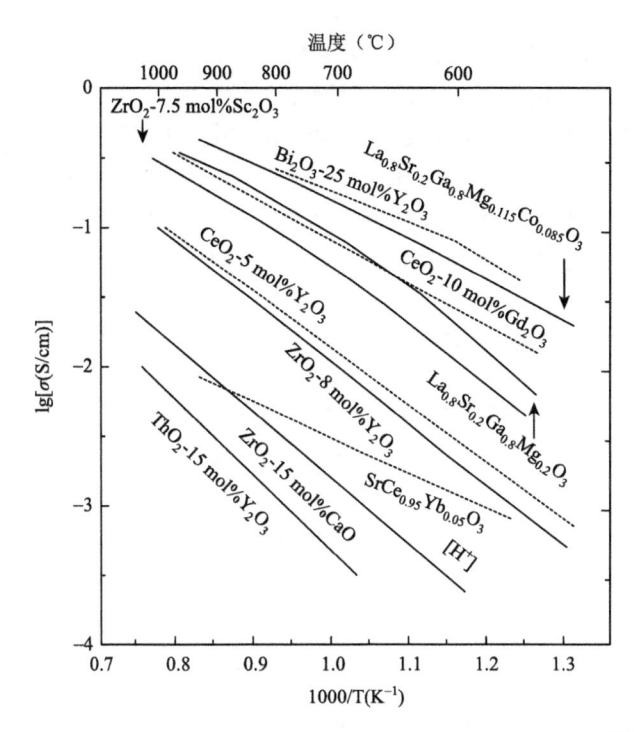

图 3.1 常见 SOFC 电解质材料在不同温度下的电导率对比[3]

mol%表示摩尔分数

才呈现萤石结构。因此 ZrO_2 基电解质必须掺杂适量的低价氧化物（如 Y_2O_3、Sc_2O_3、CaO 或 MgO 等），才能在较低温度下形成稳定的萤石结构固溶体。另外一种萤石型结构的氧化物是 CeO_2，也可以作为电解质，非常适合于中低温 SOFC（500~700℃）。但是，纯 CeO_2 是 N 型半导体，依赖于小极化子迁移导电，离子电导率很低，因此同样需要引入掺杂相，如三价的 Gd_2O_3、Sm_2O_3、La_2O_3 或 Pr_2O_3 等，来增加氧空位浓度，提高氧离子导电性。

钙钛矿结构（ABO_3）氧化物也可以用于 SOFC 电解质。其中代表性材料为 $LaGaO_3$ 基钙钛矿材料，由 Goodenough 等和 Ishihara 等最先用于 SOFC 电解质[1]。此外，具有质子传导能力的 $BaCeO_3$ 基钙钛矿电解质及其单电池用作 SOFC 发电和固体氧化物电解池（SOEC）电解的研究也已经成为研究热点和前沿[2]。

3.1.2 氧化锆基电解质

氧化锆（ZrO_2）是一种用途广泛的氧化物陶瓷，它具有优良的化学稳定性，可以作为高级耐火材料、工程陶瓷以及医用陶瓷等。ZrO_2 是一种多晶型化合物，常温下是单斜结构，在 1170℃转变为四方结构，2370℃时为面心立方结构。四方氧化锆被称为"部分稳定"结构，立方氧化锆被称为"完全稳定"结构。纯 ZrO_2 并不导电，在掺入一定量掺杂剂后，其离子电导率明显增加，如图 3.2 所示。对于最常见的掺杂剂如 Y_2O_3 或 Sc_2O_3，掺杂后的 ZrO_2 分别称为 YSZ 和 ScSZ，当掺杂量约为 8 mol%～10 mol%时的电导率最高。如果掺杂剂浓度超过这一范围，会导致缺陷聚集和关联效应增加，从而提高氧离子迁移的活化能，降低电导率。对于每一种掺杂剂，均存在电导率最优的掺杂剂浓度，不同掺杂剂的最优掺杂浓度有所不同。在最常见的 Y_2O_3-ZrO_2 系统中，8 mol%～9 mol% Y_2O_3 掺杂的 ZrO_2 为完全稳定的立方相，并表现出最大的电导率。

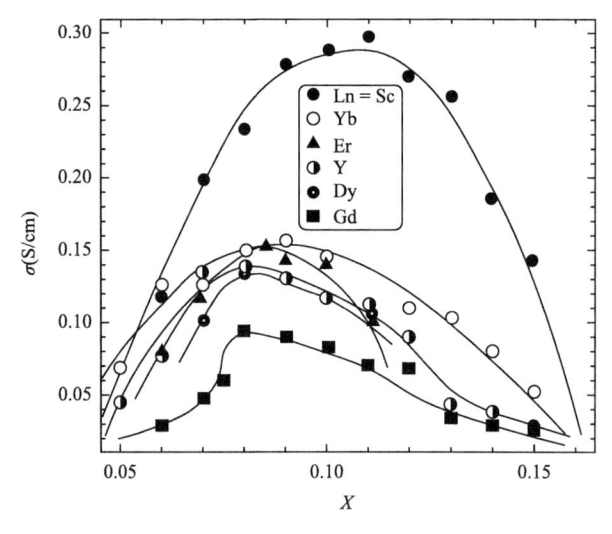

图 3.2 ZrO_2 基电解质的电导率随掺杂剂浓度的变化[4]

但是，YSZ 材料力学性能一般，其抗弯强度为 250～400 MPa，断裂韧性为 1～3 $MPa·m^{1/2}$，并且会随着温度升高有明显降低，这对于它作为电解质材料有一定限制。在 Y_2O_3-ZrO_2 系统中，低 Y_2O_3 含量（2%～3%，摩尔分数）下具有四方相稳定结构，通常称作 TZP，由于应力诱导相变作用，在室温和高温下都表现出很好的力学性能，抗弯强度可达 1000 MPa 以上，断裂韧性可达 10～15 $MPa·m^{1/2}$。在 500℃ 以下时，TZP 的离子电导率比 YSZ 高，但是在高温时，其电导率下降了一个数量级，同时相变容易引起显著衰减[5]。不断发展的纳米材料技术，不仅降低了 TZP 材料烧结温度，而且获得了小晶粒、多晶界 TZP 陶瓷体系，材料电导率受晶界部分电导率影响明显。Ramamoorthy 等[6]研究发现，在 10 nm～1 μm 超细粒度范围内，2 mol%～12 mol% Y_2O_3-ZrO_2 中受晶粒尺寸效应的影响，3 mol% Y_2O_3-ZrO_2 具有最大电导率。P. Mondal 等获得了类似结果，在平均晶粒尺寸为 25～50 nm 时，对应 1.7 mol%～2.9 mol% Y_2O_3-ZrO_2 体系中，其晶界电导率比微米级晶粒的晶界电导率高出 1~2 个数量级，对应晶粒和晶界处活化能分别为（0.83±0.03）eV 和（1.03±0.03）eV，分别比微米级材料对应的活化能有明显下降。试验得到的纳米材料总电导率与微米级材料的基本相当。Sawaguchi 和 Ogawa[7]通过理论计算模拟了氧离子在 YSZ 单晶中的扩散，并导出了氧离子扩散的活化能。上述结果为 TZP 用作 SOFC 电解质材料提供了借鉴。

ZrO_2 具有非常好的化学稳定性，在纯 H_2 气氛下不会发生化学还原。其与 NiO 的反应可以忽略不计，易于加工成 NiO-YSZ 复合电极。虽然 ZrO_2 在燃料电池运行中没有还原的迹象，但它可以在电解模式的 Ni-YSZ 电极上在阴极偏压下进行电化学还原。掺杂 ZrO_2 在烧结过程和长期反应中与含 Sr 的电极材料发生反应，在电解质的界面形成绝缘的 $SrZrO_3$ 相，此外，还会与掺杂氧化铈隔离层在高温烧结过程中生成部分（Ce，Zr）O_2 固溶体。尽管如此，掺杂 ZrO_2 仍然是迄今为止已知的最稳定的电解质材料，广泛用于商业 SOFC 单电池制备。

另外，掺杂的萤石结构电解质的电导率不仅取决于掺杂剂的浓度，还取决于掺杂剂的离子半径。在 ZrO_2 系统中，由于点阵应力和位阻效应影响，取代 Zr^{4+} 的阳离子半径越小，与 Zr^{4+} 越接近，其电导率越高。由于 Sc^{3+} 的离子半径与 Zr^{4+} 的离子半径更接近，所以用 Sc^{3+} 代替 Y^{3+} 电导率更高。在全稳定 ZrO_2 中，10 mol% Sc_2O_3 掺杂 ZrO_2（ScSZ）电导率最大，是 YSZ 的 2.5 倍，目前 Sc_2O_3-ZrO_2 体系作为 SOFC 电解质材料也有一定的应用。在 8 mol%Sc_2O_3-ZrO_2 中，四方相和立方相共存，在高温下离子电导率最高，但在 1000℃下，其衰减也很明显；11 mol%~12 mol%Sc_2O_3-ZrO_2 为菱形晶相，在高温下离子电导率稳定，但在加热和冷却过程中，菱形晶相和立方晶相之间的转化会引起体积和电导率变化。Yashima 等[8]研究了 ZrO_2-Sc_2O_3 体系相图，10 mol%Sc 掺杂的 ZrO_2（10ScSZ）电导率对温度变化依赖明显，含量较低的 ScSZ 在长期处于高温下时电导率有衰减。含量小于 10 mol%~11 mol%的 ScSZ 在 1000℃退火时衰减最明显[9]。含 9 mol%的 ScSZ 在 1000℃老化 1000 h 后，电导率由 0.28 S/cm 下降到 0.12 S/cm，与 9 mol%的 Y_2O_3-ZrO_2 相当。

Sc_2O_3-ZrO_2 体系在较低的温度下具有良好的离子导电性，然而，其立方相并不是完全稳定的，容易发生相变。以少量其他元素替代 Sc_2O_3，如 Ce^{4+}或 Al^{3+}，可以使 Sc_2O_3-ZrO_2 体系在室温下形成稳定立方相。Lee 等[10]已经证明了 Sc_2O_3-CeO_2-ZrO_2 的共掺杂具有良好的稳定性和导电性。1 mol%CeO_2-10 mol%Sc_2O_3 具有较高的电导率值，并且没有明显的高温衰减。这些 ZrO_2 基电解质的离子电导率的温度依赖性如图 3.3 所示。ZrO_2 基电解质的抗弯强度及其热膨胀系数如表 3.1 所示。ScSZ 显示出类似于 8YSZ 的力学性能，但是离子电导率更高。含 11 mol%Sc_2O_3 和 1 wt%（wt%表示质量分数）Al_2O_3 的 ZrO_2 因其高氧离子电导率、相稳定性和优异的力学性能而成为中温 SOFC 的最佳候选材料之一。

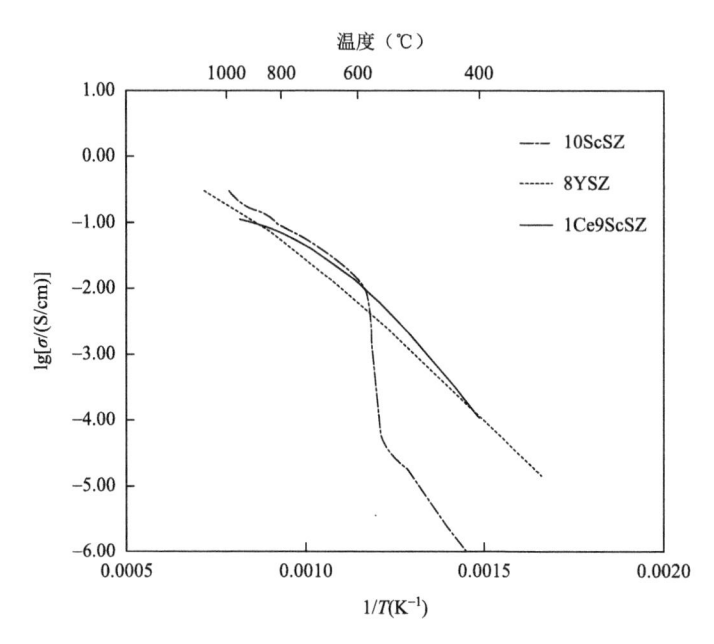

图 3.3 常用 ZrO_2 基电解质的离子电导率

表 3.1 常用 ZrO_2 基电解质的电导率稳定性、抗弯强度及其热膨胀系数

电解质材料	1000℃下电导率（S/cm） 老化前	1000℃下电导率（S/cm） 老化后	抗弯强度（MPa）	热膨胀系数（10^{-5} K^{-1}）
ZrO_2-3 mol%Y_2O_3	0.059	0.050	1200	10.8
ZrO_2-3 mol%Yb_2O_3	0.063	0.09		
ZrO_2-2.9 mol%Sc_2O_3	0.090	0.063		
ZrO_2-8 mol%Y_2O_3	0.13	0.09	230	10.5
ZrO_2-9 mol%Y_2O_3	0.13	0.12		
ZrO_2-8 mol%Yb_2O_3	0.20	0.15		
ZrO_2-10 mol%Yb_2O_3	0.15	0.15		
ZrO_2-8 mol%Sc_2O_3	0.30	0.12	270	10.7
ZrO_2-11 mol%Sc_2O_3	0.30	0.30	255	10.0
ZrO_2-11 mol%Sc_2O_3-1 wt% Al_2O_3	0.26	0.26	250	

3.1.3 氧化铈基电解质

掺杂氧化铈（如 10 mol%～20 mol%的 Gd_2O_3 或 Sm_2O_3 掺杂 CeO_2）在低温下（约 600℃）的离子电导率较高，而且 CeO_2 基电解质与现有电极材料的化学兼容

性很好。但是，CeO_2 基电解质在高温和还原性气氛中，电解质内部发生电子传导，导致电池开路电压明显下降；而且 Ce^{4+} 容易被还原成为 Ce^{3+}，氧的缺失使晶体单元膨胀，在较高的温度（>750℃）下，CeO_2 的化学膨胀可以达到几个百分点，使电解质内部产生微裂纹。因此 CeO_2 基电解质的使用温度普遍低于 650℃。此外，CeO_2 基电解质材料的烧结致密化温度较高，一般在 1400~1600℃。采用添加助烧剂的方法可以明显降低 CeO_2 基电解质的致密化温度，如在 GDC 中添加 5%mol Li_2O 可以将烧结致密化温度从 1400℃以上降低到 900℃。但添加助烧剂后的电解质对电极性能以及电池长期稳定性的影响还不明确。

掺杂 CeO_2 为立方萤石结构，由于 Ce^{4+} 的离子半径较大，立方相在室温下稳定。与氧化锆类似，未掺杂的 CeO_2 由于氧空位较少，离子传导能力较差。在温度和氧分压变化时，可以形成具有氧缺位型结构的 $CeO_{2-\delta}$。在 δ 较小时（$\delta < 10^{-3}$），主要离子缺陷是二价氧离子空位，在 δ 较大时（如 $\delta = 0.3$），主要离子缺陷是二价向一价过渡的价态空位。

CeO_2 中 Ce^{4+} 半径很大，可以与很多物质形成固溶体，当掺入 2 价或 3 价的氧化物后，在高温下表现出高的氧离子电导和低的电导活化能，使其可以用作 SOFC 电解质材料。理论上最接近 Ce^{4+} 临界半径的是 Pm^{3+}，但 Pm^{3+} 具有放射性。根据 Kim[11] 提出的临界半径计算公式，通过结合小离子半径元素与大离子半径元素，包括 La/Y、Lu/Nd、Y/Sm、Sm/Nd 等，利用协同效应或平均效应[12]，可以达到更好的电导性能。在掺杂浓度相同的情况下，双掺杂的电解质材料比单掺杂 CeO_2 的离子电导率高出 10%~30%[13]。表 3.2 中列出了部分单掺杂或者双掺杂 CeO_2 电解质的电导率。其中 Gd^{3+} 及 Sm^{3+} 具有与 Ce^{4+} 相近的离子半径，当掺杂量在 10 mol%~20 mol%时，$Gd_{0.2}Ce_{0.8}O_{1.95}$（GDC）和 $Sm_{0.2}Ce_{0.8}O_{2-\delta}$（SDC）的氧离子电导率最高，且显著高于 YSZ，因此 GDC 和 SDC 是研究最多的 CeO_2 基电解质材料，尤其是在中低温范围。与 ZrO_2 相比，掺杂 CeO_2 的离子输运活化能要低得多。GDC 和 SDC 的活化能平均在 0.7 eV 左右，而 YSZ 和 ScSZ 的活化能为 0.9 eV 或更高。活化能说明了电导率的温度依赖性，因此掺杂 CeO_2 电导率的温度依赖性远低于掺杂 ZrO_2。

表 3.2 掺杂 CeO_2 电解质的电导率

掺杂元素	组成	电导率（S/cm）	测试温度（℃）	参考文献
Ca	$Ce_{0.9}Ca_{0.1}O_{1.9}$	1.7×10^{-2}	800	[14]
Y	$Ce_{0.91}Y_{0.09}O_{1.95}$	2.3×10^{-2}	700	[15]
Gd	$Ce_{0.8}Gd_{0.2}O_{1.95}$	2.97×10^{-2}	700	[16]
Sm	$Ce_{0.8}Sm_{0.2}O_{2-\delta}$	4.1×10^{-2}	700	[17]
Sm/Ca	$Ce_{0.8}Sm_{0.15}Ca_{0.05}O_{2-\delta}$	8.37×10^{-2}	800	[18]
Sm/Y	$Ce_{0.8}Sm_{0.1}Y_{0.1}O_{1.9}$	1.44×10^{-2}	600	[19]

续表

掺杂元素	组成	电导率（S/cm）	测试温度（℃）	参考文献
Sm/La	$Ce_{0.8}Sm_{0.17}La_{0.03}O_{1.9}$	3.80×10^{-2}	700	[20]
Sm/Nd	$Ce_{0.8}Sm_{0.1}Nd_{0.1}O_{1.9}$	1.22×10^{-2}	500	[21]
Gd/Pr	$Ce_{0.8}Gd_{0.17}Pr_{0.03}O_{1.9}$	3.10×10^{-2}	700	[22]
Gd/Sm	$Ce_{0.85}Gd_{0.1}Sm_{0.05}O_2$	4.75×10^{-2}	700	[23]
Gd/Nd	$Ce_{0.8}Gd_{0.12}Nd_{0.08}O_{1.9}$	6.26×10^{-2}	700	[24]
Gd/Dy	$Ce_{0.8}Gd_{0.03}Dy_{0.17}O_{2-\delta}$	2.15×10^{-1}	800	[25]
Gd/Y	$Ce_{0.8}Gd_{0.05}Y_{0.15}O_{1.9}$	3.84×10^{-2}	600	[26]
Gd/Ca	$Ce_{0.85}Gd_{0.125}Ca_{0.025}O_{2-\delta}$	1.27×10^{-2}	500	[27]

CeO_2基电解质的不足之处主要表现为：CeO_2基氧离子导体在高氧分压下是纯离子导体。在低氧分压下，如在SOFC阳极侧的情况下，CeO_2部分被还原，导致电解质中电子电导急剧增加，使得阳极侧电解质膨胀。当采用具有电子电导的电解质制备单电池时，即使在开路情况下，也有电子电流流过电解质，使得开路电压低于理论电压。掺杂元素的引入可以提高CeO_2在还原气氛中的稳定性，例如引入 3 mol%Gd_2O_3 + Pr_2O_3 形成 $Ce_{0.8}Gd_{0.17}Pr_{0.03}O_{2-\delta}$，在保证离子电导率不变的情况下，材料抗还原能力提高两个数量级；也可在阳极和CeO_2基电解质之间加入一层薄的YSZ阻隔层形成双层电解质结构。另外，当温度小于600℃时，GDC或SDC具有很好的结构稳定性，因此非常适合作为低温SOFC的电解质。CeO_2基电解质优于ZrO_2的另一个优点是与含Sr的阴极材料的相容性较好，因为在烧结阴极时不会形成二次相。

3.1.4 其他萤石结构电解质

目前已知的氧离子导电性最高的材料是立方型氧化铋δ-Bi_2O_3，其是一种简单的立方萤石结构，具有较高的氧空位浓度，因此纯δ-Bi_2O_3是一种不掺杂的优良离子导体。如图3.4所示，Bi_2O_3在不同的温度和条件下可呈现出不同的晶体结构，共有α、β、γ、δ、ε和ω六种相存在[28]。室温下Bi_2O_3最稳定的结构为α单斜相，在加热过程中，α单斜相转变为δ相，相变温度范围为717~740℃，通常在730℃发生相变。高温δ相在730℃至熔点825℃范围内是稳定的。在冷却过程中，δ-Bi_2O_3可以在730~640℃范围内存在，但是它处于亚稳态。在650℃达到中间亚稳态——四方结构的β-Bi_2O_3，在640℃时得到体心立方结构的γ-Bi_2O_3。这些相的具体变化取决于热处理过程。

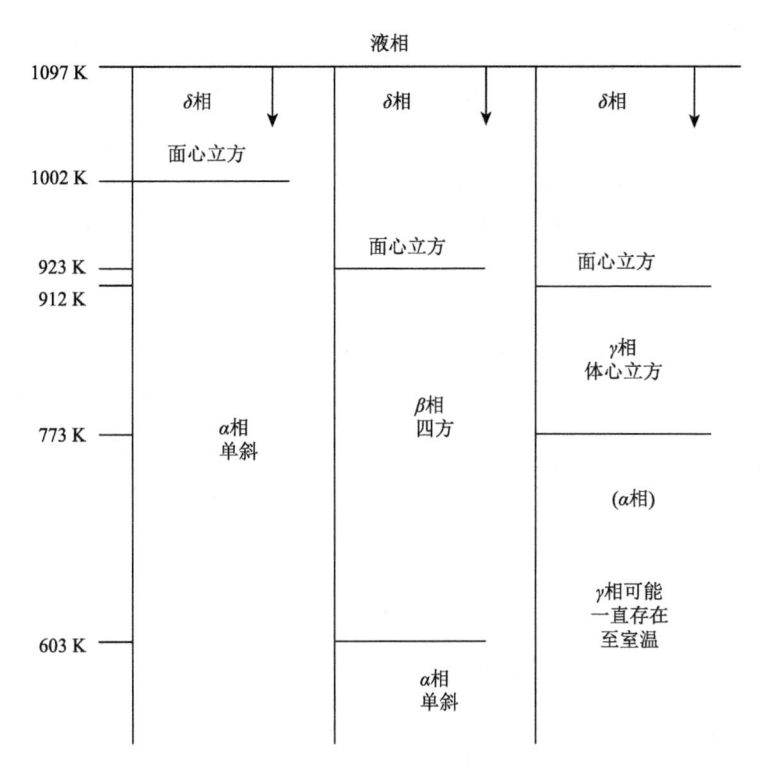

图 3.4 Bi$_2$O$_3$ 相变图

由于 δ-Bi$_2$O$_3$ 稳定区间狭窄，为将 Bi$_2$O$_3$ 从室温到工作温度范围内都稳定在 δ 相，通常在其中掺杂三价稀土氧化物 Ln$_2$O$_3$（Ln = Dy, Er, Y, Gd, Nd, La）形成固溶体。Bi$_2$O$_3$-Ln$_2$O$_3$ 体系的离子电导率见表 3.3。Er$_2$O$_3$ 掺杂（ESB）和 Dy$_2$O$_3$ 和 WO$_3$ 共掺杂（DWSB）在 SOFC 操作温度下具有很高的氧离子电导率，立方相 ESB 和 DWSB 亚稳态在 500℃和 650℃之间，但短时间内电导率衰减较快，稳定性不足是一大挑战。

表 3.3　Bi$_2$O$_3$-Ln$_2$O$_3$ 体系的电导率

掺杂试剂	掺杂浓度（mol%）	电导率（10^{-2} S/cm） 500℃	电导率（10^{-2} S/cm） 700℃
Dy$_2$O$_3$	28.5	0.71	14.4
Er$_2$O$_3$	20	0.23	37.0
Y$_2$O$_3$	20	0.80	50.0
Gd$_2$O$_3$	14	0.11	12.0
Nd$_2$O$_3$	10	0.30	85.0
La$_2$O$_3$	15	0.20	75.0

由于 Bi_2O_3 的熔点较低，与 ZrO_2 和 CeO_2 相比，该材料需要更低的烧结温度，这对于共烧结阳极支撑电池来说非常困难。掺杂 Bi_2O_3 氧空位输运的有效活化能一般为 $0.6\sim0.7$ eV，低于 ZrO_2 和 CeO_2 基电解质。而稳定后的 Bi_2O_3 在 $550\sim600$℃时氧亚晶格发生有序—无序转变，使其在低温下的有效活化能达到 1 eV 以上。由于材料的不稳定性和反应性，稳定氧化铋作为 SOFC 电解质的优势并不明显，因此在实际生产中还没有得到广泛的应用。

此外，在还原性气氛下，Bi_2O_3 易被还原为金属 Bi，热力学计算表明，Bi_2O_3 还原的氧气浓度下限是 10^{-13} atm，因此 Bi_2O_3 电解质的电池电压会低于 600 mV（700℃）。Bi_2O_3 不能暴露在还原性气氛下，因此需要使用多层电解质来使电池运行稳定。Wachsman 等[29]构建了 GDC/ESB 双层电解质阳极支撑单电池，如图 3.5 所示。燃料侧的 GDC 电解质保护 ESB 电解质不被还原为金属 Bi，空气侧的 ESB 电解质则阻隔了 GDC 电解质的电子传导。上述双层电解质之间协同工作，显著提高了单电池的电压，提升了电池输出性能。

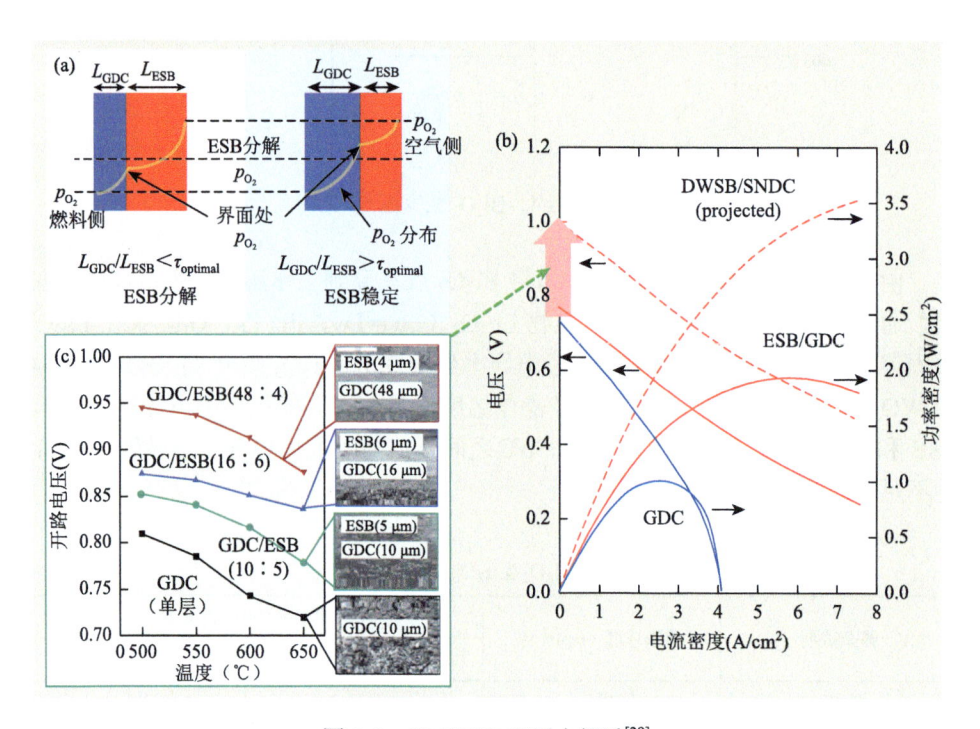

图 3.5 GDC/ESB 双层电解质[29]

如上所述，在萤石结构氧化物中的氧迁移活化能仅显示出同结构氧化物的微小变化，掺杂剂的种类和浓度对氧迁移的活化能有明显的影响。其中电导率最高的材料的氧迁移活化能为 $ZrO_2 > CeO_2 > Bi_2O_3$，然而，这些材料的化学稳定性也

依次为 $ZrO_2 > CeO_2 > Bi_2O_3$。换句话说，在还原气氛中，较高的电导率和较低的化学稳定性之间存在权衡关系，在实际应用中需要权衡各方利弊，选择最优组合。

3.1.5 LaGaO₃ 基电解质

典型的钙钛矿型氧化物（ABO_3）具有离子和电子的混合导电性。但是 Ishihara 和 Goodenough 几乎同时报道了双掺杂的 $LaGaO_3$ 电解质的氧离子导电性[1]，800℃ 时的离子电导率为 0.1 S/cm，是同温度下 YSZ 电导率的四倍，与 8YSZ 在 1000℃ 时的电导率相当。$LaGaO_3$ 属于 P 型半导体，具有四方对称结构。$LaGaO_3$ 基电解质中氧离子主要沿 GaO_6 八面体边缘以弧形路线迁移，其八面体结构的稳定性及其中的氧空位决定了 $LaGaO_3$ 电解质的氧离子导电性。通过 A 位和 B 位掺杂，可以引入大量的氧空穴，同时减少 GaO_6 八面体的倾斜度，增强钙钛矿结构稳定性。尤其是 Sr 和 Mg 掺杂的 $La_{1-x}Sr_xGa_{1-y}Mg_yO_{3-\delta}$（LSGM）电解质在 10^{-15} Pa $< p_{O_2} <$ $1.01×10^5$ Pa 的广泛氧分压范围内，具有纯氧离子导电性和很好的热稳定性。表 3.4 为 Sr^{2+} 和 Mg^{2+} 不同掺杂量的 LSGM 电解质的电导性能。在中低温范围（600～750℃），其氧离子导电性显著高于 YSZ 电解质，是一种非常有潜力的电解质材料。

表 3.4 $La_{1-x}Sr_xGa_{1-y}Mg_yO_{3-\delta}$ 固体电解质的电导率

$La_{1-x}Sr_xGa_{1-y}Mg_yO_{3-\delta}$		δ (600℃) (10^{-2} S/cm)	δ (800℃) (10^{-2} S/cm)	E_a (eV)
x	y			
0.1	0	0.897	3.65	0.81
	0.05	2.2	8.85	0.87
	0.10	2.53	10.7	1.02
	0.15	2.20	11.7	1.06
	0.20	1.98	12.1	1.13
	0.25	1.92	12.6	1.17
0.15	0.05	1.93	8.11	0.918
	0.10	2.80	12.1	0.98
	0.15	2.59	13.1	1.03
	0.20	2.11	12.4	1.09
0.20	0.05	2.12	9.13	0.874
	0.10	2.92	12.8	0.950
	0.15	2.85	14.0	1.06
	0.20	2.21	13.7	1.15
0.25	0.10	1.72	4.48	1.02
	0.15	1.91	10.4	1.12

但是，LSGM 的主要问题是化学性质较活泼，与传统电极材料（如 Ni-YSZ 阳极）的化学相容性较差，易与 Ni 发生反应产生杂质相，也容易与钙钛矿结构阴极在高温烧结过程中发生元素扩散，在一定程度上影响电池性能和稳定性。此外，LSGM 材料体系成本高、制备困难，而且机械强度一般，较难实现大面积自支撑应用。

3.1.6 质子导体电解质

1981年，Iwahara等[30]首次在异价掺杂的$SrCeO_3$钙钛矿材料中发现了质子传导现象，随后人们又陆续发现并报道了$BaCeO_3$、$BaZrO_3$、$SrZrO_3$和$CaZrO_3$等材料在高温下也表现出质子传导性能[2]。其中，由于$BaCeO_3$显示出比$SrCeO_3$更高的质子传导性，从而得到了人们的深入研究。Iwahara等[31]又对其掺杂不同尺寸大小的三价稀土离子（包括Sc^{3+}、Y^{3+}、Yb^{3+}、Gd^{3+}、Nd^{3+}和Dy^{3+}等）进行了早期研究。Katahira等[32]结合$BaZrO_3$和$BaCeO_3$基材料，对$BaZr_xCe_yY_{1-x-y}O_{3-\delta}$（BZCY）进行了系统的研究，证明增加Ce的含量可以提高导电性和烧结性，而增加Zr的含量可以提高稳定性，但会降低性能，如图3.6所示。因此，应选择合适的Zr/Ce

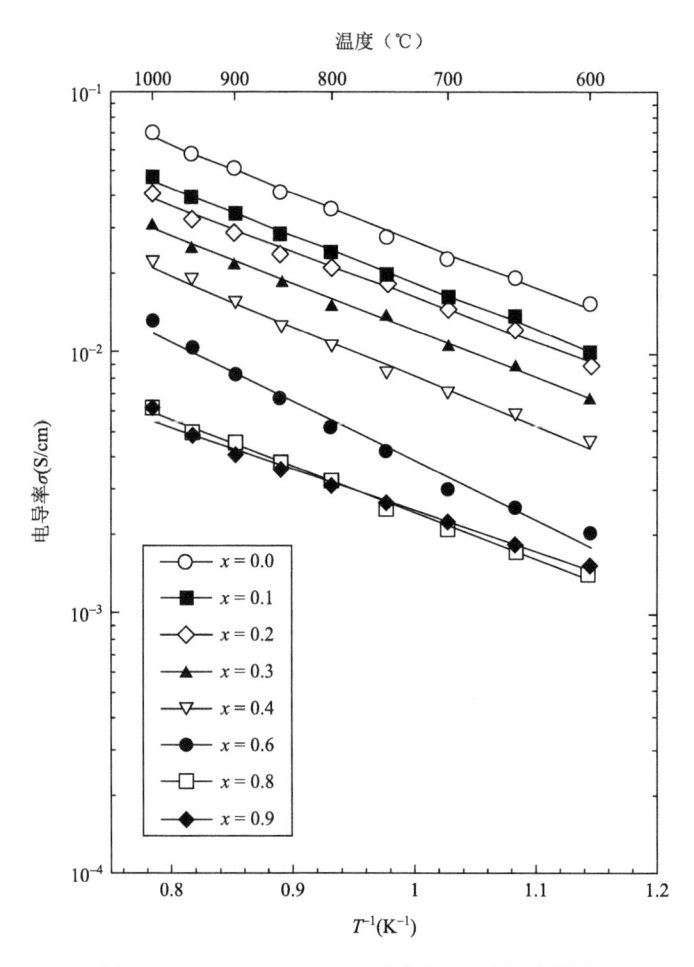

图3.6 $BaCe_{0.9-x}Zr_xY_{0.1}O_{3-\delta}$在加湿$H_2$中的电导率

掺杂比，使得材料在具备高的质子电导率和良好的烧结活性的同时还保证其良好的化学稳定性。近年来人们对质子导体燃料电池（PCFC）电解质进行一些改性研究，在对 BaCeO$_3$/BaZrO$_3$ 基电解质进行改性掺杂的过程中，较其他体系而言，BZCY 和 BZCYYb 体系表现出了优良的电化学性能，是目前较为广泛使用的 PCFC 电解质材料。

图 3.7 所示为采用质子导体陶瓷作为核心组件的电化学器件的结构示意及工作原理图，包括质子导体燃料电池、质子导体电解池（PCEC）和质子导体膜反应器，质子导体陶瓷在很多领域表现出较好的应用潜力[33]。

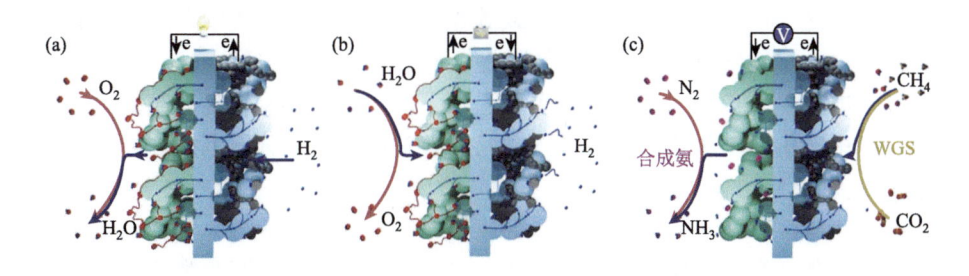

图 3.7 使用质子导体陶瓷的燃料电池（a）、电解池（b）和膜反应器（c）的工作原理[33]

但质子陶瓷器件的商业化应用还面临着一些挑战。①稳定性。质子导体中含有的 Sr、Ba 元素易在 H$_2$O-CO$_2$ 条件下扩散，生成碳酸钡或 Ba(OH)$_2$ 等各种绝缘氧化物，从而导致电池性能衰减。提高掺杂剂元素（如 Zr、Nb、Ta、Bi 等元素）含量有利于提高材料的稳定性，但是也会降低材料电导率。另外在材料表面添加保护涂层也可以减少分解，缺点是镀膜成本高。②烧结性。质子材料作为电解质层需要足够致密来防止气体泄漏。富含 Zr 的成分需要在＞1500℃下烧结才能促进晶粒生长和致密化，有些组成的烧结致密化温度甚至高达 1600℃。如此高的烧结温度会导致显著的元素蒸发或扩散。③电极材料兼容性。由于质子导体电解质一般在 1400℃以上制备，电极煅烧温度在 1000℃左右，相差较大的烧结温度易发生不兼容问题。④电子泄漏和低法拉第效率。铈酸/锆基材料混合离子和电子导体，在电解质中发生电子传导，从而降低了法拉第效率。

此外，在燃料电池模式下，高温运行往往导致严重的衰减以及 Ba 等元素扩散；在电解产氢模式下，高温更利于正向反应，但会增加用电量。质子导体材料的活化能（0.3～0.5 eV）一般较低，在低温下（＜700℃）也具有较好的传导性能，因此开发中低温运行的 PCFC 和 PCEC 等是目前和未来的一段时间内有实用前景的选择。

3.2 SOFC 阳极

3.2.1 阳极材料的基本要求和种类

在 SOFC 阳极侧，燃料与通过电解质从阴极侧传导过来的氧离子发生氧化反应，生成相应产物，并释放电子，电子通过外电路回到阴极侧，形成电流。因此在电化学反应发生时，SOFC 的阳极材料需要具备一定的化学及物理性质，例如：

（1）稳定性：在燃料气体（氢气或碳氢燃料等）流动环境中，从室温到工作温度范围内，阳极材料必须保持化学稳定、晶型稳定和结构稳定；

（2）电导率：在还原气氛中和工作温度下，阳极材料要有足够高的电导率，能将反应中产生的电子传到连接体，并且在较宽的有效氧分压范围内能够长时间稳定工作；

（3）相容性：在运行温度和制备温度下，阳极材料都应该与其他组元化学相容，而不与邻近组元发生反应，从而避免第二相形成、热膨胀系数变化或在电解质中引入第二相粒子等；

（4）热膨胀性：从室温到运行温度和制备温度范围内，阳极材料都应该与相邻其他组元热膨胀系数相匹配，以避免开裂、变形和脱落；

（5）多孔性：为了使燃料气体能够渗透到电极/电解质界面附近参与反应，同时将产生的水汽和二氧化碳等产物移走，阳极应该具有多孔结构，供燃料气和反应产物输运和扩散。要从传质方面考虑材料孔隙率的下限，从材料力学强度考虑确定其孔隙率上限；

（6）催化性能：对燃料的吸附、电荷转移、催化氧化过程具有良好的催化性能，可以提供活性反应表面，在这个表面上燃料气可以与阴极侧传输来的氧离子反应，降低燃料电化学氧化时的极化损耗；

（7）其他：较高的强度和韧性、易加工性和较低的成本。

能满足上述要求的阳极材料有金属材料，如镍、钴、锰和铂、银等亲氢贵金属，以及在还原性气氛下稳定的电子电导/混合电导氧化物，如 Y_2O_3-ZrO_2-TiO_2、V_2O_5、TiO_x（$x<2$）、CeO_2 等掺杂氧化物。相比之下，铂、银等贵金属在高温下易挥发，影响电池的长期稳定性，并且成本高，不可能大量使用；掺杂氧化物电极催化活性较差，还只是处于实验室研究阶段。而镍的价格低，电极过电位也比较低，是目前最常用于阳极中的金属材料。考虑到金属镍与电解质材料 YSZ 之间有效结合和热膨胀系数之间的匹配问题，并避免多孔结构电极在高温下长期工作发生烧结团聚，故将 Ni 颗粒分散在 YSZ 基体中，形成 Ni-YSZ 金属陶瓷阳极。

也有研究者用铜取代镍，在一定程度上改善了阳极抗积碳性能，但是由于催化活性较差，未能实现广泛应用。

3.2.2 金属陶瓷阳极

1. Ni 基金属陶瓷阳极

Ni-YSZ 金属陶瓷阳极是目前技术最成熟、应用最广泛的 SOFC 阳极材料，它是由电子传导相金属 Ni 和氧离子传导相 YSZ 复合而成，如图 3.8 所示[34]。阳极的电化学反应发生在 Ni 与 YSZ 接触位置，即"Ni-YSZ-燃料"三相界面附近。其中金属 Ni 起电子导电及催化氧化的作用，其作为一种金属燃料电极在还原条件下具有良好的化学稳定性，并且能够高效氧化断裂 H—H 和 C—H 键（如 CH_4 燃料），而 YSZ 主要起氧离子传导和抑制 Ni 颗粒烧结长大作用，也可有效提高阳极反应三相界面的长度，提高反应速率。通常情况下，SOFC 阳极的电导率达到

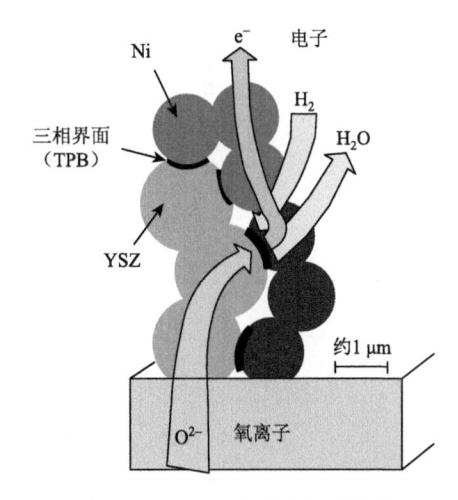

图 3.8 Ni-YSZ 多孔阳极示意图

100 S/cm 以上即可满足工业应用，而 Ni-YSZ 阳极在 1000℃的电导率可达 $10^2 \sim 10^4$ S/cm，几乎可满足 SOFC 运行所需的所有基本条件。

Ni-YSZ 材料体系中电导率与 Ni 含量有很大关系，其典型的 S 形电导率曲线（图 3.9），说明了 Ni-YSZ 导电性随 Ni 含量不同而发生变化[35]。在 Ni 含量较低（小于 30 vol%，vol%表示体积分数）时，表现为 YSZ 中离子电导占主要地位，在 Ni 含量超过 30 vol%时，电导率剧增，高出以前的三个数量级，说明此时起作用的主要是 Ni 中的电子电导。Matsushima 等[36]采用 1200℃预烧 YSZ 粉 2 h 后，再与 NiO 混合制备 Ni-YSZ，在 40 wt%～60 wt% NiO 范围内，900℃下电导率为 1000 S/cm，比普通 YSZ 粉料与 NiO 混合制备的 Ni/YSZ 电导率的最高值（约 800 S/cm）还要高。Boer 等[37]和 Setoguchi 等[38]认为，Ni-YSZ 中对电导率影响较大的是 Ni 电极、YSZ 基体和孔隙相形成的三相界面，三相界面越长，则电导率越高。随着颗粒细化，三相界面明显增加。当然连续的网络结构、Ni 的均匀分布和与电解质紧密连接也会对电导率产生影响。

在 Ni-YSZ 体系中，另一个重要的影响因素是热膨胀系数。作为支撑体的 YSZ 网络结构正是为了解决组元间的热匹配问题。Mori 等的研究结果表明[39]，在 H_2

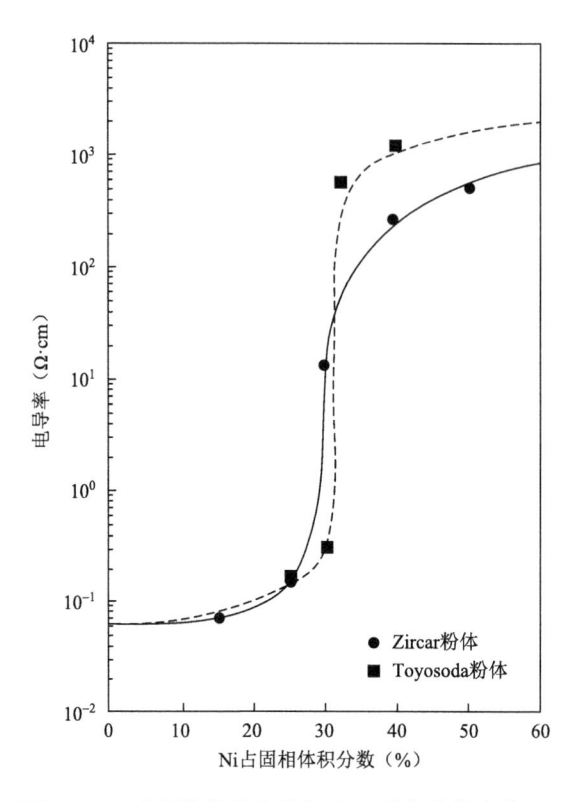

图 3.9 两种 Ni-YSZ 金属陶瓷的电导率随 Ni 体积分数变化（1000℃下）

气氛及 50~1000℃工况下，当初始 NiO 的体积分数在 60%以下时，热膨胀系数随 NiO 含量增加而显著提高；当 NiO 的体积分数在 60%~80%时，表观热膨胀系数随 NiO 含量的变化不大，这主要是由于 NiO 在 300℃以上逐渐被还原为 Ni，造成一定的体积收缩；而当 NiO 含量超过 90%时，表观热膨胀系数转变为负值，即整体表现为体积收缩。在兼顾电化学性能的同时，保证 SOFC 组元间热匹配而不产生过大热应力的组成是 40%~60%（体积分数）的 NiO。

在电解质支撑的电池中，电解质厚度约为 100~300 μm，阴极和阳极厚度约为 20~50 μm，由于电解质很厚，较大的欧姆电阻限制了电池的输出功率，一般要求很高的运行温度（>800℃）。Ni 基金属陶瓷阳极的烧结性较好，可以与 YSZ 电解质在高温下共烧结，得到阳极支撑的电池。在阳极支撑电池中，由于采用了较厚的阳极作为机械支撑体，可以大幅度降低电解质厚度（<30 μm），从而减小欧姆电阻，提高电池的输出功率密度，降低运行温度（<750℃）。目前大部分商业化运行的 SOFC 系统均采用了 Ni 基金属陶瓷复合阳极。

但是，Ni 基阳极也存在一些明显的缺点，如耐硫和抗积碳性能较差，氧化/还原循环能力差等[40,41]。当采用甲烷或碳含量较高的碳氢燃料时，极易在 Ni-YSZ

第 3 章 单电池关键材料

阳极的三相界面处发生积碳反应，占据燃料氧化反应的活性位，导致电池性能下降，甚至破坏电池结构。此外，当燃料中含有微量硫化物（如 H_2S）、氯化物（如 HCl）等杂质时，Ni 基阳极极易受到毒化。在 SOFC 运行过程中，阳极会因燃料泄漏等接触到空气中的氧，但 Ni/NiO 在氧化/还原过程中的体积变化较大，很容易导致 Ni 基金属陶瓷阳极发生破裂。

在 Ni 基阳极中，引起积碳的主要原因为：在 SOFC 运行温度下，CH_4 的分解反应或 CO 的歧化反应在热力学上很容易进行，Ni 基阳极不但能够催化 C—H 键的断裂，还可以同时催化 C—C 键的形成。这促进了 C 在 Ni 颗粒表面的沉积、生长并进一步向 Ni 颗粒中扩散，造成 Ni 基阳极催化活性的降低并产生热应力，从而导致电池性能下降甚至阳极结构破坏。目前的解决途径除了合理调节运行条件（如运行温度、燃料组分或放电电流）外，还可在阳极中添加诸如金属、碱性氧化物或储氧材料（如 Cu、Sn、Fe、MgO、BaO、GDC 等）进行修饰，以降低 Ni 对 C—C 键生成的催化活性，起到抑制积碳的作用[42]，如图 3.10 所示。此外，也有研究表明，使用 Ni 和 CeO_2 基金属陶瓷阳极（如 Ni-GDC 和 Ni-SDC），能够有效提高 Ni 基阳极在碳氢燃料下的抗积碳及电化学性能[43]。此外，通过在 Ni 基阳极表面添加重整催化层，能够实现碳氢燃料的原位重整，从而抑制阳极电化学活性区域中的积碳[44]。

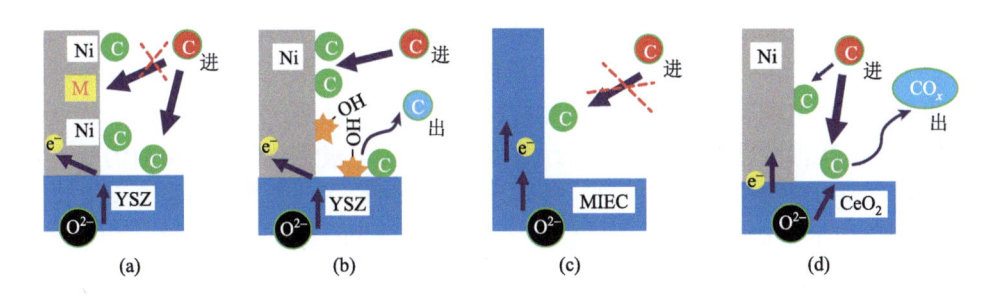

图 3.10 从材料角度抑制 Ni-YSZ 阳极积碳的常见方法[41]

（a）使用金属部分替代 Ni；（b）使用碱性氧化物增加阳极的碱性；（c）使用 MIEC 电极材料；（d）使用 CeO_2 基储氧材料

除了上述问题以外，部分文献中报道了 SOFC 或 SOEC 运行时阳极/电解质界面附近的 Ni 迁移现象，如图 3.11 所示[45]。与 Ni 颗粒的团聚不同，Ni 迁移主要是指 Ni 相对较长距离（>10 μm）的移动，而 Ni 团聚中 Ni 的移动尺度与颗粒尺寸相近（1 μm）。Ni 迁移会引起阳极侧有效 TPB 长度显著减小，从而降低输出性能。但是，目前关于 Ni 迁移的具体机制还存在争议。

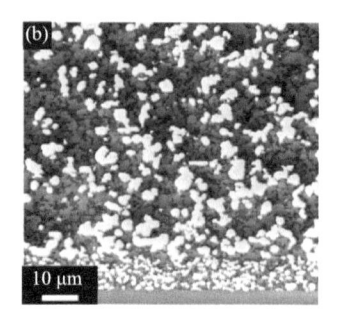

图 3.11　Ni-YSZ 阳极的低加速电压 SEM 显微照片[45]

（a）还原后的初始形貌，（b）和（c）来自同一个电池，该电池在 800℃下电解测试 9000 h，燃料极成分为 90% H_2O 混合 10% H_2。(b) 取自电池中没有电流负载的区域（没有氧电极的入口边缘区域），（c）取自有电流负载（−1 A/cm^2）的入口区域，可以明显地观察到阳极功能层中 Ni 迁移引起的 TPB 损耗

2. Cu 基金属陶瓷阳极

Cu 基金属陶瓷复合材料是另一种金属陶瓷复合阳极。Craciun 等[46]在 YSZ 基体中用铜取代镍后，获得了与 Ni-YSZ 阳极材料水平相当的电池性能。相比于 Ni，金属 Cu 对 C—C 键生成的催化活性很低，因此可以有效防止积碳的产生。但同时其对氢气及碳氢燃料的电化学氧化的催化活性也较低，所以电化学性能较 Ni 基阳极差。为了提高 Cu 基复合阳极对碳氢燃料的催化作用，通常可在阳极中添加氧化物催化剂，如 CeO_2。在 Cu-CeO_2-YSZ 阳极体系中，Cu 起电子传导的作用，CeO_2 起协同催化作用，YSZ 起到氧离子传导作用，在不同碳基燃料下具有很好的电化学性能和抗积碳能力[47]。但是此材料仍存在一些缺陷，Cu 或 CuO 的熔点都比较低，在电池制备和长期高温运行过程中会存在电极烧结现象。目前的解决方法包括：采用浸渍法制备电极[48]，或添加其他金属如 Ni 形成 Cu-Ni 合金陶瓷复合电极[49]。Cu 基阳极更适合中低温 SOFC，以 Cu-GDC 或 Cu-Ni-GDC 作为阳极，以 CeO_2 基材料作为电解质，可实现碳基燃料在低温下的转化，是 SOFC 发展的一个重要方向。

3. 其他金属基陶瓷阳极

除上述阳极之外，用 CeO_2 完全代替 YSZ，形成金属掺杂 CeO_2 基复合材料作为阳极，在还原环境中表现为混合电导，尤其是直接使用甲烷等碳氢燃料的环境中，较低温度下表现出很好的催化活性，也是很有应用前景的阳极材料。尽管纯铈材料的电极可以直接催化氧化碳氢化合物燃料，具有较强的抗积碳能力，但是其电导率低，电化学性能不如 Ni-YSZ 陶瓷。因此，CeO_2 经常与其他材料结合使用，如 Cu-YSZ-CeO_2 和 Ni-CeO_2。

和 Ni 一样，Co 在还原环境中稳定而不被氧化，具有优异的催化性能；与 Ni

不同的是，Co 对硫化物有更好的容忍性；但是其不足之处是氧化电位较高，价格也比较高。此外，Ru-YSZ 金属陶瓷也可作为阳极，其熔点相对较高（2310℃），在电池工作温度下烧结性最小，并且在还原条件下不易发生碳沉积。

3.2.3 钙钛矿阳极

为了进一步提高 SOFC 阳极耐硫和抗积碳性能，近些年来也有研究者尝试使用钙钛矿氧化物作为阳极材料。其中，一些具有混合离子/电子导电能力的钙钛矿结构氧化物材料如 $La_{1-x}Sr_xTiO_3$[50]、$La_{1-x}Sr_xVO_3$[51]、$La_{1-x}Sr_xCr_{1-y}Mn_yO_3$[52]等，在氧化还原过程中具有非常好的结构稳定性，与 SOFC 中其他关键组分的化学和热膨胀兼容性好，而且具有一定的耐硫、抗积碳等性能，可以用来替代传统的 Ni 基阳极。

在钙钛矿结构氧化物阳极中，最常用的是铬酸盐、锰酸盐、钛酸盐等钙钛矿氧化物。其中，$LaCrO_3$ 材料最初用于 SOFC 连接体材料，其在氧化还原过程中非常稳定。在 A 位掺入 Sr 或 Ca 时可以明显提高其电子传导率；在 B 位掺杂过渡金属元素（如 Fe、Co、Ni、Mn 和 Cu 等）可以明显提高其氧离子传导率和电化学催化活性。虽然 $LaCrO_3$ 钙钛矿氧化物材料在还原性气氛中稳定性较高，通过 A、B 位掺杂也可以在一定程度上提高其电化学活性，但作为 SOFC 阳极时性能仍旧较差，这主要是由于材料内部氧离子空位浓度较低。一般情况只能与 YSZ 或 GDC 等氧离子导体电解质材料复合使用，燃料的氧化反应主要发生在 TPB 而不是整个钙钛矿表面，产生了较大的阳极极化电阻，限制了电池性能输出。

与铬酸盐相比，锰酸盐材料的活性则相对较高。在还原气氛中 Mn 元素在一定程度上被还原，从而产生氧空位，提高了材料的氧离子传导率。Tao 和 Irvine 详细研究了结构为 $La_{0.75}Sr_{0.25}Cr_{0.5}Mn_{0.5}O_3$（LSCM）的锰酸盐钙钛矿氧化物，他们发现，LSCM 是一种混合导体，在空气中温度为 900℃时，总电导率为 38 S/cm，但在氢气气氛中则下降到 1 S/cm。此外，这种材料的催化性能几乎和 Ni-YSZ 阳极相近[53]，其在室温加湿的甲烷燃料下性能较好，但是在高浓度的 H_2S 下结构不稳定。通过与电解质材料复合，可以降低 LSCM 阳极材料的极化电阻，提高对燃料氧化的电化学催化活性。

另一种很有前途的钙钛矿体系是钛酸锶基材料。与锰酸盐氧化物材料相比，$SrTiO_3$ 基氧化物阳极材料表现出了更优秀的电化学活性以及对燃料中杂质的耐受性，这主要与 Ti 元素易发生变价有关。$SrTiO_3$ 在接受 B 位掺杂或在还原性气氛中时，部分 Ti^{4+} 会被还原为 Ti^{3+}，失去晶格氧并产生氧空位，提高了材料的氧离子传导率和电子导电率。当在 A 位掺杂三价阳离子时，如 La^{3+} 和 Y^{3+} 等，供体多余的正电荷在氧化性气氛中需要多于正常化学计量比的氧或 Sr 空位来抵消，在还原性气氛中则需要电子来抵消[54]。研究发现，通过在 A 位引入缺陷，$La_xSr_{1-3x/2}TiO_{3-\delta}$ 材料在燃料气下电子电导率有了明显的提高，而且增加 A 位缺陷后，材料的离子电导率也明显提高。此外，采用 Sc^{3+}、Ga^{3+}、Mn^{4+} 等离子取代钛酸锶中的 Ti^{4+} 可以在一定程度上提高电导率和电催化活性。另外还可以采用五价的 Nb^{5+} 和 Ta^{5+} 等离子来取代 Ti^{4+}，但这种情况下一般需要降低体系中 Sr 元素的含量。

其他可用于 SOFC 阳极的钙钛矿氧化物材料包括 V、Mo 和 Fe 的氧化物。在 800℃和还原性气氛中，$SrVO_3$ 的电导率达到了 1000 S/cm，但是其催化活性特别差，热膨胀系数较高，而且在氧分压较高的环境下不稳定。双钙钛矿结构（$A_2B_2O_6$）的 $Sr_2Mg_{1-x}Mn_xMoO_{6-\delta}$ 材料具有较好的电子电导率、氧化/还原循环稳定性以及对燃料中杂质的耐受性[55]；虽然其电化学性能较好，但是在高温下容易和 SOFC 中其他组分反应，化学兼容性较差。

虽然上述一些混合电导氧化物材料可以满足 SOFC 对阳极性能的基本要求，但是由于其氧离子电导率较低，采用单相的氧化物作为阳极时性能较差，需要加入电解质材料等形成复合阳极，但是这又会造成阳极电子电导率下降。对陶瓷氧化物来说，除了其电子电导率较低之外，其对燃料氧化的催化活性一般都不如 Ni，需要加入催化剂组分才可以高效地工作，如通过气相沉积以及化学溶液浸渍等方法在材料表面引入催化剂材料或制备保护层等[56]。例如，Sengodan 等[57]通过在多孔 $PrBaMn_2O_{5+\delta}$（PBM）阳极中浸渍纳米 Co-Fe 合金，获得了很好的结构稳定性及抗积碳性，850℃时在 H_2、C_3H_8 和 CH_4 燃料下的功率密度分别可达到 1.7 W/cm²、1.3 W/cm² 和 0.6 W/cm²。

最近研究发现，通过原位析出的方法可以在一些钙钛矿氧化物表面形成金属催化剂。其析出原理如图 3.12 所示，在高温和还原性气氛中，钙钛矿氧化物的 B 位金属元素会从晶格中析出，并以纳米颗粒的形式均匀分布在钙钛矿材料的表面；在氧化性气氛中，这些析出的金属颗粒又会重新进入钙钛矿结构中。这种钙钛矿基体表面的纳米颗粒对燃料的吸附和转化具有良好的催化活性，大大地改善钙钛矿氧化物阳极的电化学性能。与传统溶液浸渍法相比，通过还原析出在钙钛矿表面原位负载纳米金属催化剂的方法具有如下优点：

（1）不需要重复多次浸渍步骤，制备工艺简便。

（2）原位析出的金属颗粒尺寸小，比表面积大，催化活性高。

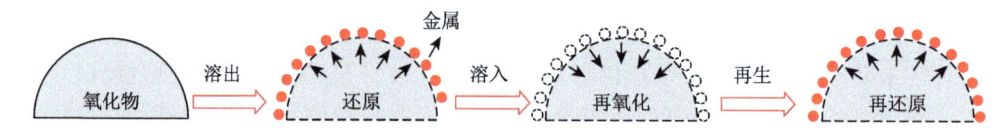

图 3.12　钙钛矿氧化物在还原过程中表面原位析出金属及其再氧化过程示意图

（3）原位析出的纳米颗粒牢固嵌入氧化物基体中，在高温下不易团聚，稳定性好。

（4）可直接催化转化含碳燃料，抑制积碳反应的发生。

（5）可采用氧化还原循环再生的方式重新获得高活性的纳米颗粒。

通过这种方法，当表面析出的纳米颗粒在长期运行过程中催化活性降低时，可以采用氧化还原循环再生的方式重新获得高活性的纳米催化剂颗粒，大大延长催化剂材料的使用寿命。此外，由于析出金属与钙钛矿氧化物阳极基体的接触紧密，在碳氢燃料下运行时可以在一定程度上抑制碳纤维的生长，抗积碳性能更好。近年相关钙钛矿材料原位析出的科学研究见表3.5。

表 3.5 可原位析出纳米金属的钙钛矿阳极材料

材料	温度（℃）	还原时长及气氛	析出金属	金属粒径（nm）	参考文献
$La_{0.8}Sr_{0.2}Cr_{0.82}Ru_{0.18}O_{3-\delta}$	800	3 h, H_2	Ru	<5	[58]
$La_{0.8}Sr_{0.2}Cr_{0.69}Ni_{0.31}O_{3-\delta}$	800	3 h, H_2	Ni	10~15	[59]
$La_{0.6}Sr_{0.3}Cr_{0.85}Fe_{0.15}O_{3-\delta}$	800	4 h, 5% H_2-N_2	Fe	约 25	[60]
$La_{0.7}Sr_{0.3}Cr_{0.85}Ni_{0.1125}Fe_{0.0375}O_{3-\delta}$	800	4 h, 5% H_2-N_2	Fe-Ni	约 25	[61]
$La_{0.75}Sr_{0.25}Cr_{0.5}Mn_{0.3}Ni_{0.2}O_{3-\delta}$	800	12 h, 5% H_2-Ar	Ni	约 50	[52]
$La_{0.52}Sr_{0.28}Ni_{0.06}Ti_{0.94}O_3$	930	20 h, 5% H_2-N_2	Ni	<50	[62]
$La_{0.5}Sr_{0.5}Fe_{0.8}Ni_{0.2}O_{3-\delta}$	800	1 h, 3% H_2O-H_2	$Fe_{0.64}Ni_{0.36}$	25	[63]
$La_{0.4}Sr_{0.6}Co_{0.2}Fe_{0.7}Nb_{0.1}O_{3-\delta}$	900	2 h, 3% H_2O-H_2	Co-Fe	40~60	[64]
$Pr_{0.4}Sr_{0.6}Co_{0.2}Fe_{0.7}Nb_{0.1}O_{3-\delta}$	900	2 h, 5% H_2-Ar	Co-Fe	50	[65]
$Pr_{0.5}Ba_{0.5}Mn_{0.9}Co_{0.1}O_{3-\delta}$	850	4 h, 10% H_2-N_2	Co	40	[66]
$LaNi_{0.6}Fe_{0.4}O_{3-\delta}$	800	10 h, 3% H_2O-H_2	Fe-Ni	<50	[67]
$La_{0.6}Sr_{0.4}Co_{0.2}Fe_{0.8}O_{3-\delta}$	700	2 h, 3% H_2O-H_2	Co-Fe	约 20	[68]
$La_{0.5}Sr_{1.5}Fe_{1.5}Mo_{0.5}O_6$	800	5 h, H_2	Fe	约 100	[69]
$Sr_2FeMo_{0.65}Ni_{0.35}O_{6-\delta}$	850	10 h, H_2	Fe-Ni	50~60	[57]

总而言之，Ni基金属陶瓷阳极仍是目前应用最广泛的SOFC燃料电极，然而

在抗积碳、抗毒化、长期耐久性以及氧化/还原循环能力等方面仍然需要进一步优化。相比于金属陶瓷材料，钙钛矿氧化物陶瓷阳极具有良好的耐硫、抗积碳性能及较好的氧化/还原循环稳定性，但是存在电子导电性差、催化活性低、难以大面积制备和应用等问题，且与常用 YSZ 电解质材料热匹配性和化学兼容性较差，尚处于实验室研发阶段。在未来，为了更好地设计优化 SOFC 阳极，需要根据电池实际运行需求，开发针对性的策略和方法，形成最优化的解决方案。针对 SOFC 多种运行工况及在电解和可逆运行等方面的需求，通过对氧化物缺陷化学的深入研究以及纳米化概念和技术的应用，有望开发新型高性能、长寿命且稳定的阳极。

3.3 SOFC 阴极

3.3.1 阴极材料的基本要求和种类

在燃料电池中，阴极侧发生氧还原反应（oxygen reduction reaction，ORR）：

$$\frac{1}{2}O_2(g) + 2e' + V_O^{\cdot\cdot} \longrightarrow O_O^{\times} \qquad (3.1)$$

式中，$V_O^{\cdot\cdot}$ 是氧空位；$O_O^{\times}$ 是一个正常氧晶格上的氧离子[70]。SOFC 的高温操作有助于电极反应在没有贵金属催化的情况下进行，但这并不意味着任何材料都可以用作阴极。阴极材料的性能要求如下：

（1）催化性能：良好的催化性能，可以降低 ORR 反应的活化能；

（2）电导率：在氧化气氛和 SOFC 工作温度下，阴极材料应当具有较高的电子电导率或电子-离子混合电导率；

（3）多孔性：为了使气体能够在阴极体相内传输，阴极材料应该具有多孔结构，从传质方面考虑确定材料孔隙率下限，从材料力学强度考虑确定其孔隙率上限；

（4）稳定性：在氧化气氛中，从室温到 SOFC 工作温度范围内，阴极材料必须是性能稳定、化学稳定、晶型稳定和外形尺寸稳定，不发生突发性变化；

（5）相容性：在制备和工作温度下，阴极材料都应该与其他组元化学相容，而不与邻近组元发生反应，从而避免形成第二相；

（6）热膨胀性：从室温到制备温度和工作温度范围内，阴极材料都应该与其他组元热膨胀系数相匹配，以避免开裂、变形和脱落；

（7）其他：较高的强度和韧性，易加工性和低成本。

能够满足上述要求的阴极材料只有贵金属和掺杂氧化物。在 SOFC 发展早期，人们发现铂、钯、银等贵金属作为阴极材料表现出良好的性能，但金属颗粒的团聚,以及外界杂质在金属电极表面沉积,都会造成电极催化活性降低,导致电极中毒、失去功能。此外,金属电极与 YSZ 电解质的热膨胀系数有差异,很容易发生电极脱落。此外,贵金属的高成本也限制了其广泛应用,这促使人们去发掘新的阴极材料。

镧锰钙钛矿(La,Sr,Ca)MnO$_3$是研究最多的高温 SOFC 阴极材料之一。这是由于这类钙钛矿材料电导率较高,与 YSZ 反应较少,且热膨胀系数接近。LaMnO$_3$ 是一种通过氧离子空位导电的 P 型半导体,可以在 A 位或 B 位掺杂异价离子,形成更多氧离子空位,增强 LaMnO$_3$ 的电导率。现在最常用的掺杂物为碱土金属 Sr,在工作温度范围内,La$_{1-x}$Sr$_x$MnO$_3$(LSM)的电导率随 Sr 掺杂量而变化。此外,LSM 的性能受温度影响比较大,随温度降低其极化阻抗显著增加,因此,LSM 通常与 YSZ 构成复合电极用于 SOFC 阴极材料,尤其适合于高温 SOFC 体系(>800℃),但是在中温 SOFC(<800℃)中仍然需要发展新型阴极材料。

目前,中温 SOFC 中最具潜力的阴极材料是 MIEC 材料,MIEC 将阴极的 TPB 变成两相反应界面,可极大提高阴极性能。如 Sr 掺杂后的 LaCoO$_3$(La$_{1-x}$Sr$_x$CoO$_3$,LSC),在同等条件下,其电导率显著大于 LSM,因此可直接用作单相 SOFC 阴极材料[71]。但是 LSC 在氧化气氛中的稳定性较差,掺杂的 Sr 易与 YSZ 反应生成不导电相,且 LSC 与 YSZ 热膨胀系数不匹配,限制了其广泛应用[72]。

为了提高 LSC 的稳定性并降低 LSC 的热膨胀系数,可以在 B 位掺杂过渡金属如 Fe 或 Mn。其中,La$_{0.6}$Sr$_{0.4}$Co$_{0.2}$Fe$_{0.8}$O$_{3-\delta}$(LSCF)是目前应用最广泛的中温 SOFC 阴极材料,既具有较好的稳定性,又有可接受的电化学性能。然而,单相 LSCF 材料的热膨胀系数仍然大于传统电解质材料 YSZ,且长期运行会发生 Sr 表面迁移现象及与 YSZ 反应现象,这是 LSCF 及其他含碱土金属和 Co 掺杂钙钛矿阴极材料所面临的主要问题,因此大量研究致力于发展不含碱土金属的阴极材料。其他 A 位或 B 位掺杂的钙钛矿材料,如 Ba$_{1-x}$Sr$_x$Co$_{1-y}$Fe$_y$O$_3$(BSCF)[73,74]及 Sm$_{0.5}$Sr$_{0.5}$CoO$_3$(SSC)[75]等表现出比 LSCF 或 LSC 更优异的电化学活性,但是长期稳定性仍是需要研究解决的问题。

近年来,新型的 MIEC 阴极材料不断被发现,如双钙钛矿材料(AA′B$_2$O$_{5+\delta}$)和层状钙钛矿材料(A$_2$BO$_4$)[76]。Taskin 等[77]最早提出将 GdBaMn$_2$O$_{5+\delta}$双钙钛矿用于 SOFC 阴极,随后研究者针对 LnBaCo$_2$O$_5$(Ln = La、Gd、Nd 和 Pr 等)材料开展了一系列研究[78],发现氧含量、材料的热膨胀系数及电子导电性随 Ln^{3+}离子半径的增大而增大。这一类阴极材料中,PrBaCo$_2$O$_{5+\delta}$在低温下表现出很好的性能,受到研究者广泛关注[79]。Sr$_2$Fe$_{1.5}$Mo$_{0.5}$O$_{6-\delta}$(SFM)是另一类关注较多的阴极材料,因为其在广泛的氧分压下具有很好的结构稳定性及电化学性能,常用于对称型 SOFC 的电极材料[80]。目前,双钙钛矿型氧化物作为阴极材料研究并不充分,需要深入研究其电荷传导机理并提高其在阴极条件下的电导率。层状钙钛矿研究

最多的是 $Ln_2NiO_{4+\delta}$（Ln = La、Nd 和 Pr），其具有很好的氧离子导电性和电催化性能，并且热膨胀系数可与 YSZ 相匹配。相比于 ABO_3 型钙钛矿，A_2BO_4 晶体在 c 轴方向有交替分布的岩盐矿层（AO）和钙钛矿层（ABO_3）。其中岩盐矿层具有很强的氧交换能力，非常有利于氧离子传输，避免了 A 位的碱土金属掺杂。$La_2NiO_{4+\delta}$ 的主要问题是电子导电性较低，且在 900℃以上易与 YSZ 或 GDC 电解质发生反应[81]。

3.3.2 钙钛矿电子电导阴极

最早实现广泛应用的阴极材料是掺杂的锰酸镧（$LaMnO_3$），这是一种通过阳离子空位传导电子的 P 型半导体，其性能见表 3.6。理想化学配比未掺杂的 $LaMnO_3$ 在室温下属正交晶系，温度升高时，Mn^{3+} 被氧化成 Mn^{4+}，从而发生正交相向菱形相转化。相变温度与 Mn^{4+} 含量有关，因此与材料化学组成，特别是氧含量有关[82]。$LaMnO_3$ 中 Mn^{4+} 含量高或氧含量高（$LaMnO_{3+\delta}$，$\delta > 0.1$）时，室温下呈菱形晶相。用低价金属离子取代镧和锰时，也会使得 Mn^{4+} 含量发生变化，从而影响相变温度[83]。例如掺杂碱土金属 Sr 或 Ca 的 $LaMnO_3$ 在室温下即呈现菱形晶相。

表 3.6 $LaMnO_3$ 的基本性能

性能指标	数值
熔点（℃）	1880
密度（g/cm³）	6.57
热导率[W/(cm·K)]	0.04
电导率（700℃）（S/cm）	0.1
热膨胀系数（25～1100℃）（10^{-6} K^{-1}）	11.2
反应标准焓（kJ/mol）	−168
标准熵变[kJ/(mol·K)]	−65
强度（25℃，30%孔隙率）（MPa）	25

$LaMnO_3$ 中产生的氧过量或缺位现象与其烧结温度、气氛、时间都有关系。在氧化性气氛中，$LaMnO_3$ 中氧过量，过量值依赖于温度；在还原性气氛中，材料变成氧缺位；在更强的还原条件下，$LaMnO_3$ 分解为 La_2O_3 和 MnO，但是这一过程是可逆的。对于掺杂 $LaMnO_3$ 来说，氧过量值随掺杂含量提高而降低，例如 A 位掺杂了 20 mol%Ca 的 $LaMnO_3$，即使在高氧活化区，也没有出现氧过量[84]。在 SOFC 应用中，一定要避免 $LaMnO_3$ 中氧含量明显变化，以减少不必要的尺寸变化。

除了氧含量变化以外，$LaMnO_3$ 中还有 La 过量与缺位的变化。$LaMnO_3$ 中 La 过量，会产生第二相 La_2O_3，La_2O_3 水化会生成 $La(OH)_3$。在 SOFC 应用中，不希望出现水化相，因为它会引起 $LaMnO_3$ 烧结中结构破坏。$LaMnO_3$ 中可以含有高达 10 mol%的 La 缺位，而不出现第二相；La 缺位高于此值时，会形成第二相 Mn_3O_4[85, 86]。一般说来，很难制备理想化学配比的 $LaMnO_3$，在正常条件下合成的未掺杂材料一般含有 0.2 mol%的 La 缺位。

$LaMnO_3$ 的化学稳定性也已经被广泛地研究。在 SOFC 工作温度下，氧化性气氛中 $LaMnO_3$ 是稳定的，但是在还原性气氛中，$LaMnO_3$ 会发生分解，引起分解的最低氧分压称为临界氧分压。对未掺杂的 $LaMnO_3$，1000℃时临界氧分压为 10^{-14}～10^{-15} atm。临界氧分压与温度有关，温度越高，临界值越高。在相同温度下，临界氧分压随掺杂浓度提高而提高[87]。这样，高掺杂量会使 $LaMnO_3$ 更稳定。在 SOFC 工作温度下，当实际氧分压低于临界氧分压时，$LaMnO_3$ 分解为 La_2O_3 和 MnO；但是在低温（350~600℃）下，$LaMnO_3$ 易发生相变转化为 La_2MnO_4、$La_8Mn_8O_{23}$、$La_4Mn_4O_{11}$ 等。

$LaMnO_3$ 依赖阳离子空位而呈现 P 型半导体特性，在 SOFC 应用中，通过低价离子在 A 或 B 位置上置换，形成更多阳离子空位，使得 $LaMnO_3$ 电导率得以加强。可以用各种阳离子来取代 $LaMnO_3$ 中阳离子，如 Ba、Ca、Cr、Co、Cu、Po、Mg、Ni、K、Na、Rb、Sr、Ti、Y 等，上述掺杂物在改善电导率的同时，还可以改变材料其他性质，如热膨胀系数等。现在 $LaMnO_3$ 中最常用的 A 位掺杂物是 Sr^{2+}，其次是 Ca^{2+}[88]。

Sr 掺杂后的 $LaMnO_3$（LSM），电导性遵循极化子导电机理。通过 Sr^{2+} 取代 La^{3+}，提高了 Mn^{4+} 含量，提高了 $LaMnO_3$ 电导率。表 3.7 中展示了掺杂 $LaMnO_3$ 的电导率，未掺杂及 5 mol%、10 mol%和 20 mol% Sr 掺杂量的 LSM 活化能分别是 18.3 kJ/mol、18.3 kJ/mol、15.4 kJ/mol、8.7 kJ/mol。对于掺 Sr 量小于 20 mol%的 LSM，在 1000℃以下时材料电导率随温度和 Sr 含量提高而增加；1000℃以上时，导电机理由半导体型转向金属型，电导率基本不变[85]。材料在较低温度下表现出的金属电导性能依赖于 La 含量。Sr 含量大于 20 mol%~30 mol%时，在全温度范围内，LSM 表现出金属型电导。在通常 SOFC 工作温度下（600~1000℃），Sr 含量在 50 mol%~55 mol%时电导率达到最大值。在高氧分压区，掺杂 $LaMnO_3$ 的电导率与氧分压无关；随着氧分压降低，电导率下降，并在低于临界氧分压时突然下降。

表 3.7　掺杂 $LaMnO_3$ 的电导率及活化能

掺杂物	掺杂量（mol%）	电导率（1000℃）（S/cm）	活化能（kJ/mol）
SrO	10	130	15.4
SrO	20	175	8.7

续表

掺杂物	掺杂量（mol%）	电导率（1000℃）（S/cm）	活化能（kJ/mol）
SrO	50	290	4.5
CaO	25	165	11.6
CaO	45	240	7.9
NiO	20	100	18.6
SrO，Cr_2O_3	10，20	25	13.5
SrO，Co_2O_3	20，20	150	—

掺杂 $LaMnO_3$ 的热膨胀系数见表 3.8。未掺杂的 $LaMnO_3$ 在 35~1100℃时，其热膨胀系数为 $(11.2\pm0.3)\times10^{-6} K^{-1}$。少量 La 缺位的 $LaMnO_3$ 使得热膨胀系数更高，这主要是由于 A 位缺陷引起晶体结构的改变。Sr 掺杂会导致材料的热膨胀系数提升，并且随着 Sr 含量增加而提高[89]。用适量小半径阳离子如 Ca、Y 等取代 La 后，$LaMnO_3$ 热膨胀系数降低。

表 3.8 掺杂 $LaMnO_3$ 的热膨胀系数

组成	热膨胀系数（$10^{-6} K^{-1}$）
$La_{0.9}Sr_{0.1}MnO_3$	12.0
$La_{0.5}Sr_{0.5}MnO_3$	13.2
$La_{0.9}Ca_{0.1}MnO_3$	10.1
$La_{0.5}Ca_{0.5}MnO_3$	11.4
$La_{0.4}Y_{0.1}Sr_{0.5}MnO_3$	10.5
$La_{0.7}Sr_{0.3}Mn_{0.7}Cr_{0.3}O_3$	14.5
$La_{0.8}Sr_{0.2}Mn_{0.7}Co_{0.3}O_3$	15.0

由于掺杂 $LaMnO_3$ 中氧表面交换系数和氧扩散速率较低，因此，采用掺杂 $LaMnO_3$ 作为阴极时，氧气将倾向于通过气相传递到电解质/阴极界面附近的 TPB 区域，随后发生 ORR 反应。为了拓展 TPB 长度，提高阴极性能，通常使用掺杂 $LaMnO_3$ 和 YSZ 组成复合阴极。由于掺杂 $LaMnO_3$ 的氧离子电导率很低，添加 YSZ 可以引入氧离子通道，从而扩大电化学反应区。此外，采用复合阴极可以有效地抑制电池运行中 La_2ZrO_7 非导电相的生成，从而提升阴极的长期稳定性。

3.3.3 钙钛矿混合电导阴极

为了提高阴极的氧离子传导率，在掺杂 $LaMnO_3$ 以外，研究者也尝试将 MIEC

材料作为 SOFC 阴极。相比于掺杂 LaMnO₃ 电子电导材料，MIEC 材料能够将阴极的 TPB 变成两相反应界面（DPB），从而使活性反应区域遍布整个阴极，可极大提高阴极的电化学性能，如图 3.13 所示[70]。

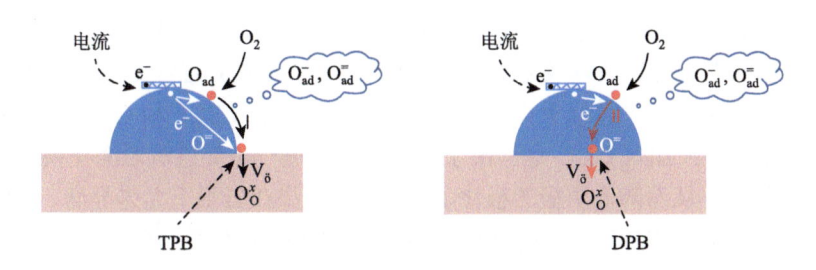

图 3.13　MIEC 阴极上通过 TPB（左）和 DPB（右）的 ORR 途径

Co 基钙钛矿（如 $La_{1-x}Sr_xCoO_{3-\delta}$、$Sm_{1-x}Sr_xCoO_{3-\delta}$）氧化物具有优异的 ORR 反应催化能力。当 A 位掺入低价离子如 Sr^{2+} 时，根据电中性原则，一方面，晶格氧脱离晶格形成氧空位；另一方面，B 位 Co^{3+} 变为 Co^{4+}，这使得 Co 基钙钛矿氧化物具备良好的 MIEC 特性[90]。同等条件下，其总电导率（500～1000 S/cm）显著大于 LSM，其离子电导可达到 0.22 S/cm，因此可直接用作单相 SOFC 阴极材料。然而，由于氧空位的形成、Co^{3+} 自旋态跃迁、Co—O 键能等问题，Co 基钙钛矿氧化物具有较大的热膨胀系数（约 20×10^{-6} K^{-1}）[91]。热膨胀系数的差异容易导致 SOFC 在制备及工作过程中发生电解质与阴极分层的现象，从而导致电池性能严重衰减。此外，Co 基钙钛矿氧化物在高温下容易与 YSZ 反应生成不导电相，因此仅适合应用在中低温运行的 SOFC 中（<800℃）。

与 Co 基钙钛矿氧化物相似，对于 Fe 基钙钛矿氧化物，当在 A 位掺入低价离子如 Sr^{2+} 时（如 $La_{1-x}Sr_xFeO_{3-\delta}$），通过形成 Fe^{4+} 以及氧空位来弥补正电荷缺失。相对于 Co 基钙钛矿氧化物，Fe 基钙钛矿氧化物具备更加稳定的 d 态电子结构。由于 Fe—O 键以及氧空位浓度等因素，Fe 基钙钛矿氧化物的热膨胀系数小于 Co 基钙钛矿氧化物，与常用 YSZ 电解质的热膨胀系数更加匹配。因此，采用 Fe 基钙钛矿氧化物作为阴极材料可以缓解阴极/电解质界面分层等问题。此外，Fe 基钙钛矿氧化物相对于 Co 基钙钛矿氧化物具有更加良好的化学稳定性，其与 YSZ 电解质的反应活性更低。然而，尽管 Fe 基钙钛矿氧化物在热力学方面更加稳定，但其电化学性能低于 Co 基钙钛矿氧化物[92]。

针对 Fe 基和 Co 基钙钛矿氧化物各自的优势和弊端，使用 Fe-Co 共掺杂钙钛矿氧化物可以有效解决上述问题。目前发展较为成熟的 $La_{1-x}Sr_xCo_{1-y}Fe_yO_{3-\delta}$（LSCF）具有以下优点：良好的 MIEC 特性，800℃下的离子和电子电导率分别为

10^{-2} S/cm 和 10^2 S/cm；较高的氧表面交换系数（800℃下为 $6×10^{-6}$ cm/s）和氧扩散系数（800℃下为 $5×10^{-7}$ cm²/s）；优异的 ORR 催化活性[70]。相对于 $La_{1-x}Sr_xCoO_{3-\delta}$（LSC）和 $La_{1-x}Sr_xFeO_{3-\delta}$（LSF），LSCF 材料中 Fe 的掺杂降低了 LSC 的热膨胀系数，而 Co 的掺杂提高了 LSF 的 ORR 催化活性。通过改变 A 位 Sr 元素的含量可以调节 LSCF 材料的氧离子传导性和热膨胀系数，通过改变 B 位 Co/Fe 的含量可以调节材料的电子传导性以及 ORR 催化活性。尽管 LSCF 已经是很好的 MIEC 材料，但在实际应用中，类似于掺杂 $LaMnO_3$，经常混合 LSCF 和 GDC 形成复合阴极，主要原因是：加入 GDC 这一离子导电相可以进一步促进氧表面交换动力学和 ORR 催化活性，从而降低阴极的极化阻抗，这一效果在低温下尤为显著，如图 3.14 所示；此外，加入 GDC 可以进一步调节阴极的热膨胀系数，使其与电解质更加匹配。

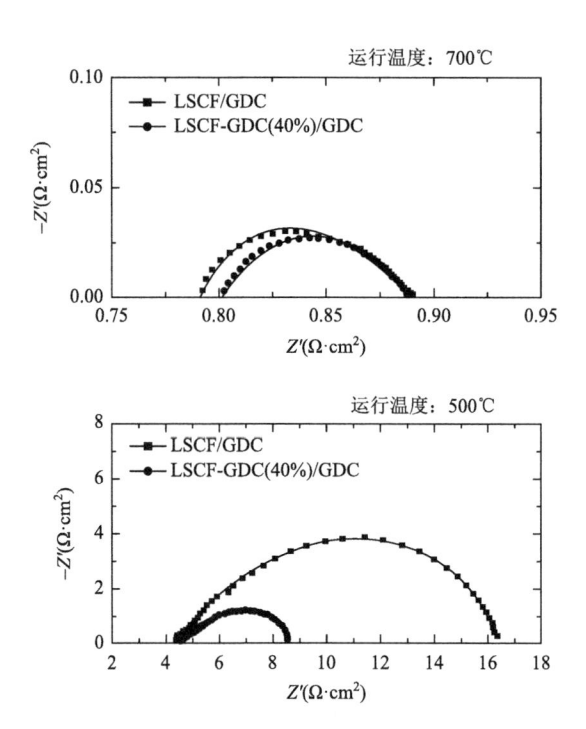

图 3.14　700℃和500℃下 LSCF 阴极和 LSCF/GDC 复合阴极在空气中的 EIS

3.3.4　阴极的化学稳定性

阴极的化学稳定性显著影响 SOFC 的使用寿命，因此也引起了较多关注。引发钙钛矿阴极性能衰减的因素包括内在因素和外在因素，具体来说有：阴极微观结构的变化，如团聚、分层等现象；阴极/电解质界面的固相反应和相互扩散；阴极元素的迁移或偏析；杂质引起的毒化等[93]。如前文所述，YSZ 是 SOFC 中使用最为普遍的电解质材料，但是 YSZ 存在与阴极材料发生固相反应的问题。在 SOFC 高温制备及工作过程中，LSM、LSC、LSCF 阴极均会与 YSZ 电解质发生固相反应，生成高电阻率的 $La_2Zr_2O_7$（LZO）或 $SrZrO_3$（SZO）[94]。

LZO 或 SZO 的形成受阴极材料中 Sr 元素含量的影响。当阴极材料中 Sr 含量较低时，生成的二次相以 LZO 为主；当阴极材料中 Sr 含量较高时，生成的二次相以 SZO 为主[95]。LZO 或 SZO 较高的电阻率使得电解质的离子传导率减小，从而导致电池性能的衰减。此外，LZO 或 SZO 与阴极、电解质之间的热膨胀系数差异造成高温下阴极/电解质界面附近产生内应力。当应力足够大时，将导致阴极/电解质界面分层，从而阻碍阴极/电解质界面的离子传导，造成电池欧姆电阻增加和性能衰减。

为遏制阴极和 YSZ 电解质之间固相反应的发生，可以直接采用 CeO_2 基电解质（如 GDC 和 SDC），但是如前文所述，CeO_2 基电解质在较低的氧分压下存在 Ce^{4+} 被部分还原为 Ce^{3+} 的问题，这会导致电解质离子电导率降低的同时产生电子电导率，并且离子半径的增大也会引起晶格膨胀的问题。因此，目前更为流行的方法是在阴极和 YSZ 电解质之间添加一层薄且致密的 GDC 或 SDC 隔离层，从而阻隔阴极与 YSZ 电解质之间的化学反应。

隔离层的制备方法也受到了一些关注和探索。对于传统的丝网印刷方法，提高烧结温度有助于提高 GDC 隔离层的致密度。然而，当烧结温度高于 1200℃ 时，YSZ 电解质与 GDC 隔离层之间可能会发生固相扩散，在两者界面附近形成离子电导率较低的 Ce-Zr 固溶体[96]。为了解决这一问题，一些研究者尝试通过添加助烧剂来降低 GDC 的烧结温度[97]，也有研究者开发了其他制备方法，包括物理气相沉积（PVD）[98]、旋转涂布[99]、喷雾热解[100]等。例如，本课题组使用电弧离子镀方法，分别在纽扣电池（有效面积 $0.5~cm^2$）和工业尺寸电池（有效面积 $100~cm^2$）上成功制备了厚度约 $1~\mu m$ 且足够致密的 GDC 隔离层，如图 3.15 所示。在该方法中，首先在 YSZ 电解质表面溅射 Ce-Gd 合金薄膜，之后在空气中烧结形成 GDC 氧化物薄膜。通过优化 GDC 烧结温度，最终得到了致密的 GDC 隔离层，

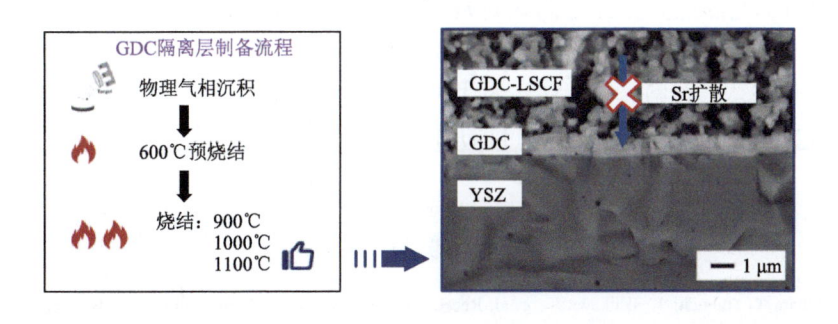

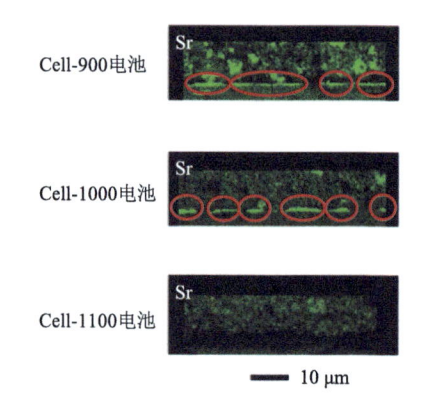

图 3.15　电弧离子镀后不同烧结温度的 GDC 隔离层对 Sr 元素的阻隔效果

有效抑制了电池运行中的 Sr 富集现象。与丝印 GDC 隔离层的电池相比，采用电弧离子镀且在 1000℃下烧结的电池极化电阻明显降低，性能显著提升，实测发电效率从 50.5%提高至 52.4%[101]。

3.4　本章小结

SOFC 单电池的关键组成（电解质、阴极和阳极）均为陶瓷氧化物材料，因此 SOFC 也被称为陶瓷燃料电池。

致密电解质薄膜材料是核心，主要是（纯）氧离子导体，其电导率依赖于氧化物中的氧离子空位传导，氧空位主要来源于氧化物中低价金属离子掺杂；工业上主要使用萤石结构 Y_2O_3 掺杂的 ZrO_2（YSZ）和 Sc_2O_3 掺杂的 ZrO_2（ScSZ），更高氧离子电导率的材料包括掺杂的 CeO_2、$\delta\text{-}Bi_2O_3$ 和掺杂的 $LaGaO_3$ 钙钛矿材料，有望在中低温下使用。近年来，中低温运行的质子导体陶瓷表现出较好的应用潜力，但是还面临着稳定性等方面的实际问题。

SOFC 电极都是多孔陶瓷材料，同时具有氧离子传导和电子传导性能。工业上阳极主要采用 Ni-YSZ 多孔金属陶瓷，具有混合离子电子导电性的钙钛矿材料是现在的研究热点。工业上阴极材料主要是掺杂 $LaMnO_3$ 和 YSZ 复合陶瓷，其在高温下具有良好的电化学性能和稳定性；中高温范围内被认可的材料是掺杂 $LaFeO_3$ 基钙钛矿材料，以 LSCF 为代表，其具有良好的电化学活性和稳定性；优化材料组分和结构仍然是阴极材料的研究重点，也是 SOFC 领域必须突破的重要方向。

参 考 文 献

[1] Ishihara T，Tabuchi J，Ishikawa S，et al. Recent progress in $LaGaO_3$ based solid electrolyte for intermediate

temperature SOFCs[J]. Solid State Ionics, 2006, 177 (19-25): 1949-1953.

[2] Yang L, Wang S, Blinn K, et al. Enhanced sulfur and coking tolerance of a mixed ion conductor for SOFCs: $BaZr_{(0.1)}Ce_{(0.7)}Y_{(0.2-x)}Yb_{(x)}O_{(3-\delta)}$[J]. Science, 2009, 326 (5949): 126-129.

[3] Ishihara T. Perovskite Oxide for Solid Oxide Fuel Cells[M]. Cham: Springer US, 2009.

[4] Arachi Y, Sakai H, Yamamoto O, et al. Electrical conductivity of the ZrO_2-Ln_2O_3 (Ln = lanthanides) system[J]. Solid State Ionics, 1999, 121 (1-4): 133-139.

[5] Badwal S P S. Yttria tetragonal zirconia polycrystalline electrolytes for solid state electrochemical cells[J]. Applied Physics A, 1990, 50 (5): 449-462.

[6] Ramamoorthy R, Sundararaman D, Ramasamy S. Ionic conductivity studies of ultrafine-grained yttria stabilized zirconia polymorphs[J]. Solid State Ionics, 1999, 123 (1-4): 271-278.

[7] Sawaguchi N, Ogawa H. Simulated diffusion of oxide ions in $YO_{1.5}$-ZrO_2 at high temperature[J]. Solid State Ionics, 2000, 128 (1-4): 183-189.

[8] Yashima M, Kakihana M, Yoshimura M. Metastable-stable phase diagrams in the zirconia-containing systems utilized in solid-oxide fuel cell application[J]. Solid State Ionics, 1996, 86: 1131-1149.

[9] Haering C, Roosen A, Schichl H, et al. Degradation of the electrical conductivity in stabilised zirconia system[J]. Solid State Ionics, 2005, 176 (3-4): 261-268.

[10] Lee D, Kim W, Choi S, et al. Characterization of ZrO_2 co-doped with Sc_2O_3 and CeO_2 electrolyte for the application of intermediate temperature SOFCs[J]. Solid State Ionics, 2005, 176 (1-2): 33-39.

[11] Kim D J. Lattice parameters, ionic conductivities, and solubility limits in fluorite-structure MO_2 oxide [M = Hf^{4+}, Zr^{4+}, Ce^{4+}, Th^{4+}, U^{3+}] solid solutions[J]. Journal of the American Ceramic Society, 1989, 72 (8): 1415-1421.

[12] Burbano M, Nadin S, Marrocchelli D, et al. Ceria co-doping: synergistic or average effect?[J]. Physical Chemistry Chemical Physics, 2014, 16 (18): 8320-8331.

[13] Singh N, Singh N K, Kumar D, et al. Effect of co-doping of Mg and La on conductivity of ceria[J]. Journal of Alloys and Compounds, 2012, 519: 129-135.

[14] Ong P S, Tan Y P, Taufiq-Yap Y H, et al. Improved sinterability and conductivity enhancement of 10-mol% calcium-doped ceria using different fuel-aided combustion reactions and its structural characterisation[J]. Materials Science and Engineering: B, 2014, 185 (1): 26-36.

[15] Fu Y P. Ionic conductivity and mechanical properties of Y_2O_3-doped CeO_2 ceramics synthesis by microwave-induced combustion[J]. Ceramics International, 2009, 35 (2): 653-659.

[16] Fu Y P, Chen S H, Huang J J. Preparation and characterization of $Ce_{0.8}M_{0.2}O_{2-\delta}$ (M=Y, Gd, Sm, Nd, La) solid electrolyte materials for solid oxide fuel cells[J]. International Journal of Hydrogen Energy, 2010, 35 (2): 745-752.

[17] Peng R, Xia C, Fu Q, et al. Sintering and electrical properties of $(CeO_2)_{0.8}(Sm_2O_3)_{0.1}$ powders prepared by glycine-nitrate process[J]. Materials Letters, 2002, 56 (6): 1043-1047.

[18] Wu Y C, Lin C C. The microstructures and property analysis of aliovalent cations (Sm^{3+}, Mg^{2+}, Ca^{2+}, Sr^{2+}, Ba^{2+}) co-doped ceria-base electrolytes after an aging treatment[J]. International Journal of Hydrogen Energy, 2014, 39 (15): 7988-8001.

[19] Sha X, Lü Z, Huang X, et al. Preparation and properties of rare earth co-doped $Ce_{0.8}Sm_{0.2-x}Y_xO_{1.9}$ electrolyte materials for SOFC[J]. Journal of Alloys and Compounds, 2006, 424 (1-2): 315-321.

[20] Kahlaoui M, Inoubli A, Chefi S, et al. Electrochemical and structural study of $Ce_{0.8}Sm_{0.2-x}La_xO_{1.9}$ electrolyte materials for SOFC[J]. Ceramics International, 2013, 39 (6): 6175-6182.

[21] Liu Y, Li B, Wei X, et al. Citric-nitrate combustion synthesis and electrical conductivity of the Sm^{3+} and Nd^{3+} co-doped ceria electrolyte[J]. Journal of the American Ceramic Society, 2008, 91 (12): 3926-3930.

[22] Lübke S, Wiemhöfer H D. Electronic conductivity of Gd-doped ceria with additional Pr-doping[J]. Solid State Ionics, 1999, 117 (3-4): 229-243.

[23] Wang F Y, Chen S, Cheng S. Gd^{3+} and Sm^{3+} co-doped ceria based electrolytes for intermediate temperature solid oxide fuel cells[J]. Electrochemistry Communications, 2004, 6 (8): 743-746.

[24] Yao H C, Zhang Y X, Liu J J, et al. Synthesis and characterization of Gd^{3+} and Nd^{3+} co-doped ceria by using citric acid-nitrate combustion method[J]. Materials Research Bulletin, 2011, 46 (1): 75-80.

[25] Park K, Hwang H K. Electrical conductivity of $Ce_{0.8}Gd_{0.2-x}Dy_xO_{2-\delta}$ ($0 \leqslant x \leqslant 0.2$) co-doped with Gd^{3+} and Dy^{3+} for intermediate-temperature solid oxide fuel cells[J]. Journal of Power Sources, 2011, 196 (11): 4996-4999.

[26] Guan X, Zhou H, Wang Y, et al. Preparation and properties of Gd^{3+} and Y^{3+} co-doped ceria-based electrolytes for intermediate temperature solid oxide fuel cells[J]. Journal of Alloys and Compounds, 2008, 464 (1-2): 310-316.

[27] Ramesh S, Upender G, Raju K C J, et al. Effect of Ca on the properties of Gd-doped ceria for IT-SOFC[J]. Journal of Modern Physics, 2013, 4 (6): 859-863.

[28] Sammes N M, Tompsett G A, Näfe H, et al. Bismuth based oxide electrolytes— structure and ionic conductivity[J]. Journal of the European Ceramic Society, 1999, 19 (10): 1801-1826.

[29] Wachsman E D, Jayaweera P, Jiang N, et al. Stable high conductivity ceria/bismuth oxide bilayered electrolytes[J]. Journal of the Electrochemical Society, 1997, 144 (1): 233-236.

[30] Iwahara H, Esaka T, Uchida H, et al. Proton conduction in sintered oxides and its application to steam electrolysis for hydrogen production[J]. Solid State Ionics, 1981, 3-4 (C): 359-363.

[31] Iwahara H, Yajima T, Hibino T, et al. Protonic conduction in calcium, strontium and barium zirconates[J]. Solid State Ionics, 1993, 61 (1-3): 65-69.

[32] Katahira K, Kohchi Y, Shimura T, et al. Protonic conduction in Zr-substituted $BaCeO_3$[J]. Solid State Ionics, 2000, 138 (1-2): 91-98.

[33] Tian H, Luo Z, Song Y, et al. Protonic ceramic materials for clean and sustainable energy: advantages and challenges[J]. International Materials Reviews, 2023, 68 (3): 272-300.

[34] Bessler W G, Vogler M, Störmer H, et al. Model anodes and anode models for understanding the mechanism of hydrogen oxidation in solid oxide fuel cells[J]. Physical Chemistry Chemical Physics, 2010, 12 (42): 13888-13903.

[35] Dees D W, Claar T D, Easler T E, et al. Conductivity of porous Ni/ZrO_2-Y_2O_3 cermets[J]. Journal of the Electrochemical Society, 1987, 134 (9): 2141-2146.

[36] Matsushima T, Ohrui H, Hirai T. Effects of sinterability of YSZ powder and NiO content on characteristics of Ni-YSZ cermets[J]. Solid State Ionics, 1998, 111 (3-4): 315-321.

[37] de Boer B, Gonzalez M, Bouwmeester H J M, et al. The effect of the presence of fine YSZ particles on the performance of porous nickel electrodes[J]. Solid State Ionics, 2000, 127 (3-4): 269-276.

[38] Setoguchi T, Eguchi K, Arai H. Thin film fabrication of stabilized zirconia for solid oxide fuel cells[C]. International Conference on Thin Film Physics and Applications, 1991, 1519. https://doi.org/10.1117/12.47301.

[39] Mori M, Yamamoto T, Itoh H, et al. Thermal expansion of nickel-zirconia anodes in solid oxide fuel cells during fabrication and operation[J]. Journal of the Electrochemical Society, 1998, 145 (4): 1374-1381.

[40] Wang W, Su C, Wu Y, et al. Progress in solid oxide fuel cells with nickel-based anodes operating on methane and related fuels[J]. Chemical Reviews, 2013, 113 (10): 8104-8151.

[41] Boldrin P, Ruiz-Trejo E, Mermelstein J, et al. Strategies for carbon and sulfur tolerant solid oxide fuel cell materials,

incorporating lessons from heterogeneous catalysis[J]. Chemical Reviews, 2016, 116 (22): 13633-13684.

[42] Yang L, Choi Y, Qin W, et al. Promotion of water-mediated carbon removal by nanostructured barium oxide/nickel interfaces in solid oxide fuel cells[J]. Nature Communications, 2011, 2: 357.

[43] Liu M, van der Kleij A, Verkooijen A H M, et al. An experimental study of the interaction between tar and SOFCs with Ni/GDC anodes[J]. Applied Energy, 2013, 108: 149-157.

[44] Chen Y, de Glee B, Tang Y, et al. A robust fuel cell operated on nearly dry methane at 500℃ enabled by synergistic thermal catalysis and electrocatalysis[J]. Nature Energy, 2018, 3 (12): 1042-1050.

[45] Mogensen M B, Chen M, Frandsen H L, et al. Ni migration in solid oxide cell electrodes: Review and revised hypothesis[J]. Fuel Cells, 2021, 21 (5): 415-429.

[46] Craciun R, Park S, Gorte R J, et al. A novel method for preparing anode cermets for solid oxide fuel cells[J]. Journal of the Electrochemical Society, 1999, 146 (11): 4019-4022.

[47] Park S, Vohs J M, Gorte R J. Direct oxidation of hydrocarbons in a solid-oxide fuel cell[J]. Nature, 2000, 404 (6775): 265-267.

[48] Jung S, Lu C, He H, et al. Influence of composition and Cu impregnation method on the performance of Cu/CeO_2/YSZ SOFC anodes[J]. Journal of Power Sources, 2006, 154 (1): 42-50.

[49] Sin A, Kopnin E, Dubitsky Y, et al. Performance and life-time behaviour of NiCu-CGO anodes for the direct electro-oxidation of methane in IT-SOFCs[J]. Journal of Power Sources, 2007, 164 (1): 300-305.

[50] Neagu D, Irvine J T S. Structure and properties of $La_{0.4}Sr_{0.4}TiO_3$ ceramics for use as anode materials in solid oxide fuel cells[J]. Chemistry of Materials, 2010, 22 (17): 5042-5053.

[51] Cheng Z, Zha S, Aguilar L, et al. Chemical, electrical, and thermal properties of strontium doped lanthanum vanadate[J]. Solid State Ionics, 2005, 176 (23-24): 1921-1928.

[52] Thommy L, Joubert O, Hamon J, et al. Impregnation versus exsolution: Using metal catalysts to improve electrocatalytic properties of LSCM-based anodes operating at 600℃[J]. International Journal of Hydrogen Energy, 2016, 41 (32): 14207-14216.

[53] Tao S, Irvine J T S. A redox-stable efficient anode for solid-oxide fuel cells[J]. Nature Materials, 2003, 2 (5): 320-323.

[54] Zhou X, Yan N, Chuang K T, et al. Progress in La-doped $SrTiO_3$ (LST) -based anode materials for solid oxide fuel cells[J]. RSC Advances, 2014, 4 (1): 118-131.

[55] Huang Y H, Dass R I, Xing Z L, et al. Double perovskites as anode materials for solid-oxide fuel cells[J]. Science, 2006, 312 (5771): 254-257.

[56] Gao Z, Mogni L V, Miller E C, et al. A perspective on low-temperature solid oxide fuel cells[J]. Energy & Environmental Science, 2016, 9 (5): 1602-1644.

[57] Sengodan S, Choi S, Jun A, et al. Layered oxygen-deficient double perovskite as an efficient and stable anode for direct hydrocarbon solid oxide fuel cells[J]. Nature Materials, 2014, 14 (2): 205-209.

[58] Madsen B D, Kobsiriphat W, Wang Y, et al. Nucleation of nanometer-scale electrocatalyst particles in solid oxide fuel cell anodes[J]. Journal of Power Sources, 2007, 166 (1): 64-67.

[59] Kobsiriphat W, Madsen B D, Wang Y, et al. Nickel-and ruthenium-doped lanthanum chromite anodes: effects of nanoscale metal precipitation on solid oxide fuel cell performance[J]. Journal of the Electrochemical Society, 2010, 157 (2): B279.

[60] Sun Y F, Li J H, Wang M N, et al. A-site deficient chromite perovskite with *in situ* exsolution of nano-Fe: a promising bi-functional catalyst bridging the growth of CNTs and SOFCs[J]. Journal of Materials Chemistry A,

2015, 3 (28): 14625-14630.

[61] Sun Y F, Li J H, Cui L, et al. A-site-deficiency facilitated *in situ* growth of bimetallic Ni-Fe nano-alloys: a novel coking-tolerant fuel cell anode catalyst[J]. Nanoscale, 2015, 7 (25): 11173-11181.

[62] Neagu D, Tsekouras G, Miller D N, et al. *In situ* growth of nanoparticles through control of non-stoichiometry[J]. Nature Chemistry, 2013, 5 (11): 916-923.

[63] Wang Z, Yin Y M, Yu Y, et al. Roles of FeNi nanoparticles and SrLaFeO$_4$ substrate in the performance and reliability of a composite anode prepared through *in-situ* exsolution for intermediate temperature solid oxide fuel cells (I) [J]. International Journal of Hydrogen Energy, 2018, 43 (22): 10440-10447.

[64] Yang Z, Chen Y, Xu N, et al. Stability investigation for symmetric solid oxide fuel cell with La$_{0.4}$Sr$_{0.6}$Co$_{0.2}$Fe$_{0.7}$Nb$_{0.1}$O$_{3-\delta}$ electrode[J]. Journal of the Electrochemical Society, 2015, 162 (7): F718-F721.

[65] Yang C, Yang Z, Jin C, et al. Sulfur-tolerant redox-reversible anode material for direct hydrocarbon solid oxide fuel cells[J]. Advanced Materials, 2012, 24 (11): 1439-1443.

[66] Sun Y F, Li J H, Zhang Y Q, et al. Bifunctional catalyst of core-shell nanoparticles socketed on oxygen-deficient layered perovskite for soot combustion: *In situ* observation of synergistic dual active sites[J]. ACS Catalysis, 2016, 6 (4): 2710-2714.

[67] Luo T, Liu X, Meng X, et al. *In situ* formation of LaNi$_{0.6}$Fe$_{0.4}$O$_{3-\delta}$-carbon nanotube hybrids as anodes for direct-methane solid oxide fuel cells[J]. Journal of Power Sources, 2015, 299: 472-479.

[68] Chang H, Chen H, Shao Z, et al. *In situ* fabrication of (Sr, La) FeO$_4$ with CoFe alloy nanoparticles as an independent catalyst layer for direct methane-based solid oxide fuel cells with a nickel cermet anode[J]. Journal of Materials Chemistry A, 2016, 4 (36): 13997-14007.

[69] Qi H, Xia F, Yang T, et al. *In situ* exsolved nanoparticles on La$_{0.5}$Sr$_{1.5}$Fe$_{1.5}$Mo$_{0.5}$O$_{6-\delta}$ anode enhance the hydrogen oxidation reaction in SOFCs[J]. Journal of the Electrochemical Society, 2020, 167 (2): 024510.

[70] Jiang S P. Development of lanthanum strontium cobalt ferrite perovskite electrodes of solid oxide fuel cells—a review[J]. International Journal of Hydrogen Energy, 2019, 44 (14): 7448-7493.

[71] Petrov A N, Kononchuk O F, Andreev A V. Crystal structure, electrical and magnetic properties of La$_{1-x}$Sr$_x$CoO$_{3-y}$[J]. Solid State Ionics, 1995, 80 (3-4): 189-199.

[72] Sunarso J, Hashim S S, Zhu N, et al. Perovskite oxides applications in high temperature oxygen separation, solid oxide fuel cell and membrane reactor: A review[J]. Progress in Energy and Combustion Science, 2017, 61: 57-77.

[73] Shao Z, Haile S M. A high-performance cathode for the next generation of solid-oxide fuel cells[J]. Nature, 2004, 431 (7005): 170-173.

[74] Zhou W, Ran R, Shao Z. Progress in understanding and development of Ba$_{0.5}$Sr$_{0.5}$Co$_{0.8}$Fe$_{0.2}$O$_{3-\delta}$-based cathodes for intermediate-temperature solid-oxide fuel cells: A review[J]. Journal of Power Sources, 2009, 192 (2): 231-246.

[75] Hibino T, Hashimoto A, Inoue T, et al. A low-operating-temperature solid oxide fuel cell in hydrocarbon-air mixtures[J]. Science, 2000, 288 (5473): 2031-2033.

[76] Tarancón A, Burriel M, Santiso J, et al. Advances in layered oxide cathodes for intermediate temperature solid oxide fuel cells[J]. Journal of Materials Chemistry, 2010, 20 (19): 3799-3813.

[77] Taskin A A, Lavrov A N, Ando Y. Achieving fast oxygen diffusion in perovskites by cation ordering[J]. Applied Physics Letters, 2005, 86 (9): 1-3.

[78] Zhang K, Ge L, Ran R, et al. Synthesis, characterization and evaluation of cation-ordered LnBaCo$_2$O$_{5+\delta}$ as materials of oxygen permeation membranes and cathodes of SOFCs[J]. Acta Materialia, 2008, 56 (17): 4876-4889.

[79] Kim G, Wang S, Jacobson A J, et al. Rapid oxygen ion diffusion and surface exchange kinetics in PrBaCo$_2$O$_{5+x}$

with a perovskite related structure and ordered A cations[J]. Journal of Materials Chemistry, 2007, 17 (24): 2500-2505.

[80] Xiao G, Liu Q, Wang S, et al. Synthesis and characterization of Mo-doped $SrFeO_{3-\delta}$ as cathode materials for solid oxide fuel cells[J]. Journal of Power Sources, 2012, 202: 63-69.

[81] Hernández A M, Mogni L, Caneiro A. $La_2NiO_{4+\delta}$ as cathode for SOFC: reactivity study with YSZ and CGO electrolytes[J]. International Journal of Hydrogen Energy, 2010, 35 (11): 6031-6036.

[82] Jiang Y, Wang S Z, Zhang Y H, et al. Electrochemical reduction of oxygen on a strontium doped lanthanum manganite electrode[J]. Solid State Ionics, 1998, 110 (1-2): 111-119.

[83] Decorse P, Caboche G, Dufour L. A comparative study of the surface and bulk properties of lanthanum-strontium-manganese oxides $La_{1-x}Sr_xMnO_{3+\delta}$ as a function of Sr-content, oxygen potential and temperature[J]. Solid State Ionics, 1999, 117 (1-2): 161-169.

[84] Stevenson J W, Nasrallah M M, Anderson H U, et al. Defect structure of $Y_{1-y}Ca_yMnO_3$ and $La_{1-y}Ca_yMnO_3$. Ⅱ. oxidation-reduction behavior[J]. Journal of Solid State Chemistry, 1993, 102 (1): 185-197.

[85] Takeda Y, Nakai S, Kojima T, et al. Phase relation in the system $(La_{1-x}A_x)_{1-y}MnO_{3+z}$ (A = Sr and Ca)[J]. Materials Research Bulletin, 1991, 26 (2-3): 153-162.

[86] Berenov A V, MacManus-Driscoll J L, Kilner J A. Oxygen tracer diffusion in undoped lanthanum manganites[J]. Solid State Ionics, 1999, 122 (1-4): 41-49.

[87] Kamata H, Hosaka A, Mizusaki J, et al. High temperature electrocatalytic properties of the SOFC air electrode $La_{0.8}Sr_{0.2}MnO_3$/YSZ[J]. Solid State Ionics, 1998, 106 (3-4): 237-245.

[88] Mori M, Hiei Y, Yamamoto T, et al. Lanthanum alkaline-earth manganites as a cathode material in high-temperature solid oxide fuel cells[J]. Journal of the Electrochemical Society, 1999, 146 (11): 4041-4047.

[89] Sakaki Y, Takeda Y, Kato A, et al. $Ln_{1-x}Sr_xMnO_3$ (Ln = Pr, Nd, Sm and Gd) as the cathode material for solid oxide fuel cells[J]. Solid State Ionics, 1999, 118 (3-4): 187-194.

[90] Lee K T, Manthiram A. Comparison of $Ln_{0.6}Sr_{0.4}CoO_{3-\delta}$ (Ln = La, Pr, Nd, Sm, and Gd) as cathode materials for intermediate temperature solid oxide fuel cells[J]. Journal of the Electrochemical Society, 2006, 153 (4): A794.

[91] Huang K, Lee H Y, Goodenough J B. Sr- and Ni-doped $LaCoO_3$ and $LaFeO_3$ perovskites: new cathode materials for solid-oxide fuel cells[J]. Journal of the Electrochemical Society, 1998, 145 (9): 3220-3227.

[92] Mai A, Haanappel V A C, Uhlenbruck S, et al. Ferrite-based perovskites as cathode materials for anode-supported solid oxide fuel cells. Part Ⅰ. Variation of composition[J]. Solid State Ionics, 2005, 176 (15-16): 1341-1350.

[93] Sun C, Hui R, Roller J. Cathode materials for solid oxide fuel cells: a review[J]. Journal of Solid State Electrochemistry, 2010, 14 (7): 1125-1144.

[94] He S, Jiang S P. Electrode/electrolyte interface and interface reactions of solid oxide cells: Recent development and advances[J]. Progress in Natural Science: Materials International, 2021, 31 (3): 341-372.

[95] Yang K, Shen J H, Yang K Y, et al. Formation of $La_2Zr_2O_7$ or $SrZrO_3$ on cathode-supported solid oxide fuel cells[J]. Journal of Power Sources, 2006, 159 (1): 63-67.

[96] Tsoga A, Gupta A, Naoumidis A, et al. Gadolinia-doped ceria and yttria stabilized zirconia interfaces: regarding their application for SOFC technology[J]. Acta Materialia, 2000, 48 (18-19): 4709-4714.

[97] Nicholas J, Dejonghe L. Prediction and evaluation of sintering aids for Cerium Gadolinium Oxide[J]. Solid State Ionics, 2007, 178 (19-20): 1187-1194.

[98] Sønderby S, Klemensø T, Christensen B H, et al. Magnetron sputtered gadolinia-doped ceria diffusion barriers for

metal-supported solid oxide fuel cells[J]. Journal of Power Sources, 2014, 267: 452-458.

[99] Jang I, Kim S, Kim C, et al. Interface engineering of yttrium stabilized zirconia/gadolinium doped ceria bi-layer electrolyte solid oxide fuel cell for boosting electrochemical performance[J]. Journal of Power Sources, 2019, 435: 226776.

[100] Nurk G, Vestli M, Möller P, et al. Mobility of Sr in gadolinia doped ceria barrier layers prepared using spray pyrolysis, pulsed laser deposition and magnetron sputtering methods[J]. Journal of the Electrochemical Society, 2016, 163（2）: F88-F96.

[101] Wang Y, Jia C, Lyu Z, et al. Performance and stability analysis of SOFC containing thin and dense gadolinium-doped ceria interlayer sintered at low temperature[J]. Journal of Materiomics, 2022, 8（2）: 347-357.

第4章 电池堆构型及组件

4.1 电池堆构型

在实际应用中，SOFC 单元电池的输出功率有限，其电压不到 1 V，为了获取大功率，需要将若干个单电池以各种方式（串联、并联、混联）组装成电池堆（stack）。历史上曾有很多独创性的电池堆构型设计问世（如管式、基片式、独石式、平板式等），但是在二十世纪六十年代以后，研发的焦点主要集中在平板式和管式上，而其他的构型设计不再流行。本节主要介绍平板式、管式和微管式结构的 SOFC 电池堆。

4.1.1 平板式构型

平板式 SOFC 中，电池组件以平板型结构串联在一起。图 4.1 给出了一个典型的平板式 SOFC 结构的实例。二十世纪八十年代早期以来，陶瓷技术的发展，特别是微细粉合成、材料合成工程化、组成/性能/微观结构关系的改进以及复杂结构制备和工艺上的改善，所有这一切都引起了人们对平板式 SOFC 电池堆越来越多的关注[1]。在平板式 SOFC 电池堆的制备、性能和运行的实验已取得了明显进展。

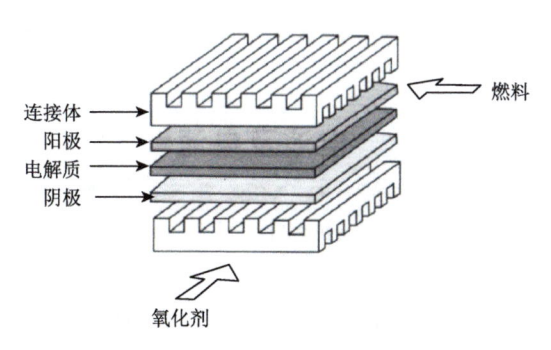

图 4.1 平板式 SOFC 结构[1]

平板式 SOFC 与其他结构的电池一样，必须满足电性能和电化学性能的要求，同时为满足特定发电应用的运行需要，对热管理和机械/结构完整性也有一定的要求。这些要求取决于选定的结构和应用，下面定性地讨论平板式 SOFC 主要设计要求：

（1）电性能：电池堆必须使电阻损耗最小。因此，各组件中电流通道（尤其是电导率低的组元）要尽可能短。组件间要有良好的电接触以及足够的接触面积。集流器的设计要便于电池堆中电流的分布和流通。

（2）电化学性能：电池堆必须能提供最大的开路电压使产生的极化损失最小。因此，要避免任何明显的漏气或者串气以及短路。燃料气和氧化气不仅要均匀分布到电池堆中的每一个电池上，而且要均匀分布在每个电池的表面。为了减少质量传输限制，气体要能够迅速到达反应区。

（3）热管理：必须考虑电池堆的冷却方式，确保电池运行中电池堆内部温度的均匀分布。设计必须能够承受电池堆可能出现的最大温度梯度。

（4）机械/结构完整性：任何平板式 SOFC 电池堆的设计必须满足装配和操作所需要的机械强度。因此，在电池堆需要经受的各种操作条件下（如正常操作的温度梯度，偏离设计的温度梯度，突然的功率改变和冷启动等热冲击，以及在安装、运输和负载波动中可能出现的机械载荷），为了防止组元的破裂、分层或者剥离，必须使机械应力和热应力最小。

表 4.1 总结了平板式 SOFC 的设计要求[2]。

表 4.1 设计要求

	性能要求	设计目标
电性能	最小的电阻损耗	较短的电流路径 良好的电接触和足够的接触面积 能确保电流分布均匀、路径短的集流器
电化学性能	最大开路电压 较低的极化损耗	不明显的漏气或者串气（无封接或封接量最小） 无短路 电池间和单电池表面均匀的气流分布 气体容易到达反应区
热管理	冷却和均匀的温度分布，承受电池堆内可能出现的最大的温度梯度	简单有效的冷却方法 合适的气道结构 能承受热应力的结构
机械/结构完整性	装配和操作的机械强度	最小的机械应力

平板式 SOFC 设计最重要的特点在于气道结构和气体歧管装置的几种排列方式。

气道结构：平板式 SOFC 电池堆中，燃料气流和氧化气流可以设计为交叉式、共流式或者反流式。气流结构的选择取决于电池堆结构对电池堆内温度和电流分布有很大的影响。在不同的气道结构中，可以实现多种的气流形式，包括 Z 型、

S 型、放射型、螺旋型等（图 4.2）。平板式 SOFC 电池堆中，气道可以提高电池堆中气流分布的均匀性和促进单电池中的传质和传热。此外，气道设计要保证每一片单电池有足够的压差，以提高电池堆内单电池间气流的均匀性。因此，在平板式 SOFC 电池堆设计时，确定燃料气和氧化气的气道是一个很重要的方面。对于一个特定设计，为了改进/优化电池堆，可以采用不同的气槽形状和排列方式。尽管某些平板式结构中，在电极上设计了气道，但是，通常气槽设计成连接体的一部分。由于气道还作为连接体和电极之间的电连接，所以在设计中一定要考虑接触面积（气道和电极之间），使接触电阻降到最低。

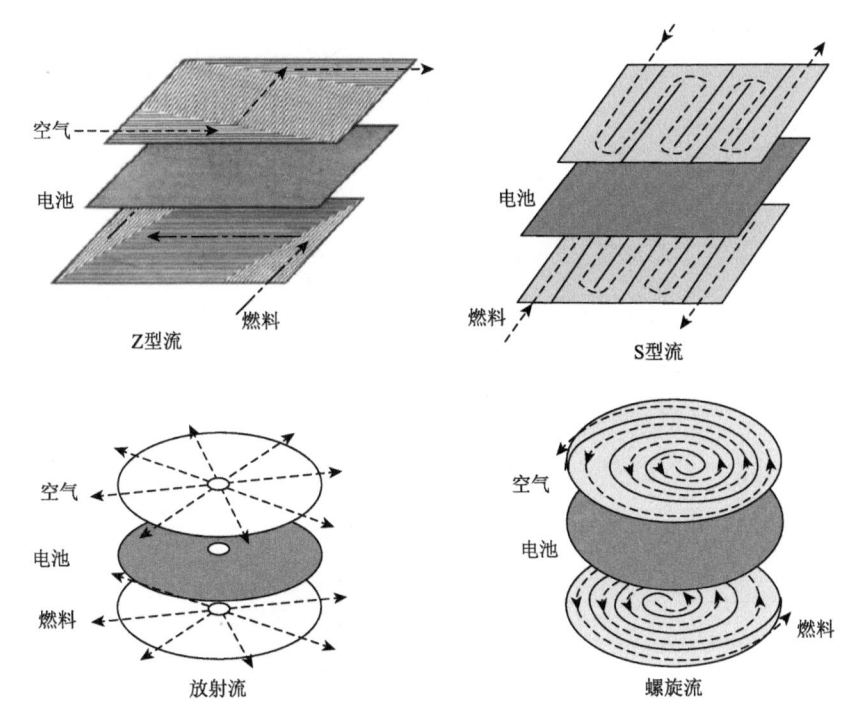

图 4.2 平板式 SOFC 中气流形式[2]

气体歧管装置：任何结构的电池堆都必须包含气体歧管装置，以确保从供气流到每一片电池的正常供气，以及未反应气体及生成物的排出。这种装置可以分为外部式和一体式两种形式。外部歧管装置独立于电池堆中的单电池和连接体。图 4.3 是交叉式平板型 SOFC 外部歧管装置的一种结构。而一体式歧管装置是单电池或连接体的一部分。图 4.4 给出了一体式歧管装置的实例。这些结构中，气体歧管装置通常需要密封，以防止漏气或串气。为防止单电池之间短路，歧管装置的密封应该是绝缘的。从原理上讲，歧管装置设计应具有较低的气压降（相对于单电池气压降而言），以确保电池堆内均匀的气流分布。

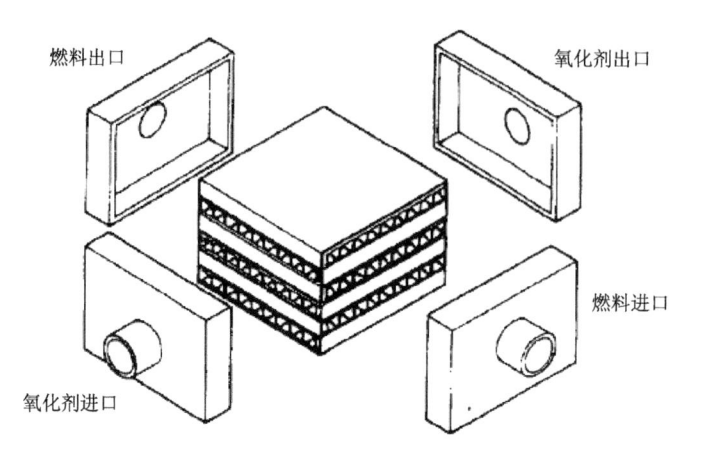

图 4.3 外部歧管装置的实例[2]

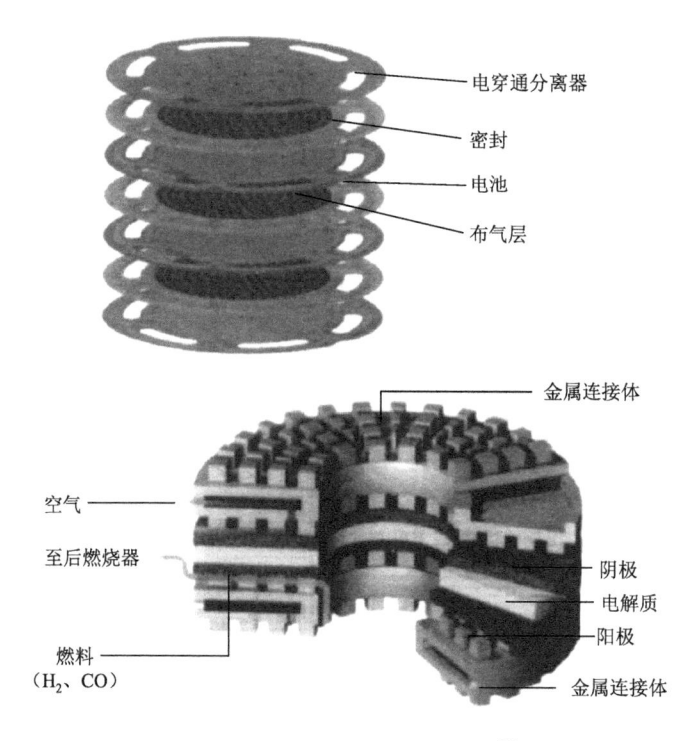

图 4.4 一体式歧管装置的实例[2]

在推动 SOFC 商业化的进程中，平板式 SOFC 电池堆主要面临降低成本和延长使用寿命两大技术瓶颈。现阶段平板式 SOFC 电池堆亟待解决的问题主要为以下几方面：①进一步降低单电池和连接体的制造成本，优化金属连接体的耐高温性能；②提高阳极支撑单电池的稳定性，降低电池长期工作的性能衰减；③解决金属连接体长期运行中的氧化腐蚀以及有害元素对电池的毒化问题；④进一步提高封接材料的密封性能，开发可在较低压力和温度下实现密封的高温封接材料，提高燃料利用率；⑤提高平板式电池堆的多次热循环启动能力，降低启动时间。

4.1.2 管式构型

最常用的管式设计是由西门子西屋电气公司首先开发的，电池组件均以薄膜的形式沉积在圆柱形管子上[3]。在早期设计中，这种管子是由氧化钙稳定氧化锆制成的；这种多孔支撑管（PST）有两种作用，既作为结构组元在其上制备活性电池组件，也作为电池运行中的功能组元，提供流向阴极的空气通道。采用挤出成型、高温烧结方法可制备这种多孔支撑管。尽管有足够的孔隙，但是对流向阴极的空气流，管子本身仍然存在固有气阻。为了减少气阻，首先应减少这种多孔支撑管的壁厚，由 2 mm（厚壁 PST）减小到 1.2 mm（薄壁 PST）；直至取消这种多孔支撑管，由掺杂锰酸镧管取代（空气电极支撑管式电池）。这种管子作为阴极，其他电池组元沉积其上。类似尺寸的三种管式电池比较如图 4.5 所示，图中清晰表明了没有多孔支撑管结构的电池性能明显提高[2]。

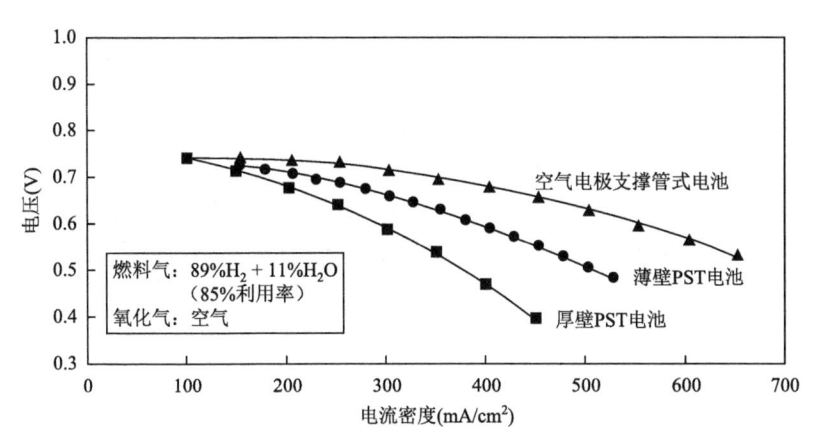

图 4.5 1000℃下，厚壁 PST、薄壁 PST 和空气电极支撑管式电池性能比较[2]

在西门子西屋电气公司的管式电池中，用挤出成型、烧结的方法制备了 LSM 空气电极管（直径 2.2 cm，壁厚 2.2 mm，长度大约 180 cm），得到的孔隙率为 30%～35%。掺杂大约 10 mol%YSZ 电解质，通过电化学气相沉积（EVD）工艺形成厚度大约 40 μm 的电解质。单电池以电并联和串联方式连接形成半固定的电池束，是构成发电系统的基本电池模块。图 4.6 是 8 个单电池串联成一束，3 束并联在一起的电池堆[4, 5]。镍金属长纤维彼此烧结构成的镍毡，用于电池间柔性的低电阻连接。镍毡将燃料电极上的镍颗粒与连接体上的镍层结合在一起形成串联连接，将两个相邻电池的燃料电极连接在一起形成并联连接，这种串、并联布置提高了电堆的可靠性。

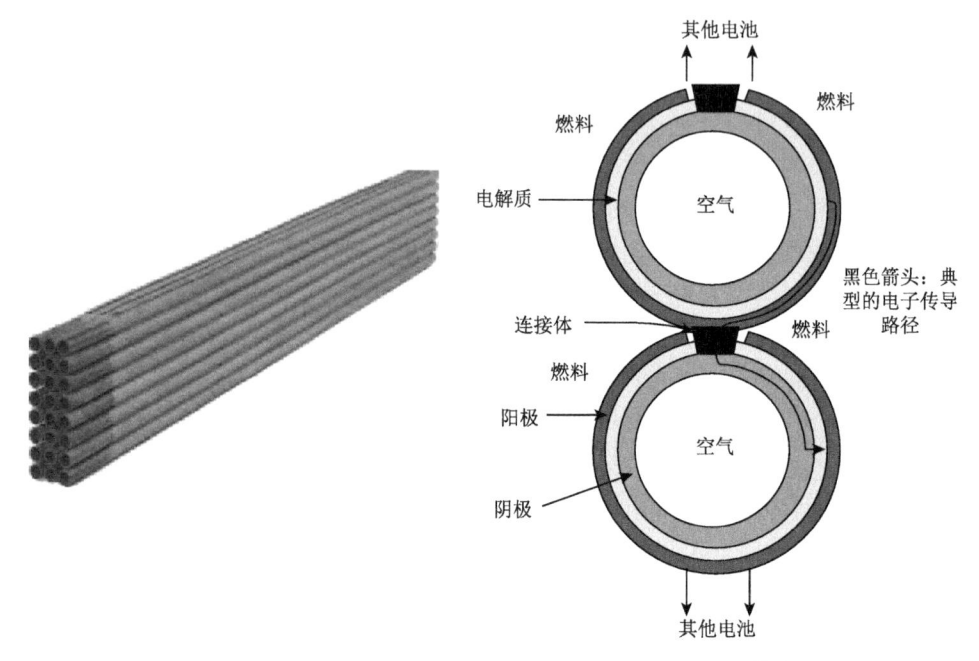

图 4.6 8 个串联、3 个并联的管式电池堆及连接示意图[4, 5]

日本三菱重工（Mitsubishi Heavy Industries）开发了另一种管式电池，即基片串接式电池[6]。该结构是由基片式单电池以电串联和气串联连接在一起。电池以薄的带状结构排布在多孔的支撑管上，支撑管通常是铝酸盐管。连接体为一个电池的阳极和下一个电池的阴极之间提供封接（和电连接）。在电池堆内部，燃料气流在管内从一节电池流到下一节电池，氧化气流在管外部流过。目前，活性电池组件是通过等离子喷涂法沉积制备的。此电池堆如图 4.7 所示。2015 年，三菱重工推出了 Model 15 型电池管，Model 15 包含了更多的电池片（并未公开具体数量），进一步调整了连接体-阴极界面及阴极-电解质界面，减小电解质厚度，缩小基管半径，功率密度再次提高 50%，机组体积更是减少了 40%。已投入商业运营的 250 kW 级 SOFC 混合发电系统已全面换装 Model 15 型电池管（前期款为 Model 10 型），系统的发电效率高达 55%，同时占地面积仅有 40 m^2[7]。

与平板式电池相比，管式电池一个最大的优点是它不要求高温封接来隔离氧化气和燃料气。但是，与平板式电池（功率密度从单电池的高达 2 W/cm^2 到电池堆的不小于 0.5 W/cm^2）相比，它的面功率密度要低许多（大约 0.2 W/cm^2），并且

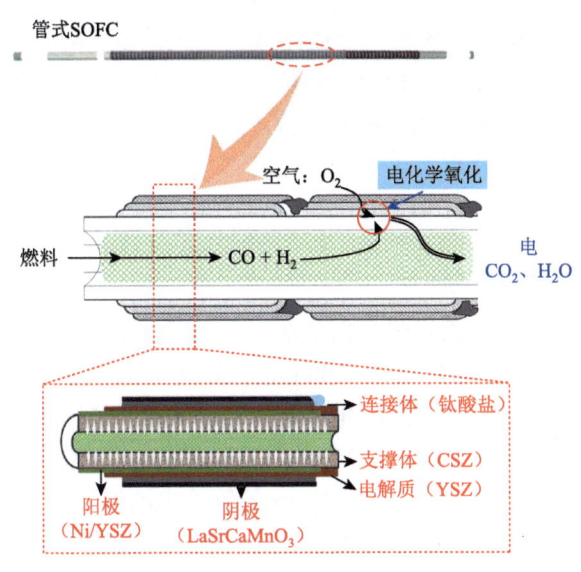

图 4.7 三菱重工管式电池结构

制备成本更高。管式电池的体积功率密度也比平板式电池的低。因此，大管径管式 SOFC 电池堆主要适用于固定电站，对于运输与军事上的应用不具有吸引力。

为了增加功率密度，减少电池堆的尺寸，降低管式 SOFC 发电机的成本，西门子西屋电气公司最早改进了管式电池的设计，提出了扁平管式电池结构[1]。近年来，日本京瓷（Kyocera）和韩国能源研究院（Korea Institute of Energy Research，KIER）正在致力于进一步开发和改进扁平管式构型，其中京瓷已成功将这一构型应用于千瓦级的发电系统，并由日本 Ene-Farm 项目进行商业化推广[8]。图 4.8 为扁平管式电池结构示意图。电池实际上是多孔陶瓷支撑结构表面上的平面区域，燃料流经扁平管状陶瓷支架内部，阴极侧暴露在外侧的空气中。每个单电池包含

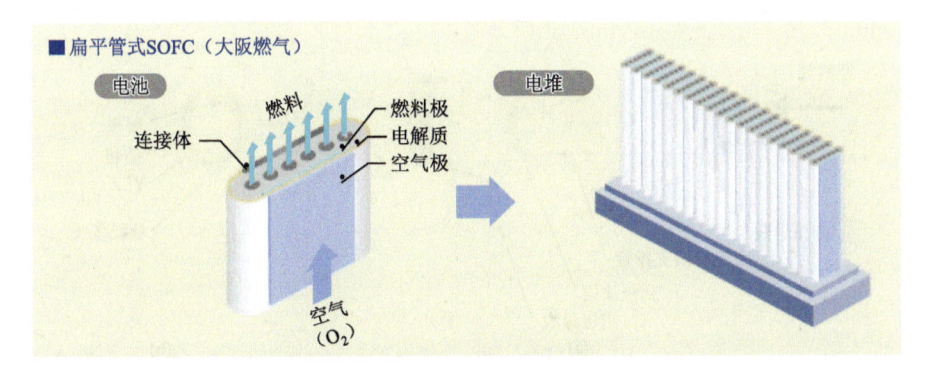

图 4.8 扁平管式电池及电堆

资料来源：日本大阪燃气公司

一个阳极-电解质-阴极复合体和一个连接体。因此,多孔陶瓷载体需要在还原性和氧化性气氛中均具有出色的稳定性和抗氧化性。从设计的角度来看,扁平管式电池结构结合了平板式和管式结构的优势,具有电流路径较短、易于气密密封、抗热冲击和易于制造的特点。

4.1.3 微管式构型

微管式 SOFC 研究的报道最早出现在二十世纪九十年代早期,挤出成型法制备的直径为 1~5 mm、壁厚为 100~200 μm 的薄壁 YSZ 电解质管具有良好的离子电导率和气密性[9]。微管式 SOFC 电池堆有两个主要优点。第一,与大管径管式结构相比,体积功率密度增加。功率密度与管径成反比。因此,直径 2 mm 的微管式电池堆的体积功率密度比直径 20 mm 的管式电池堆要高出 10 倍以上。尽管管径减小到 0.2 mm 可以使功率密度呈数量级增长,但是这样就会出现大量的连接和应用上的问题。微管式电池中最主要的问题是在直径非常小的管内使用电极和实现金属连接。

微管式结构的第二个主要优点是具有强的抗热冲击性。对于微管式 SOFC 电池堆,即使在 5 s 内将其加热到大约 850℃的运行温度,它也不会破裂;而大管径管状 SOFC,如果快速加热就会破裂。应用中启动时间非常关键,所以启动快是微管式 SOFC 明显优势。

图 4.9 是微管式 SOFC 的典型结构。采用 YSZ 电解质管(通常直径是 2 mm,壁厚大约 150 μm)作为电极支撑体和气体导入管,出口处作为燃烧管。管子整体长度在 100~200 mm 之间,相对于管子出口端,电池有效长度只有 30 mm。管子内壁涂覆长 30 mm、厚度大约为 50 μm 的 Ni-YSZ 阳极,集流器镍丝从管子燃料通道入口处引入和引出。在电解质管外部,沉积、烧结了 LSM 阴极层,厚度约为

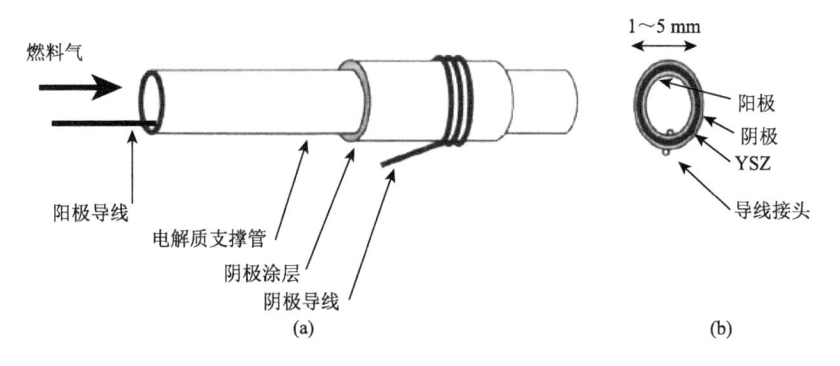

图 4.9 微管式燃料电池设计[2]

(a) 在电解质支撑管上电池排列;(b) 电池电极区域横截面

100 μm，用银线缠绕以收集阴极电流。图4.9（b）是管子上电池区的剖面图，给出了电解质支撑管、内部阳极和镍线、外部阴极及银线连接。这种设计中，电池连接部分与电池离得很远，因此不需要单独的连接体材料；但是，使用的阳极和装入窄管内部的集流器却不容忽视。

这种微管式SOFC结构可以制备小功率SOFC发电装置。长的YSZ支撑管作为进气管，将燃料气引入到管内电极区域处。管子的电极区一般延展到离管子出口30 mm处，阳极和阴极导线引出到外部与电子负载连接。在燃料进口端，可以通过涂在YSZ管上的催化剂层对碳氢燃料进行预处理（如重整）；在燃料出口端，可以使用燃烧催化剂来帮助未反应的阳极气体和周围空气的反应。这种设计的优点是启动速度快、封接容易，并将传统的燃烧系统整合在一起。在SOFC的末端气流中，采用传统的燃气/空气混合气体点火方式来实现启动，即用火花或热线点火塞点火。并预热用于加热电池管的燃烧催化剂。这种点火不会损坏管子。并且这种设计几分钟内就能实现热循环。

自1993年以来，已组装和示范了多个微管式SOFC电池堆。英国Keele大学组装了20个微管组成的早期电池堆[10]。后来人们试验了由1000个电池单元组成的热电联供装置，1000个电池单元可以在2 min内循环运行[11]。这种装置设计成用20 kW的天然气来加热，提供大约500 W的居室用电。在进入管式电池之前，将天然气和空气预先混合，以防止阳极积碳。

2000年，美国Acumentrics公司（现为Atrex Energy公司）组装了包含1000个单电池的微管式电池堆，演示了为计算中心提供备用电源的可能性[12]。之后，Acumentrics公司使用微管式电池为用户设计并组装了几个2～5 kW的系统，用作宽带和计算机系统的备用电源。目前，Atrex Energy已经成功开发出150 W～10 kW功率范围的微管式SOFC产品，可以直接使用天然气和丙烷作为燃料[13]。

4.1.4 各种构型的比较

平板式SOFC能提供很高的面功率密度和体功率密度，并且能够使用成本低的传统陶瓷工艺技术来制备；但是，电池边缘的封接和足以引起电池碎裂的温度梯度的控制仍然是有待解决的问题。大管径管式SOFC的主要优点是电堆中无封接；缺点是功率密度低，启动时间长以及制备技术昂贵。微管式SOFC特别适合小系统应用，可以快速启动；其原因在于电池的小直径和薄壁可以防止破坏性热应力的积聚。1 min内启动是可能的，可以通过微管穿过绝热层在低温区密封来防止漏气。不利的一点是，电池连接和装配问题突出，因此微管式结构将主要应用在小型系统中。扁平管式电池结构结合了平板式和管式结构的优势，但是电池结构和制备工艺比较复杂，目前仅在千瓦级系统中有了一定的应用。

平板式构型仍是目前应用最为广泛的电堆构型,因此,本章后面的部分将主要针对平板式 SOFC 电堆,介绍除电池以外的电堆关键组件,包括连接体、保护涂层和封接材料。

4.2 连 接 体

4.2.1 连接体的基本要求和种类

连接体(interconnect)是 SOFC 电堆中相邻单电池之间的"桥梁",是构成 SOFC 电堆的关键部件之一。在 SOFC 电堆中,连接体主要起到两种作用:一是连接相邻单电池的阴、阳两极,传导电流;二是隔离阳极侧的燃料气体(氢气、甲烷、一氧化碳)与阴极侧的氧化气体(空气)。基于连接体的应用环境和功能,要求连接体材料在高温(600～1000℃)以及氧化和还原性气氛中具有良好的导电性、物理和化学稳定性、与其他组件相匹配的热膨胀系数、良好的气密性以及高温下良好的机械性能等。

对于 SOFC 连接体的具体要求如下:

(1) 导电性:在氧化和还原性气氛中,连接体都要有足够高的电子电导率以实现相邻单电池电极间的导电连接,尽量降低欧姆损失,在工作温度范围的电导率一般应不低于 1 S/cm;在 SOFC 工作条件下,氧分压发生变化时,连接体的电导率在较长时间内不应有明显变化。

(2) 稳定性:从室温到工作温度的范围,在氧化和还原性气氛中,连接体必须外形尺寸稳定、晶相稳定以及化学稳定,特别是在高温氧化性气氛下具备优良的抗氧化性能。

(3) 热膨胀性:从室温到工作温度和制作温度范围内以及反复热循环过程中,连接体都应该与其他组件热膨胀系数相匹配,以避免热应力引起的开裂和变形。一般连接体材料的平均热膨胀系数要求大致在 $(10\sim12)\times10^{-6}\,K^{-1}$,这是因为与之匹配的 YSZ 的平均热膨胀系数为 $(10\sim11)\times10^{-6}\,K^{-1}$,镧锶锰氧化物的平均热膨胀系数为 $(10\sim12)\times10^{-6}\,K^{-1}$,镧锶钴铁氧化物的平均热膨胀系数为 $(14\sim17)\times10^{-6}\,K^{-1}$[14]。燃料电池工作时,会引起氧分压变化,在这种变化过程中,连接体材料热膨胀系数要保持不变。

(4) 相容性:在燃料电池工作温度和更高的制作温度下,连接体材料都应该与其他组件材料化学相容,不发生反应;要尽量限制连接体材料和邻近组件之间的界面化学反应或元素扩散,以防止一些突变性质发生;还要求连接体材料能够忍耐燃料气中一些杂质污染。

(5) 气密性：连接体应该致密或含有少量非连通孔，从室温到工作温度下，阻止燃料气和空气（氧气）渗漏。

(6) 其他要求：在高温下具有足够的强度、韧性和抗蠕变性能，良好的导热性，以及低成本、易于制备和成型等。

在上述要求中，前三条最为重要，这限制了许多候选材料的应用。当前在 SOFC 上应用的连接体材料主要包括陶瓷连接体材料和金属连接体材料。

陶瓷连接体材料主要是钙钛矿结构的掺杂铬酸镧（LaCrO$_3$）体系氧化物，掺杂元素主要有 Sr、Ca、Mg 等。掺杂的铬酸镧陶瓷连接体材料表现出优良的化学稳定性、与其他材料相匹配的热膨胀系数以及较高的电导率，能满足大多数情况下的要求，也是首先发展起来的连接体材料，但存在空气烧结性差、加工困难、抗热冲击性差以及价格高的问题。陶瓷连接体材料主要应用在传统高温（900～1000℃）SOFC 运行工况下。随着阳极支撑型 SOFC 的发展和电解质膜厚度的不断减小，SOFC 工作温度由 900～1000℃下降到 600～800℃，这就使得我们可以采用金属材料作为连接体。

与陶瓷连接体相比，金属连接体具有更高的电导率（欧姆损失低）和热导率（良好的热传导），机械加工性能好（易加工成复杂的形状），以及成本较低等优点，这使得金属材料成为当下 SOFC 连接体材料的主流材料。当前主流的金属连接体材料主要有 Cr 基合金、Ni 基合金和铁素体不锈钢，其中具有体心立方结构的铁素体不锈钢，具有热膨胀系数 [(10～13)×10^{-6} K^{-1}] 与 [YSZ (10～11)×10^{-6} K^{-1}] 相近、电导率和热导率高、容易加工、成本较低等优点，是目前研究最多的候选材料，并且已在实际的 SOFC 电堆中获得广泛应用[15]。

然而，金属连接体材料也存在着高温抗氧化性能差、Cr 元素挥发毒化阴极等问题[16, 17]，如何解决这些问题是当前金属连接体研究的热点。可行的方法包括优化金属合金组分和在金属表面涂覆保护涂层，由于合金成分优化成本较高，不能很好地阻止 Cr 挥发，而防护涂层能提高合金的抗氧化性能，有效阻止 Cr 挥发，故在连接体上涂覆防护涂层是研究的重点[18, 19]。

本节将分别介绍陶瓷连接体和金属连接体，下一节中将介绍应用于 SOFC 金属连接体的保护涂层。

4.2.2 陶瓷连接体

从二十世纪七十年代开始，LaCrO$_3$ 就以其具有良好的综合性能（如在 SOFC 工作温度及燃料气氛和氧化气氛中较高的电导率、足够的化学稳定性以及与其他组件的热膨胀匹配性等），首先被应用于 SOFC 连接体材料。

LaCrO$_3$ 是具有钙钛矿结构（ABO$_3$）的氧化物，熔点为 2510℃，其基本性质见表4.2[20]。室温下LaCrO₃是正交晶系，240～290℃时发生正交晶系向菱形晶系转化，1000℃时菱形晶系转化为六角形结构，随着温度继续上升到1650℃，进一步转化为立方晶相结构。随温度增加，LaCrO₃单元体积线性增加，其体积热膨胀系数也在上述正交晶系向菱形晶系和立方晶相转化过程中逐渐增加。LaCrO₃相变也伴随了材料热膨胀、电导性和其他性能变化。

表 4.2 LaCrO₃的基本性质

性能指标		数值
熔点（℃）		2510
密度（g/cm³）		6.74
热导率[W/(cm·K)]	200℃	0.05
	1000℃	0.04
电导率（S/m）	1000℃	1.0
热膨胀系数（10⁻⁶ K⁻¹）	25～240℃	6.7
	25～1000℃	9.2
反应标准焓（kJ/mol）	Cr₂O₃ + La₂O₃	−67.7
反应标准熵变[kJ/(mol·K)]	Cr₂O₃ + La₂O₃	10
抗弯强度（MPa）	25℃	200
	1000℃	100

LaCrO₃中La或Cr被其他金属离子取代，会显著影响LaCrO₃电导性[21]。在氧化条件下，LaCrO₃中La或Cr位离子被低价离子取代时，由于电荷补偿作用，Cr^{3+}转化为Cr^{4+}，增强了材料电导性；在还原条件下，通过形成氧空位来补偿电荷，这样其电导性就没有提高。为了获得SOFC连接体材料中要求的足够高的电导性，通常在LaCrO₃中掺入二价离子，最常用的掺杂物有Sr、Ca、Mg等二价碱土金属离子，在LaCrO₃中Sr、Ca、Mg的固溶上限分别为50 mol%、50 mol%和15 mol%。

图4.10是Sr掺杂LaCrO₃在空气中电导率与温度的关系[22]，$\lg\sigma T$与$1/T$呈现线性关系，说明Sr掺杂LaCrO₃导电机理为小极子跳跃导电机理。其他掺杂物也表现出类似性能。在高温下掺杂LaCrO₃电导率正比于掺杂浓度，例如Ca掺杂LaCrO₃在Ca含量为10 mol%、20 mol%和30 mol%时，1000℃其电导率分别为20 S/cm、40 S/cm和60 S/cm[23]。此外，图4.10中显示，LaCrO₃电导活化能与掺杂浓度无关。不同掺杂物与不同掺杂含量LaCrO₃在1000℃时电导率和活化能数据见表4.3[20]。

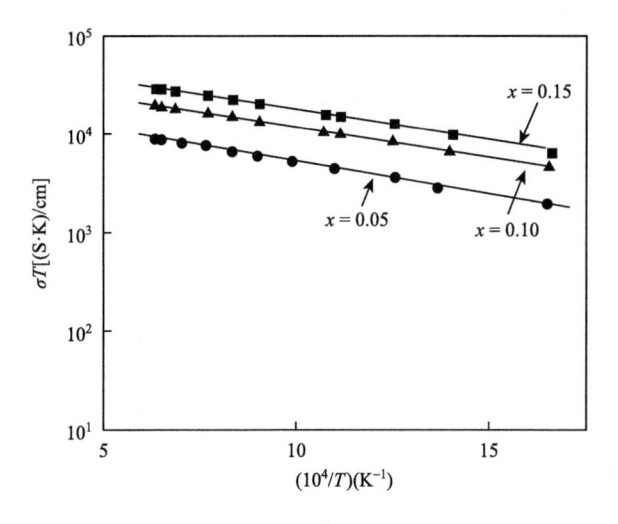

图 4.10 Sr 掺杂 LaCrO$_3$ 在空气中其电导率与温度关系

表 4.3 掺杂 LaCrO$_3$ 电导率和活化能数据

掺杂物（MO）	掺杂含量（mol%，MO）	电导率（1000℃）（S/cm）	活化能（kJ/mol）
无	0	1	18
MgO	10	3	19
SrO	10	14	12
CaO	10	20	12
CoO	20	15	43
MnO	20	0.2	46
SrO，MnO	10，20	1	50
CaO，CoO	10，20	30	19

掺杂 LaCrO$_3$ 电导性依赖于气氛条件，在还原气氛例如氢气气氛中，其电导率明显降低，如 Mg 掺杂 LaCrO$_3$ 在氢气中电导率比在空气中电导率下降了一个数量级[24]。在氢气中，氧的逃逸降低了电荷携带层浓度，引起了材料电导率下降。图 4.11 是 Sr 掺杂 LaCrO$_3$ 在氧化和还原气氛中电导率的差别[25]。LaCrO$_3$ 作为 SOFC 连接体材料，在使用中处于燃料气和氧化气双重气氛中，因此在 LaCrO$_3$ 中存在电导梯度变化，但是整个材料电导性能还是能够满足要求的。例如对 10 mol% Mg 掺杂 LaCrO$_3$，在 SOFC 运行环境中，其电导率约为 2 S/cm，基本可以满足使用要求。

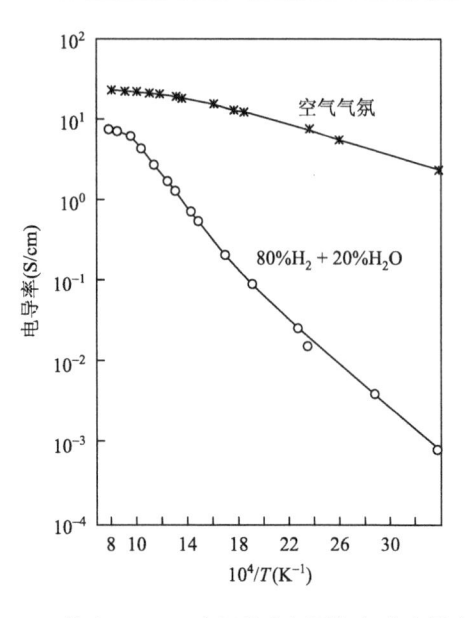

图 4.11 Sr 掺杂 LaCrO$_3$ 在氧化和还原气氛中电导率差别

LaCrO$_3$ 的热膨胀系数会受到温度和掺杂离子的影响。从室温（25℃）到四方/六方相变温度（240～290℃），未掺杂 LaCrO$_3$ 热膨胀系数为 $6.7×10^{-6}$ K^{-1}；超过相变温度，六方 LaCrO$_3$ 热膨胀系数更高，大约为 $9.5×10^{-6}$ K^{-1}（表 4.4）。Al、Ca、Sr、Ni、Co、Mn 等掺杂都使基体热膨胀系数升高，Mg 掺杂不影响基体热膨胀系数，具体数据见表 4.4[20]。在 LaCrO$_3$ 中 A 和 B 位掺杂可以用来调整材料热膨胀系数，将 Fe 加入到 Ca 掺杂 LaCrO$_3$ 中或将 Ca 加入到 Co 掺杂 LaCrO$_3$ 中都可以使材料热膨胀系数降低[25]。

表 4.4 未掺杂和掺杂 LaCrO$_3$ 热膨胀系数

组成	热膨胀系数（10^{-6} K^{-1}）
LaCrO$_3$	9.5
La$_{0.9}$Sr$_{0.1}$CrO$_3$	10.7
La$_{0.8}$Ca$_{0.2}$CrO$_3$	10.0
LaCr$_{0.9}$Mg$_{0.1}$O$_3$	9.5
LaCr$_{0.9}$Co$_{0.1}$O$_3$	13.1
LaCr$_{0.9}$Ni$_{0.1}$O$_3$	10.1
LaCr$_{0.7}$Mg$_{0.05}$Al$_{0.25}$O$_3$	9.8
La$_{0.8}$Ca$_{0.2}$Cr$_{0.9}$Co$_{0.1}$O$_3$	11.1
La$_{0.7}$Ca$_{0.3}$Cr$_{0.85}$Co$_{0.05}$Fe$_{0.05}$Ni$_{0.05}$O$_3$	10.8

在氧化和还原气氛中，从室温到工作温度（600～1000℃）范围内，LaCrO$_3$ 都表现出很好的气密性。氧穿过 LaCrO$_3$ 的渗透率非常有限[26]，1000℃下 LaCrO$_3$ 一边是 1 个大气压的氧环境，另一边是真空环境，氧渗透率只有 9.6×10^{-13} mol/(cm$^2\cdot$s)；对一边是空气环境，另一边是 H$_2$O/H$_2$ 混合气体环境，氧渗透率只有 1.9×10^{-11} mol/(cm$^2\cdot$s)。此外，LaCrO$_3$ 在氧化和还原气氛中化学稳定性也很好，在 SOFC 工作温度下（≤1000℃），LaCrO$_3$ 不与其他组件发生界面反应。试验测定 Cr 和 Mn 在 1000℃时内部扩散系数很小，经过 50 h 后，其内部扩散区小于 2 μm。但是，陶瓷连接体的主要问题在于很高的加工难度和应用成本。

4.2.3 金属连接体

SOFC 工作温度由 900～1000℃降到 600～800℃，使得我们可以采用金属材料作为连接体。与陶瓷连接体相比，金属连接体具有明显的优势：材料和加工费用低，易加工成更复杂的形状，具有更好的电导和热导性能，不存在由于两边气氛不同而引起的连接体的变形或失效。可以通过机械加工法、压制法或者粉末冶金法等来直接制备连接体。金属连接体的易加工使得可以通过连接体上的平行沟槽实现气体分流，而槽中凸起部分用来和电极保持电接触。第一个用金属连接体组装 SOFC 电堆的报道发表于二十世纪九十年代初期[27]。

然而，金属连接体材料也存在着高温抗氧化性能差、Cr 挥发毒化阴极等问题，如何解决这些问题是当前金属连接体研究的热点，可行的方法包括优化金属合金组分和在金属表面涂覆防护涂层，由于合金成分优化成本较高，且不能很好地阻止 Cr 挥发，而防护涂层能提高合金的抗氧化性能、有效阻止 Cr 挥发，故在连接体上涂覆防护涂层是研究的重点。

当前的金属连接体材料主要有 Cr 基合金、铁素体不锈钢和 Ni 基合金。其中具有体心立方结构的铁素体不锈钢，具有热膨胀系数 [（10～13）$\times10^{-6}$ K^{-1}] 与 YSZ 相近、电导率和热导率高、容易加工、成本较低等优点，是目前研究最多的候选金属连接体材料，并且已在实际 SOFC 电堆中获得了较多应用。

以下将分别对 Cr 基合金、铁素体不锈钢和 Ni 基合金连接体材料进行讨论。

1. Cr 基合金连接体

Cr 基合金中 Cr 含量高，导致其最大的问题是高温下的铬元素挥发，形成高价态气相含 Cr 氧化物 [如 CrO$_2$(OH)$_2$、CrO$_3$]，这些氧化物与阴极发生有害反应，导致电池性能严重退化[28]。

在对不同的 Cr 基合金进行研究以后，Metallwerke Plansee A. G.公司提出一种含 5 wt% Fe 和 1 wt% Y$_2$O$_3$（Cr5Fe1Y$_2$O$_3$）的合金，称为 Ducrolloy，用来作为电解

质支撑的 SOFC 电堆的连接体[29]。随后，通过与 Siemens 公司合作，Metallwerke Plansee A. G.公司用这种合金装配了 1～10 kW 电解质支撑的平板式电堆[30]。此合金电堆常用元件材料的热膨胀匹配性如图 4.12 所示。只有在 800℃ 以上时，合金热膨胀系数的增大才使得它与 YSZ 热膨胀系数出现了偏离，在 1000℃ 时二者的热膨胀系数的差别为 8%。

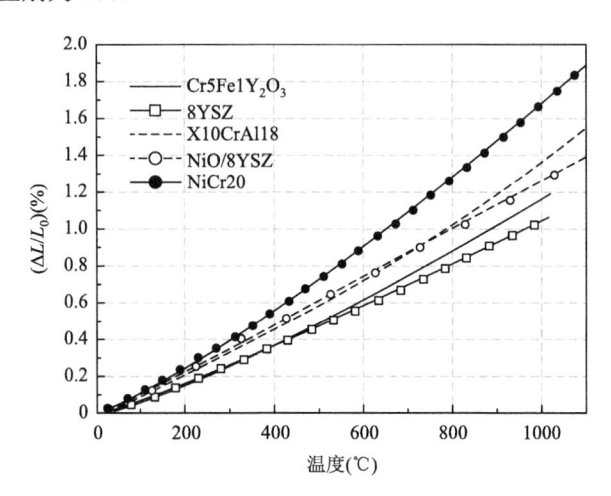

图 4.12 Cr5Fe1Y$_2$O$_3$、铁素体钢 X10CrAl18 和 Ni 基合金（NiCr20）热膨胀曲线比较，并与平板式 SOFC 电池堆中最常用的电解质（8YSZ）和阳极（NiO/8YSZ）基体热膨胀率对比

人们对 Cr5Fe1Y$_2$O$_3$ 合金的腐蚀特性[31]和电极界面处的接触电阻[32]进行了详细研究。Cr5Fe1Y$_2$O$_3$ 是一种典型的铬基合金，即使长时间暴露在氧气或空气中，铬氧化物层也是很薄的。在含 C 的气氛（甲烷、煤气）中，由于碳化物的生成，会形成较厚的腐蚀层[31]。

可以采用粉末冶金方法制备 Cr5Fe1Y$_2$O$_3$ 薄板，首先在高能球磨中研磨 Cr、Fe、Y$_2$O$_3$ 粉体[33]。然后采用真空中热滚压的热成型工艺实现氢气气氛中的压制烧结。然而在 Siemens 电堆中，连接体成型采用电化学机械加工。如此复杂的加工工艺，使得 Ducrolloy 合金连接体几乎像陶瓷连接体一样昂贵。

也有人尝试采用近净成形（near net shape forming）技术烧结法来制备管式电池连接体[34]。此方法使用不同粒径的铬粉、添加其他合金元素以及使用不同的氧化物分散剂，用来改善烧结性、压轧性、最终密度、腐蚀性和与热喷涂保护层间的接触电阻。已发现合金的最佳组成为 Cr5Fe0.3Ti0.5CeO$_2$ 和 Cr5Fe0.5CeO$_2$，用 La$_{0.8}$Sr$_{0.2}$MnO$_3$ 作保护涂层，置于空气中 1400 h 后，接触电阻约为 30 mΩ·cm^2。对采用近净成形技术制备的合金连接体的电池堆，进行 1000 h 的实验后，电池的性能仍然稳定。

表 4.5 列出了一些常见 Cr 基合金连接体材料的名义成分。

表 4.5 一些常见 Cr 基合金连接体材料的名义成分

合金	含量（wt%）					
	Cr	Fe	Ti	Y_2O_3	La_2O_3	CeO_2
Cr-5Fe-1Y_2O_3	Bal.	5		1.0		
Cr-5Fe-1.3La_2O_3	Bal.	5			1.3	
Cr-5Fe-0.5CeO_2	Bal.	5	0.3			0.5
Cr-5Fe-0.3Ti-0.5Y_2O_3	Bal.	5	0.3	0.5		
Cr-5Fe-0.3Ti-1Y_2O_3	Bal.	5	0.3	1.0		
Cr-5Fe-0.3Ti-0.5CeO_2	Bal.	5	0.3			0.5

注：Bal.表示 Cr 为合金的主元素。

2. 铁素体不锈钢连接体

与 Cr5FelY$_2$O$_3$ 相比，铁素体钢具有价格低、容易加工成型、焊接性好、热膨胀性与阳极基体匹配等优点。用铁素体钢作为连接体已经在实际电堆中进行了广泛的实验验证。然而，电池、电堆在长期运行后会出现明显的性能衰减和腐蚀问题，例如铁素体钢 X10CrAl18 不能满足 SOFC 系统运行 40000 h 的目标；仅工作 3000 h，瘤状腐蚀物的生长就造成阴极接触层从阴极表面局部剥离（图 4.13）[2]。因此，需要改进商用铁素体钢的抗腐蚀性能以更适用于 SOFC。

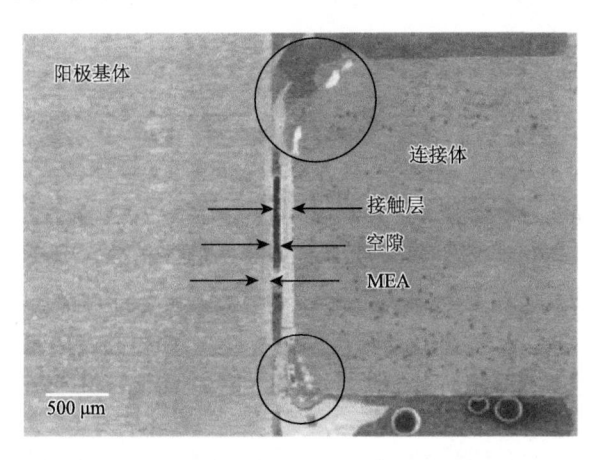

图 4.13 800℃功率密度恒定为 0.22 W/cm^2 时，涂覆 LaCoO$_3$ 的连接体，工作 3000 h 后，其边缘部分的腐蚀产物（圈出部分）

铁素体钢改性的研究工作进展很快。例如，在铁素体钢表面形成薄的尖晶石型保护层，可以保证该层具有足够的电导率，和基体结合性好，同时还可以抑制 Cr 挥发[35, 36]。在含 Cr 17 wt%～25 wt%的合金中加入 0.1 wt%～2.5 wt%的多种合金元素，发现以下内容。

（1）Ni 不利于形成稳定的保护层。

（2）Ti 会导致氧化速率提高，原因是它使得氧化铬层生长速率提高，还使内部生成 Ti 氧化物。

（3）Cr 含量对氧化速率没有影响，Y、La、Ce 和 Zr 则会降低氧化物生长速率，尤其是 La 有助于形成很薄的氧化层。

（4）即使有镧系元素存在，Mn 也会增大氧化层的生长速率，在氧化铬层表面首先形成电阻很低的 Cr-Mn 尖晶石。

在实验室规模下，上述系统研究最终得到了优化的不锈钢组成：含少量 Mn、La 和 Ti，不含 Al 和 Si。这种不锈钢形成的氧化层的厚度和电导率都可以满足要求，氧化层与陶瓷涂层间的接触电阻很小（图 4.14），还可以降低挥发 Cr 的渗透作用[37, 38]。

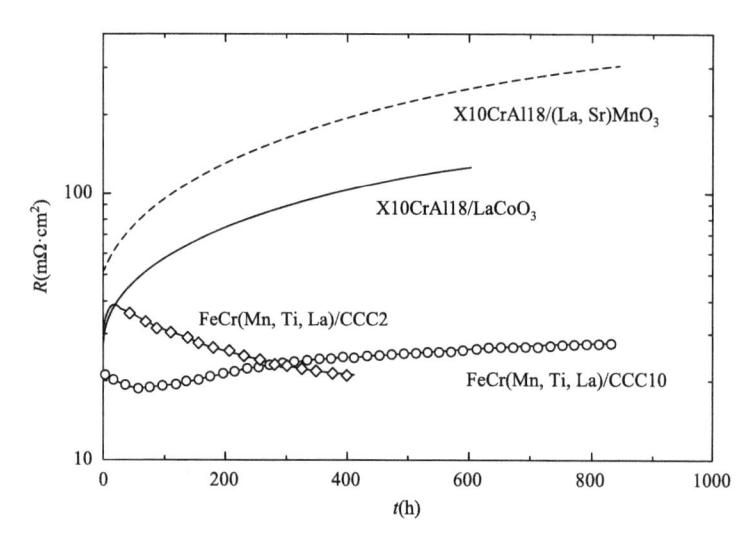

图 4.14　800℃暴露于空气中铁素体钢/钙钛矿陶瓷结合体的电阻变化

Honegger 等[39]研究了使用粉末冶金法制备含有 22 wt%～26 wt% Cr 和少量 Mo、Ti、Nb 和 Y_2O_3 的模型钢。在空气中氧化后，所有材料都形成了双层氧化层，氧化层由与合金直接接触的氧化铬和外层的 Cr-Mn 尖晶石组成。在湿氢气氛（20 vol%水）中，腐蚀性实验结果表明，700℃时形成 Cr-Mn/Cr_2O_3 尖晶石双层结构；而在更高温度时，形成 Fe-Cr/Cr-Mn-Fe 尖晶石体系。将不锈钢/$La_{0.6}Sr_{0.4}CoO_3$ 黏结剂/$La_{0.8}Sr_{0.2}MnO_3$ 陶瓷样品置于 800℃的空气中 15000 h 后，测得的接触电阻很低。对含 Mo 的模型钢（FeCr22Mo2TiY_2O_3 和 FeCr26Mo2TiY_2O_3）做同样的实验，4000 h 后其接触电阻是 20 m$\Omega \cdot cm^2$。

为了得到可以接受的功率密度，降低欧姆电阻，需要将金属连接体做得很薄

（0.1~1 mm）。这些薄片连接体可以通过压轧、冲压、剪切和开孔等方式大批量生产。铁素体钢薄片的腐蚀行为和厚板相比有很大不同，因为选择性氧化的作用和合金元素的消耗，导致了薄片中合金组成的改变。此外，氧化铬的形成会导致薄片内部成分的变化，从而出现不同的腐蚀特性。要研究这些薄的连接体结构的可靠性，通常需要几千小时以上的长期测试。

表 4.6 给出了一些常见铁基合金连接体材料的名义成分[40]。

表 4.6 一些常见铁基合金连接体材料的名义成分

合金	成分（wt%）										
	Fe	Cr	Mn	Mo	W	Si	Al	Ti	Y	Zr	La
Fe-10Cr	Bal.	10	<0.02			<0.1					
1.4724	Bal.	13					1				
SUS430	Bal.	16~18	0.2~1.0			0.4~1.0	<0.2				
Fe-17Cr-0.2Y	Bal.	17							0.2		
1.4016	Bal.	17									
Ferrotherm（1.4742）	Bal.	17~18	0.3~0.7			0.8~0.9	0.9~1.0				
Fe-18Cr-9W	Bal.	18			9						
Fe-20Cr-7W	Bal.	20			7	0.3	0.6			0.3	
Fe-20Cr	Bal.	20	<0.02			<0.1					
ZMG232	Bal.	21~22	0.5			0.4	0.1~0.2			0.2	0.04
AL453	Bal.	22	0.3			0.3	0.6	0.02		0.1	
Fe22CrMoTiY	Bal.	22	0.1	2		<0.05	<0.05	0.3	0.4		
1.4763（446）	Bal.	24~26	0.7~1.5	<0.05		0.4~1		<0.05			
FeCrMn（LaTi）	Bal.	16~25	5~10					<1			<0.5
Fe-Cr-Mn	Bal.	16~25	5~10								
Fe-25Cr-DIN 50049	Bal.	25	0.3			0.7		0.01			
Fe-25Cr-0.1Y-2.5Ti	Bal.	25						2.5	0.1		
Fe-25Cr-0.2Y-1.6Mn	Bal.	25	1.6						0.2		
Fe-25Cr-0.4La	Bal.	25									0.4
Fe-25Cr-0.3Zr	Bal.	25								0.3	
Fe26CrTiY	Bal.	26	0.1	<0.02		<0.05	<0.05	0.3	0.4		
Fe26CrMoTiY	Bal.	26	0.1	2		<0.05	<0.05	0.3	0.3		
E-Brite	Bal.	26~27	<0.1	1		0.03~0.2	<0.05	<0.05	<0.01		
A129-4C	Bal.	27	0.3	4		0.3	3~5				
Fe-30Cr	Bal.	30	<0.02			<0.1					

3. Ni 基合金连接体

与 Cr 基、Fe 基合金相比，Ni 基合金具有更高的耐热温度（高达 1200℃）和耐高温强度，Ni-Cr 系合金发生氧化后的产物 NiO 和 Cr_2O_3 都具有显著降低氧扩散速度的作用，形成良好的抗氧化保护层。Virkar 和 Kim 研究了 Ni 基合金表面氧化动力学和表面氧化层的面比电阻（area specific resistance，ASR），发现使用 Ni 基合金薄片可以解决升温过程中电池元件之间出现的热应力问题，并且在 800℃时，氧化速率符合抛物线规律[41]。其中 Haynes230（其元素成分见表 4.7）具有最好的抗氧化性，表面氧化层中富含 Cr_2O_3，同时含有少量的尖晶石层（$Mn_{1+\delta}Cr_{2-\delta}O_{4-\lambda}$）。800℃时 Haynes230 具有很低的 ASR，如图 4.15 所示。另外，Cr_2MnO_4 的存在也有利于降低氧化层的 ASR。他们在实验中发现，氧化反应不但发生在阴极侧空气中，也发生在阳极侧气氛中，因为燃料气中 O_2 的分压随温度和燃料气成分不同而在 $10^{-22} \sim 10^{-17}$ atm 范围内变化。当温度和时间相同时，在燃料气中形成氧化层的速度比在空气中快[42]，并且在燃料气中形成的氧化层的电阻比在空气中形成的氧化层的电阻大得多。可以推测出现这种现象的原因：在有水蒸气存在时，合金表面形成的氧化层可能是多孔的，并且与合金基体之间不能紧密接触。

表 4.7 Haynes230 各种成分含量（wt%）

合金	Fe	Cr	C	Mn	Si	Mo	W	Al	Ni
Haynes230	1.5	22.0	0.10	0.5	0.4	1.4	1.4	0.3	Bal.

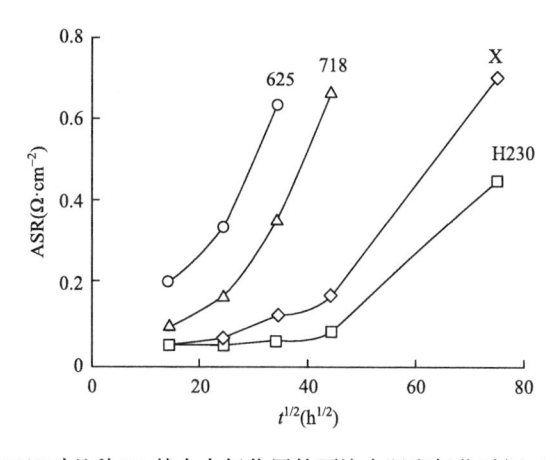

图 4.15 800℃时几种 Ni 基合金氧化层的面比电阻和氧化时间（$t^{1/2}$）的关系

Haynes230 中 Cr 含量为 22.0%，在氧化气和燃料气中，会形成以 Cr_2O_3 为主的氧化物，容易造成阴极 Cr 中毒，同时增大氧化层的 ASR。为了抑制氧化铬的形成并降低氧化层的 ASR，可以在诸如 Haynes230 这样的高温合金连接体阳极一面上添加 Mn 涂层。如图 4.16 所示[41]，在湿润的氢气气氛下，800℃保温 100 h 之后，有涂层的 Haynes230 样品的 ASR 比没有涂层的要小得多。因为添加 Mn 涂层后，加热过程中，表面形成低电阻的 $MnCr_2O_4$，在氧气气氛中也是同样的效果。然而，这样的涂层能否紧密地黏结在基体上，能否忍耐 SOFC 实际工作过程中的热循环和热冲击还是有待于研究的。另外一个很重要的问题是有 Mn 涂层的连接体在 SOFC 工作过程中的长时间氧化动力学问题。

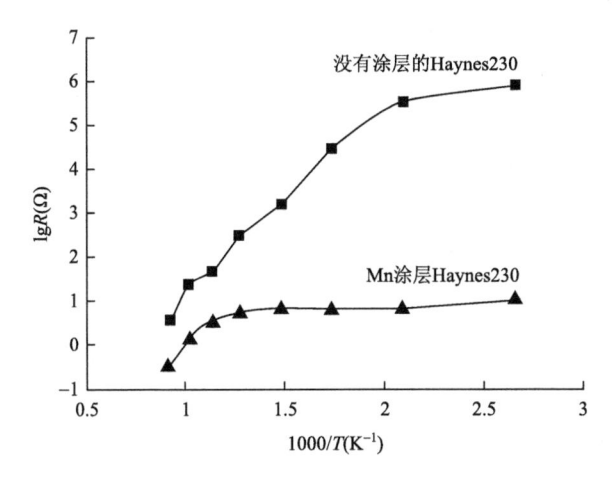

图 4.16　800℃时在湿润氢气中 100 h 之后无涂层和有 Mn 涂层的 Haynes230 样品的电阻

其他 Ni 基合金如 Incone1600、Incone1601、Incone1625、Incone1657、Incone1718、Ni20Cr、Hastelloy X 等的研究和使用都不理想，主要的原因就是 Ni 基合金的热膨胀系数很大 [$(15\sim20)\times10^{-6}\ K^{-1}$]，与其他 SOFC 元件不匹配。Sanyo 和 Fuji 公司分别用 Incone1600 和 Ni20Cr 作连接体组装他们的 SOFC 电堆[43]。在 12000 h 的长期实验中，在连接体和阴极接触的界面上有 $SrCrO_3$ 形成，但是电阻没有明显变化，保持在 10 $\Omega\cdot cm^2$ 以下。然而，合金和其他电池元件热膨胀系数不匹配，导致连接体/电极界面上产生裂缝，每次热循环后都出现明显的性能衰减。

Ni 基含 Cr 合金最严峻的问题总结如下：①过高的氧化速率；②热循环过程中有氧化层脱落；③很高的 Cr 挥发量，挥发形式为 CrO_3、$Cr(OH)_2O_2$。其中前两个问题会增大 ASR，最后会使阴极中毒，因为在阴极和电解质的界面处 Cr(Ⅵ)还原成 Cr(Ⅲ)，堵塞阴极孔隙，这样会降低电池的性能。另外，还要防止含 Cr 连接体与阳极 NiO 作用形成 Ni-Cr 尖晶石结构。虽然这种结构会被燃料气还原，但是这种尖晶石会导致出现大量的 Cr_2O_3 晶体，从而增大接触电阻。表 4.8 给出了一些常见 Ni 基合金连接体材料的名义成分[44]。

表 4.8 一些常见 Ni 基合金连接体材料的名义成分

合金	含量（wt%）									
	Ni	Cr	Fe	Co	Mn	Mo	Nb	Ti	Si	Al
Incone1600	Bal.	14~16	6~9		0.4~1			0.2~0.4	0.2~0.5	0.2
ASL528	Bal.	16	7.1		0.3				0.3	0.2
HaynesR-41	Bal.	19	5	11	0.1	10		3.1	0.5	1.5
Incone1718	Bal.	22	18	1	0.4	1.9				
Haynes230	Bal.	22~26	3	5	0.5~0.7	1~2				0.3
Hastelloy X	Bal.	24	19	1.5	1.0	5.3				
Incone1625	Bal.	25	5.4	1.0	0.6	5.7				
Nicrofer 6025HT	Bal.	25	9.5		0.1	0.5			0.5	0.15
Hastelloy G-30	Bal.	30	1.5	5	1.5	5.5	1.5	1.8	1	

4.3 金属连接体保护涂层

4.3.1 涂层的基本要求

正如上文中介绍，通常向金属基体中添加 Cr 或 Mn 等元素来提高金属的抗氧化能力。然而在 SOFC 较高的工作温度下，金属连接体的氧化仍不可避免[45]，金属表面会生成电导率较低的 Cr_2O_3 及 Mn-Cr 尖晶石。随着氧化层厚度的增加，欧姆电阻不断增大，将影响电池的长期使用性能。同时，表面氧化生成的 Cr_2O_3 与金属基体间的热膨胀系数差异导致产生热应力，使得表面氧化层产生微裂纹而脱落，进而使电池性能严重退化[46]。另外，Cr_2O_3 会被进一步氧化为高挥发性的六价铬氧化物 CrO_3 及氢氧化物 $CrO_2(OH)_2$，如下所示[47,48]：

$$2Cr_2O_3(s) + 3O_2(g) = 4CrO_3(g) \quad (4.1)$$

$$2Cr_2O_3(s) + 3O_2(g) + 4H_2O = 4CrO_2(OH)_2(g) \quad (4.2)$$

$$Cr_2O_3(s) + O_2(g) + H_2O = 2CrO_2OH(g) \quad (4.3)$$

这些铬的高价化合物会在 SOFC 阴极重新生成 Cr_2O_3，或与阴极的 Sr 元素反应生成 $SrCrO_4$ 晶体，挥发的 Cr 元素还可能在阴极与电解质的界面上富集。上述现象均导致阴极催化活性降低，极化电阻增大，最终导致 SOFC 性能退化。因此如何抑制连接体的氧化以及 Cr 对阴极的毒化作用已成为推进 SOFC 商业化的主要研究内容之一。

目前解决这一问题的主要方法是在金属连接体表面涂覆保护涂层，以涂层来抑制金属连接体的氧化，降低连接体与 SOFC 电极之间的界面电阻，并隔绝金属中 Cr 向 SOFC 阴极表面的挥发、沉积与毒化，保持 SOFC 性能的长期稳定。

根据上述要求，金属连接体涂层材料应具备的条件是[49]：

（1）能够有效降低金属高温氧化速率，提高金属的抗氧化性能。

（2）具有较高的电子电导率，以降低接触电阻，提高金属的电性能。

（3）涂层材料的热膨胀系数应与金属基体相匹配。

（4）本身应该致密，与金属基体结合牢固，并与金属基体有良好的化学兼容性。

（5）在 SOFC 运行气氛下具有较好的化学稳定性。

（6）与 SOFC 的电极材料具有良好的化学兼容性，不发生化学反应。

基于以上条件，常用的涂层材料主要有活性元素氧化物涂层、钙钛矿涂层和尖晶石涂层。

4.3.2 涂层材料类型

1. 活性元素氧化物涂层

活性元素氧化物涂层（REO）是在金属中微量掺入一些稀土元素，如 Y、Ce、La 等，可以阻止氧气或氧离子向材料内部扩散，从而提高材料抗氧化能力。因此，可以在金属表面涂覆具有稀土效应的 Y_2O_3、CeO_2、SrO 等氧化物来降低高温氧化速率。常用的活性元素氧化物涂层制备技术为溶胶凝胶法和金属有机化合物化学气相沉积法（metal organic chemical vapor deposition，MOCVD）。

Qu 等[50]采用溶胶-凝胶法在 AISI-SAE 430 基体表面制备 Y_2O_3 及 Y/Co 氧化物涂层，该涂层提高了氧化层与金属基体的附着能力，并降低了氧化速率。然而，目前 REO 涂层的作用机理仍不清楚，涂层种类、涂层技术和金属基体成分等因素均会对涂层的效果产生影响。Piccardo 等[51]利用 MOCVD 法在 Crofer 22 APU、AL 453、$Fe_{30}Cr$ 和 Haynes230 表面涂覆 La_2O_3、Nd_2O_3 和 Y_2O_3 涂层，结果表明，三种涂层都降低了金属的氧化速率，但降低程度与涂层及金属基体的种类有关。此外，涂层的种类对 ASR 的影响较大。一般稀土氧化物涂层在氧化后主要形成钙钛矿结构，但钙钛矿的形成跟涂层种类和基体有关，Fontana 等[52]在 AL 453 和 $Fe_{30}Cr$ 表面均检测到 $YCrO_3$ 相；而在 Crofer 22 APU 表面涂覆 Y_2O_3，却没有检测到 $YCrO_3$，在金属表面只有 Y_2O_3[53]。

虽然活性元素氧化物涂层通常较薄（<1 mm）且疏松多孔，但是 Y_2O_3 在高温下可以与金属基体挥发出来的 Cr 优先反应，可在一定程度上抑制 Cr 向外扩散。然而，单一氧化物热膨胀系数与金属基体的热膨胀系数相差较大，涂层容易与基体脱离导致失效。

2. 钙钛矿涂层

稀土钙钛矿 ABO_3 可用作涂层，其中 A 位是三价稀土阳离子（如 La 或 Y），B 位通常是三价过渡金属阳离子（如 Cr、Ni、Fe、Co、Cu 或 Mn）。掺杂合适的元素，可以提高稀土钙钛矿的电导率和热膨胀系数相容性。此外，稀土钙钛矿还可以提供活性元素（如 La），与活性元素氧化物涂层效果类似，钙钛矿涂层可降低金属氧化速率，提高氧化层与金属基体的附着能力。然而，钙钛矿涂层可以传导离子，难以阻止氧离子向内扩散及 Cr 的离子向外扩散，仅可一定程度上抑制 Cr 的挥发。常用的钙钛矿涂层一般是 LSCr（$La_xSr_{1-x}CrO_3$）、LSCo（$La_xSr_{1-x}CoO_3$）、LSF（$La_xSr_{1-x}FeO_3$）和 LSM（$La_xSr_{1-x}MnO_3$）。常用的钙钛矿涂层技术主要有溶胶凝胶法、丝网印刷、磁控溅射、脉冲激光沉积和等离子喷涂。

Zhu 等[54]采用溶胶凝胶法在 SAE-AISI 444 基体表面涂覆 LCr 和 LSCr。两种涂层均降低了氧化速率，但是涂层仍不够致密均匀。Przybylski 和 Brylewski[55]采用丝网印刷法在 Fe-25Cr 金属界面涂覆（La, Sr）CrO_3（LSCr）和（La, Sr）CoO_3（LSCo），得到的钙钛矿层比较致密。无涂层时，不锈钢氧化膜的厚度为 3 μm，但是由于 Cr 向外挥发，在氧化层和基体之间存在缝隙。当涂覆 LSCr 和 LSCo 时，氧化膜和基体接触紧密，涂层和基体之间有复杂的多层结构，这可以释放涂层与基体之间的热应力，进而增加它们之间的附着能力。LSCo 和 LSCr 涂层样品的 ASR 较低，同时 Cr 的气化实验表明两种涂层都能抑制 Cr 的扩散。Yang 等[56]采用磁控溅射法在 E-brite、Crofer 22 APU 和 AL 453 基体表面制备了 LSF 和 LSCr 涂层。涂层厚度为 3~4 μm，涂层不完全致密，含有一定孔隙和裂纹。在较短的测试周期中（800℃下约 250 h），这两种涂层均降低了基体的 ASR，但测试后发现涂层与基体剥离脱落。由于 LSCr 涂层具有较低的离子电导率，与 LSF 涂层相比，LSCr 涂层在抗氧化性和电性能方面的表现更为优异。Mikkelsen 等[57]采用脉冲激光沉积法在 Crofer 22 APU 基体表面沉积 LSCr 涂层。氧化实验（在 900℃加湿的空气中氧化 500 h）表明，LSCr 涂层能够降低氧化层的生长速度。Fu 等[58]使用等离子喷涂法在 Fe-16Cr 金属上制备了 LSM 涂层，并优化了喷涂工艺参数。LSM 涂层明显提高了 Fe-16Cr 金属的高温抗氧化性，金属的氧化速率降低了 76%。

基于 LSM 涂层的优异性能，Ebbesen 等[59]在 Crofer 22 APU 连接体表面涂覆 LSM 涂层，并将其应用于电池堆中。该电池堆在 850℃下运行约 1200 h，具有 LSM 涂层的连接体并未影响到电池堆的稳定性。Zheng 等[60]也在电池堆中应用了 LSM 涂层，使用等离子喷涂的技术在 SUS 430 连接体表面涂覆 LSM 涂层。

3. 尖晶石涂层

尖晶石的结构为 AB_2O_4，其中 A 位和 B 位一般都是过渡金属元素。可以通过选择 A 和 B 位阳离子、调整阳离子的比例，来获得尖晶石的性质。尖晶石结构具有良好的导电性，与电池各组件的热膨胀系数匹配且与基体的附着力强，能抑制金属基体中 Cr 的挥发。尖晶石涂层制备技术主要有丝网印刷、等离子喷涂、溶胶凝胶法、磁控溅射、电镀、电泳沉积法等。

表 4.9 中综述了常见二元尖晶石的电导率以及热膨胀系数[61, 62]。结果表明，含 Fe 尖晶石的热膨胀系数与铁素体不锈钢最接近（$11\times10^{-6}°C^{-1}$）。电导率最高的是 $Cu_{1.3}Mn_{1.7}O_4$（750℃下 225 S/cm）以及 $MnCo_2O_4$（800℃下 60 S/cm）。另有研究[63]表明，$(Mn, Co)_3O_4$ 尖晶石结构中的金属 Co 元素在低温及还原气氛下即可被还原，金属 Co 颗粒的扩散烧结可以增加涂层自身的致密性，并提高涂层与金属基体之间的附着力，增强界面结合强度。Mn-Co 尖晶石涂层因高导电性和高抗氧化性，得到了较广泛的研究。Yang 等[64]采用喷涂和丝网印刷技术，在 Crofer 22 APU、E-Brite 和 AISI-SAE 430 基体表面制备了 $Mn_{1.5}Co_{1.5}O_4$ 尖晶石涂层。首先在 800℃的还原气氛下热处理 2 h，而后在空气中退火形成尖晶石，该方法制得的尖晶石更为致密。具有涂层的 Crofer 22 APU 和 E-Brite 基体的接触电阻和抗氧化性能取得了显著的改善。Shen 等[65]采用溶胶凝胶提拉法在 SUS 430 基体表面制备了 $Mn_xCo_{3-x}O_4$（$x=0.4$、0.8、1.0、1.2）尖晶石涂层，其中 $Mn_{1.2}Co_{1.8}O_4$ 涂层的热膨胀系数与基体最为匹配。此外，与未涂覆的样品相比，$Mn_{1.2}Co_{1.8}O_4$ 涂层样品的 ASR 下降了 70%，而 3600 h 氧化增重则下降了 84.4%，表现出良好的高温抗氧化性能。Vargas 等[66]在 F17TNb1 基体表面设计了两层 $MnCo_2O_4$ 尖晶石结构。首先采用等离子喷涂法制备相对致密的尖晶石，而后在该致密的尖晶石层表面，采用湿粉末喷涂法制备相对多孔的尖晶石涂层。设计多孔尖晶石层的目的是增加与阴极的接触并减小热应力。在 800℃空气中氧化 600 h 后，ASR 相对较低且稳定在 0.05 $\Omega\cdot cm^2$。同时，该涂层有效地减少了 Cr 向外扩散。

表 4.9　二元尖晶石的电导率以及热膨胀系数（800℃）

	Mg	Mn	Co	Ni	Cu	Zn
Al	$MgAl_2O_4$ $\sigma=10^{-6}$ $\alpha=9.0$	$MnAl_2O_4$ $\sigma=10^{-3}$ $\alpha=7.9$	$CoAl_2O_4$ $\sigma=10^{-7}$ $\alpha=8.7$	$NiAl_2O_4$ $\sigma=10^{-4}$ $\alpha=8.1$	$CuAl_2O_4$ $\sigma=0.05$ —	$ZnAl_2O_4$ $\sigma=10^{-6}$ $\alpha=8.7$
Cr	$MgCr_2O_4$ $\sigma=0.02$ $\alpha=7.2$	$Mn_{1.2}Cr_{1.8}O_4$ $\sigma=0.02$ $\alpha=6.8$	$CoCr_2O_4$ $\sigma=0.02$ $\alpha=7.2$	$NiCr_2O_4$ $\sigma=0.73$ $\alpha=7.3$	$CuCr_2O_4$ $\sigma=0.40$ —	$ZnCr_2O_4$ $\sigma=0.01$ $\alpha=7.1$
Mn	$MgMn_2O_4$ $\sigma=0.97$ $\alpha=8.7$	Mn_3O_4 $\sigma=0.1$ $\alpha=8.8$	$CoMn_2O_4$ $\sigma=6.4$ $\alpha=7.0$	$NiMn_2O_4^c$ $\sigma=1.4$ $\alpha=8.5$	$Cu_{1.3}Mn_{1.7}O_4$ $\sigma=225$（750℃） $\alpha=12.2$	$ZnMn_2O_4$ — —
Fe	$MgFe_2O_4$ $\sigma=0.08$ $\alpha=12.3$	$MnFe_2O_4$ $\sigma=8.0$ $\alpha=12.5$	$CoFe_2O_4$ $\sigma=0.93$ $\alpha=12.1$	$NiFe_2O_4$ $\sigma=0.26$ $\alpha=10.8$	$CuFe_2O_4$ $\sigma=9.1$ $\alpha=11.2$	$ZnFe_2O_4$ $\sigma=0.07$ $\alpha=7$

续表

	Mg	Mn	Co	Ni	Cu	Zn
Co		MnCo$_2$O$_4$ $\sigma = 60$ $\alpha = 9.7$	Co$_3$O$_4$^{d} $\sigma = 6.7$ $\alpha = 9.3$		CuCo$_2$O$_4$ $\sigma = 27.5$ $\alpha = 11.4$	

σ: 电导率（S/cm）；

α: 热膨胀系数（$\times 10^{-6}$℃$^{-1}$）；

c: 大于700℃分解；

d: 大于900℃分解。

此外，可以通过掺杂过渡金属元素或稀土元素，来提高 Mn-Co 尖晶石的电导率以及热膨胀性等性能。

对过渡金属元素掺杂 Mn-Co 涂层的研究主要集中在 Cu、Fe 掺杂上。在 Mn-Co 尖晶石中掺杂 Cu 可以提高烧结性、导电性，热膨胀系数与其他组分的匹配性。Xiao 等[67]研究了 MnCu$_x$Co$_{2-x}$O$_4$（$x = 0.1$、0.3、0.5、0.7）尖晶石的电导率与热膨胀系数。结果表明，MnCu$_{0.5}$Co$_{1.5}$O$_4$ 尖晶石的电导率最高，750℃空气中为 105.46 S/cm。同时，MnCu$_{0.5}$Co$_{1.5}$O$_4$ 尖晶石的热膨胀系数与 SUS 430 不锈钢最为相近。经过 2000 h 的氧化实验，证明 MnCu$_{0.5}$Co$_{1.5}$O$_4$ 尖晶石有效抑制了 Cr$_2$O$_3$ 的生长和 MnCr$_2$O$_4$ 的形成。掺杂 Fe 能够提高抗氧化性和热膨胀系数匹配性，并抑制 Cr 的扩散。Montero 等[68]采用丝网印刷技术在 Crofer 22 APU、F18TNb1、IT-111 和 E-brite 基体表面制备了 MnCo$_{1.9}$Fe$_{0.1}$O$_4$ 尖晶石涂层。该涂层可减小接触电阻并抑制 Cr 扩散。此外，他们发现涂层对 ASR 的影响与基体材料有关，Crofer 22 APU 与 F18TNb1 基体的 ASR 显著降低，而 IT-11 和 E-brite 则没有明显改善。

稀土元素掺杂 Mn-Co 涂层与活性元素氧化物涂层类似，通过增强氧化层的附着力，提高导电性能。Gavrilov 等[69]研究了添加 Y（0.014 at%～1.4 at%，at%表示原子分数）的 Mn-Co 涂层对不锈钢基体（AISI 430、Crofer 22 APU）氧化速率和 ASR 的影响，涂层由磁控溅射法制得。结果表明，在 Mn-Co 涂层中添加 1.4 at% Y 可以使 AISI 430 和 Crofer 22 APU 基体的氧化速率分别降低 27.8 和 8.6 倍。然而，添加 Y 对 ASR 的影响并不一致。Mosavi 和 Ebrahimifar[70]采用电镀法在 AISI 430 不锈钢基体表面制备了 Mn-Co-CeO$_2$ 涂层，并评估了其对抗氧化性能及 ASR 的影响。结果表明，该涂层能够抑制 Cr 的离子和氧离子的扩散，从而提高了抗氧化性。此外，MnCo$_2$O$_4$ 和 MnFe$_2$O$_4$ 尖晶石的形成以及 CeO$_2$ 的存在降低了 ASR。Zanchi 等[71]在 Crofer 22 APU 和 AISI 441 不锈钢基体上电泳共沉积 Mn$_{1.5}$Co$_{1.5}$O$_4$ 和 Fe$_2$O$_3$ 颗粒，系统地研究了 Fe 掺杂 Mn-Co 尖晶石涂层的微观结构和电性能。3200 h 的 ASR 测试表明，添加 Fe 可以使得 ASR 降低。然而，Fe 掺杂 Mn-Co 涂层使 Crofer 22 APU 基体的氧化层更薄，却使 AISI 441 基体的氧化层更厚，这可能是由于氧化

层被少量金属元素掺杂。通过上述结果,可以发现不锈钢基体成分会对涂层的效果产生较大的影响,机制尚不清晰。

尖晶石涂层已经被广泛应用到 SOFC 电堆中。德国于利希研究中心采用大气等离子喷涂法,在 Crofer 22 APU 连接体的空气侧制备 MCF($MnCo_{1.9}Fe_{0.1}O_4$)尖晶石涂层,长达 10000 h 的电堆运行证实 MCF 涂层具有保护作用[72]。在另一项电堆运行达 20000 h 的研究中,没有将连接体的氧化作为电堆衰减的主要因素,但在电池的空气侧发现 $SrCrO_4$ 晶体[73]。总体上,MCF 涂层可以应用到长期运行的电堆中。Bianco 等[74]研究了尖晶石成分($MnCo_2O_4$、$MnCo_{1.8}Fe_{0.2}O_4$)、涂层制备技术(物理气相沉积、大气等离子喷涂、湿粉末喷涂)对电堆稳定性的影响。电堆运行达 10000 h,所用连接体为 AISI 441/K41,证明了涂层制备技术对性能衰减的显著影响。采用大气等离子喷涂(atmospheric plasma spray,APS)制备的涂层可以大大抑制 Cr 的扩散,但是电压衰减速率高于物理气相沉积(physical vapor deposition,PVD)制备的涂层。采用线性外推法对运行 40000 h 和 80000 h 的电压衰减进行预测,结果表明 PVD 技术最好,其次是 APS,最后是湿粉末喷涂(WPS)。然而电堆运行的影响因素较多,上述结论还需要被重复证实。

表 4.10 比较了不同涂层材料的电导率、抑制 Cr 扩散的能力、抗氧化性能以及沉积的便捷性。可以看到,只有尖晶石涂层表现出良好的抑制 Cr 扩散的能力。掺杂稀土元素可以增强尖晶石涂层的保护能力,减小氧化速率。同时尖晶石涂层的沉积技术多样,制备较为简单。复合尖晶石涂层是最具应用前景的 SOFC 涂层材料。

表 4.10　不同涂层材料的比较

涂层材料	电导率	抑制 Cr 扩散能力	抗氧化性	沉积的便捷性
REO	尚可	差	好	好
钙钛矿	好	尚可	差	尚可
尖晶石	好	好	尚可	好
复合尖晶石	好	好	好	好

4.3.3　涂层沉积技术

为得到均匀致密、成分及厚度可控、导电性能良好且与基体之间结合牢固的保护涂层,上文中提到了适用于各类涂层的沉积技术,并均有相应的应用案例。下面将简单介绍各种沉积技术的基本原理和优缺点。

溶胶凝胶法首先将基体浸没在金属离子盐(含待沉积元素,一般是硝酸盐)

的前驱体溶液中，而后取出基体并干燥以蒸发多余的溶剂，最后进行热处理获得氧化物涂层。该技术设备简单、低成本、低温，可以精细地控制涂层的化学成分，适合于制备各种类型的涂层。但是，该技术在控制涂层质量和厚度均匀性方面存在困难，涂层的致密度可能会因络合剂的使用受到影响。

金属有机化合物化学气相沉积法（MOCVD）的前驱体是挥发的活性元素螯合物。首先将前驱体加热气化，前驱体蒸气与载气（N_2/O_2）被注入到可控的高温反应室中。而后，前驱体蒸气在高温的基体表面离解并沉积为氧化物涂层，反应副产物随载气流出。该技术适合于形状复杂的连接体，但所需设备昂贵。

丝网印刷是将粉体与有机黏结剂按一定配比制成浆料，然后将浆料在刮板的作用下通过网孔均匀地沉积在基体上形成涂层。该技术操作简单，成本低，适合于对大面积平整的基体进行涂覆。但由于添加了有机黏结剂，采用丝网印刷法得到的涂层通常是多孔的。

脉冲激光沉积采用入射的脉冲激光束使得靶材迅速蒸发，而后蒸气沉积在附近的高温基体上形成薄膜。沉积过程通常是在可控气氛或真空中进行。该技术适用于具有化学计量比的多组分涂层，沉积速率高，制备的涂层均匀，对靶材的种类没有限制。但设备昂贵、成本较高。

等离子喷涂技术首先将工作气体加热电离为高温等离子体，进而将涂层材料加热到熔融或半熔融状态，并高速喷向基体表面而得到与基体附着牢固的涂层。该技术可用于高熔点材料的喷涂，涂层致密且与基体结合强度高，但成本较高，涂层内部通常遍布着裂纹和气孔，不适用于涂覆形状复杂的基体。

物理气相沉积法是指在真空条件下采用物理技术将靶材（固体或熔融态）气化为气态原子或分子，或部分电离成离子，在基体表面沉积为薄膜的技术。磁控溅射是物理气相沉积技术的一种，在高真空中充入适量的氩气，利用高电压电离出来的氩离子轰击靶材，使得靶材原子溅射出来并沉积在基体上。靶材上方的强磁场可以改变电子轨迹，将喷射出的二次电子限制在近靶区域，从而增强了靶材的电离和沉积速率。该技术可以涂覆大面积的基体，具有高纯度和表面光洁度。但是成本较高，沉积速率较慢，沉积过程中难以控制涂层的化学计量比和复杂化合物的生成。例如，在沉积 Mn-Co 尖晶石涂层过程中，Mn 容易从不锈钢基体向外扩散，Mn/Co 比值将发生变化。为使得退火后，Mn/Co 比值为 1∶1，Zhang 等[75]考虑了元素间的扩散（Mn、Co、Cr、Fe），优化了靶材的配比（Mn/Co 原子比值为 40∶60）。

电镀法是指利用外部电流将电解液中的金属离子还原并沉积在导电阴极基体上的过程，电解液通常是含有简单或复杂金属盐的水溶液。该技术得到的涂层黏附性更好、更致密以及气孔分布少，适用于复杂形状的基体。采用电镀法制备尖晶石涂层时，首先在不锈钢基体上电镀所需过渡金属（如 Mn、Co、Cu、Fe、Ni

等）或金属，然后在空气或其他氧化气氛中进行热处理，进而形成尖晶石。在退火过程中，电镀金属和基体元素（如 Fe、Mn 和 Cr）会相互扩散，并产生一层黏附良好的尖晶石固溶体，增强了涂层与基体的结合强度。

电泳沉积法是利用胶体的电泳性质来沉积薄膜的，在电解液（通常是有机溶剂）中悬浮所需元素的惰性颗粒，相应的带电颗粒在外加电场的作用下定向扩散并均匀地吸附在基体表面，经热处理后可形成致密、均一且晶粒尺寸小的涂层。该技术所需设备简单，沉积速率较快，适用于复杂形状的基体。

目前，电镀和电泳沉积技术是主要的研究热点。而随着金属连接体涂层研究的不断深入，如何快速高效且成本低廉地制备出均匀致密、成分及厚度可控、导电性能良好且与基体之间结合牢固的保护涂层是科学家们自始至终的追求。

4.4 封接材料

4.4.1 封接的基本要求

在平板式构型中，需要使用封接材料将单电池与带有气体流道的连接体结合在一起，并逐一连接多个单电池形成电池堆。电池堆工作温度为 600~1000℃。因此，封接材料与封接技术是保证 SOFC 中燃料气体与氧化气体安全隔离，从而确保 SOFC 正常工作的关键技术之一。SOFC 封接材料具体要求如下：

（1）黏结性：封接材料与 SOFC 其他各组元材料之间均要有很好的结合性能，在封接过程中通过局部反应形成强化学键合，并且在室温到工作温度范围内，这种结合不会被破坏。

（2）稳定性：在氧化和还原环境中，从室温到工作温度范围内，封接材料必须保持化学性质稳定。在氧分压发生巨大变化时，如 $0.21 \sim 10^{-18}$ atm 范围内不出现明显的性能衰减和外形尺寸变化。

（3）相容性：一是在燃料电池工作温度范围内，封接材料都应该与其他组元化学相容，而不发生反应；二是要尽量限制封接材料和邻近组元材料之间化学界面的反应或元素扩散，以防止某些突变性质的发生；三是封接材料要对气体中某些杂质具有一定的耐受性。

（4）热膨胀性：从室温到操作温度的热循环过程中，封接材料都应与其他组元热膨胀系数相匹配，以避免开裂、变形；在燃料电池工作温度范围内，氧化和还原气氛中引起氧分压变化时，封接材料热膨胀系数要保持不变。

（5）气密性：封接材料应该形成气密垫层，从室温到操作温度下，都不允许出现燃料气和氧气渗漏。

（6）其他要求：封接材料应该容易加工成符合使用要求的形状和厚度，同时具有操作性好和成本低的特点。

上述严格的性能要求使得目前可供选择的封接材料类型主要集中在玻璃陶瓷类。尽管金属钎焊合金和基于云母的压缩密封件也有一定的应用，但是并非主流。因此，本节主要介绍玻璃陶瓷封接材料及其软/硬封接技术。

4.4.2 玻璃陶瓷封接材料

玻璃陶瓷又称晶态玻璃，由结晶相和玻璃相组成。玻璃陶瓷的性质受到两者的性质及组成比例的影响，其主要特性由析出晶体的种类、晶粒大小、晶相含量与残存玻璃的种类及数量共同决定。

晶态玻璃中的结晶相是多晶结构，晶体细小，比一般结晶材料的晶体要小得多，通常不超过 3 μm。晶相的本性、晶核的浓度、结晶介质的成分、热处理的制度及成核剂的使用等条件，决定了微晶玻璃的显微结构状态。在晶体之间分布着残存的玻璃相，它把数量巨大、粒度细微的晶体结合起来。结晶相的数量占比为 50%～90%，玻璃相的数量占比范围区间从 10%到高达 50%。晶态玻璃中结晶相、玻璃相的分布状态，随它们的比例不同而变化。当玻璃相占比较大时，玻璃相呈现为连续的基体，而彼此孤立的结晶相均匀地分布在其中；如玻璃相数量较少时，玻璃相分散在晶体网架之间，呈连续网络状；当玻璃相数量很低时，它就以薄膜的状态分布在晶体之间[25]。

作为 SOFC 封接材料，热性能是考评因素的重要指标之一。而热性质中最重要的是热膨胀性质，例如，接近零膨胀系数的材料具有理想的热稳定性，为优良的工程和结构材料。作为结构材料的另一个重要性质是：在高温条件下使用时具有一定的耐热性。此外，在某些技术领域中应用的微晶玻璃，还必须考虑其导热性。

在分析玻璃陶瓷的热膨胀性能时，应注意区别玻璃态物质及结晶态物质所特有的现象。两者的典型热膨胀曲线见图 4.17，其中 T_g 表示玻璃化转变温度，T_s 表示结晶态的熔点。在温度到达 T_g 以前，玻璃的膨胀基本呈线性，因此热膨胀系数基本恒定不变，与此温度相应的黏度约为 10^{12} Pa·s。进一步加热越过 T_g 后，玻璃的热膨胀发生突跃变化，这一温度范围称为反常间距。因为在此范围内，玻璃的许多性质均产生突跃式的改变。继续提高温度，热膨胀与温度之间的线性关系重新出现，此时热膨胀系数恢复为恒值，对应的玻璃黏度约为 10^8～10^9 Pa·s。

值得注意的是，玻璃陶瓷中结晶态物质的加入会显著影响玻璃的性质。原始非晶态玻璃和玻璃陶瓷在黏度和热膨胀特性方面具有明显的区别，如图 4.18 所示[76]。相比玻璃材料，玻璃陶瓷的黏度增加了近一个数量级，T_g 温度以下的热膨胀系数（coefficient of thermal expansion，CTE）增加了近 3 ppm/K。当被加热到转变温度 T_g 时，玻璃陶瓷的 CTE 也会突增，这是因为受到了玻璃态转变的影响。

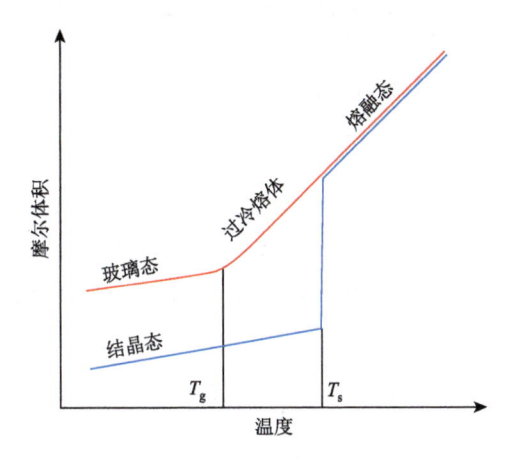

图 4.17　玻璃态（glass）和结晶态（crystal）单组分体系的热膨胀性能示意图

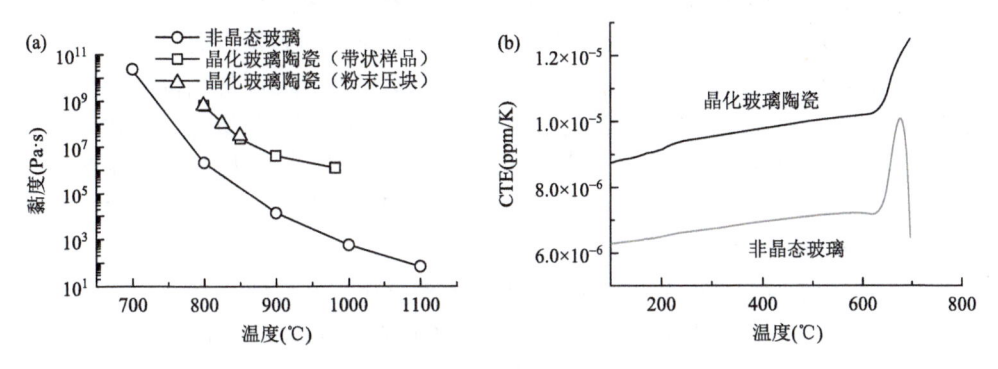

图 4.18　非晶态玻璃与玻璃陶瓷材料的特性比较

（a）黏度；（b）热膨胀系数

4.4.3　封接技术及应用

玻璃-陶瓷封接材料主要有两种作用形式：软封接和硬封接。软封接中采用玻璃陶瓷类封接材料，在玻璃软化温度（T_s）以上呈现塑性状态，在玻璃化转变温度（T_g）以下呈现黏弹性固体状态；通过一定黏度的黏滞流动体保持密封和减小热应力，实现多次热循环而不被破坏，此时对封接材料热膨胀系数要求较宽，可以与基体热膨胀系数有一定范围的差别。硬封接采用的玻璃陶瓷类封接材料在封接前是玻璃态，在封接后则希望是结晶态，通过玻璃态向结晶态转化，提高使用温度，保证封接材料在 SOFC 工作温度下不软化或不明显软化。封接材料从玻璃态转变为结晶态，不仅影响到使用温度，而且涉及材料热稳定性、热膨胀性及其在氧化和还原气氛中的耐腐蚀性等，因此，需要仔细考虑配方组分中各成分的作用和比例，封接材料析晶前后的变化，以及主晶相、次晶相的比例、分布和大小等因素。这种封结方式对封结材料热膨胀系数要求较高，需要与封接基元有很好的匹配性。

以下分别介绍软封接和硬封接技术。

1. 软封接技术

在软封接中，要求玻璃陶瓷材料的 T_g 低于 SOFC 工作温度（600～1000℃）。在 SOFC 运行温度下，封接材料处于一种黏滞流动态，而非坚硬固体。这种状态既避免了 SOFC 组元间由于热膨胀系数不同而引起电池破坏，也不会对电池组元产生其他额外应力。

为了保证玻璃陶瓷材料在高温下具有足够的封接强度，其黏度不能低于 10^3 Pa·s。此外，在 SOFC 冷却时，只有当体系温度低于 T_g 时，封接材料才会由于热膨胀系数差别引起应力，这种应力会随着 T_g（其对应的黏度为约 10^{12} Pa·s）降低而减小，所以要尽量降低玻璃封接材料 T_g。待连接材料之间热膨胀系数差别、封接材料玻璃化转变温度（T_g）和封接材料的弹性等因素都会对封接界面应力大小造成影响，所以选择的封接材料热膨胀系数要与 SOFC 主组元材料的相接近，要求在 10×10^{-6} K^{-1} 左右。T_g 比 SOFC 运行温度低 200℃ 左右，同时尽量降低玻璃材料随温度上升时其黏度的下降速率，这样在 SOFC 工作温度下才可以获得较大黏度值。实际的封接材料由玻璃和陶瓷两部分组成，玻璃具有较低的转变温度，陶瓷则可在高温下维持较高的黏度。

Bloom 和 Ley[77]提出了一种封接材料，其组分包括 Sr（Ca）、La、Al、B、Si 等的氧化物，组成比例分别为 SrO 5 mol%～60 mol%、La$_2$O$_3$ 0 mol%～45 mol%、Al$_2$O$_3$ 0 mol%～15 mol%、B$_2$O$_3$ 15 mol%～80 mol%、SiO$_2$ 0 mol%～40 mol%；或者 CaO 0 mol%～35 mol%、Al$_2$O$_3$ 0 mol%～15 mol%、B$_2$O$_3$ 35 mol%～85 mol%、SiO$_2$ 0 mol%～30 mol%。制备时先将 M(NO$_3$)$_2$（M = Sr/Ca）、La$_2$O$_3$、Al$_2$O$_3$、SiO$_2$、H$_3$BO$_3$ 按计量比例混合在乙醇溶液中，球磨均匀，干燥后在 800℃煅烧分解，排除其他组分获得氧化物，然后继续加热到 1400℃后淬火，经过粉磨可得到封接材料。封接材料热膨胀系数、T_g 和工作温度范围内的黏度需要测定。例如编号 14 的封接材料与 YSZ 表现出很一致的热膨胀性能，试验结果见图 4.19。当温度接近封接材料 14 的 T_g 时，封接材料 14 与 8YSZ 电解质热膨胀性能出现明显差别，此时封接材料已经软化。封接材料软化对缓解热应力很有好处，软化体黏度与温度关系如图 4.20 所示。对封接材料 14 来说，其 1000℃时黏度为 $10^{6.5}$ Pa·s。

系列封接材料相组成、T_g 和热膨胀系数见表 4.11。上述玻璃陶瓷封接材料基本成分是氧化硼而不是通常的氧化硅，因为在相似的阳离子化学组成中，硼玻璃

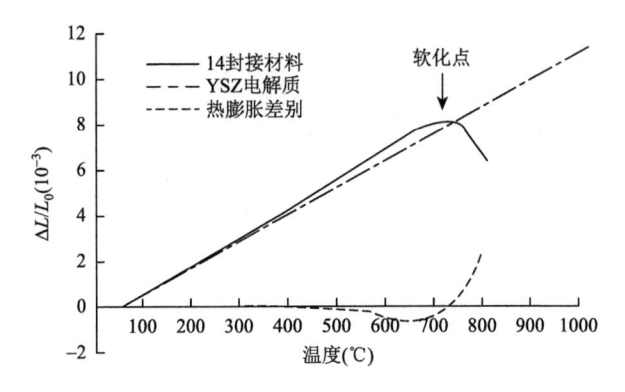

图 4.19 封接材料 14 与 YSZ 热膨胀性能比较

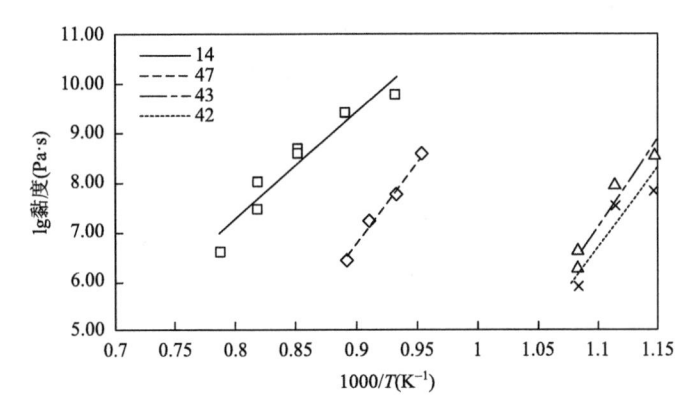

图 4.20 部分封接材料黏度随温度变化关系

比硅玻璃具有更低的软化温度。和通常硅玻璃中氧化硅含量超过 50%（摩尔分数）相比，上述材料中氧化硅含量较低，只有 3%～20%，这样是为了避免在高还原条件下 SOFC 阳极一侧生成挥发性一氧化硅。在封接材料中加入氧化锶（或氧化钙）主要是为了调整热膨胀系数。加入氧化铝可以延缓和阻止硼锶玻璃（或硼钙玻璃）结晶。加入氧化镧可以调整封接材料黏度，同时氧化镧也是 SOFC 阴极和连接体材料中的组分。封接材料中引入上述组分有助于减少与其他组元材料之间的内部扩散。

表 4.11 封接材料相组成、玻璃化转变温度和热膨胀系数

编号	组分（mol%）						晶相	T_g（℃）	CTE（10^{-6} K^{-1}）
	SrO	CaO	La$_2$O$_3$	Al$_2$O$_3$	B$_2$O$_3$	SiO$_2$			
10	25.0			10.0	60.4	4.6	玻璃		7.51（50～500℃）
11	20.0			10.0	65.4	4.6	玻璃		7.47（50～500℃）

续表

编号	组分（mol%）						晶相	T_g（℃）	CTE（10^{-6} K^{-1}）
	SrO	CaO	La$_2$O$_3$	Al$_2$O$_3$	B$_2$O$_3$	SiO$_2$			
12	33.7			10.0	51.7	4.6	玻璃		7.98（50～500℃）
14	28.7		20.2	10.0	36.6	4.6	玻璃-陶瓷	740-780	11.5（25～600℃）
34	32.1		3.3	15.8	41.6	7.3	玻璃	620	9.33（25～600℃）
35	34.0			14.3	12.2	33.8	5.6 玻璃	740	
965-5	34.0		9.0	12.2	39.1	5.6	玻璃	615，765	10.3（25～600℃）
41	32.1		3.3	15.8	48.9		玻璃	560	8.82（100～500℃）
42	32.1		3.3	15.8	43.9	5.0	玻璃	560	9.69（50～500℃）
43	32.1		3.3	15.8	38.9	10.0	玻璃	700	9.20（25～600℃）
45	32.1		3.3	15.8	18.9	30.0	玻璃	740-750	8.08（100～500℃）
47	35.4			15.8	18.9	30.0	玻璃	730	8.04（50～505℃）
101		35.0		10.0	40.0	15.0	玻璃		8.57（50～600℃）
A	42.9		9.5		42.9	4.6	玻璃	609	12.0（50～500℃）
B	39.1		10.5		45.8	4.6	玻璃	690	11.7（50～500℃）

2. 硬封接技术

当采用硬封接时，实施封接的温度高于 SOFC 工作温度，要求封接材料在 SOFC 工作温度下不软化或不明显软化，所以对封接材料热膨胀系数要求更高，只有彼此相匹配，才能经得住热循环考验，保证 SOFC 正常工作和反复启动。

例如，Xue 等[78]采用玻璃材料与金属材料复合方式来制备封接材料。采用商业康宁玻璃（Corning3103 和 Corning4060）与商业 Haynes214 和 Haynes230 金属为原料，经过混合后用作制备要求的封接材料。其中玻璃材料作为基体，其比例为 40 wt%～90 wt%，最适宜的比例为 70 wt%左右，玻璃材料主要组成成分为 SiO$_2$ 50 wt%～70 wt%、ZnO 10 wt%～25 wt%、K$_2$O 5 wt%～20 wt%、Na$_2$O 0 wt%～15 wt%、Li$_2$O 0 wt%～8 wt%、BaO 0 wt%～8 wt%、ZrO$_2$ 0 wt%～5 wt%、CaO 0 wt%～3 wt%、MgO 0 wt%～2 wt%；金属材料作为填隙，比例为 10 wt%～60 wt%，最适宜的比例为 30 wt%左右，金属材料主要组成成分为 Ni 12 wt%～77 wt%、Fe 3 wt%～65 wt%、Cr 16 wt%～23 wt%、W 0 wt%～15 wt%、Co 0 wt%～6 wt%、Al 0 wt%～5 wt%、Mo 0 wt%～3 wt%、Mn 0 wt%～3 wt%、Si 0 wt%～2 wt%、Y 0 wt%～1 wt%。引入作为填隙材料的金属组分，不只是用于改善封接材料蠕变和强度性能，更主要的是改进材料在高温下支撑间隙的能力（gap holding capacity）

和热膨胀系数。试验获得复合封接材料的玻璃化转变温度为 500~800℃，热膨胀系数为（8~13）×10^{-6} K^{-1}，实施封接的温度高于 800℃。

此外，吕喆等[79]采用了二元封接法对单电池实施了封接。采用的封接材料分内外两部分，内封接材料主要是陶瓷粉料，由 CaO、Al_2O_3、SiO_2 构成；外封接材料是玻璃态材料。内封接材料采用低化学活性的较大颗粒陶瓷粉，并加入少量高温黏结剂，主要是基于以下几个方面考虑：一是化学性质稳定，不与电池组元发生不利反应；二是此操作可获得具有多孔效果的封接材料，使得电池组元与外封接材料获得良好接触，避免玻璃态外封接材料由于和电池组元大量、直接接触而发生化学反应，以保证电池性能不衰减；三是多孔结构内封接材料作为过渡层，可以缓冲热形变，减小热应力，有效降低热性能失配；四是外封接玻璃材料会在高温封接条件下软化熔融，覆盖在封接区外表面，获得良好的气密性，保证反复使用时的牢固性，不出现裂缝或分离情况。

然而，现有封接材料和技术仍然存在工艺复杂和规模化生产难度高等问题，增加了电堆的制造成本。因此，对于新型封接材料和技术的研发，在实现良好的密封性、热匹配性、耐高温性以及化学性能稳定的同时，也要兼顾操作难度与复杂性，以满足实际应用的需要。

4.5 本章小结

在实际应用中，需要将多个 SOFC 单电池组合成电池堆，以增加其输出功率。常见的 SOFC 电堆结构包括平板式、管式、微管式和扁平管式等。平板式 SOFC 能提供很高的功率密度，并且能够使用成本低的传统陶瓷加工技术来制备；但是电池边缘的封接和抗热循环性差等问题仍然有待解决。管式 SOFC 是最早实现商业应用的构型，其主要优点是电堆中无封接；缺点是功率密度低，启动时间长以及制备成本高。微管式 SOFC 适合小型系统应用，可以快速启动；缺点是电池连接和装配困难。扁平管式电池比管式电池具有更高的功率密度，而且不需要封接，近年来也获得了较多关注。

对于目前应用最为广泛的平板式电堆，除了单电池以外，电堆中的关键组件还包括连接体、保护涂层和封接材料等。连接体在电连接和隔离反应物方面非常重要，因此对其性能有严格要求，包括与电极的相容性、抗腐蚀与化学稳定性，以及良好的导电性。目前广泛应用的两类材料是亚铬酸盐陶瓷和金属合金。对于金属连接体，需要在其表面涂覆保护涂层，以抑制金属连接体的氧化，降低连接体与 SOFC 电极之间的界面电阻，并隔绝金属中 Cr 向 SOFC 阴极表面的挥发、沉积与毒化，保持 SOFC 性能的长期稳定。封接材料的发展是平板式 SOFC 走向实用化和商业化的关键技术之一。人们已经对封接材料进行了很多研究和探讨，目前可供选择的封接材料类型主要集中在玻璃陶瓷类。但是，封接材料的稳定性和长期可靠性仍有待于进一步提升。

参 考 文 献

[1] Kendall K，Kendall M. High-Temperature Solid Oxide Fuel Cells for the 21st Century：Fundamentals，Design and Applications[M]. 2nd ed. Amsterdam：Elsevier，2015.

[2] 韩敏芳，蒋先锋. 高温固体氧化物燃料电池——原理，设计和应用[M]. 北京：科学出版社，2007.

[3] Hassmann K. SOFC power plants，the Siemens-Westinghouse approach[J]. Fuel Cells，2001，1（1）：78-84.

[4] Singhal S C. Advances in solid oxide fuel cell technology[J]. Solid State Ionics，2000，135（1-4）：305-313.

[5] Huang K，Singhal S C. Cathode-supported tubular solid oxide fuel cell technology: A critical review[J]. Journal of Power Sources，2013，237：84-97.

[6] Irie H，Miyamoto K，Teramoto Y，et al. Efforts toward introduction of SOFC-MGT hybrid system to the market[J]. Mitsubishi Heavy Industries Technical Review，2017，54（3）：69-72.

[7] Tomida K，Nishiura M，Ozawa H，et al. Market introduction status of fuel cell system "MEGAMIE" and future efforts[J]. Mitsubishi Heavy Industries Technical Review，2021，58（3）：1-6.

[8] Suzuki M，Inoue S，Shigehisa T. Field test result of residential SOFC CHP system over 10 years，89000 hours[J]. ECS Transactions，2021，103（1）：25-30.

[9] Howe K S，Thompson G J，Kendall K. Micro-tubular solid oxide fuel cells and stacks[J]. Journal of Power Sources，2011，196（4）：1677-1686.

[10] Kendall K，Palin M. A small solid oxide fuel cell demonstrator for microelectronic applications[J]. Journal of Power Sources，1998，71（1-2）：268-270.

[11] Kendall K，Finneriy C M，Tompseit G A，et al. Rapid heating SOFC system for hybrid applications[J]. Electrochemistry，2000，68（6）：403-406.

[12] Bessette N. Status of the acumentrics SOFC program[C]. SEC Annual Workshop，Boston，MA，2004.

[13] Cheekatamarla P. Performance and reliability advancements in a durable low temperature tubular SOFC[R]. Walpole，MA，2019.

[14] 宋世栋，韩敏芳，孙再洪. 固体氧化物燃料电池平板式电池堆的研究进展[J]. 科学通报，2014，59（15）：1405-1416.

[15] 王忠利，韩敏芳，陈鑫. 固体氧化物燃料电池金属连接体材料[J]. 世界科技研究与发展，2007，29（1）：30-37.

[16] 陈鑫，韩敏芳，王忠利，等. 铬基合金连接体材料在固体氧化物燃料电池中的应用[J]. 稀有金属材料与工程，2007，（A02）：642-644.

[17] 金光熙，杨莹，马作军，等. 固体氧化物燃料电池金属连接体研究中若干问题的探讨[J]. 吉林化工学院学报，2008，25（3）：88-91.

[18] 辛显双，朱庆山，刘岩. 固体氧化物燃料电池（SOFC）合金连接体耐高温氧化导电防护涂层[J]. 表面技术，2019，48（1）：22-29.

[19] 曹希文，张雅希，林梅，等. 固体氧化物燃料电池合金连接体表面改性研究进展[J]. 佛山陶瓷，2019，29（10）：5-7.

[20] Minh N Q，Takahashi T. Science and Technology of Ceramic Fuel Cells[M]. Amsterdam：Elsevier，1995.

[21] Gaur K，Verma S C，Lal H B. Defects and electrical conduction in mixed lanthanum transition metal oxides[J]. Journal of Materials Science，1988，23（5）：1725-1728.

[22] Weber W J, Griffin C W, Bates J L. Effects of cation substitution on electrical and thermal transport properties of YCrO$_3$ and LaCrO$_3$[J]. Journal of the American Ceramic Society, 1987, 70（4）：265-270.

[23] Yasuda I, Hikita T. Electrical conductivity and defect structure of calcium-doped lanthanum chromites[J]. Journal of the Electrochemical Society, 1993, 140（6）：1699-1704.

[24] Koc R, Anderson H U. Investigation of strontium-doped La（Cr, Mn）O$_3$ for solid oxide fuel cells[J]. Journal of Materials Science, 1992, 27（21）：5837-5843.

[25] 韩敏芳, 彭苏萍. 固体氧化物燃料电池材料及制备[M]. 北京：科学出版社, 2004.

[26] Singhal S C, Ruka R J, Sinharoy S. Interconnection materials development for solid oxide fuel cells[R]. US Department of Energy Final Report DOE/MC/21184-1985, 1985：54.

[27] Kadowaki T, Shiomitsu T, Matsuda E, et al. Applicability of heat resisting alloys to the separator of planar type solid oxide fuel cell[J]. Solid State Ionics, 1993, 67（1-2）：65-69.

[28] Hilpert K, Das D, Miller M, et al. Chromium vapor species over solid oxide fuel cell interconnect materials and their potential for degradation processes[J]. Journal of the Electrochemical Society, 1996, 143（11）：3642-3647.

[29] Köck W, Martinz H P, Greiner H, et al. Development and processing of metallic Cr based materials for SOFC parts[J]. ECS Proceedings Volumes, 1995, 1995（1）：841-849.

[30] Beie H J, Blum L, Drenckhahn W, et al. SOFC development at Siemens[J]. ECS Proceedings Volumes, 1997, 1997（1）：51.

[31] Janousek M, Köck W, Baumgärtner M, et al. Development and processing of chromium based alloys for structural parts in solid oxide fuel cells[J]. ECS Proceedings Volumes, 1997, 1997-40（1）：1225-1233.

[32] Thierfelder W, Greiner H, Köck W. High-temperature corrosion behaviour of chromium based alloys for high temperature SOFC[J]. ECS Proceedings Volumes, 1997, 1997（1）：1306-1315.

[33] Eck R, Martinz H P, Sakaki T, et al. Powder metallurgical chromium[J]. Materials Science and Engineering：A, 1989, 120：307-312.

[34] Batawi E, Glatz W, Kraussler W, et al. Oxidation resistance & performance in stack tests of near-net-shaped chromium-based interconnects[J]. ECS Proceedings Volumes, 1999, 1999-19：731-736.

[35] Froitzheim J, Meier G H, Niewolak L, et al. Development of high strength ferritic steel for interconnect application in SOFCs[J]. Journal of Power Sources, 2008, 178（1）：163-173.

[36] Jia C, Wang Y, Molin S, et al. High temperature oxidation behavior of SUS430 SOFC interconnects with Mn-Co spinel coating in air[J]. Journal of Alloys and Compounds, 2019, 787：1327-1335.

[37] Teller O, Meulenberg W A, Tietz F, et al. Improved material combinations for stacking of solid oxide fuel cells[J]. ECS Proceedings Volumes, 2001, 2001-16（1）：895-903.

[38] Gindorf C, Hilpert K, Singheiser L. Determination of chromium vaporization rates of different interconnect alloys by transpiration experiments[J]. ECS Proceedings Volumes, 2001, 2001-16（1）：793-802.

[39] Honegger K, Plas A, Diethelm R, et al. Evaluation of Feritic Steel Interconnects for SOFC Stacks[J]. ECS Proceedings Volumes, 2001, 2001-16（1）：803-810.

[40] Fergus J W. Metallic interconnects for solid oxide fuel cells[J]. Materials Science and Engineering：A, 2005, 397（1-2）：271-283.

[41] Zhu W Z, Deevi S C. Opportunity of metallic interconnects for solid oxide fuel cells: a status on contact resistance[J]. Materials Research Bulletin, 2003, 38（6）：957-972.

[42] Vazquez-Navarro M D, McAleese J, Kilner J A. Candidate interconnect materials：oxidation study of a Ni-based superalloy in pure oxygen at 800℃[J]. ECS Proceedings Volumes, 1999, 1999-19（1）：749.

[43] Hashimoto N. The practice of fuel cells global SOFC activities and evaluation programmes[J]. Journal of Power Sources, 1994, 49 (1-3): 103-114.

[44] Wu J, Liu X. Recent development of SOFC metallic interconnect[J]. Journal of Materials Science & Technology, 2010, 26 (4): 293-305.

[45] Han M, Peng S, Wang Z, et al. Properties of Fe-Cr based alloys as interconnects in a solid oxide fuel cell[J]. Journal of Power Sources, 2007, 164 (1): 278-283.

[46] Jiang S P, Zhang J P, Zheng X G. A comparative investigation of chromium deposition at air electrodes of solid oxide fuel cells[J]. Journal of the European Ceramic Society, 2002, 22 (3): 361-373.

[47] Collins C, Lucas J, Buchanan T L, et al. Chromium volatility of coated and uncoated steel interconnects for SOFCs[J]. Surface and Coatings Technology, 2006, 201 (7): 4467-4470.

[48] Gindorf C, Singheiser L, Hilpert K. Vaporisation of chromia in humid air[J]. Journal of Physics and Chemistry of Solids, 2005, 66 (2-4): 384-387.

[49] Alman D E, Jablonski P D. Effect of minor elements and a Ce surface treatment on the oxidation behavior of an Fe-22Cr-0.5 Mn (Crofer 22 APU) ferritic stainless steel[J]. International Journal of Hydrogen Energy, 2007, 32 (16): 3743-3753.

[50] Qu W, Jian L, Ivey D G, et al. Yttrium, cobalt and yttrium/cobalt oxide coatings on ferritic stainless steels for SOFC interconnects[J]. Journal of Power Sources, 2006, 157 (1): 335-350.

[51] Piccardo P, Amendola R, Fontana S, et al. Interconnect materials for next-generation solid oxide fuel cells[J]. Journal of Applied Electrochemistry, 2009, 39 (4): 545-551.

[52] Fontana S, Amendola R, Chevalier S, et al. Metallic interconnects for SOFC: Characterisation of corrosion resistance and conductivity evaluation at operating temperature of differently coated alloys[J]. Journal of Power Sources, 2007, 171 (2): 652-662.

[53] Fontana S, Chevalier S, Caboche G. Metallic interconnects for solid oxide fuel cell: Effect of water vapour on oxidation resistance of differently coated alloys[J]. Journal of Power Sources, 2009, 193 (1): 136-145.

[54] Zhu J H, Zhang Y, Basu A, et al. $LaCrO_3$-based coatings on ferritic stainless steel for solid oxide fuel cell interconnect applications[J]. Surface and Coatings Technology, 2004, 177: 65-72.

[55] Przybylski K, Brylewski T. Interface reactions between conductive ceramic layers and Fe-Cr steel substrates in SOFC operating conditions[J]. Materials Transactions, 2011, 52 (3): 345-351.

[56] Yang Z, Xia G G, Maupin G D, et al. Evaluation of perovskite overlay coatings on ferritic stainless steels for SOFC interconnect applications[J]. Journal of the Electrochemical Society, 2006, 153 (10): A1852.

[57] Mikkelsen L, Chen M, Hendriksen P V, et al. Deposition of $La_{0.8}Sr_{0.2}Cr_{0.97}V_{0.03}O_3$ and $MnCr_2O_4$ thin films on ferritic alloy for solid oxide fuel cell application[J]. Surface and Coatings Technology, 2007, 202 (4-7): 1262-1266.

[58] Fu C, Sun K, Zhang N, et al. Effects of protective coating prepared by atmospheric plasma spraying on planar SOFC interconnect[J]. Rare Metal Materials and Engineering, 2006, 35 (7): 1117-1120.

[59] Ebbesen S D, Høgh J, Nielsen K A, et al. Durable SOC stacks for production of hydrogen and synthesis gas by high temperature electrolysis[J]. International Journal of Hydrogen Energy, 2011, 36 (13): 7363-7373.

[60] Zheng Y, Li Q, Guan W, et al. Investigation of 30-cell solid oxide electrolyzer stack modules for hydrogen production[J]. Ceramics International, 2014, 40 (4): 5801-5809.

[61] Petric A, Ling H. Electrical conductivity and thermal expansion of spinels at elevated temperatures[J]. Journal of the American Ceramic Society, 2007, 90 (5): 1515-1520.

[62] Paknahad P, Askari M, Ghorbanzadeh M. Application of sol-gel technique to synthesis of copper-cobalt spinel on

the ferritic stainless steel used for solid oxide fuel cell interconnects[J]. Journal of Power Sources, 2014, 266: 79-87.

[63] Hu Y Z, Yun L L, Wei T, et al. Aerosol sprayed $Mn_{1.5}Co_{1.5}O_4$ protective coatings for metallic interconnect of solid oxide fuel cells[J]. International Journal of Hydrogen Energy, 2016, 41 (44): 20305-20313.

[64] Yang Z, Xia G G, Li X H, et al. (Mn, Co)$_3$O$_4$ spinel coatings on ferritic stainless steels for SOFC interconnect applications[J]. International Journal of Hydrogen Energy, 2007, 32 (16): 3648-3654.

[65] Shen Z, Rong J, Yu X. $Mn_xCo_{3-x}O_4$ spinel coatings: controlled synthesis and high temperature oxidation resistance behavior[J]. Ceramics International, 2020, 46 (5): 5821-5827.

[66] Vargas M J G, Zahid M, Tietz F, et al. Use of SOFC metallic interconnect coated with spinel protective layers using the APS technology[J]. ECS Transactions, 2007, 7 (1): 2399-2405.

[67] Xiao J, Zhang W, Xiong C, et al. Oxidation behavior of Cu-doped $MnCo_2O_4$ spinel coating on ferritic stainless steels for solid oxide fuel cell interconnects[J]. International Journal of Hydrogen Energy, 2016, 41 (22): 9611-9618.

[68] Montero X, Tietz F, Sebold D, et al. $MnCo_{1.9}Fe_{0.1}O_4$ spinel protection layer on commercial ferritic steels for interconnect applications in solid oxide fuel cells[J]. Journal of Power Sources, 2008, 184 (1): 172-179.

[69] Gavrilov N V, Ivanov V V, Kamenetskikh A S, et al. Investigations of Mn-Co-O and Mn-Co-Y-O coatings deposited by the magnetron sputtering on ferritic stainless steels[J]. Surface and Coatings Technology, 2011, 206 (6): 1252-1258.

[70] Mosavi A, Ebrahimifar H. Investigation of oxidation and electrical behavior of AISI 430 steel coated with Mn-Co-CeO$_2$ composite[J]. International Journal of Hydrogen Energy, 2020, 45 (4): 3145-3162.

[71] Zanchi E, Molin S, Sabato A G, et al. Iron doped manganese cobaltite spinel coatings produced by electrophoretic co-deposition on interconnects for solid oxide cells: Microstructural and electrical characterization[J]. Journal of Power Sources, 2020, 455: 227910.

[72] Fang Q, de Haart U, Schäfer D, et al. Degradation analysis of an SOFC short stack subject to 10000 h of operation[J]. Journal of the Electrochemical Society, 2020, 167 (14): 144508.

[73] Frey C E, Fang Q, Sebold D, et al. A detailed post mortem analysis of solid oxide electrolyzer cells after long-term stack operation[J]. Journal of the Electrochemical Society, 2018, 165 (5): F357-F364.

[74] Bianco M, Caliandro P, Diethelm S, et al. *In-situ* experimental benchmarking of solid oxide fuel cell metal interconnect solutions[J]. Journal of Power Sources, 2020, 461: 228163.

[75] Zhang H, Wu J, Liu X, et al. Studies on elements diffusion of Mn/Co coated ferritic stainless steel for solid oxide fuel cell interconnects application[J]. International Journal of Hydrogen Energy, 2013, 38 (12): 5075-5083.

[76] Schilm J, Kusneszoff M, Rost A. Glass Ceramic Sealants for Solid Oxide Cells[M]. German: Springer Cham, 2023.

[77] Bloom I D, Ley K L. Compliant sealants for solid oxide fuel cells and other ceramics[P]. U. S. Patent 5, 453, 331. 1995-9-26.

[78] Xue L A, Yamanis J, Lear G, et al. Composite Sealant for Solid Oxide Fuel Cells[P]. U. S. Patent 6, 271, 158B1. 2001-8-7.

[79] 吕喆, 苏文辉, 刘江, 等. 固体氧化物燃料电池的高温封接材料和封接技术[P]. 吉林: CN1095598C, 2002-12-04.

第5章　性能测试及评价方法

5.1　测试装置及方法

获取 SOFC 的电化学性能是开展相关研究和评定其商业可行性的基础。根据电池尺寸不同，常见待测 SOFC 可分为两类——纽扣电池和工业尺寸电池/电堆。测试纽扣电池通常是为了进行科学研究，而测试工业尺寸电池通常是为了进行产品性能评估。由于电池尺寸和测试目的不同，两类电池的测试装置、测试设备和测试程序都有所差异，本章将分别进行介绍。关于电池堆性能的测试，可部分参考工业尺寸电池测试。

本章内容主要基于目前使用最为广泛的 NiO-YSZ|YSZ|GDC|LSCF 阳极支撑平板式 SOFC 构型，其中纽扣电池的有效面积为 0.45 cm^2，工业尺寸电池的有效面积为 100 cm^2。NiO-YSZ 阳极支撑层通过流延法制备（成品厚度约 550 μm），之后通过丝网印刷法依次制备阳极功能层（成品厚度 5~10 μm）、YSZ 电解质（成品厚度 10~15 μm）、GDC（$Gd_{0.1}Ce_{0.9}O_{2-\delta}$）隔离层（成品厚度 5~10 μm）和 LSCF（$La_{0.6}Sr_{0.4}Co_{0.2}Fe_{0.8}O_{3-\delta}$）阴极（成品厚度 20~30 μm）。关于电池制备方法更详细的信息可见文献[1,2]。

纽扣电池测试装置示意图如图 5.1 所示。首先在电池两侧电极上分别黏结银导线作为集流体，之后使用耐高温胶（如 Aremco 516）将电池黏结在氧化铝反应器顶部，送入管式电阻炉中程序升温至运行温度。在检查装置气密性后，向电池阳极通入一定流量的 H$_2$ 将 NiO 还原为 Ni，持续时间一般为数小时。随后，将阳极/阴极供气切换为待测组分，待输出电压稳定后停止放电，即可开展电化学性能相关测试。在图 5.1 中，气体流量控制均使用质量流量控制器，H$_2$O 流量通过恒温水浴加湿器控制，因此燃料气管路需使用加热带保温。

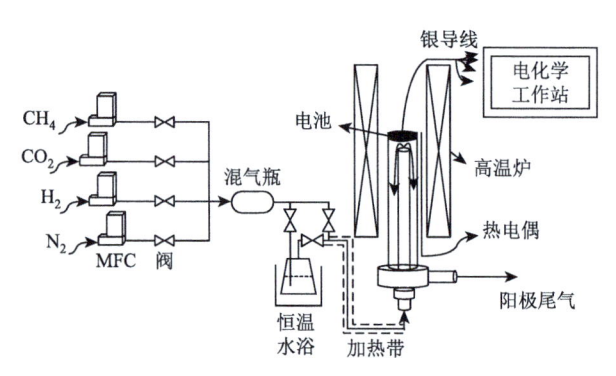

图 5.1　纽扣电池测试装置示意图

工业尺寸电池两侧使用银网集流，并通过端板和引线引出。电极和银网之间涂覆接触材料以增加接触面积。电池两侧端板表面均加工有流道［图 5.2（a）］，以提供电化学反应所需的燃料气和空气。电池边缘和端板之间通过耐高温胶封接，以实现阴极和阳极的气氛隔绝。图 5.2（b）中展示了连接完备的单电池测试工装，电连接采用四线法，气流方向为交叉流，在两侧端板流道的入口、出口处各布置一个热电偶。将整体工装置于温控电阻炉中部，以实现工装的程序升温。升温至运行温度后通入一定流量的 N_2 吹扫，吹扫完毕后进行阳极还原，还原时长通常为数小时，其间阳极通入一定流量的 H_2，阴极通入一定流量的空气。阳极还原完毕，待电压稳定后，即可开展电化学性能相关测试。

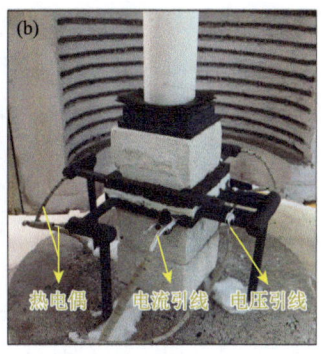

图 5.2　（a）金属端板；（b）单电池测试整体工装

SOFC 的电化学测试主要包括伏安特性测试（$j\text{-}V$ 曲线）、EIS 测试、计时电位测试等，具体信息如下：

（1）伏安特性测试：单电池在开路条件下达到稳定状态后，通过阶梯式改变电流来测量 $j\text{-}V$ 曲线。对于纽扣电池，常用电化学工作站均内置伏安特性测试程序；对于工业尺寸电池或电堆，可使用适宜量程的电子负载控制电流和记录数据。本课题组在测试 $j\text{-}V$ 曲线时，使用的电化学工作站型号为 Princeton Applied Research PMC-1000，电子负载型号为 Kikusui PLZ664WA。

（2）EIS 测试：常用电化学工作站均内置 EIS 测试程序，可设置电流（或电压）扰动幅值、扫描频率范围和间隔等参数。对于 SOFC 测试，常用电压扰动幅值为 10～20 mV，频率上限约为 100 kHz，频率下限约为 0.01～0.1 Hz，每十倍频程约取 10 个点（对数均匀分布）。值得注意的是，EIS 可以在直流偏置为 0（即开路）时测试，也可以在有直流偏置时测试，从而无须中断电池或电堆运行。关于直流偏置对 EIS 的影响，将在本章后续介绍。

（3）计时电位测试：计时电位法主要用于测试 SOFC 的短期或长期恒流运行

稳定性，通过电子负载设置运行电流数值，以固定采样频率记录电压变化。

关于 SOFC（及 SOEC、RSOC）的性能测试，国内外已形成一些标准可供借鉴，其中介绍了部分通用的测试步骤及分析方法举例如下。

- IEC 62282-7-2：2021，Fuel cell technologies—Part 7-2：Test methods-Single cell and stack performance tests for solid oxide fuel cells（SOFCs）[①]；
- IEC 62282-8-101：2020，Fuel cell technologies—Part 8-101：Energy storage systems using fuel cell modules in reverse mode—Test procedures for the performance of solid oxide single cells and stacks，including reversible operation[②]；
- GB/T 34582—2017（IEC 62282-7-2：2014），《固体氧化物燃料电池单电池和电池堆性能试验方法》；
- NB/T 10820—2021，《固体氧化物燃料电池 单电池测试方法》；
- NB/T 10821—2021，《固体氧化物燃料电池 电池堆测试方法》。

5.2 伏安特性测试

5.2.1 温度及燃料组分的影响

图 5.3 中展示了工业尺寸 SOFC 在 H_2 燃料（含 $10\%H_2O$）以及 CH_4 重整合成气燃料下的伏安特性（I-V 曲线）。CH_4 重整合成气燃料的具体组分如表 5.1 所示，是使用自制重整器，在重整温度为 850℃、水碳比（S/C）为 2.5 时得到的合成气成分。

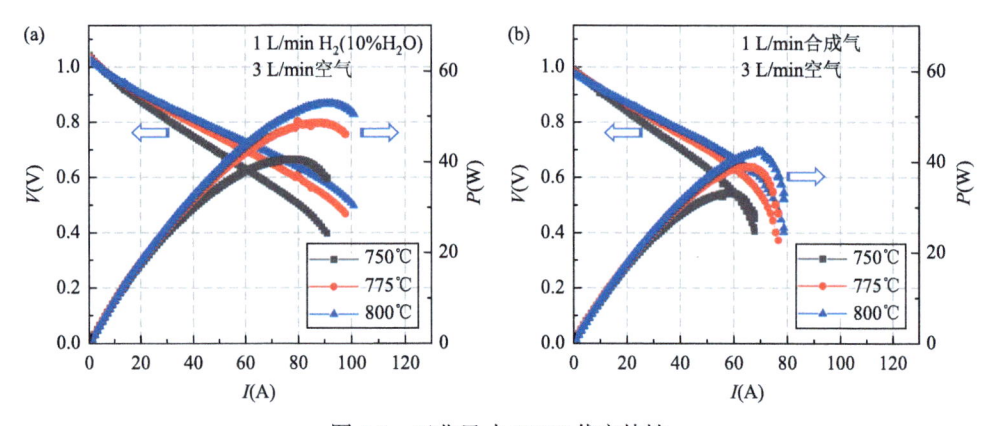

图 5.3 工业尺寸 SOFC 伏安特性

（a）H_2 燃料；（b）CH_4 重整合成气燃料

[①] 燃料电池技术——7-2 部分：测试方法——SOFC 的单电池和电池堆性能测试。
[②] 燃料电池技术——8-101 部分：储能系统用可逆模式燃料电池模块——固体氧化物单电池和电池堆的性能测试步骤，包括可逆操作。

表 5.1 CH_4 重整合成气燃料组分

H_2	H_2O	CO	CO_2	CH_4
58.87%	22.95%	13.85%	4.33%	0%

可以看到，温度提升能够显著提高电池的输出性能，当温度从 750℃ 提升到 800℃，电池在 H_2 燃料、0.7 V 电压下的输出功率由 33.7 W 提高到 46.6 W，而在合成气燃料、0.7 V 电压下的输出功率则由 28.7 W 提高到 38.3 W。相同温度和流量下，电池在 H_2 燃料下的输出性能明显高于在合成气燃料下的输出性能。主要原因是，尽管合成气中含有较多的 CO（13.85%），但是合成气中 H_2 浓度（58.87%）明显低于 H_2 燃料（90%）。

若将加湿 H_2 燃料中的 H_2 浓度调整至与合成气相同（即 H_2 浓度均为 58.87%），由图 5.4 可见，电池在合成气燃料下的输出性能更好，这表明合成气中的 CO 对于电池性能有促进作用。但是，若调整加湿 H_2 燃料中的 H_2 浓度等于合成气中 H_2 与 CO 浓度之和（即 H_2 浓度为 72.72%），则电池输出性能高于合成气燃料，这表明合成气中 CO 对输出性能的促进作用不及 H_2。

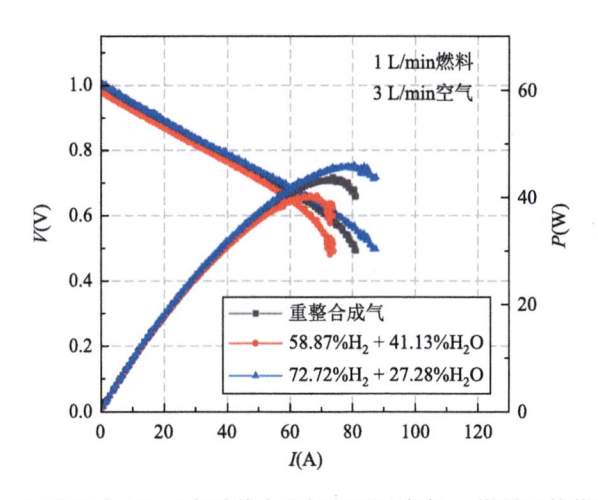

图 5.4 工业尺寸 SOFC 在重整合成气和不同浓度 H_2 燃料下的伏安特性

由上述结果可见，重整合成气的组分，尤其是有效燃料（H_2、CO）的浓度，会对电池性能有明显的影响。为了进一步比较 H_2 和 CO 的影响机制，设计和配置了如表 5.2 所示的混合气组分作为 SOFC 燃料。表中所有混合气均在运行温度（800℃）下满足热力学平衡条件，因此能够确保阳极入口组分即为设定组分。

在表 5.2 中，合成气 1~5 固定 H_2 和 H_2O 浓度不变，CO 和 CO_2 浓度逐渐增加；合成气 2、6、7 固定 CO 和 CO_2 浓度不变，H_2 和 H_2O 浓度逐渐增加；CH_4 浓度都处于较低水平（<0.05%）；N_2 被用作平衡气，控制阳极总流量为 1 L/min。

表 5.2 设计燃料组分表

	合成气1	合成气2	合成气3	合成气4	合成气5	合成气6	合成气7
H_2（%）	20.800	20.800	20.800	20.800	20.800	31.200	41.600
H_2O（%）	19.190	19.190	19.190	19.190	19.190	28.790	38.380
CO（%）	0	9.170	13.760	18.340	22.930	9.170	9.170
CO_2（%）	0	10.820	16.230	21.640	27.050	10.820	10.820
CH_4（%）	0	0.009	0.014	0.019	0.023	0.021	0.037
N_2（%）	60.010	40.010	30.010	20.010	10.010	20.000	0.001
总计（%）	100.000	100.000	100.004	99.999	100.003	100.001	100.008

SOFC 在上述混合气下的输出性能如图 5.5 所示。H_2 浓度增加（H_2O 浓度同比例增加以维持热力学平衡），电池性能显著提升，I-V 曲线的活化极化控制区域、浓差极化控制区域均明显改善。而 CO 浓度增加（CO_2 浓度同比例增加以维持热力学平衡），电池性能仅略有提升，I-V 曲线也仅在电流密度较大的浓差极化控制区域有所改善。

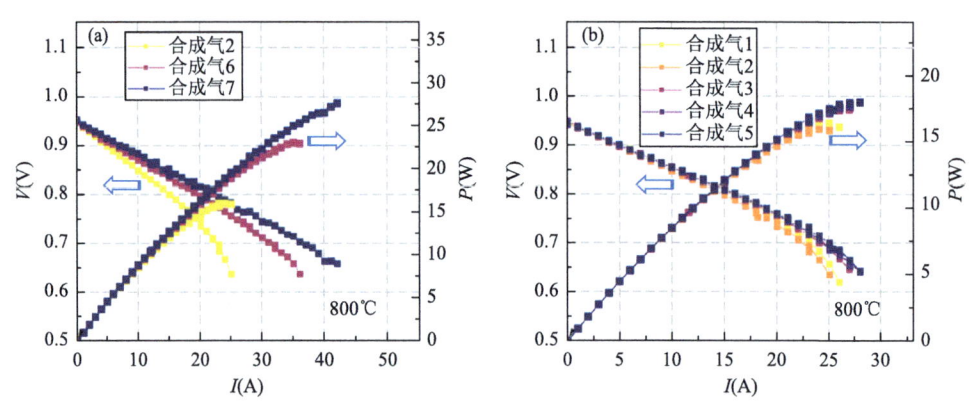

图 5.5 单片堆在设计混合气燃料下的输出性能

（a）H_2 和 H_2O 浓度的影响；（b）CO 和 CO_2 浓度的影响

依据这一结果，推测 SOFC 以合成气作为燃料时，主要是其中的 H_2 参与阳极 TPB 处的电化学反应，而 CO 不直接参与（或很少参与）阳极电化学反应，其作用主要是补充电化学反应消耗的 H_2，这是通过水煤气变换反应（water-gas shift reaction, WGSR）实现的：

$$CO + H_2O \longrightarrow CO_2 + H_2 \tag{5.1}$$

在电流密度较大时，TPB 附近 H_2 消耗较多，因此 CO 的作用更为明显。

为了验证上述机制,进一步在纽扣电池上开展了 H_2 和 CO 单组分变化实验。由于纽扣电池有效反应面积较小(约 0.45 cm²),并且通入过量的燃料和空气,实测燃料转化率一般在 5%以下[3],因此可以认为设定燃料的组分即为阳极入口处的组分,热力学平衡转化的影响可以忽略。

在图 5.6(a)和(b)中,分别控制 CO 和 H_2 浓度不变,探究 H_2 和 CO 浓度对纽扣电池 j-V 曲线的影响。可以看到,H_2 浓度对 j-V 曲线的影响非常显著,H_2 浓度增加,电池 OCV 增加,活化极化、浓差极化都有明显改善,这与工业尺寸电池上测得的结果一致。相比之下,CO 浓度对 j-V 曲线几乎没有影响,这主要是由于纽扣电池供给过量的 H_2,微弱的 WGSR 对 H_2 浓度的贡献很小。

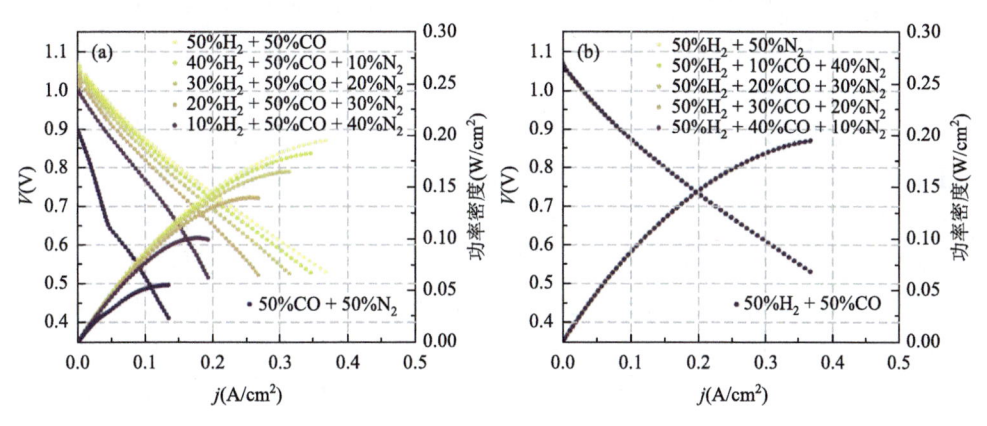

图 5.6 (a) H_2 浓度对 j-V 曲线的影响;(b) CO 浓度对 j-V 曲线的影响

5.2.2 燃料和空气流量的影响

除燃料组分外,燃料流量、空气流量也会对电池性能有显著影响。如图 5.7(a)所示,固定空气流量为 3 L/min 时,合成气流量增加,电池性能显著提高,

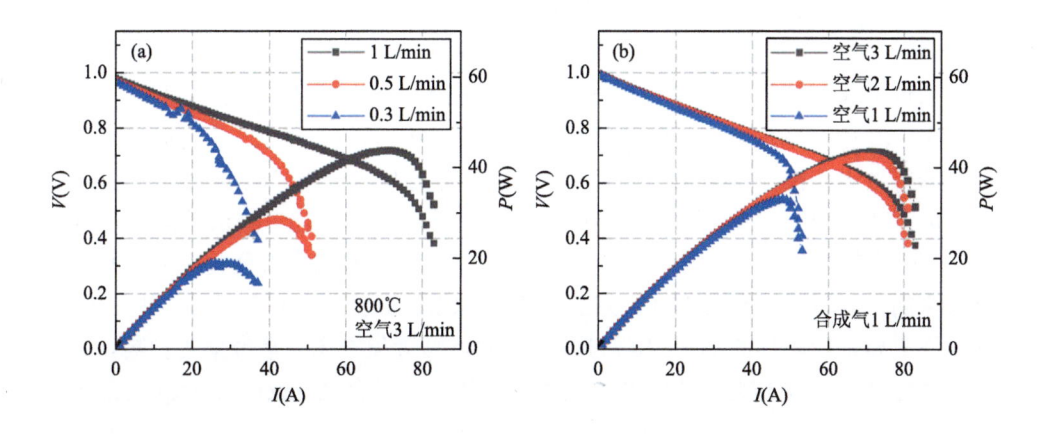

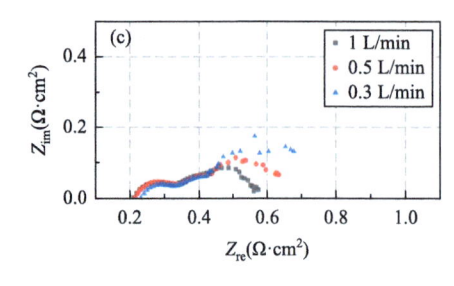

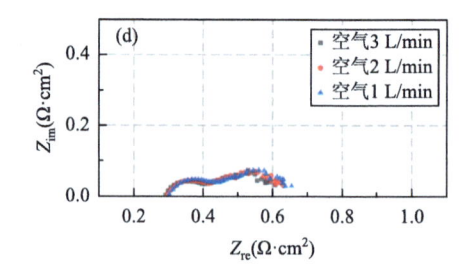

图 5.7 （a）合成气流量对 I-V 曲线的影响；（b）空气流量对 I-V 曲线的影响；（c）合成流量对 EIS 的影响；（d）空气流量对 EIS 的影响

这主要是由于抑制了大电流区间由燃料匮乏引起的浓差极化。由图 5.7（c）中相应的 EIS 可见，随着合成气流量增加，低频弧显著减小，而中、高频弧的变化较小，表明合成气流量的增加主要是减小了阳极侧气相扩散阻抗。

空气流量对 j-V 曲线、EIS 的影响如图 5.7（b）、（d）所示。当空气流量超过 2 L/min 后（即过量空气系数＞1.16），继续增加空气流量对输出性能的影响已经很小。但是当空气流量降低至 1 L/min 时，由于过量空气系数小于 1，电池在 50 A 电流附近就出现了明显的浓差极化，输出性能显著降低。与合成气流量对 EIS 的影响类似，空气流量同样主要影响低频阻抗，但是影响程度更小，这说明阴极侧气相扩散阻抗在电池总阻抗中占比更小。在 SOFC 多孔电极中，尽管 O_2 扩散比 H_2 更为困难，但是由于阴极厚度仅有 20～30 μm，显著低于阳极支撑层厚度（约 550 μm），这一结果应该是合理的，与 KIT 的 Leonide 等[4]通过 ECM 拟合得到的结论一致。

关于 EIS 更为精细的解析方法，将在下一节中详细介绍。

5.3 交流阻抗谱测试

5.3.1 弛豫时间分布计算原理及方法

通过 EIS 测试能够分辨 SOFC 中的欧姆电阻和极化电阻，但是由于各项极化阻抗在 EIS 中严重重叠，无法清晰地区分不同的电极过程。因此，通常需要借助适宜的等效电路模型（ECM）对 EIS 测试结果进行拟合分析。但是，ECM 的建立和选取具有一定的主观性，使用不同的 ECM 拟合同样的 EIS 测试数据，可能都能得到较小的拟合误差。因此，选择合理的 ECM 对于阻抗分析至关重要。近期发展起来的弛豫时间分布（DRT）方法能够为 ECM 的选取提供指导[5-7]。由于 DRT 计算不需要依赖具体的物理/化学过程，因此能够避免主观因素带来的影响。

DRT 的基本原理是，假设某一被测系统的 EIS 符合 Kramers-Kronig 关系，即满足因果性、线性和时不变性条件[8]，则系统的极化阻抗可视为无穷多个微元 $R//C$ 元件的阻抗之和，如图 5.8 所示。

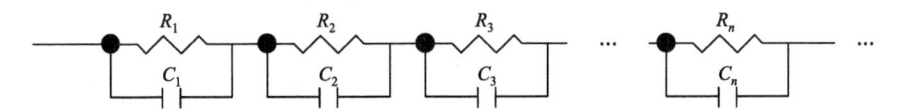

图 5.8 无穷多 $R//C$ 元件串联组成的 ECM

此时，极化阻抗可以表示为

$$Z(\omega) = \lim_{n\to\infty} \sum_{k=1}^{n} \frac{R_k}{1+i\omega\tau_k} \tag{5.2}$$

式中，$Z(\omega)$ 是复数阻抗；ω 是角频率；τ_k 是 $R_k//C_k$ 元件的时间常数：

$$\tau_k = R_k C_k \tag{5.3}$$

由于 $n \to \infty$，若考虑 τ_k 为连续分布的弛豫时间 τ，R_k 为弛豫时间域上的分布函数，分布密度函数为 $G(\tau)$，则阻抗可进一步表示为

$$Z(\omega) = \int_0^\infty \frac{G(\tau)}{1+i\omega\tau} d\tau \tag{5.4}$$

令 $\omega \to 0$，则系统的极化电阻 R_p 即为：

$$R_p = \int_0^\infty G(\tau) d\tau \tag{5.5}$$

因此，在 $G(\tau)$-τ 图中，$G(\tau)$ 曲线下方与 τ 轴所围的面积即为 R_p。更一般地，弛豫时间在 $\tau_1 - \tau_2$ 之间的极化电阻份额可表达为

$$R_p(\tau_1, \tau_2) = \int_{\tau_1}^{\tau_2} G(\tau) d\tau \tag{5.6}$$

在 ECM 构建时，由于某些基本电极过程具有相似的物理/化学特征，可以使用相同的电子元件表示，例如电阻、电容、电感及其串并联组合，以及根据电极过程模型所抽象的阻抗，这些元件的 $Z(\omega)$ 具有已知的解析式。根据式 (5.4)，如果已知 $Z(\omega)$ 的解析式，则理论上可以直接求解得到分布函数 $G(\tau)$。

下面介绍 SOFC 阻抗分析时常用的三类元件及其 DRT 计算结果。

1. $R//CPE$ 元件的 DRT

对于 ECM 中常用的 $R//CPE$ 元件（CPE 为常相位角元件），$Z(\omega)$ 的解析式为

$$Z_{CPE}(\omega) = \frac{1}{(i\omega)^\alpha Y} \tag{5.7}$$

$$Z_{R//CPE}(\omega) = \frac{RZ_{CPE}(\omega)}{R+Z_{CPE}(\omega)} = \frac{R}{1+(i\omega)^\alpha RY} \tag{5.8}$$

式中，α 和 Y 是 CPE 元件的参数，当 α 为 1 时，CPE 元件即为纯电容（电容值为 Y）。根据式（5.4）可求得 R//CPE 元件的分布函数 $G(\tau)$ 的表达式为

$$G(\tau) = \frac{R}{2\pi} \frac{\sin((1-\alpha)\pi)}{\cosh\left(\alpha \ln \frac{\tau}{\tau_{R//CPE}}\right) - \cos((1-\alpha)\pi)} \quad (5.9)$$

$$\tau_{R//CPE} = \sqrt[\alpha]{RY} \quad (5.10)$$

图 5.9 中展示了不同 α 下 R//CPE 元件的 Nyquist 图和 $G(\tau)$-τ 图。由 Nyquist 图可以看到，当 α 为 1 时，R//CPE 元件的 EIS 呈半圆（即为 R//C 元件）；随着 α 减小，R//CPE 元件的 EIS 逐渐变扁。Leonide[9]求解了 R//CPE 元件的 $G(\tau)$ 函数，结果如图 5.9（b）所示：当 α 为 1 时，$G(\tau)$ 为 δ 函数；随着 α 减小，$G(\tau)$ 由 δ 函数转变为单峰分布，峰形逐渐变矮、变宽。

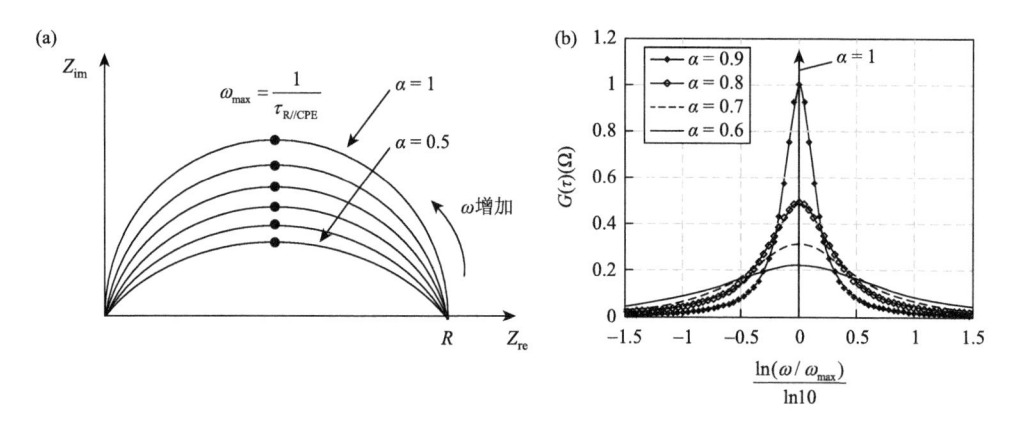

图 5.9 R//CPE 元件的 Nyquist 图（a）和 $G(\tau)$ 分布函数（b）

2. G-FLW 元件的 DRT

除了 R//CPE 元件，ECM 中常用的元件还包括通用有限长 Warburg（G-FLW）元件[10]和 Gerischer 元件[11]，分别用于描述电极中的气相扩散过程和 MIEC 阴极氧表面交换及固态 O^{2-} 传递过程。

对于 G-FLW 元件，$Z(\omega)$ 的解析式为

$$Z_{G\text{-}FLW}(\omega) = \frac{R_0}{(i\omega\tau_0)^\phi} \tanh(i\omega\tau_0)^\phi, \ 0 \leqslant \phi \leqslant 0.5 \quad (5.11)$$

式中，R_0 是直流电阻，即 $\omega \to 0$ 时 $Z_{G\text{-}FLW}(\omega)$ 的极限值；τ_0 是特征时间常数；ϕ 是指数项。当 $\phi = 0.5$ 时 G-FLW 元件即为有限长 Warburg（FLW）元件，最早用于表示理想的一维有限厚度 Fick 扩散过程[12]。

图 5.10（a）中展示了 G-FLW 元件的 Nyquist 图：当 $\omega \to \infty$ 时，G-FLW 元件

的 EIS 趋向于一条直线，直线的斜率与指数 ϕ 相关，当 $\phi=0.5$ 时直线的斜率为 1；当 $\omega \to 0$ 时，G-FLW 元件的 EIS 趋向于弧形，最终与实轴相交于 R_0。

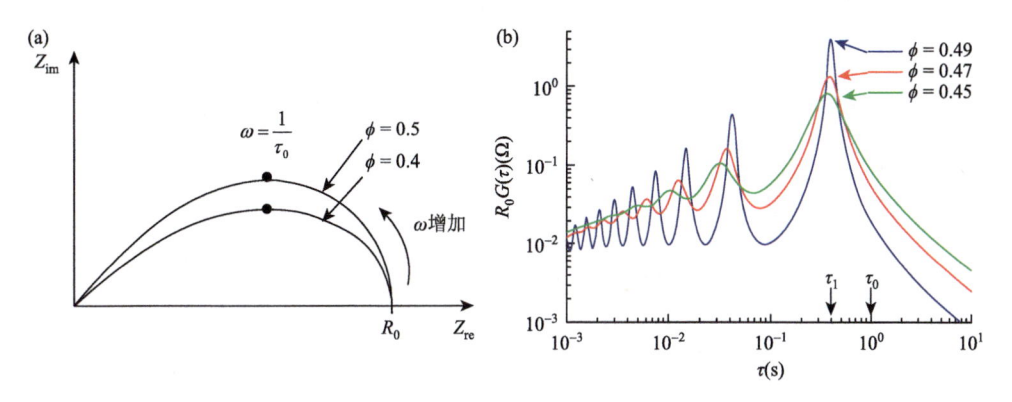

图 5.10 G-FLW 元件的 Nyquist 图（a）和 $G(\tau)$ 分布函数（b）

Boukamp[10]通过求解式（5.4）得到了 G-FLW 元件 $G(\tau)$ 的解析式，由于其形式较为复杂，此处仅展示 $G(\tau)$-τ 图像，如图 5.10（b）所示。G-FLW 元件的 $G(\tau)$ 展现出多个特征峰，峰的个数与指数 ϕ 相关：ϕ 越接近 0.5，峰的个数越多，峰形越窄、越高。当 $\phi \to 0.5$ 时，$G(\tau)$ 逐渐演变为无穷多组 δ 函数，因此 FLW 元件实际上等效于无穷多个 $R//C$ 元件的串联[10]。此外，峰高随着 τ 的增加呈指数式增长，峰高最大的峰称为主峰，其特征时间为 τ_1，由图 5.10（b）可见 $\tau_1 < \tau_0$。

3. Gerischer 元件的 DRT

对于 Gerischer 元件，$Z(\omega)$ 的解析式为

$$Z_{\text{Gerischer}}(\omega) = \frac{R_0}{(1+i\omega\tau_0)^{0.5}} \tag{5.12}$$

式中，R_0 是直流电阻，即 $\omega \to 0$ 时阻抗的极限值；τ_0 是特征时间常数。Gerischer 元件常用于表示半无限长度的"化学-电化学-化学"反应系统，系统有固定的电化学反应边界，但是一侧化学反应涉及的扩散长度为无穷大[13, 14]。

Gerischer 元件的 Nyquist 图如图 5.11（a）所示。Leonide[9]求解得到了 Gerischer 元件 $G(\tau)$ 的解析式，在近似处理中略去了 $G(\tau)$ 的虚部，$G(\tau)$ 实部的计算结果如图 5.11（b）所示。可见 $G(\tau)$ 的解析解以 $\tau = \tau_0$ 为渐近线，在 $\tau \to \tau_0$ 时，$G(\tau) \to \infty$。此外，图 5.11（b）中也同时展示了 Leonide 通过数值方法计算的 $G(\tau)$，可见与解析解存在差异。

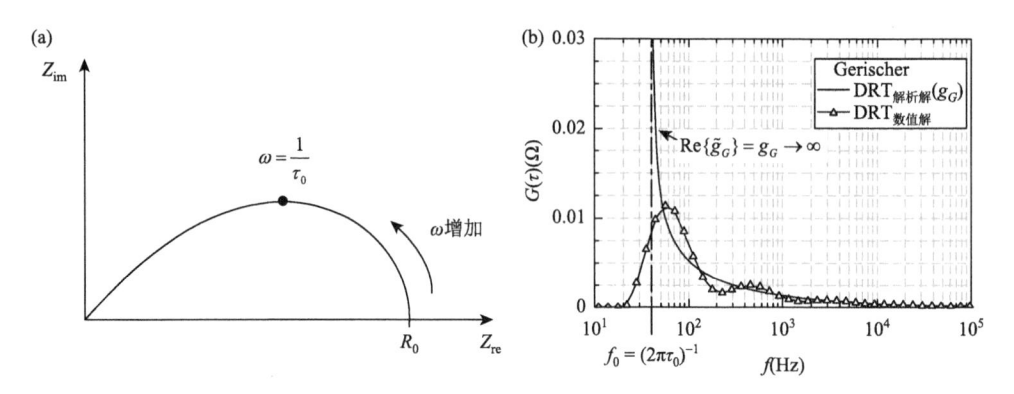

图 5.11　Gerischer 元件的 Nyquist 图（a）和 $G(\tau)$ 分布函数（b）

4. 实测 EIS 的 DRT

对于实测 EIS 数据，$Z(\omega)$ 的解析式未知，甚至根本不存在解析式，这意味着必须利用离散的实验数据对式（5.4）进行数值求解来获得 $G(\tau)$。这一问题可以看作是第一类 Fredholm 积分方程的数值计算：

$$\int_a^b K(x,y) G(y) \mathrm{d}y = Z(x) \tag{5.13}$$

式中，$K(x,y)$ 是已知函数；$G(y)$ 是未知的待求函数。目前常用的计算方法包括傅里叶变换（Fourier transform，FT）[15]、吉洪诺夫正则化（Tikhonov regularization，TR）[16]、最大熵方法（maximum entropy method，ME）[17]、岭回归方法（ridge regression method）[18]和遗传规划算法（genetic programming，GP）[19]等。此外，Boukamp 和 Rolle[20]采用多个 R//CPE 元件串联的 ECM 拟合 EIS 测试数据，在拟合精度较高时通过叠加各个 R//CPE 元件的 DRT 也可以得到 $G(\tau)$。

目前已有多个开源项目提供 DRT 计算的程序或代码，包括基于 TR 方法的 DRTtools（香港科技大学）和 FTIKREG（德国 KIT），基于贝叶斯层次模型[21]的 Bayes-DRT，以及由本课题组开发的 EISART 等。本研究中采用 EISART 软件计算 DRT，基于 TR 方法，取正则因子为 0.001。

在某些情况下，$G(\tau)$ 的数值计算结果与解析解可能有所差异。例如，在图 5.11 中同时展示了 Gerischer 元件 DRT 的解析结果和根据 TR 方法得到的数值计算结果[9]。可以看到，数值计算结果在 τ_0 附近与解析结果有明显不同，但两者的偏差随着特征频率的增加（即 τ 的减小）而逐渐减小。数值计算得到的 $G(\tau)$ 在 τ_0 附近呈现出一个主峰，在 $\tau < \tau_0$ 时出现多个峰，但是峰高呈指数式下降；而解析结果为 τ 的单调函数，在 $\tau \to \tau_0$ 时，$G(\tau) \to \infty$。

在 $G(\tau)$-τ 图中，为了清晰地显示各个峰，τ 轴一般表示为对数标度。为了使对数坐标图中的几何面积对应极化电阻值，可对式（5.4）进行如下变换：

$$Z(\omega) = \int_0^\infty \frac{G(\tau)}{1+i\omega\tau} d\tau = \int_0^\infty \frac{\tau G(\tau)}{1+i\omega\tau} d(\ln\tau) = \int_0^\infty \frac{\gamma(\tau)}{1+i\omega\tau} d(\ln\tau) \quad (5.14)$$

则式（5.5）、式（5.6）分别变换为

$$R_p = \int_0^\infty \gamma(\tau) \, d(\ln\tau) \quad (5.15)$$

$$R_p(\tau_1, \tau_2) = \int_{\tau_1}^{\tau_2} \gamma(\tau) \, d(\ln\tau) \quad (5.16)$$

其中 $\gamma(\tau) = \tau G(\tau)$。变换后在 $\gamma(\tau)$-$\ln\tau$ 图中，曲线下方的几何面积即为对应弛豫时间范围内极化电阻的份额，便于直观地比较不同的 DRT 结果。

图 5.12 中展示了 SOFC 测试中典型的 EIS 以及相应的 DRT 计算结果。$\gamma(\tau)$ 中包含多个峰（一般为 5~6 个），各个峰的弛豫时间有明显区别，反映了不同特征时间的电极过程。各个峰下方的面积即为相应电极过程对总极化电阻 R_p 的贡献。根据式（5.15），各峰面积之和等于 R_p，即图 5.12（a）中低频横截距与高频横截距之差。

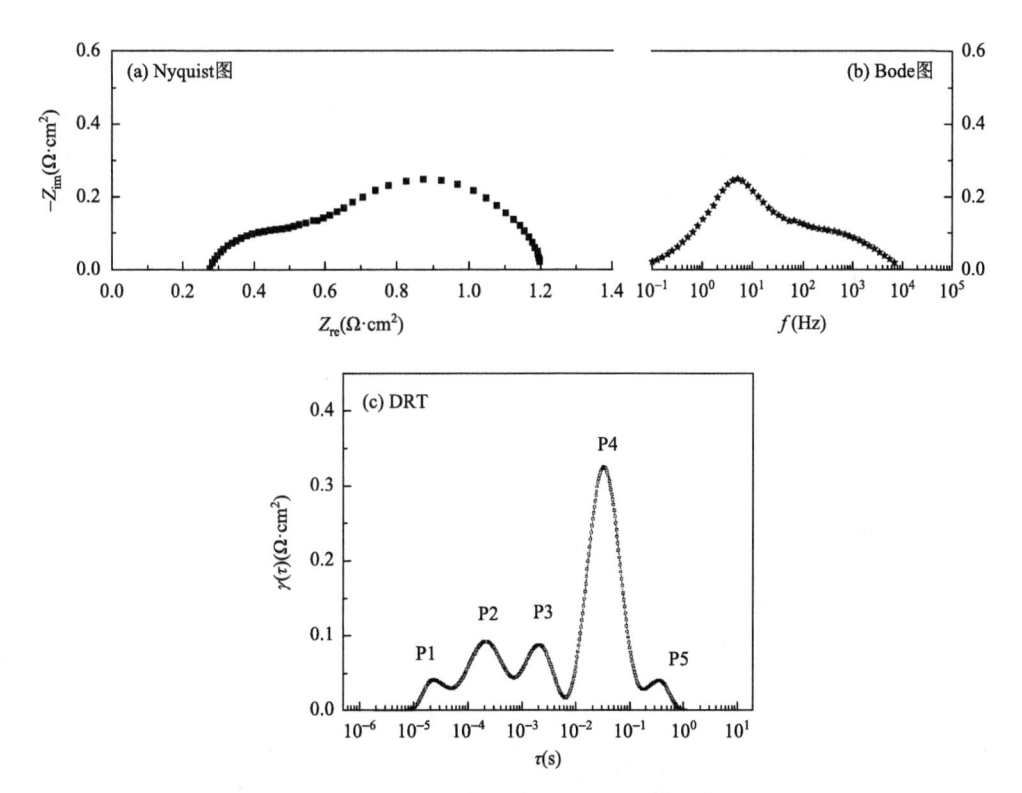

图 5.12 SOFC 测试中典型的 EIS 以及相应的 DRT 计算结果

(a) Nyquist 图；(b) Bode 图；(c) DRT 计算结果

5.3.2 弛豫时间分布敏感性分析实验

如上文所述，DRT 中的各个峰与不同特征时间的电极过程存在着对应关系。如果已知各项电极过程的特征时间，就能直接获得 DRT 中的各个峰的物理含义。然而，由于实际电极过程的复杂性，其特征时间很难直接确定。一些研究者尝试通过数值模拟复现电池的 EIS 和 DRT[22, 23]，但是目前阻抗模拟仍然与实际情况存在较大差距，一般只能用于定性的辅助分析。

另外一种方法是 DRT 敏感性分析实验，即改变某一项工况参数，观察 DRT 中各个峰的响应情况，根据工况参数对 DRT 的影响来间接地判断对应的电极过程。该方法的主要问题是工况参数与电极过程并非一一对应关系，某一项工况参数（如运行温度）可能会同时影响多个电极过程，给 DRT 分析带来不便。因此，本节将会进行多组工况参数的敏感性分析实验，包括阳极侧 H_2O 分压、阳极侧 H_2 分压、阴极侧 O_2 分压和运行温度，通过综合分析来分辨 DRT 中不同峰的物理含义。

1. 阳极侧 H_2O 分压的影响

在 750℃下，固定阳极侧 H_2 分压为 50%，以 N_2 作为平衡气，调节阳极侧 H_2O 分压为 10%、20%、30% 和 50%，DRT 的响应如图 5.13 所示。可见阳极侧 H_2O 分压主要影响 P2 和 P4 峰，对其余峰的影响较小。H_2O 分压越大，P2 和 P4 峰越低，即相应的极化电阻越小。理论上，阳极侧 H_2O 分压会对阳极侧气相扩散过程，以及阳极 TPB 附近的电荷转移反应产生影响。

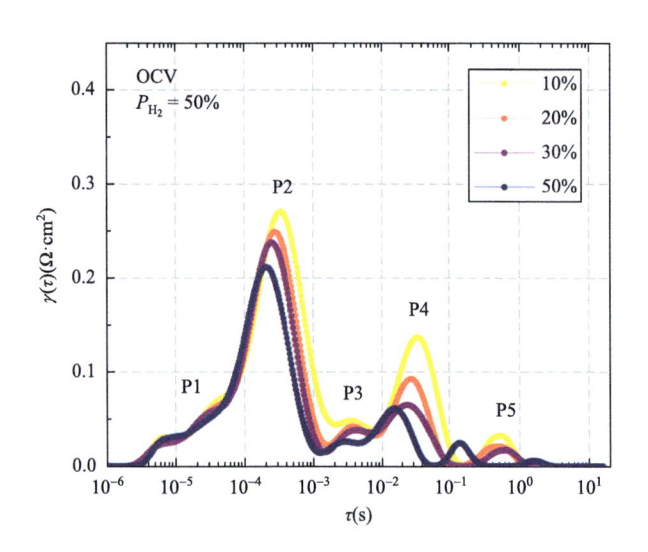

图 5.13 阳极侧 H_2O 分压对 DRT 的影响

1）阳极气相扩散过程

根据 Fick 扩散定律，可以得到 OCV 下阳极气相扩散引起的极化电阻[24]：

$$R_{\text{c,anode}} = \left(\frac{RT}{2F}\right)^2 \frac{L_{\text{an}}}{D^{\text{eff}}} \left(\frac{1}{P_{H_2}} + \frac{1}{P_{H_2O}}\right) \tag{5.17}$$

式中，L_{an} 是阳极厚度；D^{eff} 是有效扩散系数，与阳极的孔隙率、曲折度以及 Knudsen 扩散效应有关；P_{H_2} 和 P_{H_2O} 分别是阳极侧 H_2 分压和 H_2O 分压，因此 P_{H_2} 和 P_{H_2O} 增加均会导致 $R_{\text{c,anode}}$ 减小。

2）阳极电荷转移反应

OCV 下阳极电荷转移反应引起的极化电阻可由 Butler-Volmer 方程导出[25]：

$$R_{\text{a,anode}} = \left(\frac{RT}{2F}\right) \frac{1}{j_{0,\text{anode}}} \tag{5.18}$$

式中，$j_{0,\text{anode}}$ 是阳极侧交换电流密度，会受到 P_{H_2}、P_{H_2O} 和温度的影响，可表述为半经验关系式：

$$j_{0,\text{anode}} = \gamma_{\text{an}} (P_{H_2})^a (P_{H_2O})^b \exp\left(-\frac{E_{\text{a,anode}}}{RT}\right) \tag{5.19}$$

式中，γ_{an} 是指前因子；$E_{\text{a,anode}}$ 是阳极电荷转移反应的活化能；a 和 b 分别是 P_{H_2} 和 P_{H_2O} 的指数项。

Leonide 等[25]使用与本研究相同结构的电池，通过拟合多工况实验数据获得了 a 和 b 的值，分别为–0.10 和 0.33。因此，提高 P_{H_2O} 会导致 $j_{0,\text{anode}}$ 增加，由式（5.19），$R_{\text{a,anode}}$ 减小；相反，提高 P_{H_2} 会导致 $j_{0,\text{anode}}$ 减小，$R_{\text{a,anode}}$ 增加。由于 $|a| < |b|$，P_{H_2O} 对 $R_{\text{a,anode}}$ 的影响程度更大，而 P_{H_2} 对 $R_{\text{a,anode}}$ 的影响应当很小。

下面将测试阳极侧 H_2 分压对 DRT 的影响，通过与图 5.13 中的结果比较，可以分辨 P2 和 P4 峰对应的具体过程。

2. 阳极侧 H_2 分压的影响

在 750℃下，固定阳极侧 H_2O 分压不变，以 N_2 作为平衡气，调节阳极侧 H_2 分压，DRT 的响应如图 5.14 所示。可见阳极侧 H_2 分压主要影响 P4 峰，对其余峰的影响较小。H_2 分压越大，P4 峰越低，即相应的极化电阻越小。

根据上述分析，P4 峰同时受到 P_{H_2} 和 P_{H_2O} 的显著影响，应当与阳极侧气相扩散过程相关。P_{H_2O} 还显著影响 P2 峰，而 P_{H_2} 对 P2 峰的影响较小，因此 P2 峰应当与阳极 TPB 附近的电荷转移反应相关。

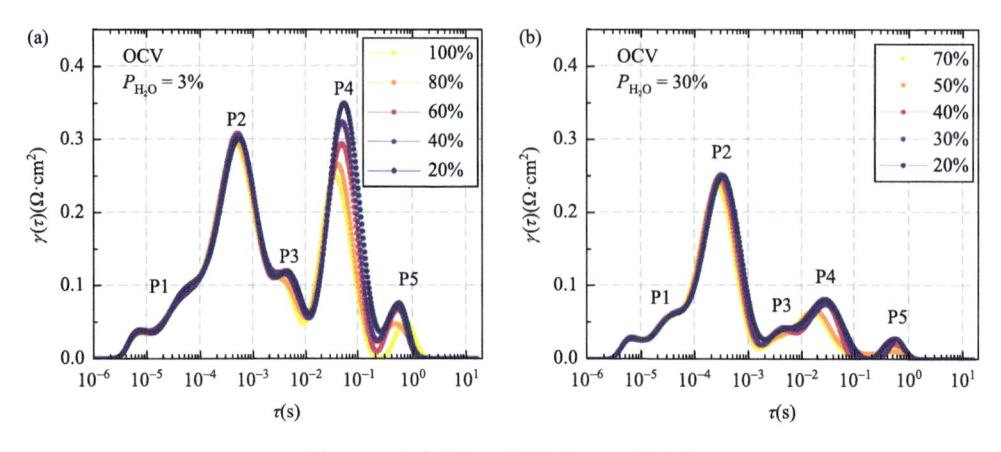

图 5.14 阳极侧 H_2 分压对 DRT 的影响

3. 阴极侧 O_2 分压的影响

在 750 ℃ 下，固定阳极侧燃料组分不变（$P_{H_2O} = 3\%$），以 N_2 作为平衡气，调节阴极侧 O_2 分压，DRT 的响应如图 5.15（a）所示。可见阴极侧 O_2 分压主要影响 P4、P5 峰，对其余峰的影响较小。O_2 分压越大，P4、P5 峰越低。

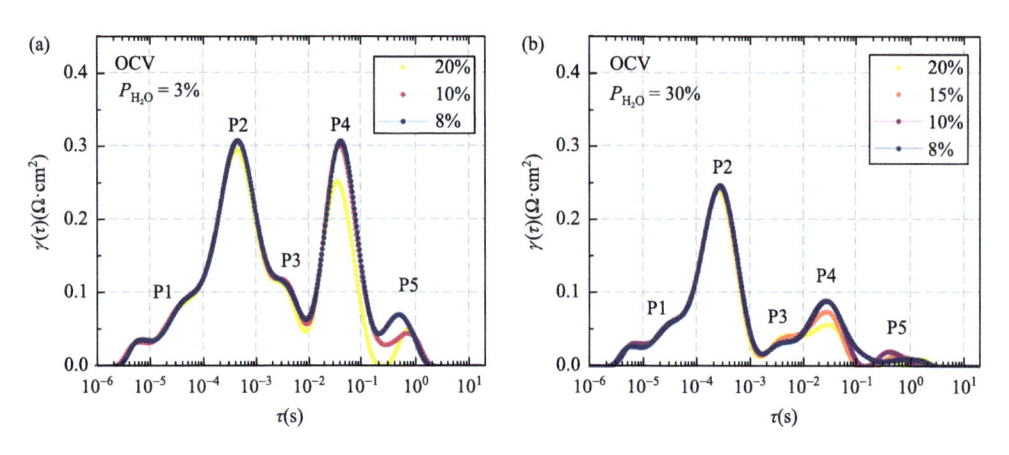

图 5.15 阴极侧 O_2 分压对 DRT 的影响

结合上述分析，P4 峰不仅与阳极侧气相扩散过程相关，而且受到阴极侧 O_2 分压的影响。为了更好地分辨 DRT 中阴极侧电极过程随 O_2 分压的变化，将阳极侧 P_{H_2O} 提升至 30%，以减少阳极气相扩散引起的极化电阻，测试结果见图 5.15（b）。阴极侧 O_2 分压对 P4、P3 峰的同步影响可归结为 Gerischer 元件的特性（见 5.3.1 节），因此 P4、P3 峰应当与 MIEC 阴极氧表面交换和 O^{2-} 传递过程相关。

此外，从图 5.15（a）可以观察到 O_2 分压对更大特征时间的 P5 峰也有所影响，推测 P5 峰可能与阴极侧气相扩散相关。为了进行验证，在更大的直流偏置下进行了测试，以增大阴极侧气相扩散电阻，结果如图 5.16 所示。可以看到，P5 峰随着直流偏置的增加而升高，同时阴极侧 O_2 分压对 P5 峰的影响也更为显著，从而证实了 P5 峰与阴极侧气相扩散相关。此外，注意到当阴极侧 O_2 分压为 20%时，P5 峰的面积始终很小，这表明在 SOFC 常规运行工况下，阴极侧气相扩散引起的极化阻抗很小。考虑到阴极厚度远小于阳极，这一结果应该是合理的。

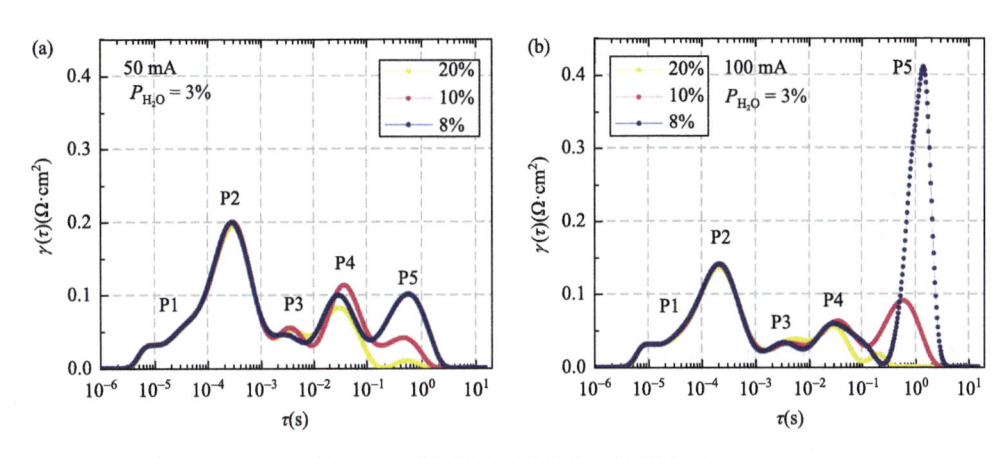

图 5.16 阴极侧 O_2 分压对 DRT 的影响

4. 温度的影响

图 5.17 中展示了 DRT 对温度变化的响应情况。可以看到，温度对 P2，即阳极电荷转移反应的影响最为显著。温度升高能够显著增加交换电流密度，从而加快界面电化学反应，因此这一结果是容易理解的。

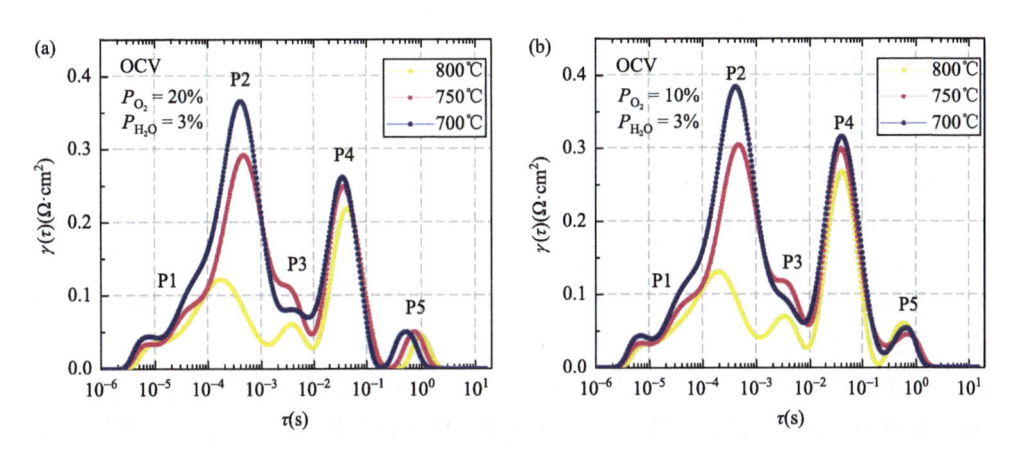

图 5.17 温度对 DRT 的影响

此外，理论上讲，温度升高会导致 D^{eff} 增加，由式（5.17），温度对 $R_{c,anode}$ 的影响应当很小。然而，实际观察到温度对 P4、P3 有一定影响，这也佐证了 P4、P3 不仅与阳极侧气相扩散相关，也与阴极氧表面交换和 O^{2-} 传递过程相关。

另外，温度对 P1 也有一定的影响，而阴、阳极气氛几乎不对 P1 产生影响，因此 P1 应当与阳极侧 O^{2-} 传递相关，与文献[26]中得到的结果一致。

温度对 P5 的影响很小，这也与上文中分析的结论一致，即 P5 应当与阴极侧气相扩散过程相关。

需要注意的是，本研究中使用的电池样品是纽扣电池，因此电极表面气体组分较为均匀，几乎不需要考虑气体流动对分布的影响。但是在实际工业尺寸电池上进行测试时，气体流动的影响不可忽略。根据前期研究结果，工业尺寸电池与纽扣电池 DRT 最主要的差异是 P5 峰，因为工业尺寸电池的 P5 峰中还包含了"气体转化过程"[27]引起的极化电阻，其本质是气体消耗引起的沿程电压损失。

5.3.3 交流阻抗测试及分析

1. 交流阻抗测试

考虑到 EIS 测试对时不变性的要求，通常 EIS 在 OCV 下测试，此时直流偏置为 0，系统处于稳定状态。然而，仅使用 OCV 下测量的 EIS 实际上无法表征电池的实际性能，因为它只反映了 j-V 曲线 OCV 附近的局部信息。因此，有研究者提出了动态电化学阻抗谱（dynamic electrochemical impedance spectroscopy，DEIS）的概念，用来表征电化学器件在实际极化条件下的特性[28]。在 DEIS 测量中，扰动信号可以叠加在连续或阶梯变化的直流偏置上，从而得到不同极化状态下的阻抗谱。

近些年来，DEIS 测试已经被应用于腐蚀科学[29]、锂离子电池[30]和 PEMFC[31]等领域。对于锂离子电池等储能电化学器件，在直流偏置不为 0 时，系统的荷电状态（state of charge，SOC）发生变化，实际上并不满足 EIS 测量对时不变性的要求。目前的解决方法是尽量加快 DEIS 的测试速度，如采用多频率叠加扰动信号[32]或单频率连续扫描[30]，从而在较短的测试期间近似地认为系统处于稳态。

然而，对于 SOFC，在直流偏置不为 0 时，只要过电势不超过一定范围，电池在运行中的性能衰减是非常缓慢的。EIS 的测试时长取决于最低扫描频率，通常一组 EIS 的测试时长不会超过 30 min，可认为电池在此期间处于稳定状态。因此，在燃料电池中获取 DEIS 比在储能电池中相对容易，从而能够更完整地收集低频阻抗信息。本研究中 DEIS 测试的频率范围和扰动振幅均与 OCV 下相同。

图 5.18、图 5.19 分别展示了测试电路布置以及不同直流偏置下的 DEIS 测试结果。DEIS 的测试点见图 5.19（a），直流偏置为 0~0.60 A/cm²。随着直流偏置的增加，Nyquist 图中的高频弧显著减小，同时低频弧也有所减小，两者共同导致了极化电阻 R_p 的减小；而欧姆电阻 R_s 几乎与直流偏置无关。从 Bode 图可以看出，随着直流偏置的增加，高频阻抗的峰值减小，同时向着 Bode 图中高频方向移动。

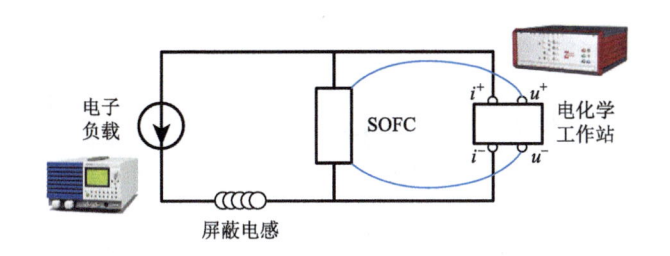

图 5.18　DEIS 测试电路布置示意图

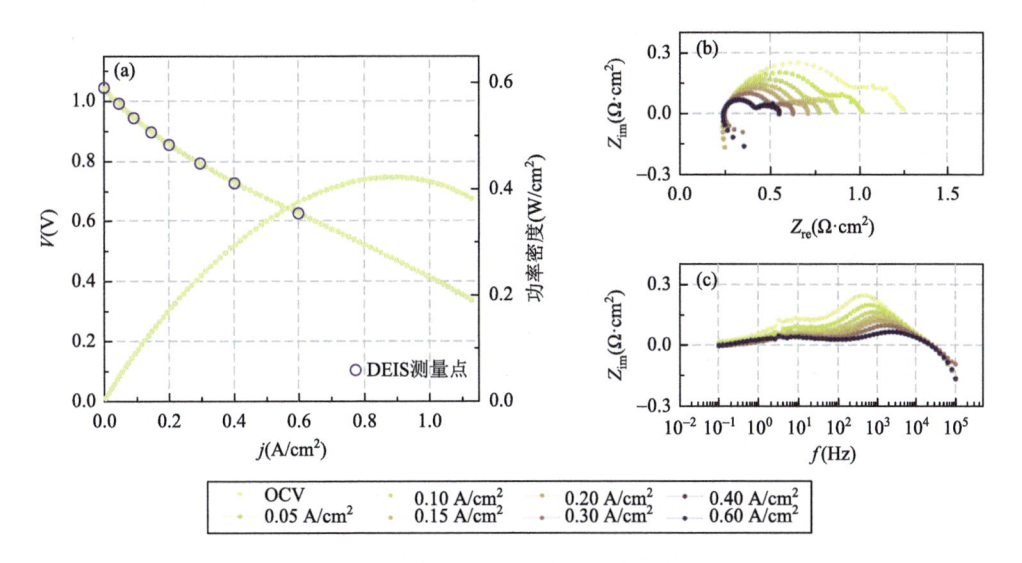

图 5.19　（a）DEIS 测试点；（b）不同直流偏置 DEIS 的 Nyquist 图；（c）不同直流偏置 DEIS 的 Bode 图

2. DRT 分析

对 DEIS 中 R_p 更详细的分析由相应的 DRT 计算结果给出，如图 5.20 所示。当直流偏置由 0 增加至 0.60 A/cm²，除 P1 峰外，P2~P5 峰均明显降低，其中 P2 峰的下降最为显著。

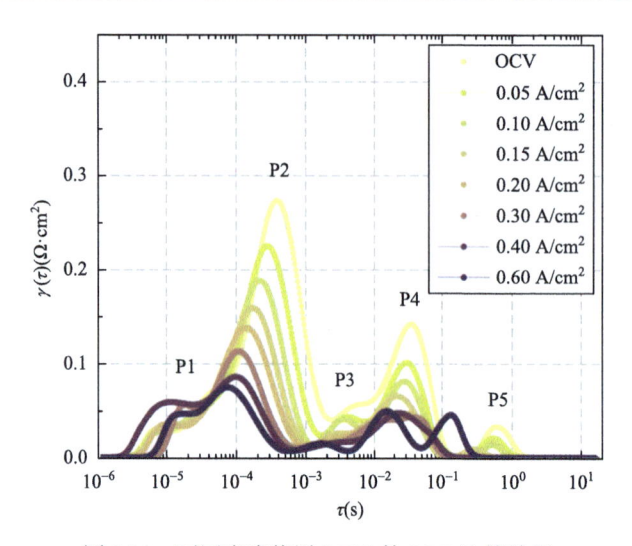

图 5.20　不同直流偏置 DEIS 的 DRT 计算结果

根据上一节中的分析，P1 峰与阳极侧 O^{2-} 传递过程相关，因此不会受到直流偏置的影响。P2 峰与阳极 TPB 附近的电荷转移反应过程相关；P3、P4 峰与阴极氧表面交换和 O^{2-} 传递过程相关；同时 P4 峰也与阳极侧气相扩散过程相关；P5 峰与阴极侧气相扩散过程以及气体转化过程相关。

根据以上对应关系，P2~P5 峰对应的极化电阻可被归为两类，即活化极化电阻和浓差极化电阻。活化极化电阻是由阳极、阴极 TPB 处电化学反应引起的，因此应当包括 P2、P3 和部分 P4 峰；浓差极化电阻是由阳极、阴极气相扩散和传递引起的，因此应当包括 P4 峰（部分）和 P5 峰。

下面将分别研究直流偏置对活化极化电阻和浓差极化电阻的影响规律。

3. 活化极化电阻

稳态下，活化极化与电流密度的关系可以用 Butler-Volmer 方程来描述：

$$j = j_0 (e^{\frac{\alpha n F \eta_{act}}{RT}} - e^{\frac{-(1-\alpha) n F \eta_{act}}{RT}}) \tag{5.20}$$

式中，j 是净电流密度；j_0 是交换电流密度；α 是传递系数；n 是单位电极反应转移的电子数；F 是法拉第常数（96485 C/mol）；η_{act} 是活化过电势。根据欧姆定律，活化极化电阻可以表示为 η_{act} 关于 j 的一阶导数：

$$R_a = \frac{d\eta_{act}}{dj} \tag{5.21}$$

在式（5.20）中，η_{act} 为 j 的隐函数，因此可先求出 j 关于 η_{act} 的一阶导数：

$$\frac{dj}{d\eta_{act}} = j_0 \left(\frac{\alpha n F}{RT} e^{\frac{\alpha n F \eta_{act}}{RT}} + \frac{(1-\alpha) n F}{RT} e^{\frac{-(1-\alpha) n F \eta_{act}}{RT}} \right) \tag{5.22}$$

代入式（5.21）中可得：

$$R_a j_0 = \frac{\alpha nF}{RT} e^{\frac{\alpha nF\eta_{act}}{RT}} + \frac{(1-\alpha)nF}{RT} e^{\frac{-(1-\alpha)nF\eta_{act}}{RT}} \quad (5.23)$$

据此计算了 η_{act} 及 $R_a j_0$ 随无量纲电流密度 j/j_0 的变化，如图 5.21 所示。α 的取值为 0.4、0.45 和 0.5，与阳极气氛相关。可以看到，随着 j/j_0 的增加，尽管 η_{act} 一直增加，但是 $R_a j_0$ 逐渐减小，这与 DRT 随直流偏置的变化规律一致。需要说明的是，式（5.23）中未考虑 j 对 j_0 的影响，实际上 j 增加会导致阳极 H_2O 分压上升，根据式（5.19），这会引起阳极 j_0 增加，从而进一步降低 R_a。

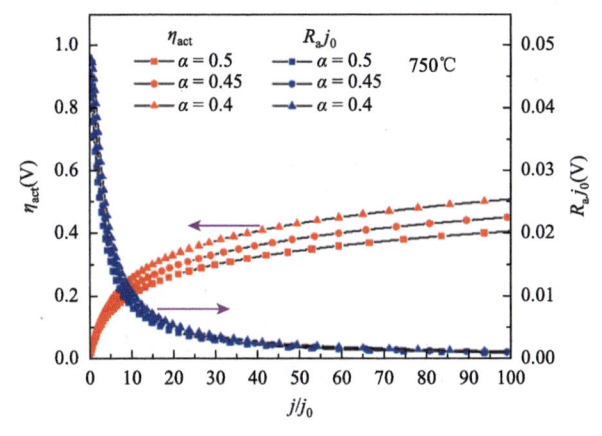

图 5.21　η_{act} 及 $R_a j_0$ 随无量纲电流密度 j/j_0 的变化

从物理角度来看，R_a 反映了 TPB 处电化学反应引起的 Nernst 电动势损耗。图 5.22 定性地显示了电池内的电势分布，电极/电解质界面处的 Galvani 电势差是

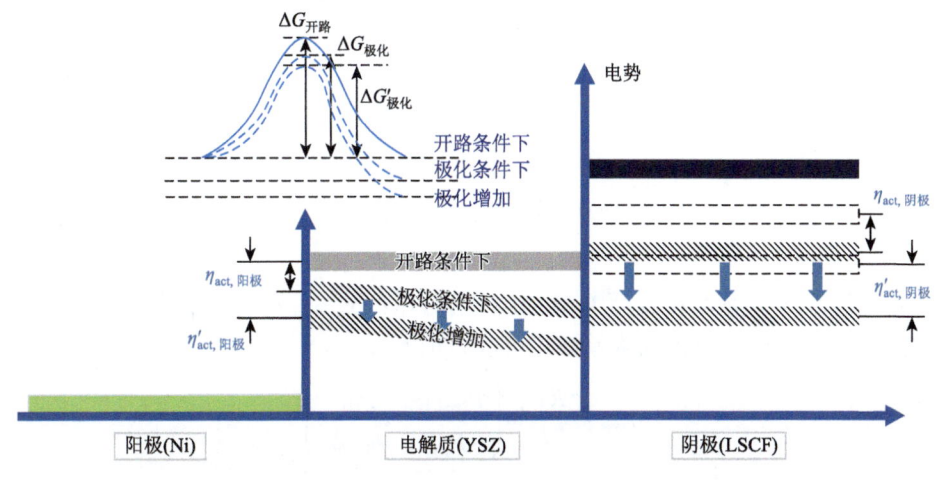

图 5.22　开路和极化条件下 SOFC 内的电势分布

Nernst 电动势的来源。随着极化（即直流偏置）的增加，需要牺牲更多的 Galvani 电势差以降低正向反应的活化能、提高逆向反应的活化能，从而造成活化过电势 η_{act} 的增加。由于反应速率与活化能之间满足 Arrhenius 关系，在较大的极化下，上述活化能的变化更加有利于正向反应速率的提升，而对逆向反应速率的影响相对较小。因此，随着极化的增加，η_{act} 的增加速率逐步下降。

4. 浓差极化电阻

与活化极化电阻类似，浓差极化电阻可以表示为浓差过电势相对于净电流密度的一阶导数：

$$R_c = \frac{d\eta_{conc}}{dj} \tag{5.24}$$

如前文所述，在一般运行工况下（阴极侧 O_2 分压约 20%），阴极侧浓差极化电阻相对较小。因此，本节以阳极侧浓差极化电阻作为分析对象。根据 Stefan-Maxwell 方程，阳极侧气相扩散满足：

$$x_{H_2O} j_{H_2} - x_{H_2} j_{H_2O} = -\frac{D^{eff}}{RT} \frac{dp_{H_2}}{dl} \tag{5.25}$$

式中，x_{H_2} 和 x_{H_2O} 分别是 H_2 和 H_2O 的摩尔分数；j_{H_2} 和 j_{H_2O} 分别是单位有效面积上 H_2 和 H_2O 的摩尔流率；D^{eff} 是有效扩散系数；p_{H_2} 是 H_2 分压；l 是厚度方向距离。x_{H_2} 和 x_{H_2O} 需满足：

$$x_{H_2O} + x_{H_2} = 1 \tag{5.26}$$

j_{H_2} 和 j_{H_2O} 需满足：

$$j_{H_2} + j_{H_2O} = 0 \tag{5.27}$$

极化条件下，净电流密度与 j_{H_2} 和 j_{H_2O} 的关联由法拉第定律给出：

$$j = 2F j_{H_2} = -2F j_{H_2O} \tag{5.28}$$

根据极限电流密度 j_L 的定义，容易得到：

$$\frac{x_{H_2}}{x_{H_2,TPB}} = \frac{j_L}{j_L - j} \tag{5.29}$$

$$\frac{1 - x_{H_2O}}{x_{H_2O,TPB} - x_{H_2O}} = \frac{j_L}{j} \tag{5.30}$$

式中，x_{H_2} 和 x_{H_2O} 是阳极表面 H_2 和 H_2O 的分压；$x_{H_2,TPB}$ 和 $x_{H_2O,TPB}$ 是阳极 TPB 处 H_2 和 H_2O 的分压。阳极侧浓差极化可以表示为

$$\eta_{conc} = \frac{RT}{2F} \ln\left(\frac{p_{H_2O,TPB}}{p_{H_2O}} \frac{p_{H_2}}{p_{H_2,TPB}} \right) \tag{5.31}$$

将式（5.29）、式（5.30）代入式（5.31），并取 $x_{H_2O} = 0.04$ 可得：

$$\eta_{\text{conc}} = \frac{RT}{2F} \ln\left(\frac{24\dfrac{j}{j_L}+1}{1-\dfrac{j}{j_L}}\right) \tag{5.32}$$

根据式（5.24），

$$R_c j_L = \frac{RT}{2F} \frac{25}{\left(1-\dfrac{j}{j_L}\right)\left(24\dfrac{j}{j_L}+1\right)} \tag{5.33}$$

图 5.23 中展示了 η_{conc} 及 $R_c j_L$ 随无量纲电流密度 j/j_L 的变化情况。可以看到，当 $j/j_L < 0.5$ 时，随着 j/j_L 的增加，$R_c j_L$ 逐渐减小，这与图 5.20 中的结果一致。但是，当 j/j_L 继续增加，尤其是 $j/j_L > 0.8$ 时，$R_c j_L$ 开始显著增加。由于图 5.20 中电流密度上限 0.6 A/cm² 较低，尚未观察到 P4、P5 峰的回升。在前期工作[33]中，当测试电流密度超过 0.9 A/cm² 后，确实观察到了 P4、P5 峰上升的现象。

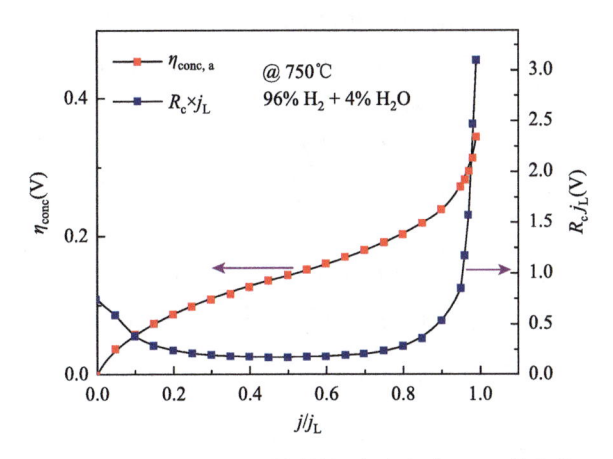

图 5.23　η_{conc} 及 $R_c j_L$ 随无量纲电流密度 j/j_L 的变化

5.4　发电效率测试

5.4.1　发电效率评估

SOFC 作为能量转化装置，在发电模式下可以将燃料中的化学能转化为电能和热能。在应用于分布式发电时，主要能效指标是发电效率；在应用于热电联供时，主要能效指标包括发电效率和热效率。

SOFC 的发电效率可以表示为

$$\eta_e = \frac{I \times V}{\dot{Q}_{\text{fuel}}} \tag{5.34}$$

式中，I 和 V 分别是 SOFC 的输出电流和电压；$\dot{Q}_{\text{fuel}}$ 是输入燃料的热值。

在 SOFC 发电系统中，通常会在 SOFC 电堆之后设置尾气补燃器，将剩余燃料中的化学能转化为热能。部分热能会被用于发电系统中的重整器、蒸汽发生器和气体预热等，另一部分热能可用于热电联供。

当应用于热电联供时，SOFC 系统的热效率可表示为

$$\eta_t = \frac{\dot{Q}_{\text{off-gas}}}{\dot{Q}_{\text{fuel}}} \tag{5.35}$$

式中，$\dot{Q}_{\text{off-gas}}$ 是系统尾气中可供回收的余热量。

当应用于热电联供时，SOFC 系统中的发电和产热可根据实际需求灵活调节。例如，通过降低 SOFC 电堆的燃料利用率，可以提高补燃器产生的热量，从而增加可用于回收的余热；反之，通过提高 SOFC 电堆的燃料利用率，可以降低补燃器产生的热量，从而减少可用于回收的余热。此外，补燃器产生的高品位热量也可以通过耦合适宜的底层热力循环（如 Rankine 循环、Brayton 循环）来进一步用于发电，从而提升系统发电效率。

根据 5.2.2 节中的测试结果，增加燃料流量能够提高 SOFC 的输出性能。尽管如此，根据式（5.34），燃料供给增加可能会影响发电效率。以测试 30 A 恒定电流下的发电效率为例，采用计时电位法测试工业尺寸电池在 30 A 电流下的输出电压，结果如图 5.24 所示。测试过程中维持电流 30 A 恒定，逐步降低燃料流量，可以看到输出电压随之下降。在每个流量下稳定 10 min，最后取同一流量下输出电压的平均值用于计算发电效率。

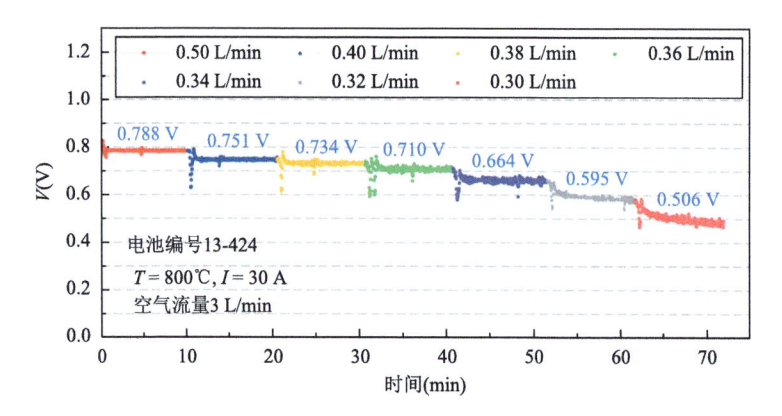

图 5.24 采用计时电位法测试工业尺寸电池在恒定电流、不同燃料流量下的发电效率

采用上述方法，分别在 750℃、775℃、800℃下进行了测试，发电效率测试结果如图 5.25 所示。可以看到，在每一温度下，过高或过低的燃料流量都会显著降低发电效率，存在适宜的燃料流量使得发电效率最高。燃料流量过高，则燃料利用率下降，发电效率随之降低；燃料流量过低，尽管燃料利用率增加，但是极化损失加剧、输出电压下降，发电效率同样显著减小。对于该电池样品，当电流恒定为 30 A 时，750℃、775℃、800℃下的最高发电效率分别为 48.8%、53.1%、54.4%（LHV）。

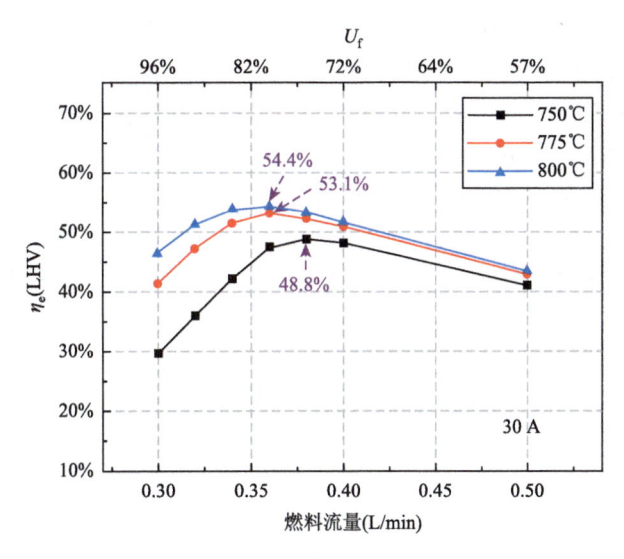

图 5.25 不同温度、不同燃料流量下单片堆发电效率测试结果

5.4.2 最优发电效率工况

以 CH_4 燃料为例，根据式（5.34），发电效率 η_e 可以表达为

$$\eta_e = \frac{I \times V}{\dot{Q}_{CH_4}} = \frac{I}{\dot{n}_{syngas} \times (n \times F)} \times \frac{V}{\dfrac{\Delta G}{n \times F}} \times \frac{\Delta G}{q_{CH_4} \times \lambda} \quad (5.36)$$

式中，$\dot{n}_{syngas}$ 是 CH_4 重整产生合成气的摩尔流率；n 为每摩尔合成气完全氧化所转移的电子量；F 为法拉第常数；ΔG 为每摩尔合成气完全氧化的 Gibss 自由能变；q_{CH_4} 为 CH_4 的低位热值（取 803712 J/mol）；λ 为产生每单位合成气所需的 CH_4 量。

定义燃料利用率 U_f 为

$$U_f = \frac{I}{\dot{n}_{syngas} \times (n \times F)} \quad (5.37)$$

定义电压效率 η_V 为

$$\eta_V = \frac{V}{\dfrac{\Delta G}{n \times F}} \qquad (5.38)$$

定义热力学效率 η_T 为

$$\eta_T = \frac{\Delta G}{q_{CH_4} \times \lambda} \qquad (5.39)$$

则发电效率可以表示为三项效率之积：

$$\eta_e = U_f \times \eta_V \times \eta_T \qquad (5.40)$$

由于热力学效率仅由电化学反应本身决定，提高发电效率的核心在于提高燃料利用率和电压效率。由式（5.37）和式（5.38），提高燃料利用率需要尽量增加电流、减少燃料流量，而提高电压效率需要尽量增加输出电压。

需要注意的是，受限于电池输出性能（即伏安特性），燃料利用率和电压效率并不相互独立。例如，在图 5.25 中，尽管降低燃料流量可以持续提高燃料利用率，但是燃料流量过低会导致电压效率显著下降，从而降低发电效率。与此类似，在图 5.26 中，维持燃料流量恒定，尽管增加电流可以持续提高燃料利用率，但是电流过大会导致极化损失加剧、电压效率下降，发电效率同样也会降低。

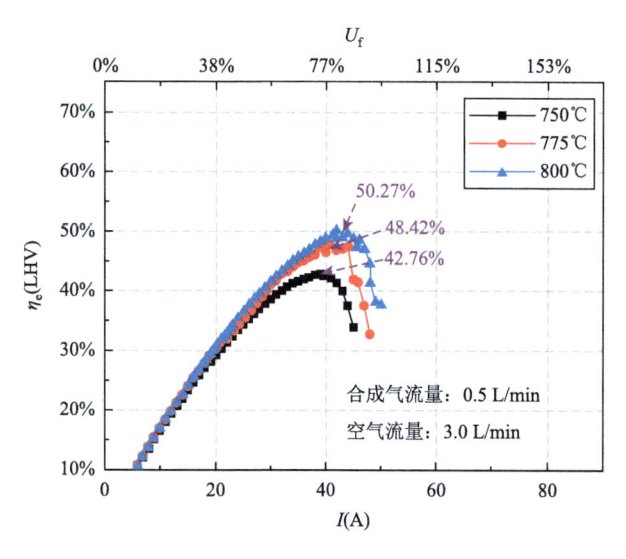

图 5.26　不同温度、不同电流下单片堆发电效率测试结果

此外，输出电压不仅会影响电压效率，还会对 SOFC 的运行稳定性有所影响。较高的输出电压意味着较小的极化损失和过电势，通常更有利于 SOFC 长期稳定运行。丹麦技术大学的 Hagen 等[34]详细统计了 Ni-YSZ 阳极支撑电池在不同电流密度下运行时的电压衰减率，发现在 750~950℃下，电压衰减率随着过电势呈指

数式增长。在更极端的条件下,太高的过电势会导致阳极出口处 Ni 颗粒发生氧化,从而引起阳极失活、电池翘曲等不可逆损伤[35]。

因此,发电效率的优化需要综合考虑电流、燃料流量和电压三者的影响,在实现发电效率最大化的同时也要兼顾电池运行稳定性和安全性。优化发电效率最直接的方法是通过多工况测试确定最优参数。但是,由于涉及的工况繁多,且部分工况可能损伤电池,因此,本节通过多物理场仿真确定最优发电效率工况。

使用 ANSYS Fluent 建立工业尺寸电池多物理场模型,建模方法介绍见前期工作[12]。在合成气燃料下校准模型后,设置温度为 750℃、燃料组分为甲烷重整气(表 5.1),计算了电池在不同电流(0~50 A)和燃料流量(0.1~0.65 L/min)下的输出性能。将计算结果整理为图 5.27,其中分别展示了工业尺寸电池在不同

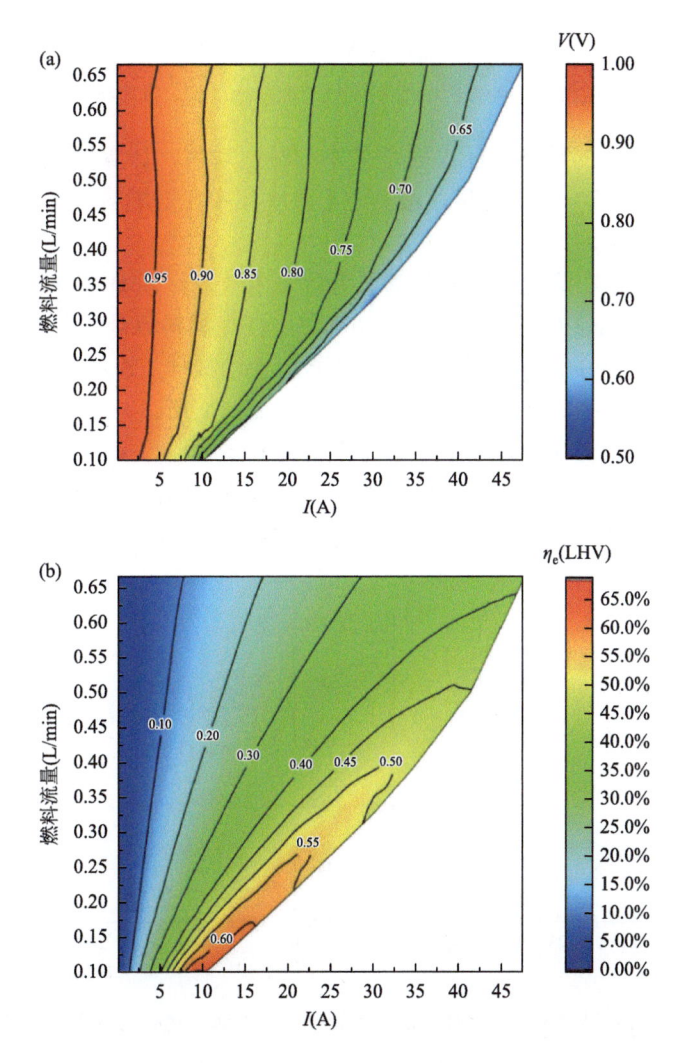

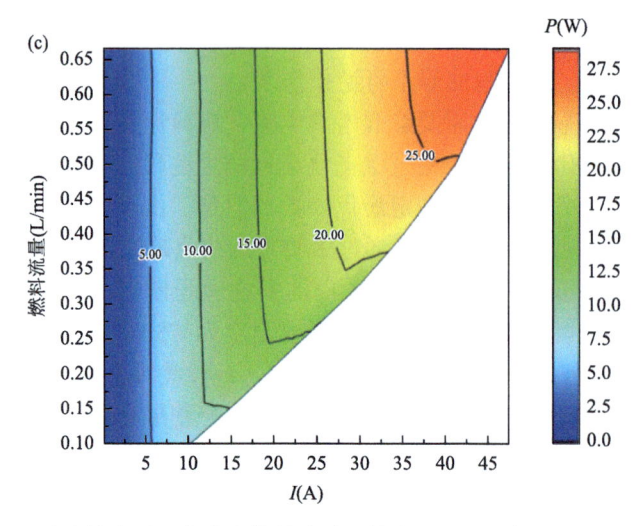

图 5.27　工业尺寸电池在不同电流和燃料流量下的电压（a）、发电效率（b）、功率（c）

电流和燃料流量下的输出电压、发电效率和输出功率，计算区域右边界为 0.6 V 等电压线。由图 5.27（b）可见，最高发电效率集中在低燃料流量、小电流区域，最高可达 60%以上。

然而，电堆在实际运行时不仅需要考虑发电效率，其输出功率也是重要指标之一。由图 5.27（c）可见，最高输出功率集中在高燃料流量、大电流区域，这恰好与图 5.27（b）中的高效率区域相反。因此，电池最佳工况的选择需要在发电效率和输出功率两个指标之间进行折中。此外，如前文所述，考虑到电池长期运行稳定性和安全性的要求，电池工作电压不宜太低。

综合以上因素，选取输出电压下限为 0.7 V，发电效率下限为 40%（LHV），输出功率下限为 20 W，最终确定的最佳工况参数范围如图 5.28（a）中阴影区域

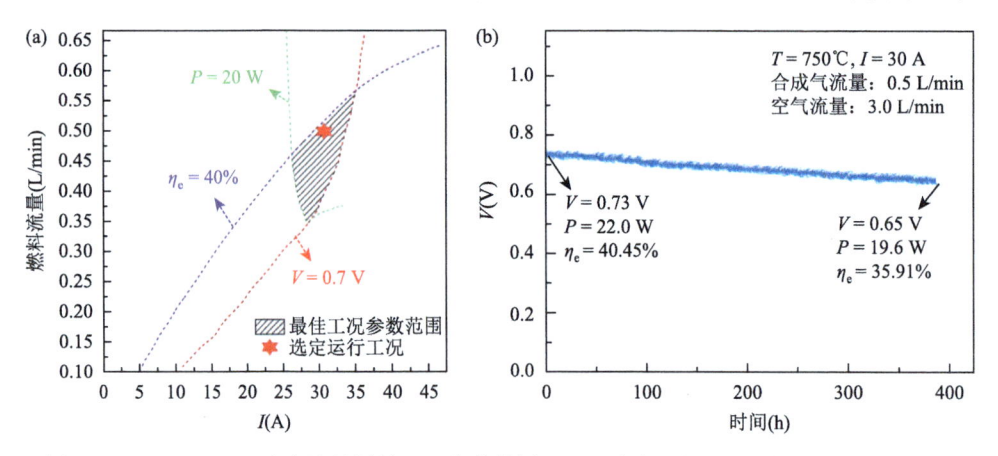

图 5.28　（a）工业尺寸电池的最佳工况参数范围；（b）选定运行工况下的稳定性测试结果

所示。在该区间，能够达到的发电效率上限约为 52%（LHV），此时燃料流量为 0.35 L/min，电流为 29 A，运行电压为 0.7 V。但是考虑到电池长期运行中的性能衰减，输出电压应当留有余量，因此选择了图中红色标志处作为实际运行工况，此时燃料流量为 0.5 L/min，电流为 30 A，运行电压为 0.73 V。

电池在上述选定工况下的稳定性测试结果如图 5.28（b）所示。连续运行时长约 400 h，输出电压由最初的 0.73 V 衰减至 0.65 V，发电效率由 40.45%衰减至 35.91%。由于输出电压已降低至安全阈值，因此停止了该工况下的稳定性测试。

基于上述结果，可以认识到：尽管电池在低燃料流量、小电流区域能够达到 60%以上的瞬时发电效率，但是考虑到实际运行时对输出功率和稳定性的需求，电池在重整合成气下长期运行中仅能维持 40%左右的发电效率，仍有继续提升的空间。

5.4.3 能效优化方案

目前，国际上已经初步实现千瓦级至百千瓦级 SOFC 发电系统的商业化应用，在表 5.3 中总结了已初步实现商业化应用的 SOFC 发电（或热电联供）系统的能效指标。可以看到，目前最先进的 SOFC 系统的发电效率约为 50%～60%（LHV）。其中，美国 Bloom Energy 公司是目前商业化最成功的企业，已于 2018 年在纽约证券交易所上市，其生产的百千瓦级 SOFC 发电系统，峰值发电效率能够达到 65%。

表 5.3　国际上 SOFC 发电（或热电联供）系统的能效参数

国家	机构	应用场景	燃料	额定功率	发电效率	总效率	来源
美国	Bloom Energy	供电	天然气/沼气/氢气	200～300 kW	53%～65%	—	[36]
	FuelCell Energy	供电	天然气	200 kW	56%	—	[37]
英国	Ceres Power	热电联供	天然气/氢气	1～20 kW	>50%	未公布	[38]
德国	FZ Jülich	供电	天然气	20 kW	42%	—	[39]
意大利	Solid power	热电联供	天然气	1.5 kW	55%	88%	[40]
瑞士	Hexis/mPower	热电联供	天然气	1 kW	40%	95%	[41]
芬兰	Convion	供电	沼气	50 kW	52%	—	[42]
日本	三菱重工	热电联供	天然气	250 kW	55%	73%	[43]
	京瓷	热电联供	天然气	3 kW	52%	90%	[44]
	爱信精机	热电联供	天然气	700 W	55%	87%	[45]

尽管如此，当下学术界和工业界仍然在不懈地追求进一步提升 SOFC 的发电效率和热效率。一方面，在不考虑各类极化损失的情况下，SOFC 在 700~900℃下的理论发电效率能够达到 70%以上，因此目前的水平远未接近这一极限。另一方面，提升 SOFC 系统的输出能效能够进一步降低其运行成本，从而有助于推动 SOFC 技术的大规模商业化应用。由于单电池制备技术已经比较成熟，能效优化相关的研究主要集中在电堆和系统层面，希望通过更加合理的流程设计提高整体发电效率。主要包括以下方案。

1. 阳极尾气循环

在电堆实际运行时，为了防止阳极侧 Ni 氧化，燃料利用率最高不会超过 90%。因此，阳极尾气中含有部分未转化的燃料，以及大量的 H_2O 和 CO_2。将部分阳极尾气循环至预重整器或电堆，可以带来以下收益[46,47]：尾气中的 H_2O 和 CO_2 可以作为重整原料，从而降低系统的耗水量；循环的高温尾气能够提供燃料重整所需的部分热量，从而降低系统热损耗；尾气中未转化的燃料可被循环使用，从而提高系统燃料利用率。例如，美国西北太平洋国家实验室的 Powell 等[48]集成了带有阳极尾气循环的千瓦级 ER-SOFC 发电系统。结果表明，通过增加阳极尾气循环，系统整体燃料利用率从 55%增加至 93%，在 1.72 kW 输出下的实测发电效率达到 56.6%（LHV）。此外，德国 Jülich 研究所也集成并运行了 5/15 kW 的可逆固体氧化物电池（reversible solid oxide cells，RSOC）系统，通过增加阳极尾气循环，系统发电效率从 48.9%提升至 62.7%[49]；目前正在进一步集成 10/40 kW 的 RSOC 发电/电解系统[50]。

但是，阳极尾气循环也会带来以下问题：一方面，过量的阳极尾气可能会稀释燃料，降低电堆的输出性能，因此，阳极尾气循环比、循环模式需要根据实际电堆特性进行调节优化[51]；另一方面，阳极尾气循环需要设计专用的循环泵，高温、还原性气氛对循环泵的材料和结构设计提出了更高要求，近期已有研究机构在这方面开展了一些工作[52,53]。

2. 多级电堆串联

另外一种阳极尾气利用方式是梯级利用，即采用多级电堆串联的布置方案。将第一级电堆的阳极尾气通入下一级电堆，从而提升整体系统的燃料利用率。但是，一级尾气中含有较高浓度的 H_2O 和 CO_2，可能会降低下一级电堆的输出性能。针对这一问题，研究人员提出两种解决方案。

东京煤气公司的 Nakamura 等[54]设计并开发了阳极尾气处理技术（称为燃料再生技术），能够将一级尾气中的大部分 H_2O 和 CO_2 去除后再通入下一级电堆。使用这种方式，他们实现了 97%的整体燃料利用率，发电效率最高可达 71.8%，比单级电堆提升了13%[55]。目前，东京煤气公司已经集成了5 kW的两级SOFC电堆发电系统，实际发电效率65%，正在东京两地开展示范运行[49]。这种方案的主要缺点是，尾气处理无疑会增加系统的固定成本，并且长期稳定性也有待检验。

另一种方案是向后一级电堆中补充一部分新鲜燃料，从而提升有效燃料的浓度。但是，补充新鲜燃料可能会对整体燃料利用率和发电效率有不利影响，因此需要进行优化。在之前的工作中[56]，已经基于电堆实测数据，通过流程模拟方法详细研究了这一方案的可行性。尽管电堆实测性能偏低，但是通过两级电堆串联，最高能够实现45%的整体发电效率。

3. 耦合底层热力循环

通过耦合适宜的底层热力循环，也可以对SOFC电堆的高温阳极尾气加以利用，从而提升整体系统发电效率。目前，针对SOFC与各类热力循环组成的混合发电系统已经开展了大量的流程模拟和实验研究，选择的热力循环包括Brayton循环（燃气轮机，GT）[57]、Rankine循环（蒸汽轮机，ST）[58]、Stirling循环[59]等，最高发电效率可以达到70%以上。加利福尼亚大学尔湾分校的Azizi和Brouwer[60]对SOFC混合发电系统的研究现状进行了详细的综述。

在实际系统方面，早在2000年，西门子西屋电气公司就集成了世界上首套SOFC-微型燃气轮机（MGT）混合发电系统，其额定功率为220 kW（其中SOFC功率180 kW，MGT功率40 kW），整体发电效率可达53%[61]。此外，三菱重工也在2015年集成了250 kW的SOFC-MGT混合发电系统，整体发电效率55%，首套原型机累计运行超过2.5万h，目前已经开始推动其在日本、德国的商业化应用[43, 62]。但是，SOFC-MGT系统的主要问题是系统流程更为复杂，导致其成本显著增加。

5.5 运行稳定性测试

5.5.1 稳定性评价指标

SOFC的运行稳定性（或耐久性）是指电池/电堆在长期运行中性能发生衰减的程度，决定了系统的运行寿命，是能效之外的另一个重要指标。目前，电堆稳定性测试通常是在恒定的电流（或U_f）下进行，因此输出电压的变化能够直接反映SOFC的性能衰减，一般用1000 h中电压的平均衰减率表示：

$$r_V = \frac{V(t) - V_0}{V_0} \times \frac{1000}{t} \qquad (5.41)$$

式中，$V(t)$ 是 t 时刻的输出电压；V_0 是初始电压。

但是，当使用 r_V 表征运行稳定性时，由于只考虑了电压变化和运行时长，实际上无法对不同电堆（或者相同电堆在不同工况下）进行合理的比较。例如，尽管某一电堆的性能很差，但是如果在非常温和的工况下运行，仍然有可能得到很低的平均电压衰减率，但是显然不能认为该电堆的稳定性很好。

为了将电堆的实际输出性能纳入考虑范畴，有研究者提出采用面比电阻（ASR）的变化率来表征 SOFC 的运行稳定性[63]：

$$r_{ASR} = \frac{ASR(t) - ASR_0}{t} \times 1000 \quad (5.42)$$

式中，$ASR(t)$ 是 t 时刻的面比电阻；ASR_0 是初始面比电阻。在第 1 章中已经介绍 ASR 需要通过 j-V 曲线或 EIS 测试得到，因此较为烦琐。此外，r_{ASR} 实际上也无法直接用于比较电堆在不同工况下的稳定性。例如，电堆在较高的温度下运行时 ASR 较小，可能会得到较小的 r_{ASR}，但是通常电堆高温下的性能衰减更为严重。在某些场景下，使用 ASR 的相对变化速率（r_{ASR}/ASR_0）可能更加有助于比较。

关于 SOFC 运行稳定性的合理评估和比较方法，在学术界和工业界仍然存在较多争议[64]。在国际电工委员会（International ElectroTechnical Commission，IEC）关于 SOFC 性能测试的最新标准（IEC 62282-7-2）中，上述两种方法被同时给出以供选择，但是建议在测试报告中标注详细的运行工况参数，以便于更加合理地比较不同的测试结果。

5.5.2 稳定性发展现状

在国际上，部分企业和研究机构已经对 SOFC 电堆（系统）开展了长达数万小时的稳定性测试，这被认为是验证其产品可靠性的重要条件。相关结果汇总在表 5.4 中，同时也列出了测试温度、燃料利用率（U_f）等工况参数。

（1）英国 Ceres Power 和日本三菱重工实现了目前最低的长期衰减率（0.1%/1000 h），最长测试时长分别为 2.7 万 h 和 3 万 h。若以初始电压的 90% 作为运行终止条件，则其电堆的预期寿命可达 10 万 h。

（2）德国 Jülich 研究所实现了目前最久的稳定性测试（10 万 h），平均衰减率为 0.55%/1000 h。但是测试使用的燃料是 H_2，且 U_f 较低，仅有 40%。

（3）美国 FuelCell Energy 实现了最大规模电堆的长期稳定性测试（80 片堆，约 10 kW）。此外，Solid Power、Hexis、Ceres Power 和三菱重工都对 1 kW 以上的电堆或发电系统进行了上万小时的稳定性测试。

表 5.4 国际上 SOFC 电堆（系统）运行稳定性参数

机构	类型	温度	燃料	U_f	测试时长	衰减率	来源
FuelCell Energy	电堆（80 片）	690℃	重整合成气	68%	17936 h	0.65%/1000 h	[37, 65]
	电堆（64 片）	690℃	重整合成气	68%	18000 h	0.60%/1000 h	[66]
Elcogen	电堆（15 片）	636℃	重整合成气	60%	18700 h	0.40%/1000 h	[67]
Solid Power	系统（1.5 kW）	750℃	天然气	未报道	20000 h	0.20%/1000 h	[40]
FZ Jülich	电堆（2 片）	700℃	H_2	40%	100000 h	0.55%/1000 h	[68, 69]
	电堆（4 片）	730℃	H_2	80%	12000 h	0.85%/1000 h	[39]
Morimura	电堆	750℃	重整合成气	80%	18815 h	0.31%/1000 h	[70]
Sunfire	电堆（30 片）	800℃	H_2	未报道	23000 h	1.81%/1000 h（ASR）	[71]
Hexis/mPower	电堆（5 片）	850℃	重整合成气	未报道	52000 h	0.35%/1000 h	[41]
	系统（1.5 kW）	830℃	重整合成气	未报道	13500 h	未报道	[41]
Ceres Power	电堆（150 W）	610℃	重整合成气	75%	27000 h	0.10%/1000 h	[38, 72]
	系统（1 kW）	610℃	天然气	75%	17000 h	0.20%/1000 h	[38, 72]
三菱重工	电堆（型号 10）	900℃	重整合成气	60%	30000 h	0.10%/1000 h	[73]
	系统（250 kW）	850℃	天然气、H_2	83%	25000 h	未报道	[74, 75]
京瓷	电堆（2016 型）	750℃	重整合成气	80%	11348 h	0.34%/1000 h	[70]
	电堆（2016 型）	750℃	重整合成气	70%	14000 h	0.33%/1000 h	[73]

日本新能源产业技术综合开发机构（NEDO）[70]和美国 DOE[76]分别提出了 SOFC 电堆在微型热电联供（kW 级）和分布式发电（MW 级）应用场景下的寿命目标，分别为 9 万 h 和 4 万 h，平均衰减率需低于 0.2%/1000 h。由表 5.4 可见，目前电堆实际测试时长达到 4 万 h 的案例还很少。此外，电堆在实际运行时会经历负载变化、冷热循环、紧急停机等意外工况，这也会对电堆的稳定性产生不利影响。因此，需要继续开展电堆的长期稳定性测试，提升其运行寿命。

5.5.3 衰减机理的解析

如第 3 章中所述，目前已经对 SOFC 在长期运行中电解质、阳极、阴极以及关键组件等各类衰减现象和机理有了比较系统的认识，并据此提出了具有一定可行性的抑制对策。尽管如此，由于衰减因素众多，在进行稳定性优化时，受限于应用场景、系统成本等因素，往往需要对上述机理进行取舍。因此，需要对不同衰减因素的重要性进行评价和比较，进而确定引发电池性能衰减的主导因素，但是目前还缺乏科学合理的评价比较方法。

对于目前广泛使用的阳极支撑电池，由于电解质很薄，无法直接测量阳极和阴极的过电位，因此难以确定各自的贡献[64]。针对这一问题，一些研究者通过模拟方法进行研究。例如，Yoshikawa 等[77, 78]建立了分离 SOFC 中整体极化损失的数学模型，通过数据拟合的方法获得相关参数，可以区分欧姆电阻、阳极极化电阻和阴极极化电阻的贡献，并进一步应用于对电池性能衰减的研究。但是，数值模拟是一种间接手段，对于性能衰减分析的准确性需要通过实验进行验证。

如 5.3 节中所述，EIS 测试结合阻抗分析有助于区分不同物理/化学过程对总阻抗的贡献。最近发展起来的 DRT 方法可以进一步提高对 EIS 中包含的不同特征时间尺度的物理/化学过程的分辨率，并指导后续 ECM 建模和拟合。目前，DRT 分析已经被初步应用于确定主导衰减机理，既包括单电池尺度[79-81]，也包括电堆尺度[82, 83]。例如，Endler 等[79]在通过 DRT 对 EIS 进行合理解析的基础上，比较了电池运行过程中不同极化电阻的变化规律，推断出阴极界面反应的劣化主导了电池的性能衰减。Sumi 等[80]采用类似的方法，比较了微管式 SOFC 在运行过程中不同极化电阻的变化规律，认为阳极侧的衰减更为严重。最近，Budiman 等[84]比较了相同电池在不同电流密度和燃料湿度下运行时不同极化电阻的变化规律，从而获得了上述两个参数对主导衰减机理的影响。

在上述工作中，研究者们通过比较不同极化电阻的增长情况来判断相应电极过程对整体性能衰减的贡献程度，但这可能会带来一些问题，因为极化电阻的增长并不直接等同于相应过电势的增长。换言之，某一极化电阻增长较多，并不一定代表相应的过电势增长较多。因此，最为理想的情况是，直接依据各项极化过电势的增长来判断相应物理/化学过程对性能衰减的贡献程度。

但是，由于 EIS 对时不变性的要求，通常 EIS 是在单一直流偏置下测量的。大部分研究是在开路电压（OCV）下测量 EIS，也有一些研究中施加了一定的直流偏置（防止出现逆向极化）。但是，使用单一直流偏置下测得的 EIS 来表征电池的整体性能是有问题的，甚至会带来矛盾，因为极化阻抗仅能反映相应的极化过程在所选直流偏置附近的局部信息[64]。针对这一问题，引入 5.3.3 节中介绍的动态电化学阻抗谱（DEIS）[28]可能有所帮助。在 DEIS 测试中，扰动信号可以叠加在斜坡或阶梯变化的直流电流上，从而得到不同极化状态下的阻抗信息。最近，DEIS 已被应用于腐蚀科学[29]、锂离子电池[30]和质子交换膜燃料电池[31]的研究中，但是在 SOFC 领域的应用还很少。

5.3.3 节详细分析了 DEIS 测试时直流偏置对活化极化电阻和浓差极化电阻的影响规律。在此基础上，本课题组初步建立起基于 DEIS 测试的 SOFC 运行稳定性的定量解析方法[85]。通过这一方法，能够定量地判断 SOFC 运行时不同物理/化学过程对性能衰减的贡献程度，进而确定主导衰减机理，制定相应的改善措施，如图 5.29 所示。

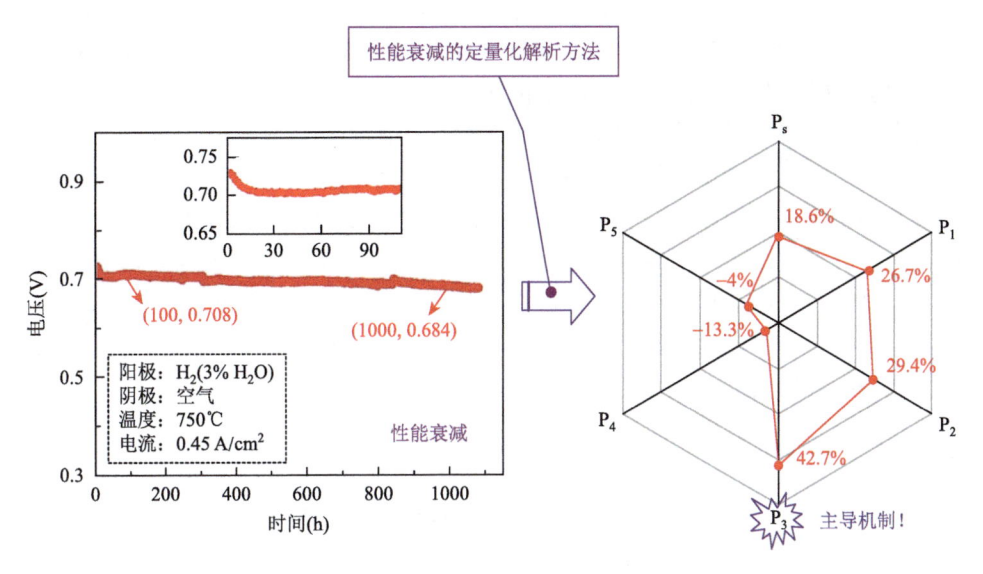

图 5.29　基于 DEIS 测试的 SOFC 运行稳定性定量解析方法[85]

5.6　本章小结

  SOFC 电化学性能测试的基本方法包括伏安特性测试（j-V 曲线）、EIS 测试、计时电位测试等，熟练掌握这些测试方法并准确理解相应的测试结果，是进一步开展相关研究的基础。本章以常见的阳极支撑 SOFC 为例，介绍了基本测试方法和应用。

  在伏安特性测试中，介绍了温度、燃料组分、燃料和空气流量对输出性能的影响。提升温度能够显著提高电池的输出性能。合成气的组分，尤其是 H_2 和 CO 的浓度，会对 SOFC 性能有显著影响，但是 H_2 和 CO 的作用效果和影响机制有明显区别。当燃料中同时存在 H_2 和 CO 时，主要由 H_2 参与阳极 TPB 处的电化学反应，而 CO 几乎不直接参与电化学反应，其作用主要是通过 WGSR 补充电化学反应消耗的 H_2。此外，燃料流量、空气流量也会对电池性能有所影响，对于阳极支撑电池，燃料流量的影响要大于空气流量。

  EIS 是研究 SOFC 电化学特性的重要工具，但是 EIS 中蕴含的频域信息经常高度重叠、不易分辨。新近发展起来的 DRT 分析方法能够将频域信息转化为弛豫时间域的信息，从而实现各项极化电阻的高精度分解。此外，DRT 分析的结果能够为 ECM 建模和拟合提供重要参考。本章介绍了 DRT 分析的基本原理和计算方法，给出了三种常用电子元件的 DRT 计算结果。对于实测的离散 EIS 数据，在进行 DRT 计算的基础上，通过敏感性分析实验确定了 DRT 中 5 个特征峰与具体电极过程的对应关系。考虑到 SOFC 在实际运行时处于极化状态，因此在 OCV 下测量的 EIS 实际上无法反映电池的实际性能。直流偏置不为 0 时，常规 EIS 发展为 DEIS。本章进行了不同直流偏置下的 DEIS 测试和 DRT 分析，并通过理论分析研究了直流偏置对活化极化电阻和浓差极化电阻的影响规律。

基于计时电位测试可以评价 SOFC 的发电效率和运行稳定性。燃料流量对发电效率的影响至关重要，尽管增加燃料流量能够提高电池输出性能，但是燃料流量过大会降低发电效率；燃料流量过低则会导致极化损失加剧，也会降低发电效率。一般而言，最优工况的确定需要综合考虑电流、燃料流量和电压三者的影响，兼顾发电效率、输出功率和运行稳定性。为了进一步提升 SOFC 的长期稳定性，对于衰减机理的全面认识和定量解析是关键。

参 考 文 献

[1] Lyu Z, Liu S, Wang Y, et al. Quantifying the performance evolution of solid oxide fuel cells during initial aging process[J]. Journal of Power Sources, 2021, 510: 230432.

[2] Fan H, Keane M, Singh P, et al. Electrochemical performance and stability of lanthanum strontium cobalt ferrite oxygen electrode with gadolinia doped ceria barrier layer for reversible solid oxide fuel cell[J]. Journal of Power Sources, 2014, 268: 634-639.

[3] Mishina T, Fujiwara N, Tada S, et al. Calcium-modified Ni-SDC anodes in solid oxide fuel cells for direct dry reforming of methane[J]. Journal of the Electrochemical Society, 2020, 167 (13): 134512.

[4] Leonide A, Sonn V, Weber A, et al. Evaluation and modeling of the cell resistance in anode-supported solid oxide fuel cells[J]. Journal of the Electrochemical Society, 2008, 155 (1): B36.

[5] Dierickx S, Weber A, Ivers-Tiffée E. How the distribution of relaxation times enhances complex equivalent circuit models for fuel cells[J]. Electrochimica Acta, 2020, 355: 136764.

[6] Ivers-Tiffée E, Weber A. Evaluation of electrochemical impedance spectra by the distribution of relaxation times[J]. Journal of the Ceramic Society of Japan, 2017, 125 (4): 193-201.

[7] Boukamp B A. Distribution (function) of relaxation times, successor to complex nonlinear least squares analysis of electrochemical impedance spectroscopy?[J]. Journal of Physics: Energy, 2020, 2 (4): 042001.

[8] Boukamp B A. A linear Kronig-Kramers transform test for immittance data validation[J]. Journal of the Electrochemical Society, 1995, 142 (6): 1885-1894.

[9] Leonide A. SOFC modelling and parameter identification by means of impedance spectroscopy[D]. Karlsruhe: Karlsruher Institut für Technologie, 2010.

[10] Boukamp B A. Derivation of a distribution function of relaxation times for the (fractal) finite length Warburg[J]. Electrochimica Acta, 2017, 252: 154-163.

[11] Boukamp B A, Bouwmeester H J M. Interpretation of the Gerischer impedance in solid state ionics[J]. Solid State Ionics, 2003, 157 (1-4): 29-33.

[12] Brichzin V, Fleig J, Habermeier H U, et al. The geometry dependence of the polarization resistance of Sr-doped LaMnO$_3$ microelectrodes on yttria-stabilized zirconia[J]. Solid State Ionics, 2002, 152-153: 499-507.

[13] Adler S B, Lane J A, Steele B C H. Electrode kinetics of porous mixed-conducting oxygen electrodes[J]. Journal of the Electrochemical Society, 1996, 143 (11): 3554-3564.

[14] Adler S B. Mechanism and kinetics of oxygen reduction on porous La$_{1-x}$Sr$_x$CoO$_{3-\delta}$ electrodes[J]. Solid State

Ionics, 1998, 111 (1-2): 125-134.

[15] Schichlein H, Müller A C, Voigts M, et al. Deconvolution of electrochemical impedance spectra for the identification of electrode reaction mechanisms in solid oxide fuel cells[J]. Journal of Applied Electrochemistry, 2002, 32 (8): 875-882.

[16] Wan T H, Saccoccio M, Chen C, et al. Influence of the discretization methods on the distribution of relaxation times deconvolution: implementing radial basis functions with DRTtools[J]. Electrochimica Acta, 2015, 184: 483-499.

[17] Hörlin T. Deconvolution and maximum entropy in impedance spectroscopy of noninductive systems[J]. Solid State Ionics, 1998, 107 (3-4): 241-253.

[18] Saccoccio M, Wan T H, Chen C, et al. Optimal regularization in distribution of relaxation times applied to electrochemical impedance spectroscopy: Ridge and lasso regression methods—a theoretical and experimental study[J]. Electrochimica Acta, 2014, 147: 470-482.

[19] Baral A K, Tsur Y. Impedance spectroscopy of Gd-doped ceria analyzed by genetic programming(ISGP)method[J]. Solid State Ionics, 2017, 304: 145-149.

[20] Boukamp B A, Rolle A. Use of a distribution function of relaxation times (DFRT) in impedance analysis of SOFC electrodes[J]. Solid State Ionics, 2018, 314: 103-111.

[21] Huang J, Papac M, O'Hayre R. Towards robust autonomous impedance spectroscopy analysis: a calibrated hierarchical Bayesian approach for electrochemical impedance spectroscopy (EIS) inversion[J]. Electrochimica Acta, 2021, 367: 137493.

[22] Kishimoto M, Onaka H, Iwai H, et al. Physicochemical impedance modeling of solid oxide fuel cell anode as an alternative tool for equivalent circuit fitting[J]. Journal of Power Sources, 2019, 431: 153-161.

[23] Caliandro P, Nakajo A, Diethelm S, et al. Model-assisted identification of solid oxide cell elementary processes by electrochemical impedance spectroscopy measurements[J]. Journal of Power Sources, 2019, 436: 226838.

[24] Primdahl S, Mogensen M. Gas diffusion impedance in characterization of solid oxide fuel cell anodes[J]. Journal of the Electrochemical Society, 1999, 146 (8): 2827-2833.

[25] Leonide A, Apel Y, Ivers-Tiffee E. SOFC modeling and parameter identification by means of impedance spectroscopy[J]. ECS Transactions, 2009, 19 (20): 81-109.

[26] Sonn V, Leonide A, Ivers-Tiffee E. Combined deconvolution and CNLS fitting approach applied on the impedance response of technical Ni8YSZ cermet electrodes[J]. Journal of the Electrochemical Society, 2008, 155 (7): 675-679.

[27] Primdahl S, Mogensen M. Gas conversion impedance: a test geometry effect in characterization of solid oxide fuel cell anodes[J]. Journal of the Electrochemical Society, 1998, 145 (7): 2431-2438.

[28] Bandarenka A S. Exploring the interfaces between metal electrodes and aqueous electrolytes with electrochemical impedance spectroscopy[J]. Analyst, 2013, 138 (19): 5540-5554.

[29] Gerengi H, Darowicki K, Bereket G, et al. Evaluation of corrosion inhibition of brass-118 in artificial seawater by benzotriazole using Dynamic EIS[J]. Corrosion Science, 2009, 51 (11): 2573-2579.

[30] Huang J, Li Z, Zhang J. Dynamic electrochemical impedance spectroscopy reconstructed from continuous impedance measurement of single frequency during charging/discharging[J]. Journal of Power Sources, 2015, 273: 1098-1102.

[31] Darowicki K, Janicka E, Mielniczek M, et al. The influence of dynamic load changes on temporary impedance in hydrogen fuel cells, selection and validation of the electrical equivalent circuit[J]. Applied Energy, 2019, 251:

113396.

[32] Darowicki K, Zielinski A, Mielniczek M, et al. Polynomial description of dynamic impedance spectrogram—introduction to a new impedance analysis method[J]. Electrochemistry Communications, 2021, 129: 107078.

[33] Lyu Z, Li H, Wang Y, et al. Performance degradation of solid oxide fuel cells analyzed by evolution of electrode processes under polarization[J]. Journal of Power Sources, 2021, 485: 229237.

[34] Hagen A, Barfod R, Hendriksen P V, et al. Degradation of anode supported SOFCs as a function of temperature and current load[J]. Journal of the Electrochemical Society, 2006, 153 (6): A1165.

[35] Lang M, Bohn C, Henke M, et al. Understanding the current-voltage behavior of high temperature solid oxide fuel cell stacks[J]. Journal of the Electrochemical Society, 2017, 164 (13): F1460-F1470.

[36] Energy B. Data Sheets of Bloom Energy Server ES5[Z]. 2022.

[37] Ghezel-Ayagh H. Progress in SOFC technology development at fuelcell energy[C]. 20th Annual Solid Oxide Fuel Cell (SOFC) Project Review Meeting. Washington DC, USA, 2019.

[38] Leah R, Bone A, Hjalmarsson P, et al. Commercialization of the steel cell technology: latest update[C]. Proceedings of 14th European SOFC & SOE Forum. Lucerne, Switzerland, 2020: 39-46.

[39] Blum L, Fang Q, Peters R, et al. Progress in SOC development at the forschungszentrum Jülich[C]. Proceedings of 14th European SOFC & SOE Forum. Lucerne, Switzerland, 2020: 88-96.

[40] Bertoldi M, Bucheli O F, Ravagni A. Development, manufacturing and deployment of SOFC-based products at SOLIDpower[J]. ECS Transactions, 2017, 78 (1): 117-123.

[41] Mai A, Grolig J G, Venkatesh S, et al. Status of HEXIS' SOFC module development[C]. Proceedings of 14th European SOFC & SOE Forum. Lucerne, Switzerland, 2020: 47-54.

[42] Gandiglio M, Lanzini A, Santarelli M, et al. Results from an industrial size biogas-fed SOFC plant (the DEMOSOFC project) [J]. International Journal of Hydrogen Energy, 2020, 45 (8): 5449-5464.

[43] Kobayashi Y, Tomida K, Nishiura M, et al. Development of next-generation large-scale SOFC toward realization of a hydrogen society[J]. Mitsubishi Heavy Industries Technical Review, 2015, 52 (2): 111-116.

[44] KYOCERA Develops Industry's First 3-Kilowatt Solid-Oxide Fuel Cell for Institutional Cogeneration[EB]. https://europe.kyocera.com/index/news/previous_news/news_archive_detail.L2NvcnBvcmF0ZS9uZXdzLzIwMTcvS1lPQ0VSQV9EZXZlbG9wc19JbmR1c3RyeV9zX0ZpcnN0XzMtS2lsb3dhdHRfU29saWQtT3hpZGVfRnVlbF9DZWxsX2Zvcl9JbnN0aXR1dGlvbmFsX0NvZ2VuZXJhdGlvbg~~.html.

[45] 製品情報 | エネファーム type S | 株式会社アイシン[EB]. https://www.aisin.com/jp/product/energy/cogene/enefarm/.

[46] Torii R, Tachikawa Y, Sasaki K, et al. Anode gas recirculation for improving the performance and cost of a 5-kW solid oxide fuel cell system[J]. Journal of Power Sources, 2016, 325: 229-237.

[47] Peters R, Deja R, Blum L, et al. Analysis of solid oxide fuel cell system concepts with anode recycling[J]. International Journal of Hydrogen Energy, 2013, 38 (16): 6809-6820.

[48] Powell M, Meinhardt K, Sprenkle V, et al. Demonstration of a highly efficient solid oxide fuel cell power system using adiabatic steam reforming and anode gas recirculation[J]. Journal of Power Sources, 2012, 205: 377-384.

[49] Peters R, Frank M, Tiedemann W, et al. Long-Term experience with a 5/15 kW-class reversible solid oxide cell system[J]. Journal of the Electrochemical Society, 2021, 168 (1): 014508.

[50] Peters R, Tiedemann W, Hoven I, et al. Development of a 10/40 kW-class reversible solid oxide cell system at forschungszentrum Jülich[J]. ECS Transactions, 2021, 103 (1): 289-297.

[51] Lyu Z, Han M. Optimization of anode off-gas recycle ratio for a natural gas-fueled 1 kW SOFC CHP system[J]. ECS Transactions, 2019, 91 (1): 1591-1600.

[52] Wagner P H, Wuillemin Z, Constantin D, et al. Experimental characterization of a solid oxide fuel cell coupled to a steam-driven micro anode off-gas recirculation fan[J]. Applied Energy, 2020, 262: 114219.

[53] Baba S, Ohguri N, Suzuki Y, et al. Evaluation of a variable flow ejector for anode gas circulation in a 50-kW class SOFC[J]. International Journal of Hydrogen Energy, 2020, 45 (19): 11297-11308.

[54] Nakamura K, Ide T, Kawabata Y, et al. Basic study of anode off-gas recycling solid oxide fuel cell module with fuel regenerator[J]. ECS Transactions, 2021, 103 (1): 31-39.

[55] Nakamura K, Ide T, Kawabata Y, et al. Electrical efficiency of two-stage solid oxide fuel cell stacks with a fuel regenerator[J]. Journal of the Electrochemical Society, 2020, 167 (11): 114516.

[56] Lyu Z, Meng H, Zhu J, et al. Comparison of off-gas utilization modes for solid oxide fuel cell stacks based on a semi-empirical parametric model[J]. Applied Energy, 2020, 270: 115220.

[57] Calise F, d'Accadia M D, Palombo A, et al. Simulation and exergy analysis of a hybrid solid oxide fuel cell (SOFC) -gas turbine system[J]. Energy, 2006, 31 (15): 3278-3299.

[58] Rokni M. Plant characteristics of an integrated solid oxide fuel cell cycle and a steam cycle[J]. Energy, 2010, 35 (12): 4691-4699.

[59] Rokni M. Thermodynamic and thermoeconomic analysis of a system with biomass gasification, solid oxide fuel cell (SOFC) and Stirling engine[J]. Energy, 2014, 76: 19-31.

[60] Azizi M A, Brouwer J. Progress in solid oxide fuel cell-gas turbine hybrid power systems: System design and analysis, transient operation, controls and optimization[J]. Applied Energy, 2018, 215: 237-289.

[61] George R A. Status of tubular SOFC field unit demonstrations[J]. Journal of Power Sources, 2000, 86 (1-2): 134-139.

[62] Tomida K, Nishiura M, Ozawa H, et al. Market introduction status of fuel cell system "MEGAMIE" and future efforts[J]. Mitsubishi Heavy Industries Technical Review, 2021, 58 (3): 1-6.

[63] Skafte T L, Hjelm J, Blennow P, et al. Quantitative review of degradation and lifetime of solid oxide cells and stacks[C]. Proceedings of 12th European SOFC & SOE Forum. 2016: 8-27.

[64] Gemmen R S, Williams M C, Gerdes K. Degradation measurement and analysis for cells and stacks[J]. Journal of Power Sources, 2008, 184 (1): 251-259.

[65] Ghezel-Ayagh H. SOFC Development update at fuelcell energy[C]. 19th Annual Solid Oxide Fuel Cell (SOFC) Project Review Meeting. Washington DC, USA, 2018.

[66] Jolly S, Ghezel-Ayagh H. SOFC development update at fuelcell energy[C]. 18th Annual Solid Oxide Fuel Cell (SOFC) Project Review Meeting. Pittsburgh, PA, USA, 2017.

[67] Noponen M, Torri P, Göös J, et al. Progress of SOC development at Elcogen[C]. Proceedings of 14th European SOFC & SOE Forum. Lucerne, Switzerland, 2020: 55-62.

[68] Fang Q, Blum L, Stolten D. Electrochemical performance and degradation analysis of an SOFC short stack following operation of more than 100,000 hours[J]. Journal of the Electrochemical Society, 2019, 166 (16): F1320-F1325.

[69] Menzler N H, Sebold D, Sohn Y J, et al. Post-test characterization of a solid oxide fuel cell after more than 10 years of stack testing[J]. Journal of Power Sources, 2020, 478: 228770.

[70] Horita T. Current status of NEDO project on durability and reliability of SOFC cell-stacks[C]. Proceedings of 14th European SOFC & SOE Forum. Lucerne, Switzerland, 2020: 18-23.

[71] Walter C, Schwarze K, Boltze M, et al. Status of stack & system development at sunfire[C]. Proceedings of 14th European SOFC & SOE Forum. Lucerne, Switzerland, 2020: 29-38.

[72] Leah R T, Bone A, Selcuk A, et al. Latest results and commercialization of the ceres power SteelCell® technology platform[J]. ECS Transactions, 2019, 91 (1): 51-61.

[73] Yokokawa H, Suzuki M, Yoda M, et al. Achievements of NEDO durability projects on SOFC stacks in the light of physicochemical mechanisms[J]. Fuel Cells, 2019, 19 (4): 311-339.

[74] Kawabata Y, Takeda D, Ochi K, et al. Practicality evaluation of solid oxide fuel cell (SOFC) -micro gas turbine (MGT) hybrid power generation system[C]. Proceedings of 14th European SOFC & SOE Forum. Lucerne, Switzerland, 2020: 132-143.

[75] Sakuno S, Suzuki S, Suto T, et al. Study on coal syngas applicability to SOFC module[J]. ECS Transactions, 2019, 91 (1): 99-106.

[76] Department of Energy's Office of Fossil Energy. Report on the status of the solid oxide fuel cell program[R]. 2019.

[77] Yoshikawa M, Yamamoto T, Yasumoto K, et al. Degradation analysis of SOFC stack performance: investigation of cathode sulfur poisoning due to contamination in air[J]. ECS Transactions, 2017, 78 (1): 2347-2354.

[78] Yoshikawa M, Yamamoto T, Asano K, et al. Performance degradation analysis of different type SOFCs[J]. ECS Transactions, 2015, 68 (1): 2199-2208.

[79] Endler C, Leonide A, Weber A, et al. Time-dependent electrode performance changes in intermediate temperature solid oxide fuel cells[J]. Journal of the Electrochemical Society, 2010, 157 (2): B292.

[80] Sumi H, Shimada H, Yamaguchi Y, et al. Degradation evaluation by distribution of relaxation times analysis for microtubular solid oxide fuel cells[J]. Electrochimica Acta, 2020, 339: 135913.

[81] Subotić V, Stoeckl B, Lawlor V, et al. Towards a practical tool for online monitoring of solid oxide fuel cell operation: an experimental study and application of advanced data analysis approaches[J]. Applied Energy, 2018, 222: 748-761.

[82] Comminges C, Fu Q X, Zahid M, et al. Monitoring the degradation of a solid oxide fuel cell stack during 10000 h via electrochemical impedance spectroscopy[J]. Electrochimica Acta, 2012, 59: 367-375.

[83] Mosbæk R R, Hjelm J, Barfod R, et al. Electrochemical characterization and degradation analysis of large SOFC stacks by impedance spectroscopy[J]. Fuel Cells, 2013, 13 (4): 605-611.

[84] Budiman R A, Bagarinao K D, Ishiyama T, et al. Determination of factors governing degradation of anode-supported solid oxide fuel cells as influenced by current density and humidity[J]. ECS Transactions, 2021, 103 (1): 1121-1128.

[85] Lyu Z, Li H, Han M, et al. Performance degradation analysis of solid oxide fuel cells using dynamic electrochemical impedance spectroscopy[J]. Journal of Power Sources, 2022, 538: 231569.

第6章 一体化离子传导基体设计

6.1 一体化基体设计与制备

6.1.1 一体化基体结构设计

常规平板式 SOFC 可以制成电解质支撑、阳极支撑或阴极支撑结构，目前以电解质支撑和阳极支撑结构为主，但是这两种支撑结构的电池都存在一些问题。

电解质支撑电池结构中起支撑作用的是电解质层，电解质支撑层过厚会增加电池的内阻，电解质支撑层过薄降低电池的力学性能。一般厚度在 150 μm 左右的 YSZ 或 ScSZ 电解质支撑电池在 800~950℃的工作温度下，功率密度为 0.2 W/cm^2，上述电池的问题在于功率密度偏低，工作温度偏高。此外，由于分别烧结制备电极的工艺，电解质支撑电池不同组成的阳极、电解质、阴极之间结合强度差，具有明显的层状界面，在制备中还可能发生界面反应，降低电池的电化学性能和长期稳定性。

NiO-YSZ 阳极支撑电池由于在阳极支撑层上制备几微米到几十微米厚度不等的电解质层，大大降低了电解质层的厚度，较电解质支撑电池降低了电池工作温度，提高了 SOFC 的电化学性能。但是，NiO-YSZ 阳极支撑电池在 Ni 阳极侧结构的氧化还原稳定性和阴极侧的界面结构稳定性方面存在一些问题。LSCF 等阴极材料在高温下会和 YSZ 电解质发生反应，生成 SrZrO$_3$ 等低电导率的物质，大大降低电池性能。

针对上述问题，为了消除不同材料间的界面，提高电池的热化学稳定性，降低电极的制备温度，得到高催化活性的纳米电极，本章将介绍一体化结构设计：由同一种材料、不同结构组成（同质异构），或由不同材料、不同结构组成（异质异构）。一体化结构设计从根本上消除了界面及其带来的多种问题，为提高电池稳定性和长期可靠性奠定了基础。如图 6.1 所示，在一体化电池结构中，分别制备多孔 NiO-YSZ 阳极支撑层、电解质层和多孔阴极骨架层，然后通过叠压和共烧结技术形成一体化离子传导基体。之后，采用浸渍法在多孔阴极基体层中引入纳米电催化材料，从而构建得到一体化单元电池。

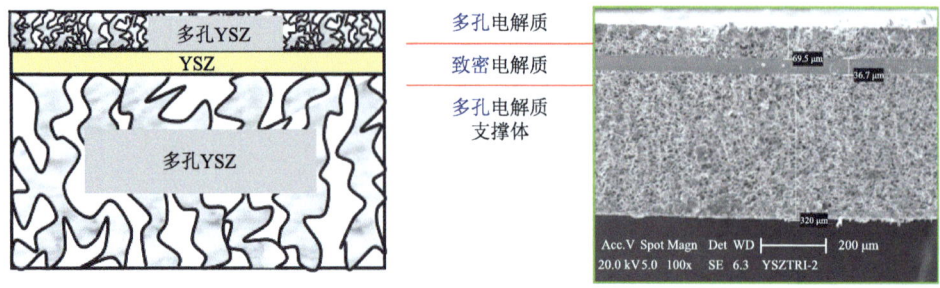

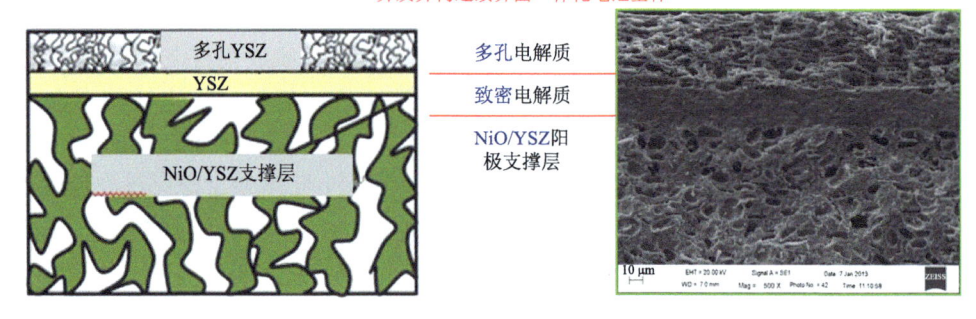

图 6.1 一体化离子传导基体结构示意图

关于具体工艺路线，一体化基体各层结构均采用较为成熟的乙醇-丁酮基流延体系制备而成。通过有效调控电解质浆料组成和比例制备光滑均匀的致密电解质层坯体，通过有效调控多孔电极层浆料的组成和比例、造孔剂粒径和含量制备光滑均匀的多孔电极层坯体。通过温等静压成型技术，将三层坯体复合到一起，获得连续过渡的多孔离子导体骨架层（约 50 μm）‖致密层（约 30 μm）‖多孔离子导体骨架支撑层（约 200 μm）单体电池坯体。通过调控各层坯体的厚度、组成和多孔层中造孔剂含量等参数，调整多孔层和致密层烧结收缩率的匹配性，在此基础上将多层坯体电池一次共烧结得到连续界面的单体电池基体。使用硝酸盐前驱体原料，采用溶液（溶胶）浸渍工艺，分别将阳极纳米催化材料和阴极纳米催化材料负载到多孔基体的骨架上，在低温（800~1000℃）下烧结获得具有高活性纳米复合电极的一体化电池。具体工艺路线见图 6.2。

6.1.2 电解质层薄膜化

理想的薄膜成型工艺应具备以下特征：薄膜结构能够符合性能要求且性能稳定；薄膜成型工艺的可操作性强，重复性好；薄膜成型的效率高，成本低廉，污

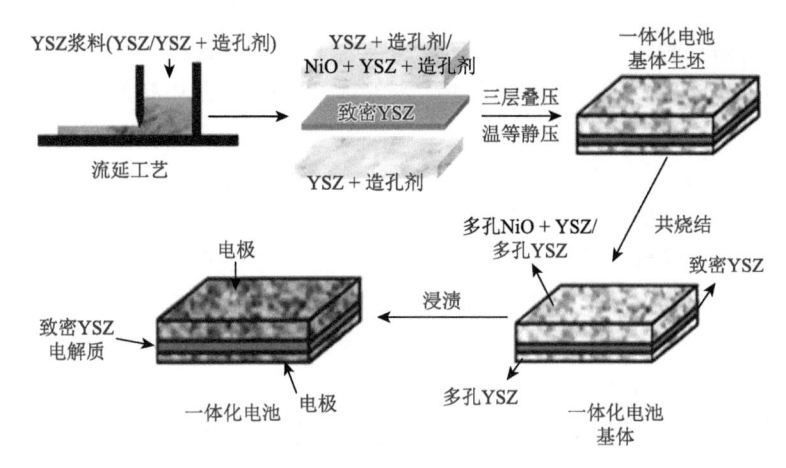

图 6.2　连续界面（多孔支撑层||致密层||多孔层）一体化电池工艺路线图

染小，且适用于大规模商业化生产。电解质薄膜制备方法不仅可以降低电解质的烧结温度，还可简化电池制备工艺，现已成为固体氧化物燃料电池电解质制备领域中最具活力的制备技术，具体包括化学气相沉积-电化学气相沉积（CVD-EVD）、溅射涂层、大气等离子喷涂（APS）、脉冲激光沉积、电泳沉积、丝网印刷和流延成型等方法。

流延成型工艺可制备 10～1000 μm 不同厚度的薄膜材料。此处采用流延成型分别制备了具有三种不同电解质层厚度的三层生坯，在 1300℃下烧结 5 h 得到一体化结构基体。图 6.3 为 1300℃烧结得到的具有不同电解质层厚度的一体化基体断面照片，其中电解质层的厚度分别为约 65 μm、40 μm 和 30 μm。可见，采用流延成型制备的 30 μm 厚度的薄膜电解质层足够致密，满足使用要求。

因此，选定一体化基体结构的三层结构厚度分别约为 70 μm||30 μm||360 μm。

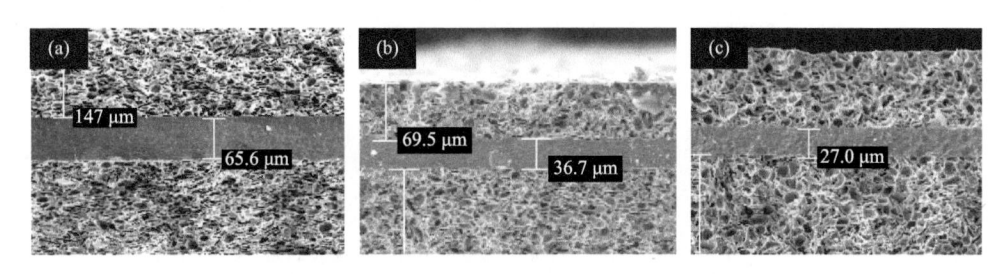

图 6.3　1300℃烧结制备的不同厚度电解质断面

6.1.3　电解质层致密化

在 YSZ 电解质的烧结过程中，最关心的两个问题是：致密化和晶粒生长情况。影响电解质致密化的因素一般有如下四点：粒径的影响、团聚体的影响、初始密度的影响和气孔尺寸分布的影响。这些影响因素都是由初始粉体和成型素坯决定的。

在烧结过程中，晶粒生长是受颗粒间尺寸差异所驱动的，与素坯性质无关。而孔隙的生长受晶粒生长和致密化双重控制。前者导致气孔生长与晶粒生长同步，R 值不变；后者导致气孔收缩，气孔 R 值降低。尽管表面张力是烧结中致密化和晶粒生长的基本推动力，表面扩散是它们共同的物质传输途径，但两者的驱动方式是不同的。晶粒生长受颗粒间尺寸差异导致的表面能梯度推动，而致密化通过气孔排除实现。

对某商用 YSZ 粉体进行烧结性能测试，结果见图 6.4。968.0℃是 YSZ 粉料的烧结临界点，超过这个温度以后，坯体发生快速收缩，说明颗粒间开始了重排和键合过程，即粉料开始了烧结；继续以 5℃/min 的速率升温至 1282.0℃，点划线出现了极值点，形变率对时间的微分达到最小值，为-7.9775×10^{-3} min^{-1}，对应的线收缩速率最大；超过此温度点后，变形速率逐渐趋于平缓，至 1400℃左右时烧结收缩已趋于最大，在 1400℃恒温 120 min 后收缩基本不变，说明烧结已完成。一般而言，根据 YSZ 粉体自身粒度的不同，YSZ 粉体的烧结临界点温度在 800～1000℃之间，YSZ 粉体出现最大收缩率的温度一般为 1150～1280℃，最终烧结完全的温度为 1400～1450℃。粉体粒度越小，烧结各步的温度点就越低。

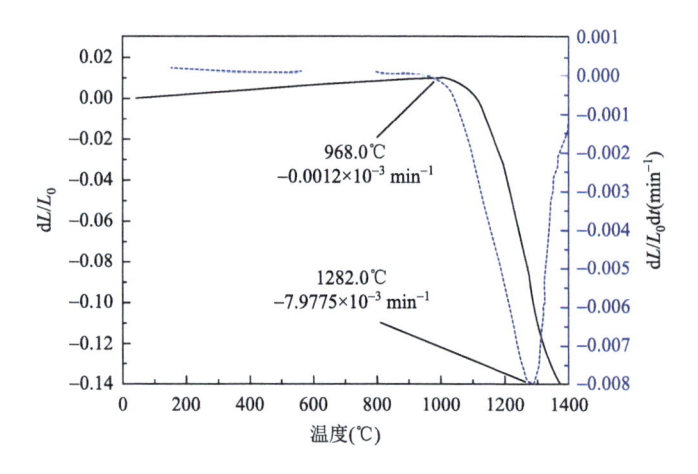

图 6.4 YSZ 粉体烧结曲线

针对上述选用的 YSZ 粉体，采用不同的烧结方法进行研究。

1. 一步烧结法

一步烧结法是陶瓷的传统烧结方法。如图 6.5 所示，烧结温度分别设置为 1450℃和 1550℃。以 120℃/h 的速度将温度从室温直接升至烧结温度并保温 2 h，然后自然冷却。

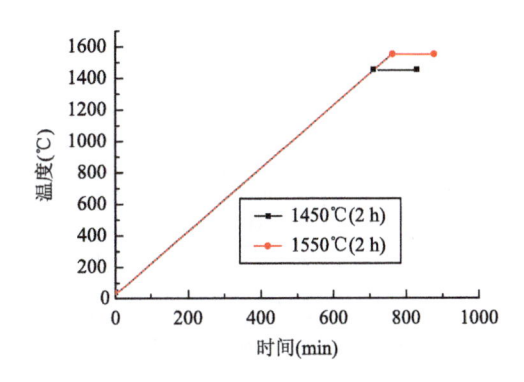

图 6.5 一步烧结法升温示意图

如图 6.6 所示为一步烧结法所制备的 YSZ 电解质瓷体微观形貌。1450℃保温 2 h 得到的晶粒尺寸为 3~5 μm，晶界清晰，很直且薄，几乎看不到孔，可是从断面图中可以看到有少量的孔，一部分在晶粒内部，一部分在晶界处，孔很小且都是封闭孔，不影响电解质的性能；另外从断面图中还可以看出其断裂韧性较好。而在 1550℃保温 2 h 时，晶粒明显长大，晶粒尺寸为 8~15 μm，而且晶界很粗，从断面图中可以看到有很多较大的孔，明显是因为温度过高而出现过烧现象。

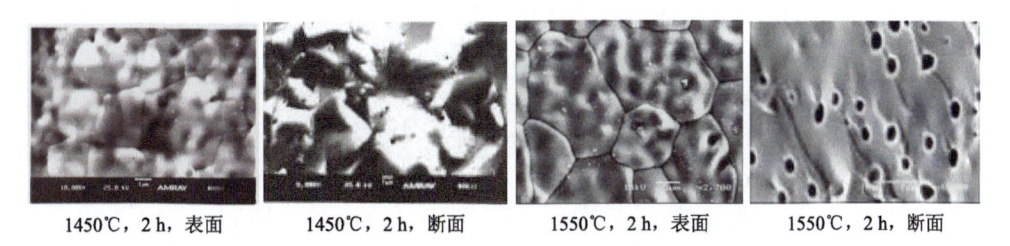

| 1450℃，2 h，表面 | 1450℃，2 h，断面 | 1550℃，2 h，表面 | 1550℃，2 h，断面 |

图 6.6 一步烧结法得到 YSZ 瓷体表面与断面微观形貌

可见，1550℃温度过高，使 YSZ 电解质过烧而出现大量的气孔，致密度降低；晶界过粗会影响晶界的导电性；而且从断面图还可以看出断裂韧性较低。所以，一步烧结法中 YSZ 电解质的适宜烧结温度为 1450℃。

2. 二步烧结法

烧结温度设置为 1400℃和 1450℃。将温度首先从室温升至 1000℃保温 2～10 h，然后再以 60℃/h 的速度升至烧结温度并保温 2 h，然后自然冷却，如图 6.7 所示。

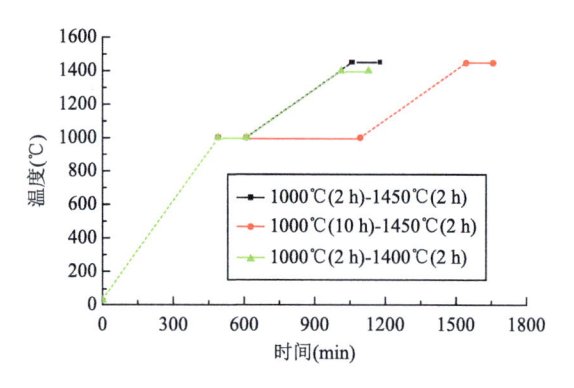

图 6.7 二步烧结法升温示意图

二步烧结法比一步烧结法温度降低了 50～100℃，如图 6.8 所示为二步烧结法所制备的 YSZ 电解质瓷体微观形貌：晶粒尺寸约为 1～4 μm，比一步烧结法得到的晶粒尺寸要小得多。1000℃保温 2 h 的时候，晶界清晰，从断面图中可以看出断裂韧性较好，而若 1000℃保温 10 h，晶界变得模糊，而且很脆，所以在 1000℃保温 10 h 时间过长，影响后期阶段晶粒的生长。

1000℃×2 h，1450℃×2 h，表面与断面
(a)

1000℃×10 h，1450℃×2 h，表面与断面
(b)

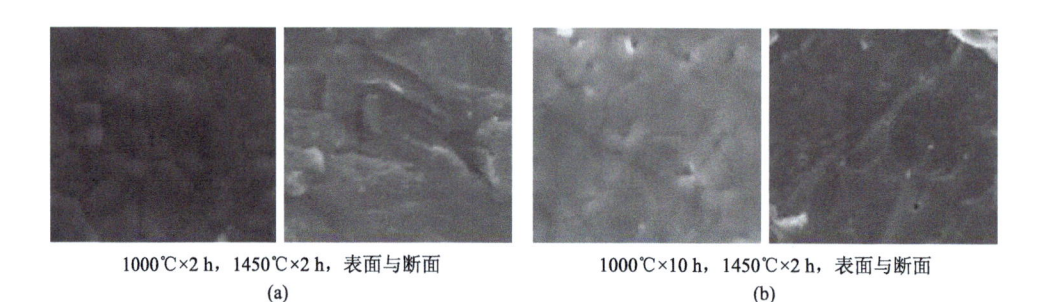

图 6.8 二步烧结法得到 YSZ 瓷体表面与断面微观形貌

YSZ 烧结过程大致可分为两个阶段：初期结晶（800～1000℃）和后期晶粒生长（1100℃以上）。初期结晶是通过表面扩散完成的，需要克服表面自由能。假设所结晶核为球形，则存在如下关系：

$$\gamma_s \cdot \pi d_c^2 = \Delta G \frac{4/3 \pi d_c^3 \rho}{M} \tag{6.1}$$

式中，ΔG 是 YSZ 从不定形态转变为结晶态的吉布斯自由能变；γ_s 是表面能；ρ 是密度；M 是分子量；d_c 是晶核生长临界尺寸。成核尺寸 d 为

$$d \geqslant d_c = \frac{3\gamma_s M}{4\rho \Delta G} \tag{6.2}$$

即在 YSZ 烧结过程中，只有尺寸 $d \geqslant d_c$ 的晶核，才有机会在后期烧结中继续生长。如果成核温度阶段很快过去了，如一步烧结法中直接将温度从室温升至 1450℃以上，则只有很少的晶核尺寸大于 d_c，故只有很少的晶核能够继续生长，这样，核与核之间的距离很大，晶核生长需要的能量很高，所以需要的温度很高，最后晶粒尺寸很大，如图 6.6 所示。如果在成核阶段停留一定时间，如二步烧结法中，在 1000℃保温 2 h，就可以生成大量的尺寸大于 d_c 的晶核，核与核之间的距离减小了，晶核生长需要的能量降低，则烧结温度降低，而且最后晶粒尺寸也减小到亚微米级，如图 6.8（a）所示。可是，如果在成核阶段保留时间过长（如上述二步烧结法中在 1000℃保温 10 h），则所形成的晶核变得惰性而不利于以后的成长，如图 6.8（b）所述，在 1000℃保温 10 h，然后升温至 1450℃保温 2 h，所得的 YSZ 电解质晶粒长得并不完美，晶界很模糊，而且晶界处有很多孔。

3. 三步烧结法

烧结温度为 1200～1300℃。将温度首先从室温升至 1000℃保温 2 h，然后以 50℃/h 的速度升至 1400℃，随即在 30 min 之后降至 1200～1300℃并保温 5～20 h，最后自然冷却，如图 6.9 所示。

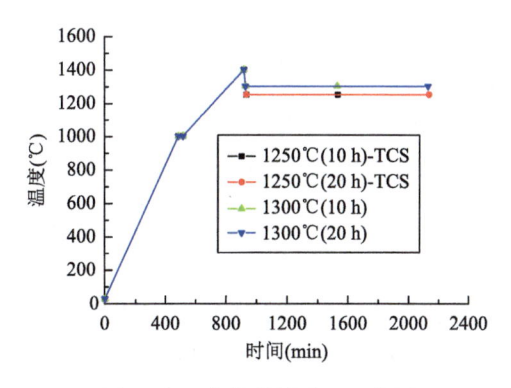

图 6.9　三步烧结法升温示意图

图 6.10 所示为 1300℃分别保温 5 h、8 h、10 h、15 h 和 20 h 时 YSZ 电解质

表面与断面微观形貌。晶粒尺寸与一步烧结法和二步烧结法相比明显减小,约为 0.4～4 μm,其中 40%～53%的晶粒尺寸为 0.4～1 μm,41%～52%的晶粒尺寸为 1～2 μm,5%～14%的晶粒尺寸为 2～3 μm,只有在 1300℃下保温 20 h 的时候出现了尺寸为 4 μm 的晶粒,但比例很小,约 0.6%。随保温时间的增加,晶粒明显长大,尤其保温 15～20 h 的时候,平均晶粒尺寸明显比保温 5～10 h 大很多,见图 6.11。

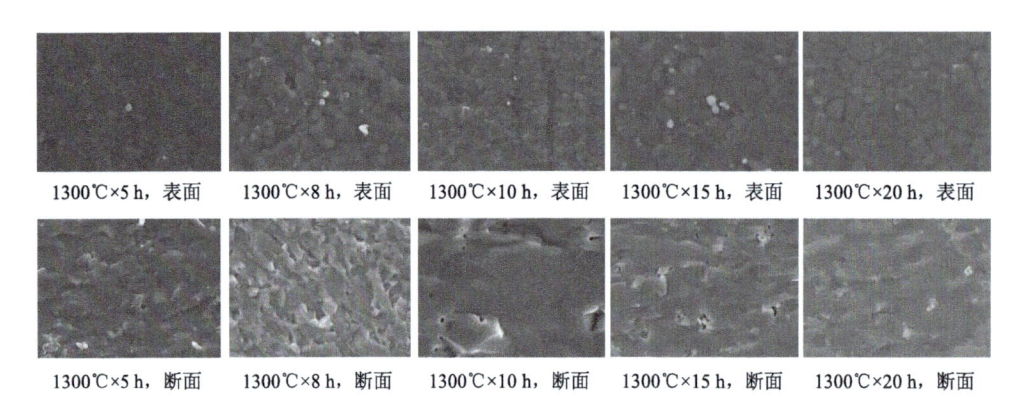

图 6.10 1300℃下保温 5 h、8 h、10 h、15 h 和 20 h 时 YSZ 瓷体表面与断面微观形貌

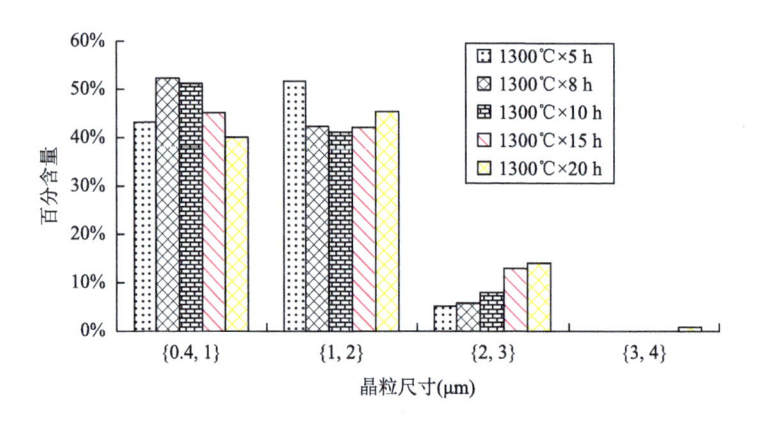

图 6.11 1300℃下保温 5 h、8 h、10 h、15 h 和 20 h 时 YSZ 瓷体晶粒尺寸分布

如图 6.12 所示为 1250℃分别保温 10 h、15 h 和 20 h 时 YSZ 电解质表面与断面微观形貌。晶粒尺寸约为 0.4～3 μm。其中 35%～48%的晶粒尺寸为 0.4～1 μm,46%～53%的晶粒尺寸为 1～2 μm,6%～12%的晶粒尺寸为 2～3 μm,如图 6.13 所示。

| 1250℃×10 h，表面 | 1250℃×15 h，表面 | 1250℃×20 h，表面 |
| 1250℃×10 h，断面 | 1250℃×15 h，断面 | 1250℃×20 h，断面 |

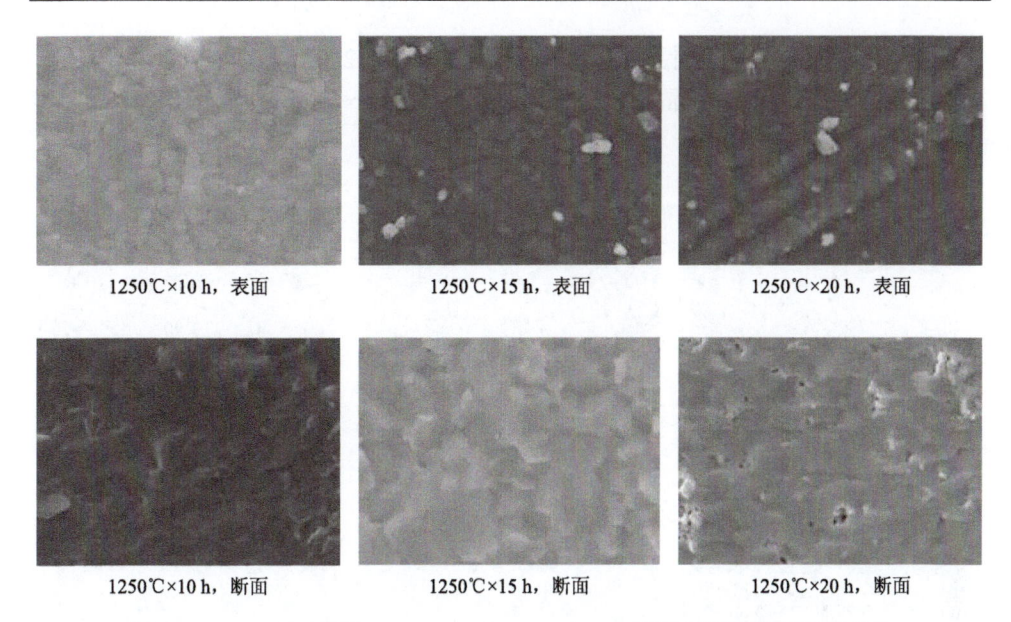

图 6.12　1250℃下保温 10 h、15 h 和 20 h 时 YSZ 瓷体表面与断面微观形貌

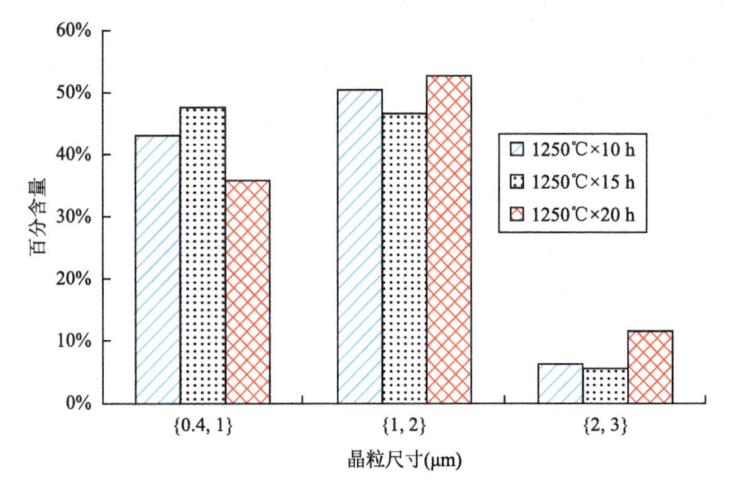

图 6.13　1250℃下保温 10 h、15 h 和 20 h 时 YSZ 瓷体晶粒尺寸分布

与烧结温度为 1300℃相比，当保温相同时间时，在 1250℃下得到的 YSZ 电解质，其小尺寸晶粒和大尺寸晶粒比例都减小了，而中间尺寸的晶粒比例增加。

如图 6.14 所示为 1200℃分别保温 10 h、15 h 和 20 h 时瓷体表面与断面微观形貌。晶界清晰，而且晶界很直，说明在 1200℃下晶粒仍然长得很好。晶粒很小，约 0.4～3 μm，其中 46%～67%的晶粒尺寸为 0.4～1 μm，27%～46%的晶粒尺寸为 1～2 μm，3%～8%的晶粒尺寸为 2～3 μm，如图 6.15 所示。从表面图上几乎看不到孔，从断面图上可以看到少量的封闭孔，说明在 1200℃下完全可以烧结致密。随保温时间的增加，部分晶粒开始长大，故尺寸为 1~2 μm 的晶粒比例增加，整体来说晶粒分布比较均匀。

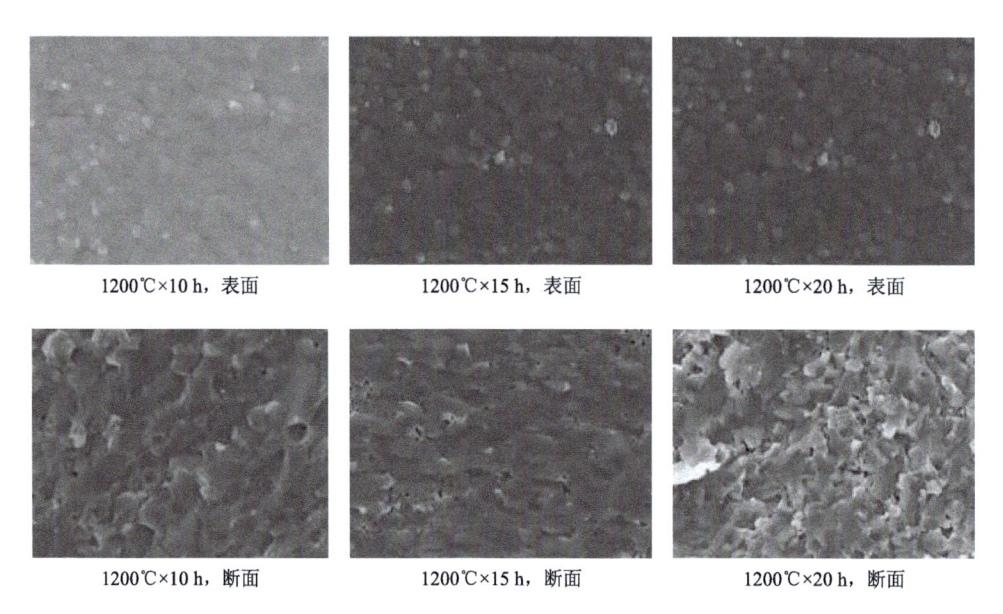

图 6.14　1200℃下保温 10 h、15 h 和 20 h 时 YSZ 瓷体表面与断面微观形貌

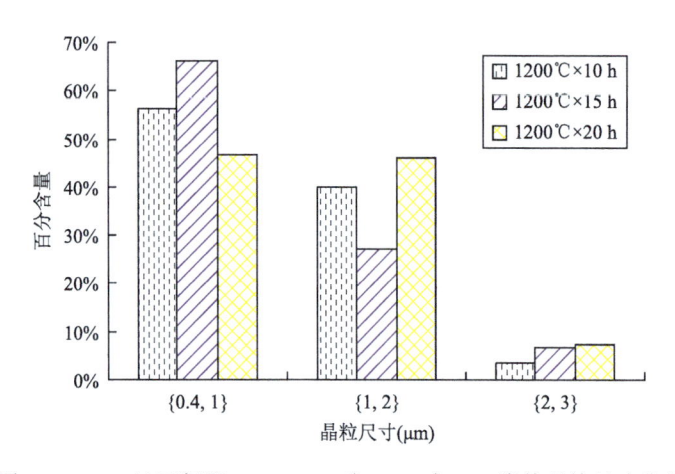

图 6.15　1200℃下保温 10 h、15 h 和 20 h 时 YSZ 瓷体晶粒尺寸分布

与烧结温度为 1300℃和 1250℃相比，当烧结温度为 1200℃时，如果保温相同时间（10~20 h），小尺寸晶粒比例增加，中间尺寸和大尺寸晶粒比例减小；平均晶粒尺寸减小。

三步烧结法比二步烧结法温度又降低了 100～250℃。所得 YSZ 电解质晶粒尺寸明显减小，约 0.4～4 μm，晶粒均匀，晶界清晰，只有很少的封闭孔。采用阿基米德排水法测量电解质密度，结果如图 6.16 所示。不同烧结方法下得到的 YSZ 电解质相对密度基本在 96%以上，可见，所采用的烧结方法可以得到致密的电解质。

6.1.4 多孔骨架层孔隙调控

原位负载纳米电极要求多孔骨架结构有较高的孔隙率，而 YSZ 多孔层的孔隙

图 6.16 YSZ 电解质烧结后瓷体相对密度

率和孔形貌与造孔剂添加量、添加方式以及自身形貌等有着直接关系。图 6.17 为固定烧结温度下不同石墨加入量对孔隙率的影响图，从图中可以看到，随着石墨加入量的增加，瓷体孔隙率逐渐增加。在石墨的质量分数为 50%时，多孔层孔隙率达到 65.8%，满足浸渍电极要求。同时，不同的烧结温度对多孔骨架层的影响见表 6.1。随着烧结温度的升高，孔隙率有轻微下降，但是影响不大。

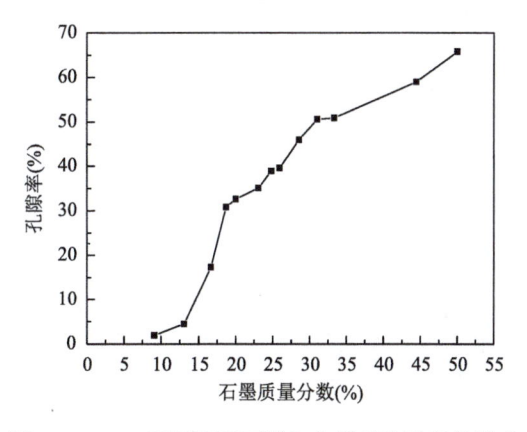

图 6.17 1350℃下不同石墨加入量对孔隙率的影响

表 6.1 不同烧结温度多孔层孔隙率变化表

烧结温度（℃）	1200	1250	1300	1350
孔隙率（%）	68.6	67.2	65.8	65.8

多孔陶瓷的孔隙形貌由造孔剂的颗粒形貌决定，所以造孔剂的选择直接决定孔隙的大小和微观形貌。因此，选用不同颗粒大小和形貌的石墨造孔剂进行多孔骨架层的制备研究。

研究选用 20 μm 片层石墨、5 μm 片层石墨和 15 μm 球形石墨分别作为造孔剂，经 1350℃烧结 5 h 后得到具有不同孔隙形貌的多孔陶瓷结构。图 6.18（a）中是 20 μm 片层石墨的电镜照片，石墨尺寸分布较均匀；图 6.18（b）为使用 20 μm 片层石墨造孔剂得到的 YSZ 陶瓷电镜照片，瓷体的孔隙形貌为明显且均匀的片层状；图 6.18（c）为 5 μm 片层石墨的电镜照片；图 6.18（d）为孔隙形貌为 5 μm 左右的片层孔电镜照片；图 6.18（e）为 15 μm 球形石墨的电镜照片；图 6.18（f）中瓷体孔隙为均匀的球形。试验用同样质量分数不同粒度和形貌的造孔剂制备的瓷体的孔隙率存在差异，试验结果表明，选用 15 μm 球形石墨制备的多孔陶瓷孔隙率最高，同样 50%造孔剂量瓷体孔隙率可达 65%，达到制备电极的要求，并且孔隙形貌有利于以后的电极制备，所以最终选用 15 μm 球形石墨作为多孔骨架层的造孔剂原料。

图 6.18 不同造孔剂和经 1350℃烧结 5 h 得到的多孔陶瓷微观形貌

（a）20 μm 片层石墨；（b）50%石墨含量 20 μm 片层结构 YSZ 陶瓷；（c）5 μm 片层石墨；（d）50%石墨含量 5 μm 片层结构 YSZ 陶瓷；（e）15 μm 球形石墨；（f）50%石墨含量 15 μm 球形结构 YSZ 陶瓷

压汞实验是多孔结构孔隙的主要研究手段，对添加了 35%、40%、45%和 50%（质量分数）球形石墨的多孔骨架进行常压压汞实验。其孔分布结果如图 6.19 所示。随着造孔剂的加入量的增加，YSZ 多孔层孔隙率增加，孔直径不断增大。当造孔剂加入量为 50%时，YSZ 多孔层的孔隙率为 66.62%，孔直径在 1300~2400 nm 之间，其中直径为 2200 nm 的孔占到 40%以上。

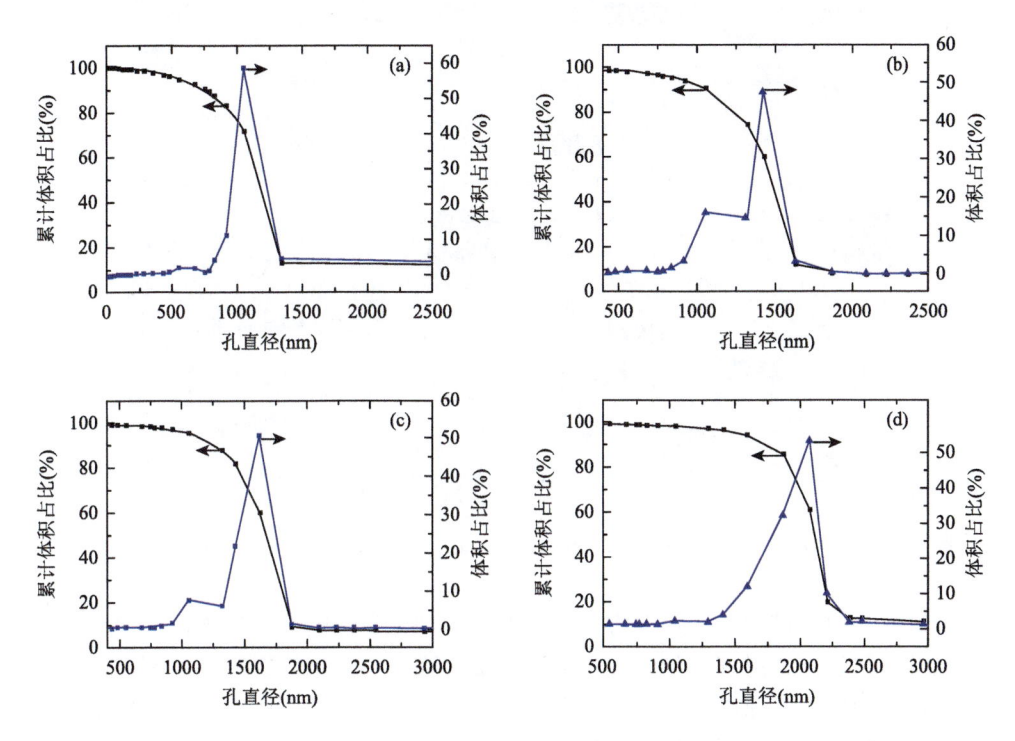

图 6.19 造孔剂加入量为 35%（a）、40%（b）、45%（c）、50%（d）时 YSZ 多孔层中的孔分布

表 6.2 是根据压汞数据计算得出的 YSZ 多孔层中连通孔占所有孔的比例情况，对应的微观形貌如图 6.20 所示。连通孔均占 YSZ 多孔层中所有孔的 90%以上，且通过 YSZ 多孔层坯体的扫描电镜（scanning electron microscope，SEM）图片可以看出，连通孔贯通整个 YSZ 多孔层，且分布均匀，这样的微观结构不仅适用于电极浸渍，而且对电池运行时反应物和产物的扩散十分有利。

表 6.2　YSZ 多孔层中孔的连通性

造孔剂加入量（%）	35	40	45	50
样品孔隙率（%）	51.28	57.19	61.66	66.62
连通孔所占比例（%）	91.67	93.79	93.53	93.92

陶瓷材料的晶体点阵结构取决于原子半径比、价键性和静电作用力等因素，

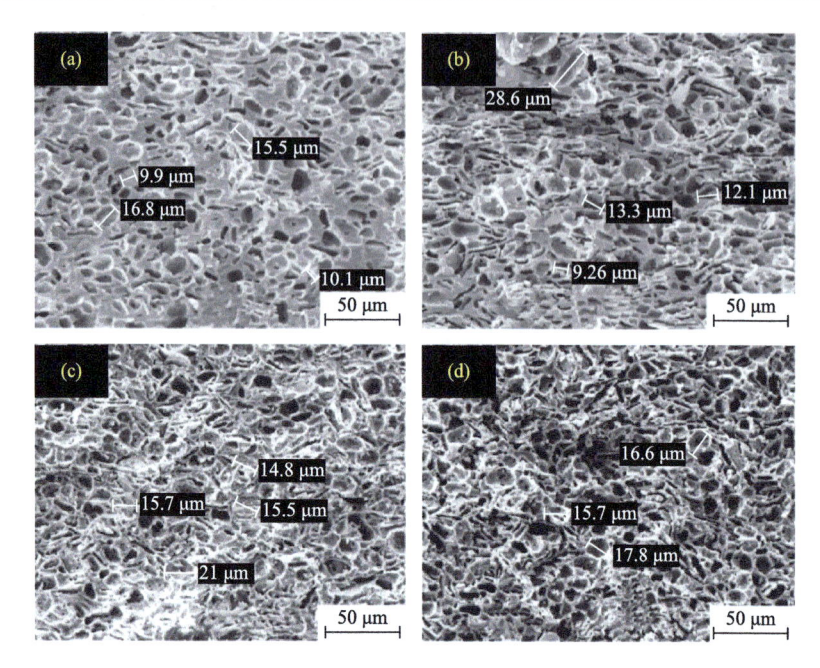

图 6.20　造孔剂加入量为 35%（a）、40%（b）、45%（c）、50%（d）时 YSZ 多孔层断面

而价键性和原子排列又决定着陶瓷材料的一系列力学性能，包括强度、弹性、硬度以及位错运动、滑移和塑性等。陶瓷的实际强度和理论值之间，大都存在着几个数量级的出入，原因在于计算理论值的时候，没有去考虑实际晶体结构中点、线、面缺陷存在的原因。除此之外，晶界、气孔、晶相、第二相夹杂以及裂纹等显微结构因素都会对陶瓷的力学性能有着不同程度的影响。YSZ 基三层·体化结构的力学稳定性取决于最厚的支撑层多孔骨架层的力学稳定性，优良的多孔基体力学性能决定了一体化电池的强度。

因此，分别测量了 1300℃煅烧的造孔剂加入量为 35%、40%、45%和 50%（质量分数）时 YSZ 多孔层坯体抗弯强度平均值和在 1200℃、1250℃、1300℃、1350℃煅烧的造孔剂加入量为 50%的 YSZ 多孔层坯体抗弯强度。结果分别如图 6.21 和图 6.22 所示。可见，YSZ 多孔层坯体的抗弯强度随孔隙率的增加明显下降，随烧结温度的升高而升高，到一定温度有趋于平缓的趋势。综合考虑浸渍电极以及基体强度对孔隙率的要求，可以选择合适的烧结温度和造孔剂含量。

6.1.5　多层薄膜共烧结

致密陶瓷的固相烧结过程通常为三个阶段[1]。

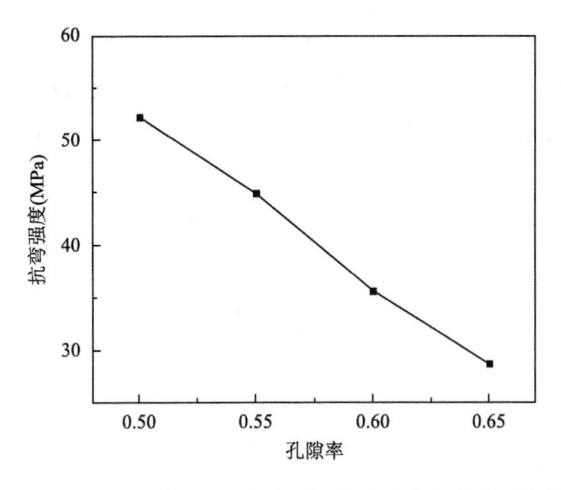

图 6.21　1300℃煅烧的 YSZ 多孔层坯体孔隙率与抗弯强度的关系

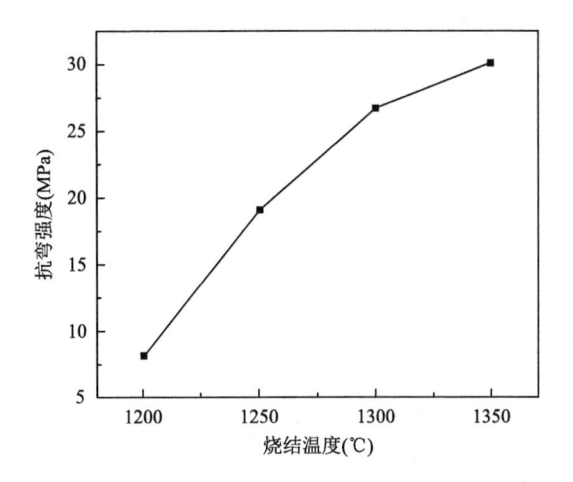

图 6.22　造孔剂含量 50%的 YSZ 多孔层坯体烧结温度与抗弯强度的关系

（1）初始阶段，主要是粉料之间的黏结过程，主要表现为粉体颗粒形状开始发生转变，即粉体颗粒之间的最初接触点或者接触面转变成晶体之间的结合，通过成核作用和晶粒长大等过程形成颈部连接，气孔由原来的柱状贯通状逐渐转变为连续贯通状，其最终的结果是提高了陶瓷坯体的致密度。

（2）中间阶段，即烧结颈继续生长阶段，主要表现为气孔形状的改变，在此阶段中，所有晶粒都尽可能与其最邻近的晶粒接触，粉体颗粒之间的距离缩小，烧结颈长大，形成连续的封闭孔网络形状，陶瓷体的烧结收缩率、坯体密度和机械强度等都有显著的提高。

（3）最终阶段是气孔球状化和不断变小的过程，主要表现为气孔形状的变化，通过晶格或者晶界扩散，把晶粒之间的物质迁移至颈表面，使陶瓷坯体产生收缩，在此过程中，气孔由连通的状态变为孤立的状态，伴随着孔隙通道的不断变窄直至不能稳定存在而分解为封闭气孔，这一阶段宣告结束。在这一阶段中，整个陶瓷坯体收缩缓慢。

陶瓷材料在烧结后期存在一个使陶瓷坯体致密化的最佳烧结温度。在这一温度，陶瓷坯体的致密度最高，高于这一临界温度，陶瓷坯体就会出现过烧现象，临界温度以下陶瓷坯体无论再保温多久都很难达到较高的致密度。陶瓷坯体发生过烧结后将导致晶粒大而不规则，晶界模糊甚至消失，陶瓷坯体中孔隙率提高，导致陶瓷坯体不致密。

多孔陶瓷由于具有密度低、强度高、比表面积大、热导率小以及耐高温、耐腐蚀等优良特性，在结构及功能方面都有广泛的应用。多孔陶瓷的制备方法多样，制备工艺决定了多孔陶瓷的结构和性能。根据后续电极制备工艺参数要求，采用添加造孔剂法，即在陶瓷配料中添加能在坯体中占据一定空间造孔剂，在烧结过程中造孔剂离开基体而形成气孔来制备多孔陶瓷。如上文所述，多孔陶瓷的孔隙形貌由造孔剂的颗粒形貌决定，通过调整造孔剂的加入量达到调整多孔基体孔隙率的目的。此外，造孔剂的加入对基体收缩率有一定影响。通过加入造孔剂，同时配合流延浆料体系的调整，达到收缩率的可控调节，实现与致密电解质层收缩的匹配。

在多层共烧结理论中，为达到同步共烧结，要满足不同层的收缩率以及收缩速率保持一致。组成YSZ基一体化基体的各层坯体，其材料和结构均有所差异。YSZ基三层一体化基体结构可以近似为共烧结理论中的对称ABA型结构[2,3]。在共烧结过程中，ABA型结构中间的B层受到上下两个A层相同的应力作用，因此无弯矩产生，不发生弯曲变形。以电解质层（B层）的收缩率为基准，在满足多孔层对孔隙率和孔结构的要求的前提下，调整多孔层（A层）收缩率，使其略高于致密层的收缩率，以达到三层共烧结的目的。

致密电解质层和多孔骨架层的配料成分不同，黏结剂和增塑剂等有机物含量不同，导致同一烧结温度下的收缩率存在一定差异。相较于多孔骨架层成分的多样性，致密电解质层的成分单一，影响坯体收缩的因素相对少；更重要的是要保证电解质层的致密，为确保三层结构的收缩同步，实现一步共烧结，试验以固定YSZ电解质层的收缩（21.3%），调整多孔层收缩率为主。

为了达到试验需要的孔隙率（65%），多孔层中加入了一定量的石墨造孔剂。造孔剂的加入量和浆料体系中有机添加剂的加入量以及烧结温度都对坯体的收缩产生影响。经验证，同一烧结温度下不同石墨造孔剂加入量对收缩率影响不大（图6.23）。固定造孔剂加入量，随着烧结温度的增加（1200～1300℃），基体收缩率逐渐增加，再升高烧结温度（1300～1350℃）基体收缩不再变化（图6.24）。

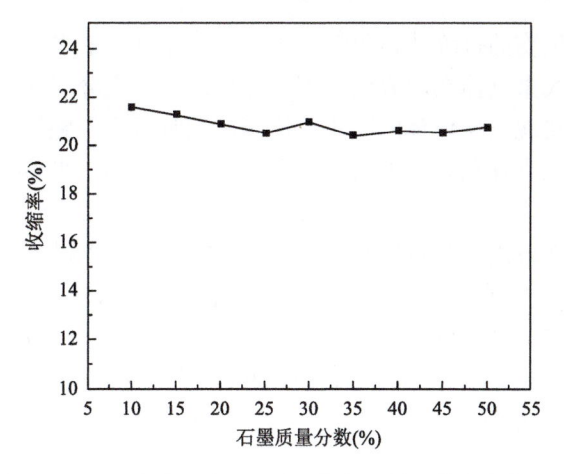

图 6.23 同一烧结温度不同造孔剂加入量对收缩率的影响

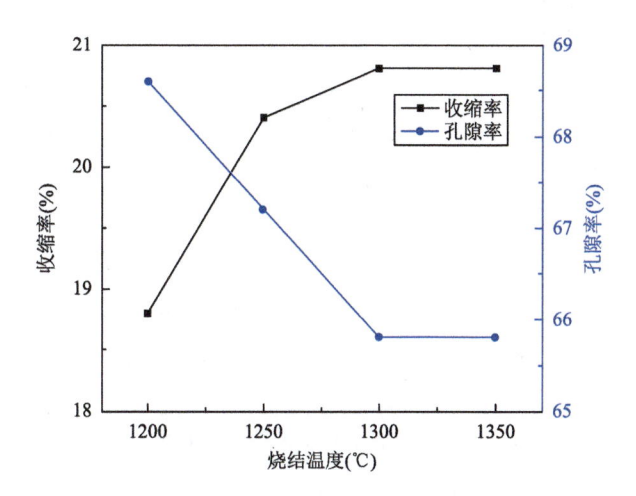

图 6.24 同一造孔剂加入量不同烧结温度对收缩率和孔隙率的影响

综合上述结论，有机添加剂的加入量是调节瓷体收缩率的重要因素。通过调节黏结剂和增塑剂的加入量来保证多孔层与电解质层收缩率一致，达到三层共烧和一体成型的目的，获得平整的一体化电池基体。表 6.3 为各层生坯在 1350℃下煅烧时的收缩率匹配值。

表 6.3　YSZ 基一体化基体中三层生坯收缩率匹配值

	薄多孔层（80 μm）	电解质层（30 μm）	厚多孔层（400 μm）
收缩率/%	23.15	21.3	23.15

流延制得的坯体中含有大量有机添加剂，为了得到平整无裂纹的一体化基体，

在低温段这些有机物的排除非常重要。对于一体化基体的多层复合结构，过快的升温速度会导致大量气体在层界面处聚集，使坯体产生分层和鼓泡等现象，破坏坯体结构。为了实现三层坯体的一步共烧结，同时得到平整的一体化结构基体，需要先对三层生坯进行预烧结处理，得到具有一定强度的平整基体，再进行高温烧结。

通过对流延生坯进行差热热重分析，制定相应的预烧制度。由图 6.25 可以看到，在 100~450℃质量损失为 15%，而后变化很少。从室温到 200℃主要为坯体中溶剂的脱除，在 200℃到 500℃主要是各种有机添加剂的排除和热分解，其中 320℃和 420℃左右有明显的放热峰，而 500℃后仅为粉体烧结过程。图 6.26 为据此确定的坯体预烧曲线。

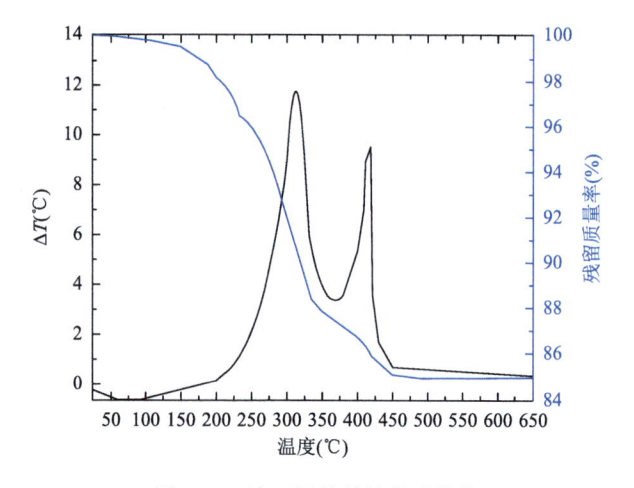

图 6.25　流延坯体差热热重曲线

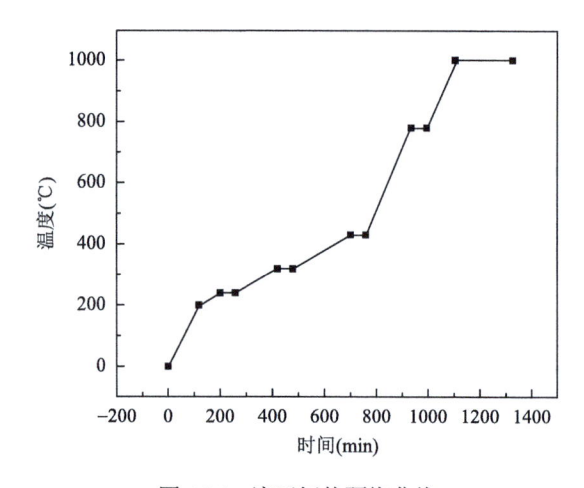

图 6.26　流延坯体预烧曲线

第 6 章　一体化离子传导基体设计

常规 YSZ 粉体的烧结致密化温度为 1400℃，通过使用高活性粉体（如纳米粉体），可降低共烧结温度。选择不同烧结温度（1200℃、1250℃、1300℃和 1350℃），分别在选定烧结温度下保温 10 h（图 6.27），得到的 YSZ 电解质密度见表 6.4。YSZ 陶瓷的理论密度为 5.95 g/cm^3，试验数据表明，流延成型制备的生坯经 1200℃烧结 10 h 已经可以烧结致密，达到试验要求。三层一体化基体不仅要求电解质致密，还要求电解质层和两边的多孔电解质层的烧结界面完好。综合考虑两方面的要求，并考虑到烧结的能源消耗问题，在保证电解质致密的前提下，选择界面烧结形貌相对完好的烧结温度为优化的烧结温度。

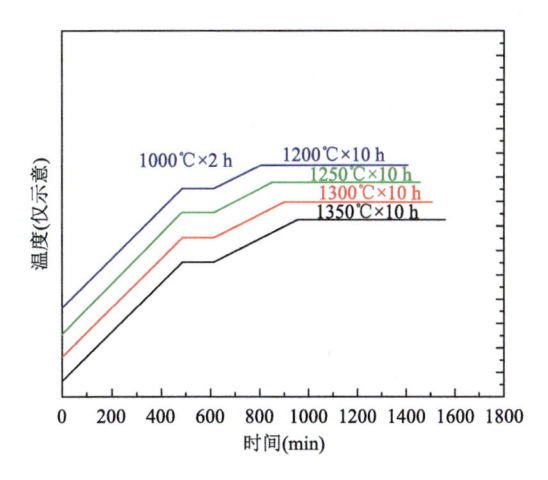

图 6.27　不同烧结温度的烧结曲线

表 6.4　YSZ 电解质密度和相对密度

温度（℃）	1200	1250	1300	1350
密度（g/cm^3）	5.91	5.91	5.92	5.94
相对密度（%）	99.25	99.31	99.54	99.85

按照上述的预烧、烧结工艺分别制备在四种烧结温度下形成的一体化结构基体，通过 SEM 观察不同烧结温度得到的基体样本的烧结界面。图 6.28 是不同烧结温度下的一体化结构微观形貌，其中图 6.28（a）为 1200℃保温 10 h 的基体断面微观形貌。从图中可知，此温度下基本可以形成烧结界面，但多孔骨架和电解质界面接触不够完全，界面接触电阻大，影响基体的热循环稳定性。图 6.28（b）为 1250℃保温 10 h 的断面微观形貌，烧结界面更为完好。图 6.28（c）为 1300℃保温 10 h 的断面微观形貌，烧结界面完好，电解质非常致密。图 6.28（d）为 1350℃保温 10 h 的断面微观形貌，烧结界面完好，多孔骨架的轮廓清晰。

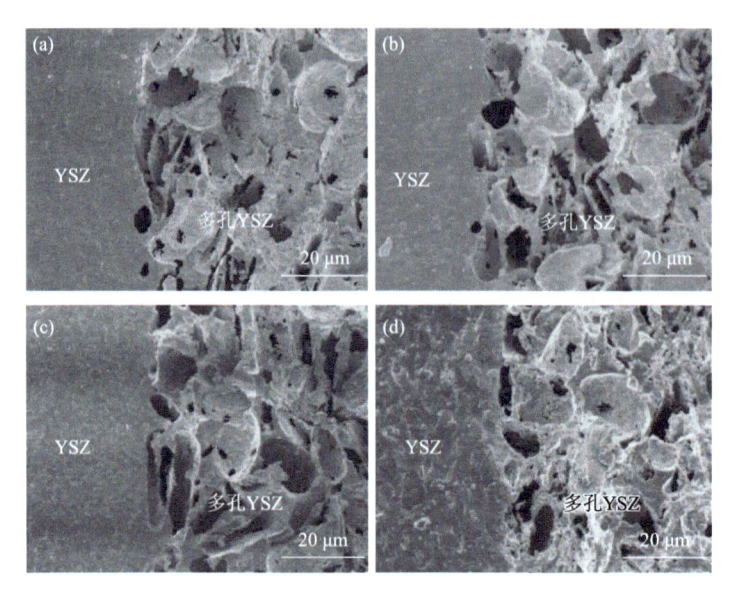

图 6.28　不同烧结温度下一体化结构的微观形貌

(a) 1200℃×10 h；(b) 1250℃×10 h；(c) 1300℃×10 h；(d) 1350℃×10 h

综合考虑电解质致密温度和致密层与多孔层界面烧结情况，得出优化的烧结温度范围为1200～1350℃。目前，国内已经建成了一体化基体的现代化流延生产线，具备了10 cm×10 cm（工业产品尺寸）基体量产能力，批量化生产所制得的产品见图6.29。

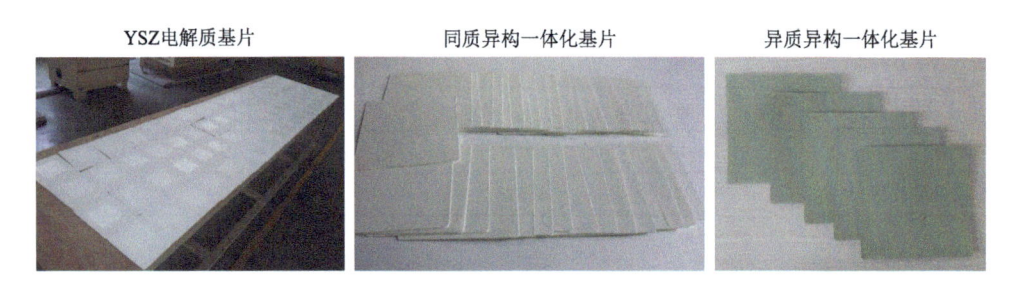

图 6.29　工业标准尺寸（10 cm×10 cm）一体化基体产品

6.2　一体化基体中的离子传导

6.2.1　孔隙参数对电导率的影响

合适的孔隙率以及利于浸渍的孔结构，可使催化剂在多孔层骨架形成一层薄的、连续的网状结构，从而提高表面催化活性和电子/离子电导率，取得较高的电化学性能。电解质相与电极相之间的较好连续性、连续开孔较多、晶粒尺寸较小等，都是保证取得较好电池性能的必需条件。上文中已经分析了不同孔隙率下 YSZ 基体的孔结构，本节将研究异质异构一体化电池的 YSZ 基体的孔隙率对电导率的影响，优化出最佳孔隙率的 YSZ 基体。在此基础上，通过浸渍法制备标准尺寸一体化 SOFC，测试验证其电化学性能。

利用交流阻抗法对 5 种孔隙率分别为 50.3%、56.2%、60.7%、65.8%和 71.1%的多孔 YSZ 进行电导率的测试，并将相同温度时测得的多孔和致密 YSZ 的电导率进行比较。图 6.30 为在空气气氛下多孔 YSZ 与致密 YSZ 电导率比值随温度变化的曲线。随着温度升高，多孔 YSZ 电导率与致密 YSZ 电导率的比值均逐渐升高；但是在同一温度下，随着孔隙率的升高，多孔 YSZ 电导率与致密 YSZ 电导率的比值逐渐减小。当孔隙率增大到 71.1%时，多孔 YSZ 基体电导率急剧下降，800℃时电导率只有致密电解质电导率的 4.5%左右。较低的电导率不利于氧离子的传导，因此孔隙率为 71.1%的多孔 YSZ 基体不适宜作为电极骨架，而应当选择孔隙率更低（50%~60%）的多孔 YSZ 基体。

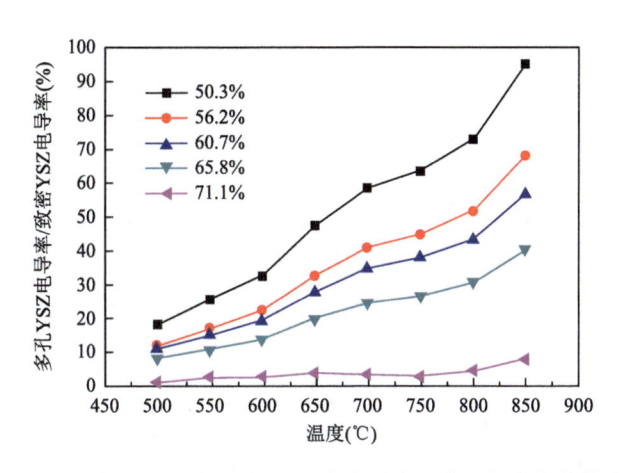

图 6.30 多孔 YSZ 与致密 YSZ 的电导率比值随温度变化曲线

6.2.2 晶粒参数对电导率的影响

对于致密陶瓷体来说，微小的封闭气孔是可以忽略的。其电导率可以分为晶粒电导率和晶界电导率，传统理论认为晶粒电导率比晶界电导率大 2~3 倍[4]。晶界区域的性质对整个电解质的电导率影响很大，如果总电导性能不好，很可能是由于晶界处电导性能不好。影响晶界电导率的因素有很多，如晶粒尺寸、杂质含量、晶界面积和晶界厚度等。有两种可能的原因导致晶界电导性较差：一种是晶

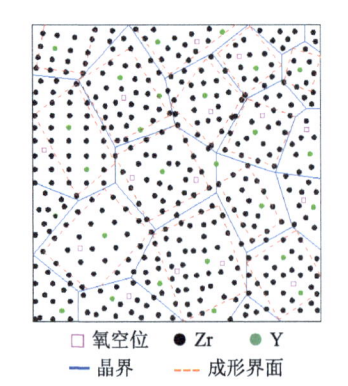

图 6.31 YSZ 电解质亚微米微观结构模型

界处的钇或其他杂质相形成一层隔离层阻碍氧的传导；另一种是晶界处的氧空位比晶粒内部少。尤其在低温时，晶界处的杂质相对总电导率影响很大。

对于致密 YSZ 电解质，随着晶粒尺寸减小，晶界厚度减小。如图 6.31 所示，对于亚微米尺度的 YSZ 晶粒，其晶界处通常只有 1~3 层原子层，这不同于传统理论关于大晶粒 YSZ 的讨论。此外，由前文中获得的致密 YSZ 电解质的微观形貌，可以看出晶界处没有出现第二相，如此薄的晶界内很难有钇或其他杂质形成阻碍氧传导的隔离层。因此，对于亚微米尺度的细晶粒 YSZ，晶界附近的氧空位浓度反而很高，这将有助于晶界电导率增加。

为了更进一步说明微观结构和晶界电导率的关系，Chen 等[5]提出了 "brick layer" 模型：

$$\sigma_{\mathrm{app,gb}} = \frac{\sigma_{\mathrm{sp,gb}} d_{\mathrm{g}} A}{\delta_{\mathrm{gb}} S} \tag{6.3}$$

式中，$\sigma_{\mathrm{app,gb}}$ 是基于电解质尺寸的表观晶界电导率；$\sigma_{\mathrm{sp,gb}}$ 是实际晶界电导率；d_{g} 是晶粒尺寸；A 是晶界处有效导电面积，与晶界面积有关；δ_{gb} 是晶界厚度；S 是电极面积。

随着晶粒尺寸 d_{g} 减小，晶界厚度 δ_{gb} 减小，而实际晶界电导率 $\sigma_{\mathrm{sp,gb}}$ 增加。d_{g} 减小会导致晶界面积增加，则有效导电面积 A 会增加。很显然晶粒尺寸减小的速率（以相关晶粒尺寸的一次方速率减小）远小于晶界有效导电面积的增加（以相关晶粒尺寸的二次方速率增加），所以具有亚微米晶粒尺寸的 YSZ 电解质片晶界电导率提高了。对于具有亚微米结构的 YSZ 电解质来说，晶粒电导率和晶界电导率在一个数量级上。具有亚微米结构的 YSZ 电解质的晶界电导率比具有微米结构的高 1~2 个数量级，所以总电导率有很大的提高。

下面首先讨论晶粒电导率。假设晶粒内部和晶界处气孔均匀分布，则相对密度可以简单由下式计算：

$$\xi = \frac{V_{\mathrm{r}}}{V_{\mathrm{g}}} = \frac{S_{\mathrm{r}} \times L}{S_{\mathrm{g}} \times L} = \frac{S_{\mathrm{r}}}{S_{\mathrm{g}}} \tag{6.4}$$

式中，ξ 是相对密度；S_{r} 和 V_{r} 分别是电解质内固体实际所占表面积和体积，S_{g} 和 V_{g} 分别是几何表面积和体积，L 是电解质厚度。

结合图 6.32 和欧姆定律，晶粒内部的氧离子传导电阻可以由下式计算：

第 6 章 一体化离子传导基体设计

$$R_\mathrm{g} = \frac{L \times \tau}{\sigma_{\mathrm{sp,gi}} S_\mathrm{r}} = \frac{L}{\sigma_{\mathrm{app,si}} S_\mathrm{g}} \tag{6.5}$$

式中，R_g 是晶粒电阻；τ 是弯曲因子，用于修正晶粒内部氧离子的实际传导路径；$\sigma_{\mathrm{app,gi}}$ 是基于几何尺寸的表观晶粒电导率；$\sigma_{\mathrm{sp,gi}}$ 是实际晶粒电导率。结合式（6.4）和式（6.5），可以得出表观晶粒电导率 $\sigma_{\mathrm{app,gi}}$ 和相对密度 ξ 的关系式：

$$\sigma_{\mathrm{app,gi}} = \frac{\sigma_{\mathrm{sp,gi}} \xi}{\tau} \tag{6.6}$$

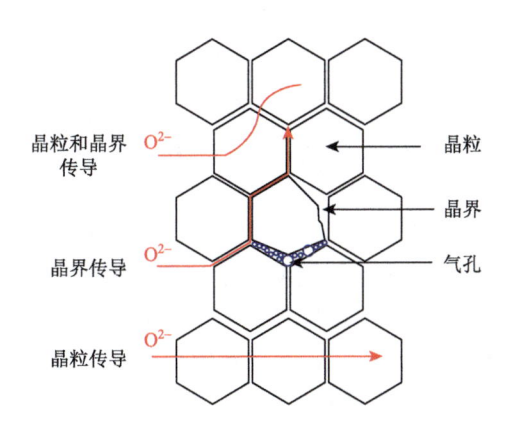

图 6.32 电解质内部氧离子传导机理图

上式可以很好地解释表观晶粒电导率和相对密度之间的线性关系，而且还解释了为什么致密度相同而晶粒尺寸不同的电解质的晶粒电导率有轻微的差别，这可能是由于弯曲因子 τ 不同，τ 与微观结构有关。

如图 6.33 和图 6.34 所示为不同烧结制度下得到的 YSZ 电解质在不同温度下

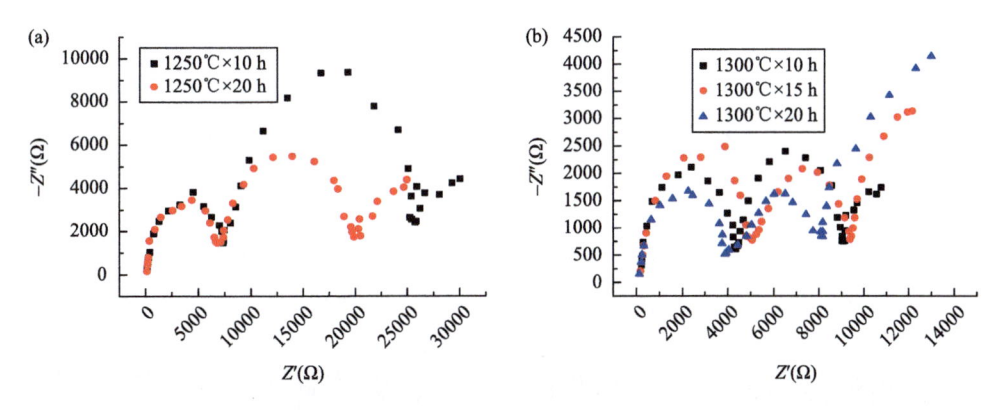

图 6.33 不同烧结制度下得到的 YSZ 电解质在 300℃的交流电导性能

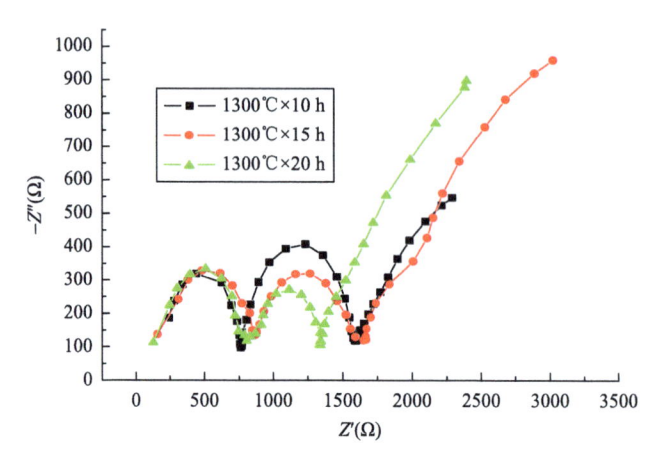

图6.34 不同烧结制度下得到的YSZ电解质在350℃的交流电导性能

的交流电导性能。不难看出，不同烧结制度得到的YSZ电解质的晶粒电导率几乎一致，而晶界电导率有较大变化，说明对于致密陶瓷体来说，晶粒电导率几乎不变，晶界对总电导率的影响更大。在1250℃下，保温20 h样品的晶界电导率比保温10 h样品的高；在1300℃下，保温10 h样品和保温15 h样品很相似，只有保温20 h样品的晶界电导率明显更低。

如上文所述，传统理论针对大晶粒YSZ，认为晶粒电导率一定比晶界电导率大。而对于亚微米细晶粒YSZ，我们研究了晶粒电导率与晶界电导率的关系。如图6.35所示，当烧结制度为1250℃×10 h时：在较低的温度下，晶粒电导率大于晶界电导率；温度为550℃时，晶粒电导率和晶界电导率曲线均出现拐点；在550℃以后继续升温，晶粒电导率提高速率降低，而晶界电导率提高速率加快；温度高于700℃之后，晶界电导率开始大于晶粒电导率。

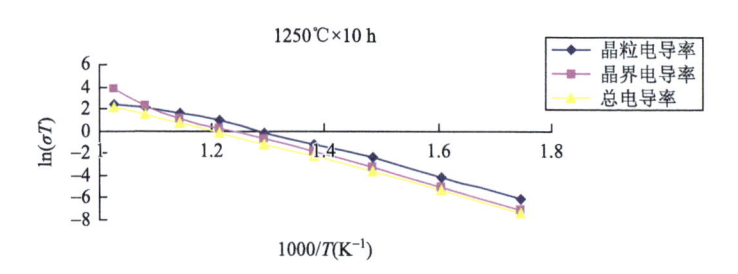

图6.35 烧结制度为1250℃×10 h时晶粒、晶界电导率和总电导率与温度的关系

如图6.36所示，当烧结制度为1250℃×20 h时：低温下（300～550℃）晶粒电导率大于晶界电导率，两者均在600℃左右出现拐点。在600℃以后继续升温，晶粒电导率提高速率降低而晶界电导率提高速率加快，导致从600℃开始晶界电

导率大于晶粒电导率,这比在 1250℃保温 10 h 降低了 100℃。可见,随着保温时间的延长,晶界电导率增加。

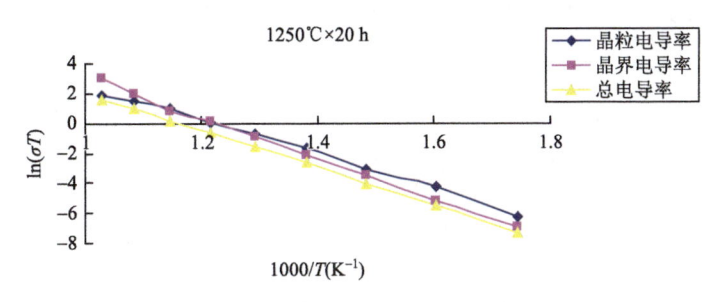

图 6.36　烧结制度为 1250℃×20 h 时晶粒、晶界电导率和总电导率与温度的关系

如图 6.37 所示,当烧结制度为 1300℃×10 h 时:低温下(300~550℃)晶粒电导率与晶界电导率曲线几乎重合,温度高于 550℃以后,晶界电导率开始大于晶粒电导率,这又比 1250℃保温 20 h 降低了 50℃。可见,随着烧结温度的升高和保温时间的延长,晶界电导率增加。晶粒电导率与晶界电导率曲线均在 500℃的时候出现拐点,在 500℃以后继续升温晶粒电导率提高速率降低而晶界电导率提高速率加快。

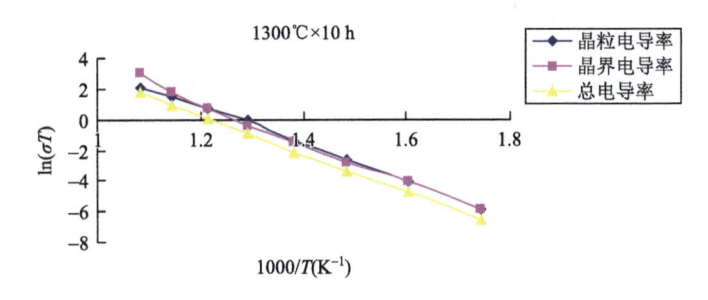

图 6.37　烧结制度为 1300℃×10 h 时晶粒、晶界电导率和总电导率与温度的关系

如图 6.38 所示,当烧结制度为 1300℃×15 h 时:在温度范围 300~600℃内,晶界电导率一直大于晶粒电导率。可见,随着烧结温度的升高和保温时间的延长,晶界电导率增加。晶粒电导率与晶界电导率曲线均在 550℃的时候出现拐点,550℃以后继续升温,晶粒电导率与晶界电导率提高速率均减慢。

如图 6.39 所示,当烧结制度为 1300℃×20 h 时:在温度范围 300~600℃内,晶界电导率一直大于晶粒电导率。可见,随着烧结温度的升高和保温时间的延长,晶界电导率增加。晶粒电导率与晶界电导率曲线均在 350℃的时候出现拐点,350℃以后继续升温,晶粒电导率提高速率加快,而晶界电导率提高速率降低;直到

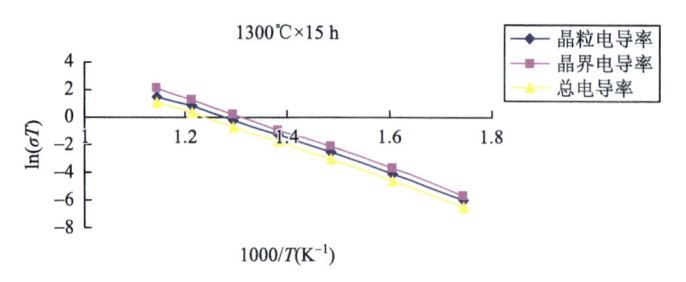

图 6.38 烧结制度为 1300℃×15 h 时晶粒、晶界电导率和总电导率与温度的关系

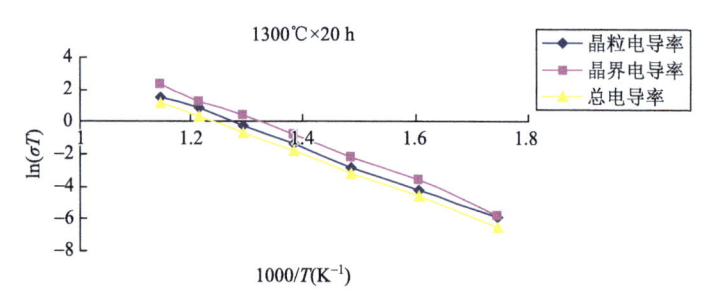

图 6.39 烧结制度为 1300℃×20 h 时晶粒、晶界电导率和总电导率与温度的关系

500℃又出现一个拐点，晶粒电导率提高速率再一次增加，晶界电导率提高速率再一次降低，但晶界电导率仍然大于晶粒电导率。

采用三步烧结法可以使 YSZ 晶粒尺寸减小至亚微米量级，以上测试结果表明，对于细晶粒 YSZ，晶界电导率将大于晶粒电导率。在烧结过程中，晶粒生长是通过晶界扩散完成的，此时原子重排，原子规则排列的地方形成了晶粒，原子错排的地方形成了晶界。随着晶粒尺寸减小，不规则排列的原子数量减少，导致晶界变薄。由于晶界处于相对较高能态，而氧空位作为一种缺陷，也属于高能态。在原子重排的过程中，氧空位倾向于在晶界处富集，所以晶界处氧空位浓度很高，使氧离子传导加快，晶界电导率提高。

6.3 晶界修饰与晶界电导率

6.3.1 锆基电解质晶界修饰

在 YSZ 中添加助烧剂，如 Bi_2O_3、CoO、CuO 和 MnO_2 等氧化物，是降低电解质烧结温度的有效途径之一。Nagaeva 等[6]通过固相合成法制备了添加 0.5 mol%～3 mol% Li_2O 的 10YSZ，并在 1200℃下烧结 4 h。物相分析表明，当添加量为 0 mol%～1.7 mol%时，立方相的 ZrO_2 为纯相，且峰的强度随添加量的增加而增强；当添加量大于 1.7 mol%时，单斜相与立方相 ZrO_2 共存。电导率测试表明，当

Li$_2$O 的添加量为 1.7 mol%时电导率最高（500℃时，电导率约为 0.032 S/cm），在此之前电导率随 Li$_2$O 添加量增加而增加，之后电导率随添加量增加而减小。

不同 Li$_2$O 添加量（n = 0、0.25、0.5、1、1.5、1.7、2、2.5、3，mol/%）的 YSZ 电解质样品在不同温度下（1250~1500℃）烧结致密后（相对致密度≥95%），晶粒和晶界电导率的测试结果如图 6.40 所示。从图 6.40（a）中可以看出，随着温

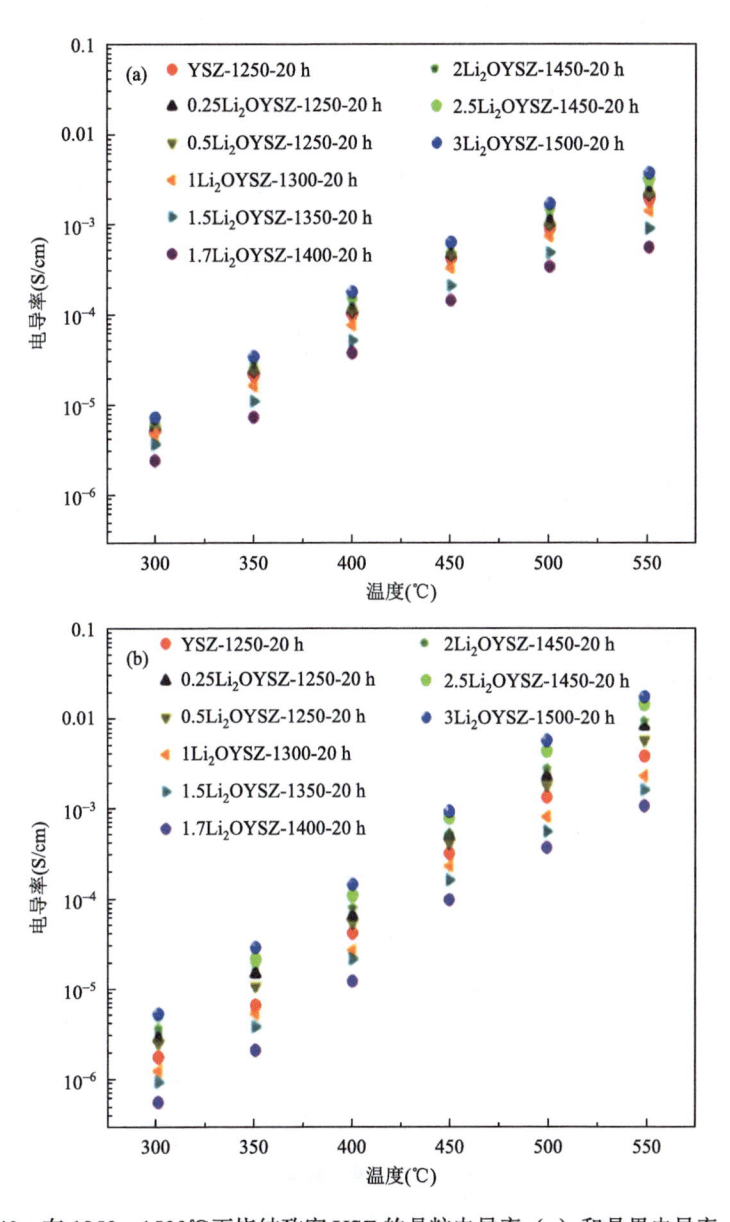

图 6.40 在 1250~1500℃下烧结致密 YSZ 的晶粒电导率（a）和晶界电导率（b）

度的增加晶粒电导率均呈现逐渐增加的趋势，且相同温度下晶粒电导率的大小遵循 3Li$_2$O-YSZ＞2.5Li$_2$O-YSZ＞2Li$_2$O-YSZ＞0.25Li$_2$O-YSZ＞0.5Li$_2$O-YSZ＞纯 YSZ＞1Li$_2$O-YSZ＞1.5Li$_2$O-YSZ＞1.7Li$_2$O-YSZ 的规律。在 ZrO$_2$ 晶体中引入一定量的低价阳离子时，这些低价的阳离子将取代 Zr^{4+} 的位置，此时为了保持材料的局部电中性，会在点阵中引入氧空位。因此，当在 YSZ 中掺杂少量（$n = 0.25$）的 Li$_2$O 后，Li$^+$取代 ZrO$_2$ 晶格中的 Zr^{4+}，使得氧空位浓度增大，电导率提高；随掺杂浓度增大（$n = 0.5$），氧空位增加，此时氧空位会发生缔合，有效氧空位浓度下降，引起电导率略微降低；当 Li$_2$O 的掺杂量进一步增加时（$n = 1 \sim 1.7$），氧空位缔合加剧，同时，ZrO$_2$ 开始出现晶格畸变，导致瓷体电导率低于纯 YSZ 样品；当 Li$_2$O 的掺杂量 $n = 2 \sim 3$ 时，由于烧结温度不低于 1450℃，瓷体的晶粒长大，晶界减少，有利于晶界氧空位耗尽型材料电导率的提高，同时，高于 1450℃ 烧结得到的瓷体立方相的回归对电导率的提高也有积极作用。

从图 6.40（b）中可以看出，随着温度的增加，晶界电导率也呈现逐渐增加的趋势，并且随 Li$_2$O 添加量的改变，晶界电导率的大小表现出与晶粒电导率变化相一致的规律。其中 3Li$_2$O-YSZ＞2.5Li$_2$O-YSZ＞2Li$_2$O-YSZ 的晶界电导率变化规律，是由于随 Li$_2$O 添加量的增加，YSZ 越来越难以烧结致密，为提高烧结致密度，便需提高烧结温度。随着温度的升高，Li$_2$O 已经逐渐挥发，此时单斜相的 ZrO$_2$ 已经完全转化为立方相。此外，气孔会阻碍氧离子的传导，而烧结温度的提高消除了晶界处的气孔，晶粒间的接触面积也因此增大，使得氧离子更容易迁移，有助于提高晶界电导率。

将晶粒电导率和晶界电导率进行对比，结果如图 6.41 所示。由图中可以看出，晶粒与晶界电导率的相对大小与温度之间存在着一定的关系。当测试温度低于

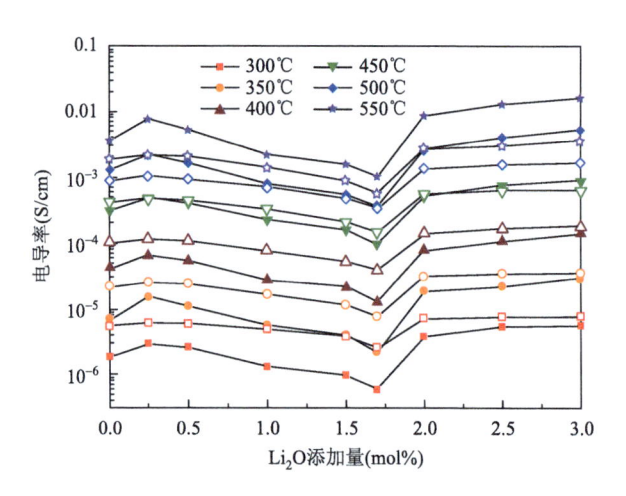

图 6.41 不同 Li$_2$O 添加量的 YSZ 的晶粒电导率（空心符号）和晶界电导率（实心符号）

450℃（即 300℃、350℃和 400℃）时，不同添加量 Li_2O 的 YSZ 的晶粒电导率均比晶界电导率高；而当测试温度为 450℃时，晶粒电导率与晶界电导率趋于一致；当测试温度在 500℃及以上时，晶界电导率开始高于晶粒电导率。

图 6.42 为各样品的总电导率与温度的关系图。随着 Li_2O 添加量的增加，各样品的总电导率呈现与晶粒和晶界电导率一致的规律；同时，晶粒和晶界电导率随 Li_2O 添加量先增大后减小的变化规律也决定了样品总电导率具有相似的变化规律，即 $3Li_2O$-YSZ＞$2.5Li_2O$-YSZ＞$2Li_2O$-YSZ＞$0.25Li_2O$-YSZ＞$0.5Li_2O$-YSZ＞纯 YSZ＞$1Li_2O$-YSZ＞$1.5Li_2O$-YSZ＞$1.7Li_2O$-YSZ。

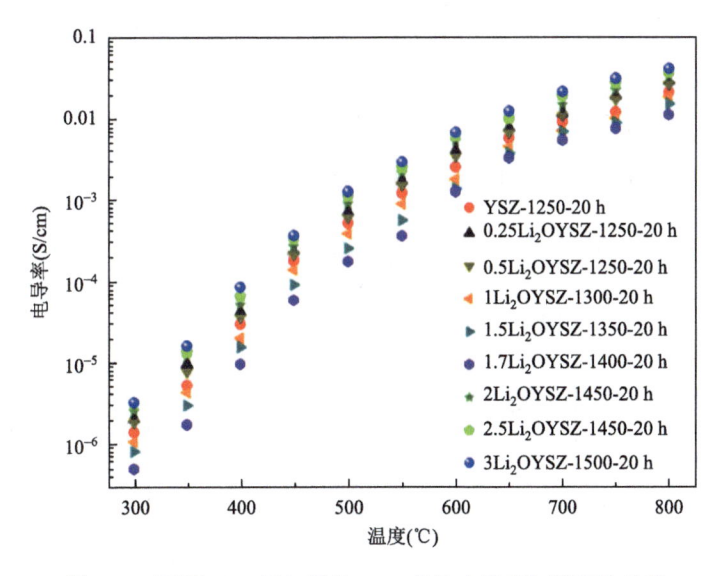

图 6.42 不同 Li_2O 添加量的 YSZ 的总电导率与温度的关系

图 6.43 为各样品的总电导率与 Li_2O 添加量的关系图。随着温度的升高，电导率呈现逐渐增加的趋势；当测试温度为 800℃时，添加 0.25 mol% Li_2O 样品和添加 0.5 mol% Li_2O 样品的电导率都比纯 YSZ 要高。此时，纯 YSZ 的电导率数值为 0.0223 S/cm，而添加 0.25 mol% Li_2O 和添加 0.5 mol% Li_2O 的 YSZ 样品的电导率分别高达 0.0302 S/cm 和 0.0276 S/cm，分别为纯 YSZ 的 1.35 和 1.24 倍，表现出优异的氧离子导电性。

根据 Guo 和 Waser[7]提出的空间电荷模型（图 6.44），YSZ 瓷体的晶界由带正电荷的晶界核心与两侧的空间电荷层三部分组成，因晶界核心的正电性，且氧空位也是带正电的，相同电荷之间的静电排斥作用使得氧空位在空间电荷层中耗尽，最终导致了晶界电导率比晶粒电导率低一至两个数量级。

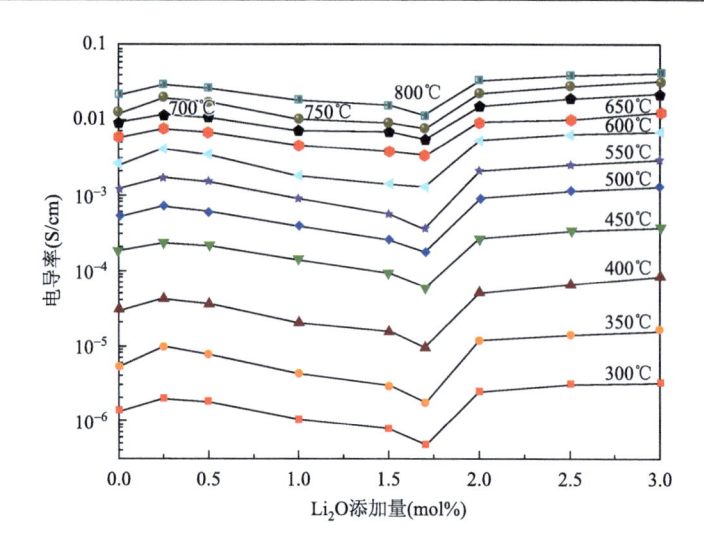

图 6.43 不同 Li₂O 添加量的 YSZ 的总电导率与 n 的关系

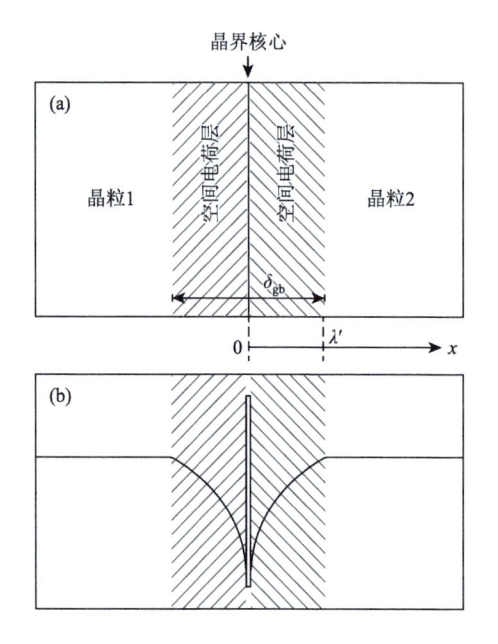

图 6.44 晶界附近的物理模型示意图

(a) 两个相邻的晶粒及其晶界核心，以及晶界核心附近的空间电荷层；(b) 晶界核心和空间电荷层中的氧空位分布

但是，在足够高的温度或者足够多的低价阳离子添加浓度下，晶界的这种阻隔效应便会消失。如 6.2.2 节中所述，对于亚微米级细晶粒 YSZ，由于氧空位倾

向于在超薄晶界处富集,且高温下晶界的阻隔效应减弱,因此晶界电导率将大于晶粒电导率。另外,Li$^+$等低价阳离子的添加则会带来以下影响:

(1) 在 YSZ 中添加少量(n = 0.25)的 Li$_2$O 后,各温度下的晶粒和晶界电导率均有所提高。晶粒电导率的提高是因为在 YSZ 晶体中引入 Li$_2$O 后,根据缺陷方程 Li$_2$O $\xrightarrow{ZrO_2}$ 2Li$'''_{Zr}$ + O^x_O + 3V$^{\cdot\cdot}_O$ 可知,在生成 Li$'''_{Zr}$ 的同时,为保持电中性而在晶格点阵中引入了氧空位,晶格点阵中氧空位浓度的提高使得晶粒电导率有所提高。晶界电导率的提高是因为在 YSZ 中加入 Li$_2$O 后,Li$^+$ 只能以 Li$'''_{Zr}$ 的形式存在于 Zr^{4+} 和 Y$'_{Zr}$ 的位置上,带负电荷的 Li$'''_{Zr}$ 与晶界核心之间的静电吸引作用使得 Li$'''_{Zr}$ 易在空间电荷层富集,从而削弱了晶界核心对空间电荷层中氧空位的库仑排斥力,提高了晶界处的氧空位浓度。

(2) 随着 Li$_2$O 添加量的增加($n \geq 0.5$),在晶格点阵中可以产生添加量两倍的取代离子 Li$'''_{Zr}$ 和三倍的氧空位,二者数量的骤增,带相反电荷的 Li$'''_{Zr}$ 和氧空位互相吸引而缔合的概率便提高,而缔合的形成减少了可自由移动的氧空位,降低了晶界与晶格点阵中的有效氧空位浓度,进而降低了晶粒和晶界电导率。

6.3.2 铈基电解质晶界修饰

相比于 YSZ,在相同温度下 GDC 具有更高的电导率,是中温 SOFC 电解质的理想材料。但是,通过传统方法烧结的 GDC 只有在 1550℃以上才能获得 95% 的致密度。如何降低 GDC 材料的烧结致密化温度,以获得高性能的电解质陶瓷,成为国内外研究的热点。目前的研究重点主要集中在两个方向:一是寻找制备高活性的纳米级 GDC 材料的方法,如共沉淀法、水热合成法等,但这些方法工艺复杂且一次制备量少,不适宜工业应用;另一个研究方向便是寻找合适的烧结助剂以降低烧结温度。

目前 GDC 材料的烧结助剂主要有 Mn^{4+}、Fe^{3+}、Co^{2+}和 Cu^{2+}等。Jud 等[8]通过在 GDC 中掺杂 1%的 CoO,将 GDC 的传统烧结致密温度降低到 900℃。Pérez-Coll 等[9]的研究表明,在 GDC 中 Co$_3$O$_4$ 的添加降低了晶粒和晶界的活化能,其在低温段的晶粒电导率和晶界电导率都明显提高。有研究表明 Li$_2$O 同样具有助烧作用[10],添加约 1.5 mol% Li$_2$O(3 mol% Li)后,Gd$_{0.2}$Ce$_{0.8}$O$_{1.9}$ 试样的致密烧结温度降低了 150℃(从 1600℃降低到 1450℃),当加入 2 mol% Li$_2$O 后,Sm$_{0.2}$Ce$_{0.8}$O$_{1.9}$(SDC)的烧结温度从 1500℃降低到 900℃。

一直以来,不少研究人员都对助烧剂作用机理进行了分析,但没有达成共识,助烧剂助烧机理尚未研究清晰。我们在之前的研究中发现,加入 5 mol% Li$_2$O 后,800℃就可以将 GDC 电解质烧结致密,且 Li$_2$O-GDC 电解质电导率相对于纯 GDC 电解质均有一定提高。Li$_2$O 具有一定易挥发性,因此,不同烧结温度烧结致密的 Li₂O-GDC 瓷体中 Li 的存在形式以及电导率也会受到不同程度的影响。因此需要系统研究不同烧结温度下 Li₂O 对 GDC 电解质致密化及电导率的影响及其原因。

图 6.45 所示为不同烧结温度下烧结致密的 2.5 mol%Li₂O-GDC 和 1400℃烧结致密的 GDC（GDC-1400）的总电导率。从图 6.45（a）中可以看出，掺入 Li₂O 后，所有样品的总电导率随着测试温度的升高而升高，不同温度烧结致密的 Li₂O-GDC 电解质总电导率比纯 GDC 电导率高或与之相当，与之前研究及文献报道一致。其中 2.5 mol%Li₂O-GDC-1000 总电导率最高，在 600℃时的总电导率为 0.043 S/cm，高于 GDC-1400 烧结致密的纯 GDC 电解质在 600℃时的总电导率 0.0190 S/cm。

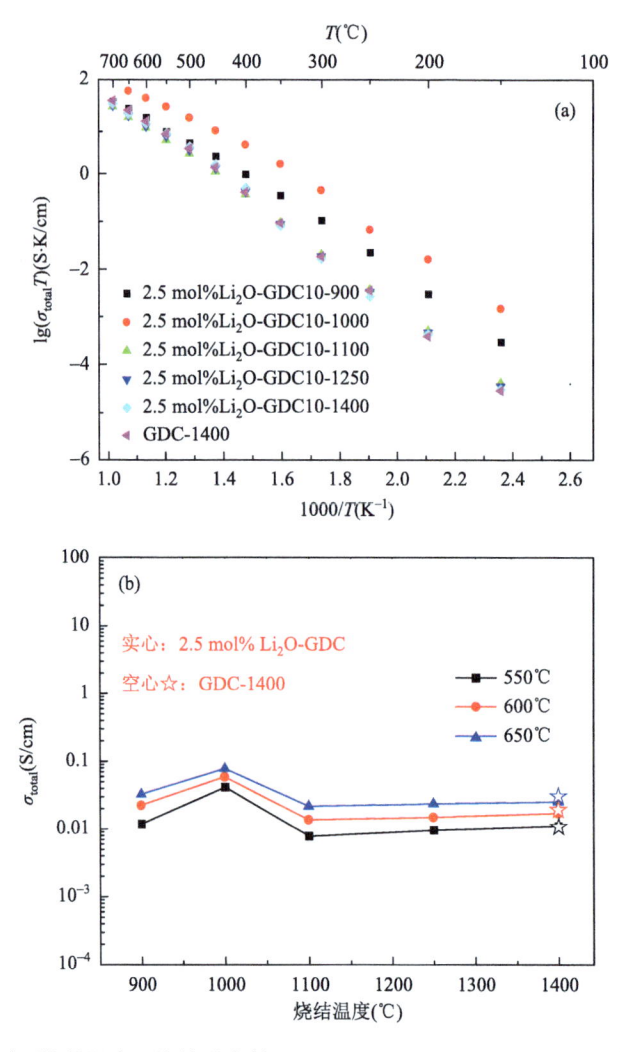

图 6.45 不同烧结温度下烧结致密的 2.5 mol%Li₂O-GDC 和 GDC-1400 的总电导率

图 6.45（b）为不同烧结温度下烧结致密的 2.5 mol%Li$_2$O-GDC 与 GDC-1400 在 550~650℃时的总电导率对比。2.5 mol%Li$_2$O-GDC 的总电导率随着烧结温度的升高先升高后降低，1000℃烧结的样品总电导率明显高于其他烧结温度下的总电导率。在 900℃和 1000℃下烧结致密的 Li$_2$O-GDC 电解质电导率高于 GDC-1400 的电导率，而在 1100℃、1250℃和 1400℃下烧结致密的 Li$_2$O-GDC 电解质电导率略低于 GDC-1400。

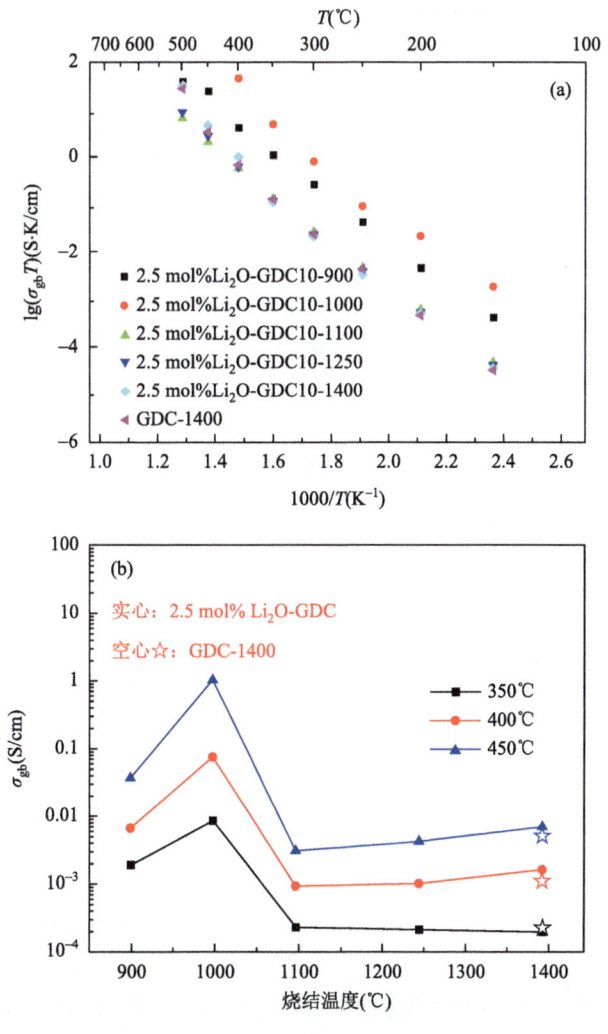

图 6.46 为不同温度下烧结致密的 2.5 mol%Li$_2$O-GDC 和 GDC-1400 的晶界电导率。从图 6.46（a）可以发现，2.5 mol%Li$_2$O-GDC 和纯 GDC 的晶界电导率随着测试温度的升高而升高，此外，掺入 Li$_2$O 后，不同温度烧结致密的晶界电导率均比

图 6.46 不同温度下烧结致密的 2.5 mol%Li$_2$O-GDC 和 GDC-1400 的晶界电导率

纯 GDC 晶界电导率高或与之相当。从图 6.46（b）可以发现，2.5 mol%Li$_2$O-GDC 的晶界电导率随着烧结温度的升高先升高后降低，900℃和 1000℃下烧结致密的电解质晶界电导率明显高于其他烧结温度下的晶界电导率，而 1100℃、1250℃和 1400℃烧结致密的 2.5 mol%Li$_2$O-GDC 和 GDC-1400 的晶界电导率基本一致。

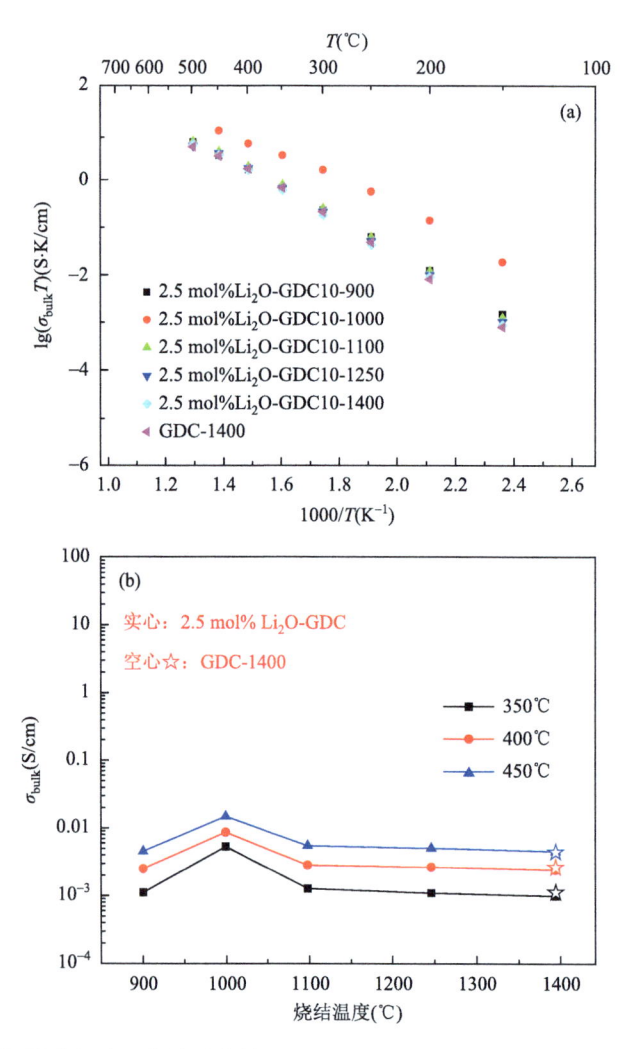

图 6.47 为不同烧结温度下烧结致密的 2.5 mol%Li$_2$O-GDC 和 GDC-1400 的晶粒电导率。2.5 mol%Li$_2$O-GDC 的晶粒电导率随着烧结温度的升高先升高后降低，1000℃时晶粒电导率最高，其他烧结温度下的晶粒电导率与 GDC-1400 的晶粒电导率基本一致。

图 6.47 不同烧结温度下烧结致密的 2.5 mol%Li$_2$O-GDC 和 GDC-1400 的晶粒电导率

表 6.5 所示为不同温度烧结致密的 2.5 mol%Li$_2$O-GDC 和 GDC-1400 的电导活化能，由于不同温度段的导电机理不同，总电导率和晶界电导率的电导活化能都是分段计算得出的。可以看出，添加 2.5 mol%的 Li$_2$O，可以明显降低 GDC 的晶界、晶粒和总电导的活化能。低温烧结致密的 2.5 mol%Li$_2$O-GDC，其晶界电导率、晶粒电导率和总电导率都得到了明显的提升。其中 1000℃下烧结致密的 2.5 mol%Li$_2$O-GDC 的晶界电导、晶粒电导和总电导的活化能最小，说明这一工况下制备的 GDC 导电性最佳。

表 6.5　不同温度烧结致密的 2.5 mol%Li$_2$O-GDC 和 GDC-1400 的电导活化能

样品参数	活化能（eV）				
	总体		晶粒	晶界	
	150～300℃	350～700℃	150～500℃	150～300℃	350～500℃
2.5 mol%Li$_2$O-GDC-900	0.8227	0.6777	0.6611	0.9094	1.0968
2.5 mol%Li$_2$O-GDC-1000	0.7987	0.5571	0.5420	0.8262	1.0788
2.5 mol%Li$_2$O-GDC-1100	0.8863	0.7960	0.6843	0.8835	1.1218
2.5 mol%Li$_2$O-GDC-1250	0.8940	0.7755	0.6886	0.8842	1.2062
2.5 mol%Li$_2$O-GDC-1400	0.8973	0.7553	0.7005	0.8892	1.5464
GDC-1400	0.9289	0.8376	0.7053	0.9308	1.4733

6.3.3　晶界修饰的影响

图 6.48 中显示了 2.5 mol%Li$_2$O-GDC 在不同温度（900℃、1000℃、1100℃、1250℃和 1400℃）烧结后的物相图。从图 6.48（a）中可以看出，不同温度烧结后的 2.5 mol%Li$_2$O-GDC 与 GDC-1400 相比没有明显杂峰出现，说明没有新的物相生成。从图 6.48（b）中可以看出，添加 Li$_2$O 后主峰微微向右偏移，晶格常数减小（表 6.6），可能是由于部分 Li 进入了 GDC 晶格中。XRD 图谱中最高衍射峰（111）的偏移随着烧结温度的升高有着复杂的变化：当烧结温度从 900℃升高到 1000℃时，主峰向高角度偏移；1100℃烧结后向低角度偏移；然后在 1250℃烧结后又向高角度偏移；最后在 1400℃烧结后向低角度偏移。这可能主要是由于在烧结温度升高的过程中，Li 向 GDC 晶格中的进入和逸出是同时进行的。此外，在烧结过程中形成的新相也有可能造成晶格变化。

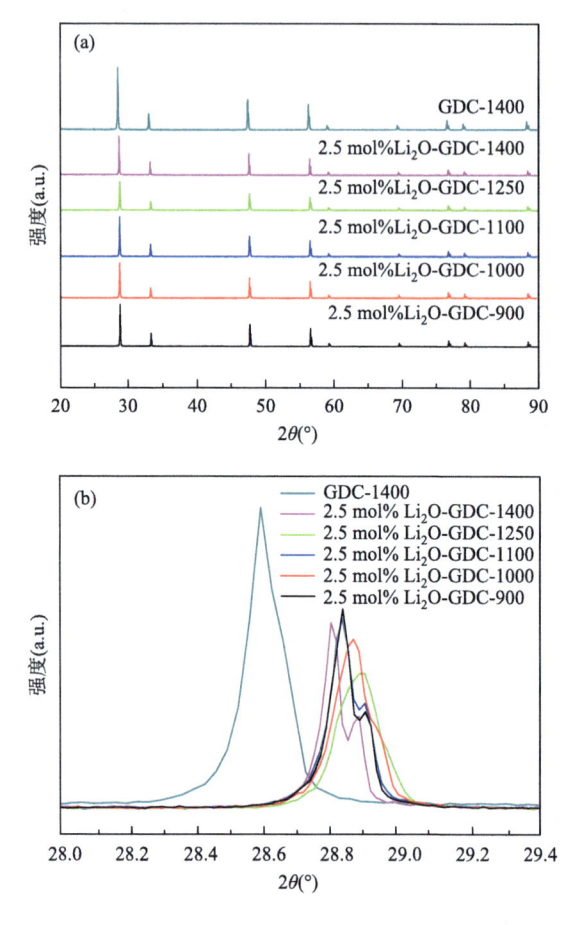

图 6.48　2.5 mol%Li₂O-GDC 在不同温度烧结后和 GDC-1400 的物相图

表 6.6　2.5 mol%Li₂O-GDC 在不同温度烧结后和 GDC-1400 的平均晶格常数

	2.5 mol%Li₂O-GDC-900	2.5 mol%Li₂O-GDC-1000	2.5 mol%Li₂O-GDC-1100	2.5 mol%Li₂O-GDC-1250	2.5 mol%Li₂O-GDC-1400	GDC-1400
平均晶格常数	3.3454	3.3432	3.3448	3.3433	3.5036	3.3862

图 6.49 为 2.5 mol%Li₂O-GDC 电解质在不同温度（900℃、1000℃、1100℃和 1400℃）下烧结致密后的微观形貌。在 900℃、1000℃、1100℃和 1400℃烧结后的 GDC 晶粒大小分别约为 0.5~0.8 μm、0.5~1 μm、0.4~1.1 μm、0.8~1.6 μm，晶粒尺寸随着烧结温度的升高逐渐长大，且在高温下烧结后晶粒大小不均一，这说明随着烧结温度的升高电解质有可能已经出现了局部过烧。900℃和 1000℃烧结后的电解质表面析出了直径为 80 nm 左右的小颗粒，这有可能是烧结过程中形成的 Li-Gd-Ce-O 相。小颗粒主要富集在 GDC 的晶界处，说明 Li_2O 和 Gd_2O_3、CeO_2

之间的反应主要发生在 GDC 的晶界处。低温下出现的相反应产物聚集的现象说明了 Li$_2$O 和 GDC 之间可能具有较高的反应活性。

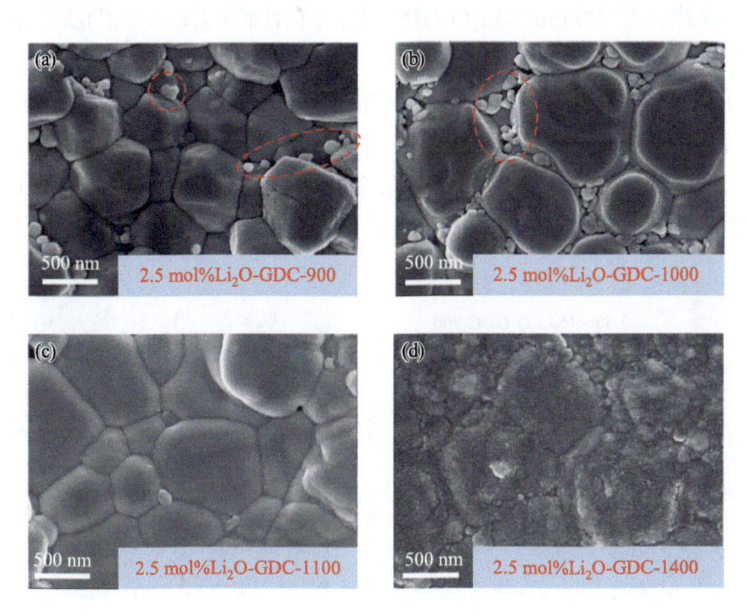

图 6.49　不同温度下烧结致密的 2.5 mol%Li$_2$O-GDC 微观形貌

图 6.50 为 2.5 mol%Li$_2$O-GDC 电解质在不同温度下（900℃、1000℃、1100℃

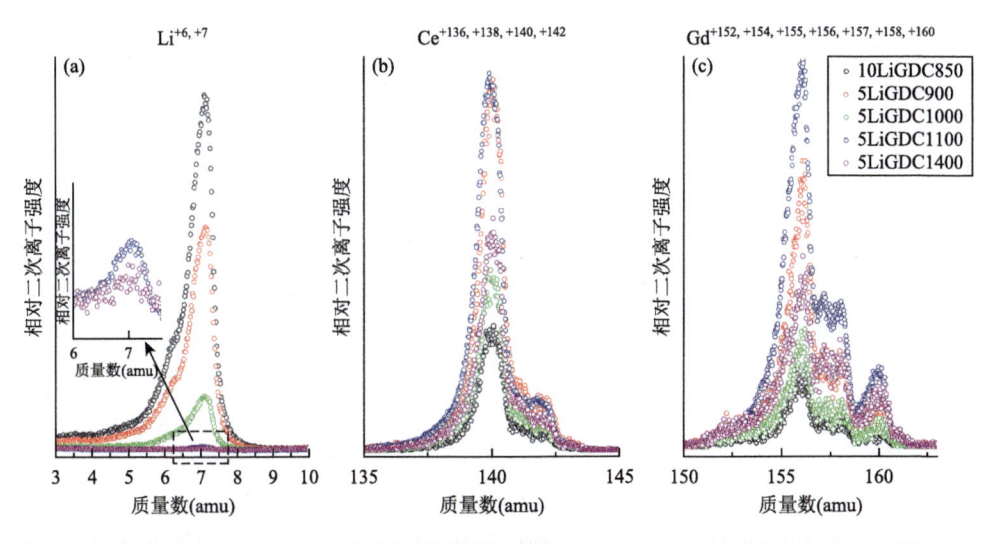

图 6.50　2.5 mol%Li$_2$O-GDC 电解质在不同温度（900℃、1000℃、1100℃和 1400℃）下烧结后表面的二次离子质谱分析

和 1400℃）烧结后表面的二次离子质谱分析（secondary ion mass spectrometry，SIMS）。从图中可以看出，SIMS 在瓷体表面检测到了 Li 离子碎片、Ce 离子碎片和 Gd 离子碎片。在 2.5 mol%Li$_2$O-GDC 中，Li$^+$/(Li$^+$ + Ce$^+$ + Gd$^+$)随着烧结温度的升高逐渐降低，即随着烧结温度的升高，瓷体表面 Li 元素含量降低。结合上述 SEM 图像所显示的微观形貌，Li 很有可能存在于 GDC 晶界附近的小颗粒中，随着烧结温度的升高而逐渐消失。

图 6.51 为 Li$_2$O-GDC 电解质瓷体断面形貌和元素分析。2.5 mol%Li$_2$O-GDC-900 的断面也出现大量颗粒团聚体，而且主要集中于晶界上。通过扫描透射电镜

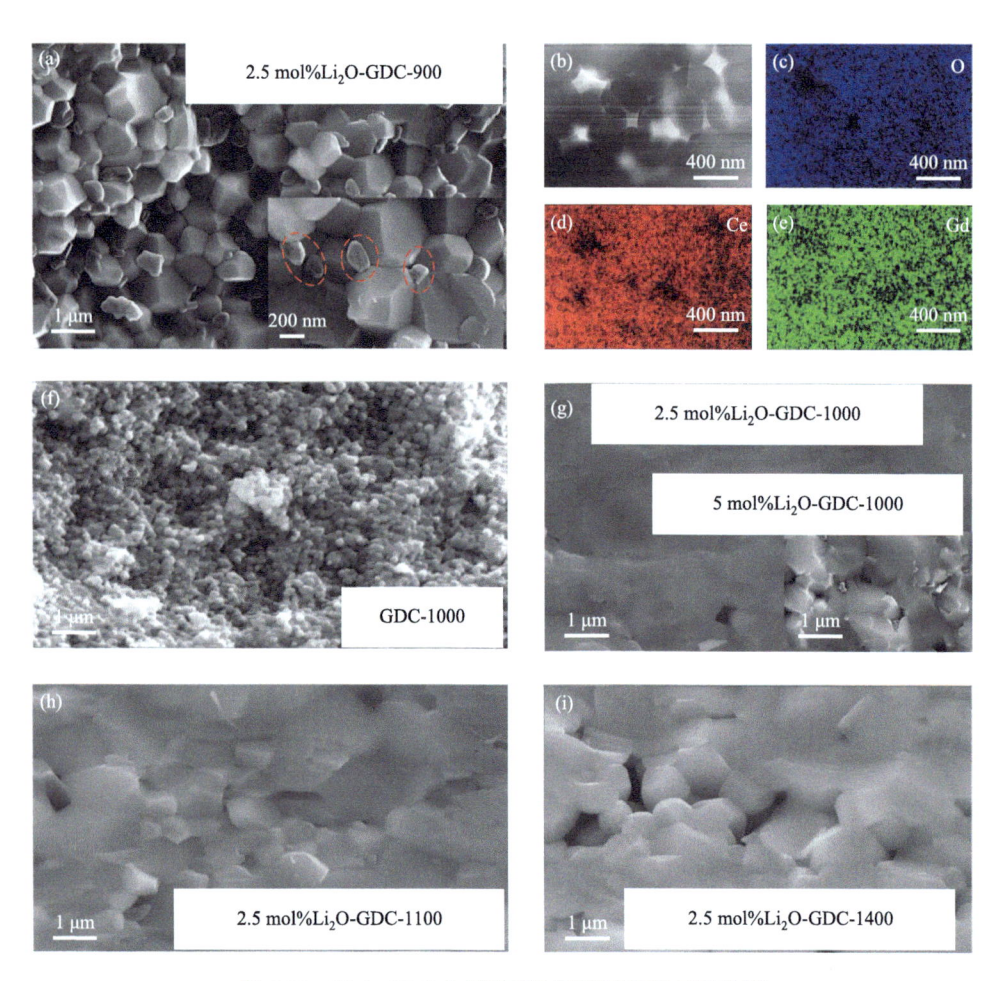

图 6.51 Li$_2$O-GDC 电解质瓷体断面形貌和元素分析

(a) 2.5 mol%Li$_2$O-GDC-900 断面；(b，c，d，e) 2.5 mol%Li$_2$O-GDC-900 高分辨率透射电镜能谱图；(f) GDC-1000 断面；(g) 2.5 mol%Li$_2$O-GDC-1000 和 5 mol%Li$_2$O-GDC-1000 断面；(h) 2.5 mol%Li$_2$O-GDC-1100 断面；(i) 2.5 mol%Li$_2$O-GDC-1400 断面

进行 EDS 测试发现，与晶粒相比，颗粒物中出现了 Gd、Ce 和 O 元素的耗尽现象，因此，颗粒物中元素耗尽现象极有可能是 Li_2O 的掺杂造成的。其中，O 元素耗尽现象可能是由于 Li_2O 和 CeO_2、Ce_2O_3 以及 Gd_2O_3 相比，氧的比例更低。当烧结温度为 1000℃或者更高时，会加快 Li_2O 的挥发，因此断面处的颗粒团聚体就消失了。2.5 mol%Li_2O-GDC-1000 的断面与表面不同，没有发现颗粒团聚体，但是 SIMS 仍然在断面处检测到了 Li^+ 的存在，说明 Li^+ 可能以纳米尺度而不是颗粒团聚体的形式存在于 GDC 晶界或晶粒内。

此外，由图 6.51（g）可以看到，如果提高 Li_2O 的加入量，在 5 mol%Li_2O-GDC-1000 的断面中，仍然可以发现颗粒团聚体，这说明 Li 是以有限固溶的形式存在于 GDC 晶格或晶界。图 6.52 为 2.5 mol%Li_2O-GDC 和 5 mol%Li_2O-GDC 在不同温度下烧结致密后的晶粒电导率对比。可以看出，在 1000℃烧结后两者的电导率基本是相等的，没有随着 Li_2O 加入量的变化而产生明显变化，说明 Li 在 GDC 晶格中的固溶量是一定的。

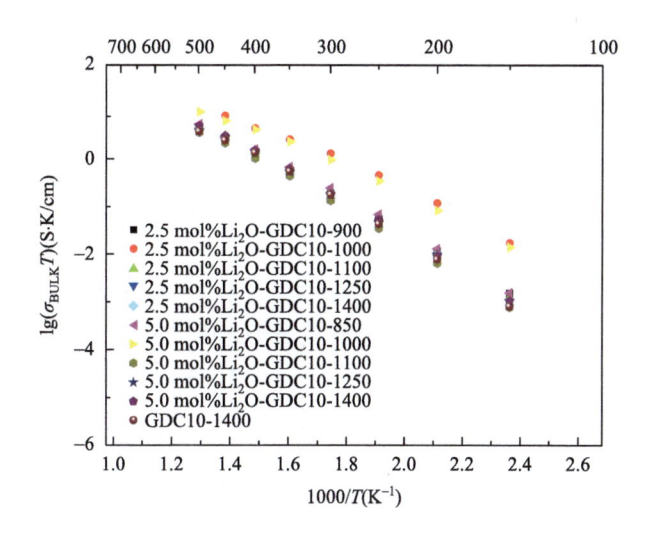

图 6.52 2.5 mol%Li_2O-GDC 和 5 mol%Li_2O-GDC 在不同温度下烧结致密后的晶粒电导率

6.3.4　晶界修饰理论分析

首先，我们构建了三种可能的微观结构（1Li_2O-CeO_2、2Li_2O-CeO_2、4Li_2O-CeO_2），然后利用 BP86/TZVPP 和 TPSS/TZVPP 两种计算方法分别优化，得到了相似的计算结果（能量单位为 kJ/mol，长度单位为 pm），如图 6.53 所示。

化合物 A 是一个单一的 CeO_2 分子，由于两个氧离子之间排斥作用，计算结果

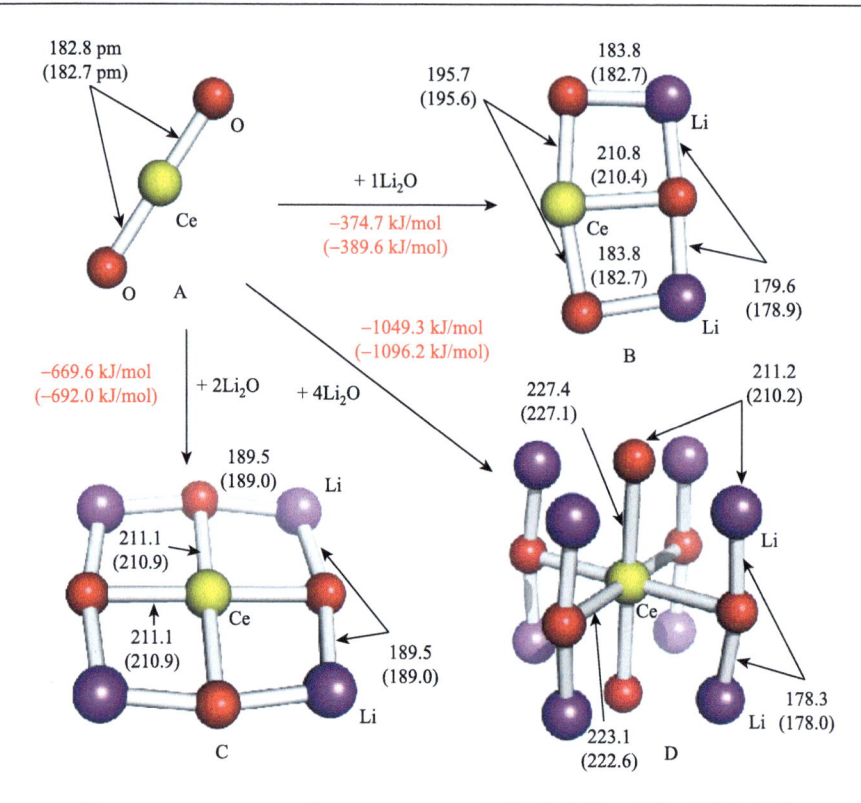

图 6.53　BP86/TZVPP 和 TPSS/TZVPP（括号内数据）优化后计算结果

显示这个分子是线形的，类似二氧化碳的结构。同时我们也优化了 Li_2O 的结构，计算结果表明也是线形的，这说明锂离子与氧离子之间的共价键部分非常小，它们相互作用的主要部分是离子键。化合物 B 是由一个 CeO_2 和一个 Li_2O 形成的分子。在这个分子里，可以看出铈氧键变长，由 A 中的 182.8 pm 变成了 B 中的 195.7 pm，这个结果显示出铈氧离子间的相互作用在 Li_2O 的作用下变小；同时，由于铈离子与 Li_2O 中的氧离子以及锂离子与 CeO_2 中的氧离子共同相互作用下，CeO_2 和 Li_2O 分子均发生了一定的变形。理论计算显示这个作用力的大小约为 375～390 kJ/mol。这样的相互作用如果发生在 CeO_2 的晶体表面，将会促进氧化铈分子从晶体表面剥离。

化合物 C 是两个 Li_2O 分子和一个 CeO_2 分子形成的可能化合物，前面已经讨论过，锂离子和氧离子及铈离子与氧离子之间的主要相互作用力是阴阳离子间的相互吸引。因此，C 中铈离子与四个氧离子间的键长是相同的，为 210 pm 左右；同时锂离子与氧离子之间的距离也是相同的，为 190 pm 左右。值得注意的是，这里锂离子与铈离子的距离是比较近的，约为 266 pm（BP86/TZVPP）或 265 pm（TPSS/TZVPP），这个计算结果表明锂离子与铈离子间的相互排斥力是比较小的，这将更有利于 CeO_2 与 Li_2O 的分子的结合。化合物 D 是四个 Li_2O 与一个 CeO_2 分子结合的可能结构，这里，六配位的铈离子与氧离子的距离进一步变长，两个铈氧键长为 227 pm，四个铈氧键长约为 223 pm。D 中四个 Li_2O 分子均向 CeO_2 方向有一个大约 10°角的偏向，这个结果进一步说明锂离子与铈离子的排斥作用不大。化合物 C 和 D 可以视为在 CeO_2 从晶体上剥离后被 Li_2O 包裹的可能形态。式（6.7）～式（6.9）给出了有关形成化合物 B、C 和 D 的反应能量，括号内的数据是通过 TPSS/TZVPP 计算得到，可以看出，与 BP86/TZVPP 计算得出的结果基本相同。

$$CeO_2 + 1Li_2O \longrightarrow Li_2CeO_3 \quad -374.7(-389.6)kJ/mol \quad (6.7)$$

$$CeO_2 + 2Li_2O \longrightarrow Li_4CeO_4 \quad -669.6(-692.0)kJ/mol \quad (6.8)$$

$$CeO_2 + 4Li_2O \longrightarrow Li_8CeO_6 \quad -1049.3(-1096.2)kJ/mol \quad (6.9)$$

通过理论计算的反应能量显示出所有的反应均为放热反应，理论上能够自发发生。这样，CeO_2 分子就可以被方便地剥离、输运和重排。

在以上计算的基础上，将 CeO_2 分子增加为两个，通过密度泛函理论（density functional theory，DFT）计算优化后得到的结果，如图 6.54 所示。在图中的两个

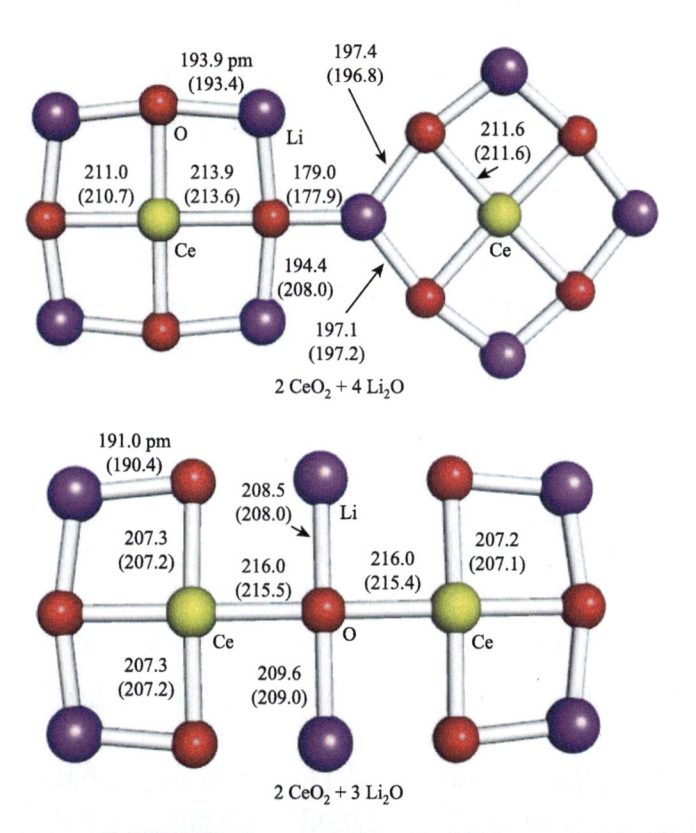

图 6.54　DFT 计算后得到两个 CeO_2 分子与三个或四个 Li_2O 分子的可能结构

分子中，一个是由两个 Li_4CeO_4 分子相互作用得到的，另一个是由一个 Li_4CeO_4 分子和一个 Li_2CeO_3 分子相互作用得到。

式（6.10）和式（6.11）给出了这两个分子的结合能，其中 BP86/TZVPP 与 TPSS/TZVPP（括号内的数据）计算得出的结果是一致的，进一步说明以上理论计算是稳定和可靠的。

$$Li_4CeO_4 + Li_4CeO_4 \longrightarrow Li_8Ce_2O_8 \quad -120.7(-125.6) kJ/mol \quad (6.10)$$

$$Li_4CeO_4 + Li_2CeO_3 \longrightarrow Li_6Ce_2O_7 \quad -181.6(-189.0) kJ/mol \quad (6.11)$$

通过计算数据可以看出，两个 Li_4CeO_4 分子相互作用的能量约为 120 kJ/mol，这个数值可以看作两分子连接处锂离子和氧离子（键长为 179.0 pm）的相互作用的能量。这个能量并不是很大，在高温下，可以方便地形成和断裂，这类键（弱锂氧键）的存在，将使 Li_2O 与 CeO_2 分子结合的可能性增多，这将导致两个结果：一是无法找到一个确定的 Li_2O 与 CeO_2 的无限重复结构，即 Li_2O 和 CeO_2 有可能形成了类似玻璃体的结构（晶界润滑作用）；二是将进一步使得 CeO_2 的输运和重排变得更加容易进行。两种方式都可以从微观的角度说明 Li_2O 可以一定程度助烧 CeO_2 基电解质。

CeO_2 中 Ce^{4+}（0.97Å）半径很大，可以与很多物质形成固溶体，图 6.48 物相结果表明，Li^+（0.92Å）可能进入 Ce_2O 晶格中取代了 Ce^{4+} 的位置，发生了如下反应：

$$Li_2O \xrightarrow{CeO_2} 2Li'''_{Ce} + 3V_O^{\cdot\cdot} + O_O^x \quad (6.12)$$

Li^+ 的半径为 0.92Å，O^{2-} 的半径为 1.40Å，Li^+/O^{2-} 的半径比为 0.657，介于八配位半径比（0.732）和六配位半径比（0.414）之间，CeO_2 本身为八配位，Li 的进入有可能造成 CeO_2 晶格发生了畸变，使得其介于八配位和六配位之间。900℃时，部分 Li^+ 取代了晶粒中的 Ce^{4+} 形成 Li'''_{Ce}，使得晶格中的氧空位浓度增大，从而导致晶粒电导率增大。温度升高，Li 固溶现象加剧，到 1000℃时，大量 Li'''_{Ce} 的形成使得晶格内产生了大量氧空位，晶粒电导率相应提高。但温度升高到 1100℃后，晶粒中的 Li 开始熔出，晶格中的氧空位浓度降低，导致晶粒电导率下降。同时由于氧空位浓度过高，氧空位之间发生缔合反应，也造成了晶粒电导率的下降。同时部分 Li^+ 进入了晶格的间隙位生成了 $Li_i^{\cdot}$，发生了如下反应：

$$Li_2O \xrightarrow{CeO_2} (2-x)Li'''_{Ce} + xLi_i^{\cdot} + (3-2x)V_O^{\cdot\cdot} + O_O^x \quad (6.13)$$

该反应导致 GDC 的晶粒电导率下降。此外，在高温下晶粒间出现了部分过烧现象，产生微孔缺陷，致密度下降，也会导致晶粒电导率出现一定程度的下降。

在较低的烧结温度下，Li_2O 可能以 Li-Gd-Ce-O 相存在于晶界处。八配位的 Li^+（0.92Å）、Ce^{4+}（0.97Å）和 Gd（1.053Å）具有相近的离子半径，因此会导致 Li^+ 掺杂进入 CeO_2 或者 Gd_2O_3，形成 Li'''_{Ce} 或 Li''_{Gd}。这些带负电的离子会消耗晶界核心的正电荷（即聚集的氧空位）。晶界核心处氧空位耗尽现象得到缓解，晶界核心和晶粒之间的电势差进一步减小，导致晶界电导率提高，如图 6.55 所示。

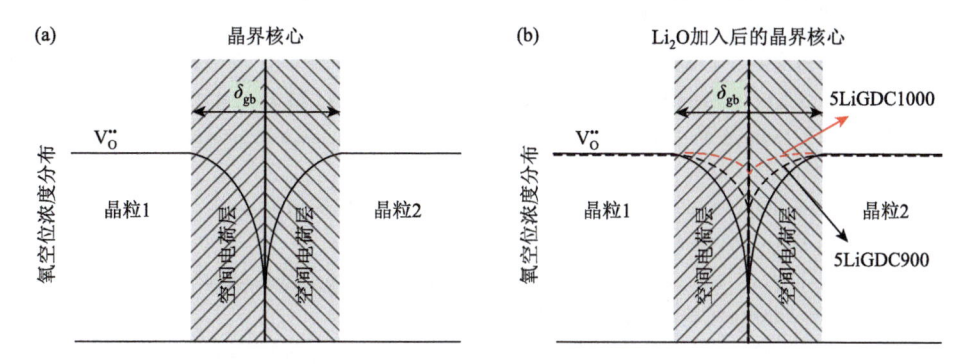

图 6.55　修正的空间电荷模型示意图

6.4　本章小结

为了消除电极/电解质层间界面，降低电池的制备温度，本章介绍了一体化结构设计。在一体化电池结构中，分别制备多孔阳极支撑层、电解质层和多孔阴极骨架层，然后通过叠压和共烧结技术形成一体化离子传导基体。之后，采用浸渍法在多孔电极基体中引入纳米电极材料。这一设计能够从根本上消除层间界面及其带来的多种问题。

实现新型结构电池的制备需要对烧结工艺进行优化。采用三步烧结法能够有效降低烧结温度和能耗，得到的 YSZ 电解质晶粒尺寸约为 0.4～4 μm，相对密度在 96% 以上。有机添加剂的加入量是调节瓷体收缩率的重要因素。通过调节黏结剂和增塑剂的加入量来保证多孔层与电解质层收缩率一致，达到三层共烧和一体成型的目的，获得平整的一体化电池基体。

对于亚微米尺度的 YSZ 晶粒，其晶界处通常只有 1～3 层原子层，这不同于传统理论关于大晶粒 YSZ 的讨论。测试结果表明，对于细晶粒 YSZ，晶界电导率将大于晶粒电导率。此外，通过合理添加助剂进行晶界修饰，不仅能够降低烧结温度，还有助于进一步提升电解质（如 YSZ 和 GDC）的晶粒和晶界电导率。

参 考 文 献

[1] 韩敏芳, 彭苏萍. 固体氧化物燃料电池材料及制备[M]. 北京: 科学出版社, 2004.
[2] Cai P Z, Green D J, Messing G L. Constrained densification of alumina/zirconia hybrid laminates, Ⅰ: experimental observations of processing defects[J]. Journal of the American Ceramic Society, 1997, 80 (8): 1929-1939.

[3] Cai P Z, Green D J, Messing G L. Constrained densification of alumina/zirconia hybrid laminates,Ⅱ: viscoelastic stress computation[J]. Journal of the American Ceramic Society,1997,80（8）: 1940-1948.

[4] 邓诗维,吴剑芳,时拓. 固体电解质缺陷化学分析：晶粒体点缺陷及晶界空间电荷层[J]. 储能科学与技术,2022,11（3）: 939.

[5] Chen X J, Khor K A, Chan S H, et al. Influence of microstructure on the ionic conductivity of yttria-stabilized zirconia electrolyte[J]. Materials Science and Engineering: A,2002,335（1-2）: 246-252.

[6] Nagaeva N Y, Surin A A, Blaginina L A, et al. Conductivity of zirconium oxide alloyed with lithium oxide[J]. Glass and Ceramics,2008,65: 199-202.

[7] Guo X, Waser R. Electrical properties of the grain boundaries of oxygen ion conductors: acceptor-doped zirconia and ceria[J]. Progress in Materials Science,2006,51（2）: 151-210.

[8] Jud E, Huwiler C B, Gauckler L J. Sintering analysis of undoped and cobalt oxide doped ceria solid solutions[J]. Journal of the American Ceramic Society,2005,88（11）: 3013-3019.

[9] Pérez-Coll D, Núñez P, Abrantes J C C, et al. Effects of firing conditions and addition of Co on bulk and grain boundary properties of CGO[J]. Solid State Ionics,2005,176（37-38）: 2799-2805.

[10] Han M, Liu Z, Zhou S, et al. Influence of lithium oxide addition on the sintering behavior and electrical conductivity of gadolinia doped ceria[J]. Journal of Materials Science & Technology,2011,27（5）: 460-464.

第 7 章 阳极积碳及应对措施

目前 SOFCs 中普遍使用的阳极材料为 Ni-YSZ 金属陶瓷阳极。金属陶瓷阳极材料中的 Ni 为直接电化学氧化或甲烷水汽重整提供电子电导和催化活性反应位，YSZ 使得阳极材料的热膨胀系数与 YSZ 电解质相匹配，并且将离子传导扩展至阳极的反应区。此外，YSZ 在阳极中起结构支撑体的作用，阻止 Ni 的烧结。但是，当 SOFC 使用 CH_4 等碳氢燃料时，系统中的高温部件会面临积碳的风险，从而对能效有不利影响。首先，Ni-YSZ 阳极可能会发生积碳，影响电池的性能和稳定性。此外，积碳也会发生在重整器、燃料管路、连接体和其他金属部件中，产生污垢甚至堵塞管路。

目前，关于积碳的机理和抑制方法已开展了大量研究。本章将首先介绍 Ni 基阳极相关的积碳机理，讨论积碳反应动力学测试结果；在此基础上，探讨实际电池在 CH_4 燃料下的电化学特性及影响因素；最后，将会比较两种阳极结构优化策略，以进一步提升实际电池在 CH_4 燃料下的性能和稳定性。

7.1 阳极积碳机理及动力学

7.1.1 碳沉积过程和机理

过渡金属粒子 Fe、Co、Ni 能引发含碳气体组分催化结焦，在不同工况参数下，积碳的生长方式也多种多样。扫描电镜下观察到丝状碳的顶端有金属催化粒子存在，并且金属粒子被一薄层碳化物覆盖。随着理论和实验研究的逐步深入，至二十世纪九十年代催化结焦机理已基本澄清[1, 2]。具体催化剂结焦过程如下：

第一步，自由基中间体吸附于金属粒子高能面。以 Ni 粒子为例，根据热力学原理，自由基被优先吸附于能量相对较高的（110）或（100）面。但是，如果燃料中的杂质（如硫化物）使（110）或（100）面中毒，则自由基也有可能吸附于（111）低能面。

第二步，碳在金属粒子中扩散。自由基碳化后与金属粒子反应，首先在表面形成过渡态碳化物。高温下过渡态碳化物不稳定，便又分解为碳和金属，碳继续向粒子内部扩散，而分解并露出的金属继续与碳反应形成碳化物，如此循环反复，在金属粒子表面便形成一薄层不稳定的过渡态碳化物膜。该膜一方面不断吸收碳，作为碳在金属粒子中扩散的源泉；另一方面形成浓度梯度，为碳在金属粒子中扩散提供动力。可见，能生成不稳定的碳化物是引发催化结焦的必要条件之一。不能与碳生成碳化物的金属（如 Cu、Al）或与碳生成稳定碳化物的金属（如 Cr、Mn）均不能引发催化结焦。

第三步，碳从金属粒子中析出。通常碳从低能面成核集结析出，生长为丝状碳柱，并使金属粒子离开表面。若碳析出的速度远远大于其在粒子中扩散的速度，就极有可能出现碳全部从扩散路径相对较短的邻近金属/气体界面的金属/碳界面析出的情况，从而生长为中空碳柱（hollow carbon filament）；若碳析出的速度小于其在粒子中扩散的速度，那么碳可从金属/碳界面的各处析出，生长为实心碳柱（full carbon filament）。但是不论碳析出后以何种方式生长，由于碳从邻近金属/气体界面的金属/碳界面析出的速度还是相对较快，粒子便在此处首先受力变形，于是通常使球状的金属粒子变形为梨状。

金属催化剂在另外一些条件下可能生成含碳的沉积物包裹金属颗粒，导致催化剂失活。这类积碳的形貌与上述碳纤维（carbon filament）明显不同，通常被称为碳膜（carbon film）或炭黑（soot）。根据温度不同，主要包括两种形成机理：①当温度较低时（<500℃），碳氢燃料分子在金属表面部分脱氢后，CH_x 类中间组分吸附于金属催化剂表面，然后通过聚合反应转变成低反应性的聚芳烃沉积物[3,4]。②当温度较高时（>600℃），除了催化反应以外，还会有碳氢化合物热解过程导致的积碳[5]。这种形式的积碳通常生成致密的聚芳烃沉积物，覆盖在 Ni 颗粒表面，严重时甚至导致孔隙堵塞和阳极破裂。

在使用碳氢化合物或合成气燃料的实际 SOFC 中，积碳的具体形貌取决于水碳比（S/C）、电池工作条件（如温度、压力、电流密度）和阳极催化剂等因素，如图 7.1 所示。虽然可以通过在燃料中添加足够的水蒸气来抑制金属部件和管道

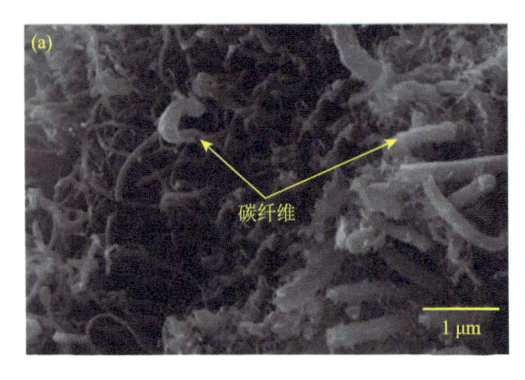

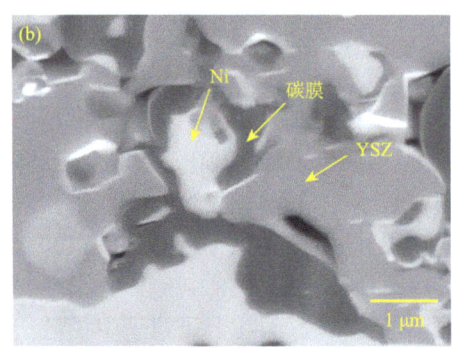

图 7.1 在 SOFC 中观察到的积碳现象

（a）阳极入口金属管道中的碳纤维；（b）Ni-YSZ 阳极中的碳膜

中的碳沉积，但所需的水量通常过多（S/C>2），这会稀释燃料并降低发电效率；此外，水管理还会增加系统管控的复杂性。因此，十分有必要深入探究实际 SOFC 在甲烷等碳氢燃料下的积碳动力学特性和电化学性能，据此提出行之有效的积碳抑制方法。

7.1.2 纯甲烷析碳动力学

SOFC 阳极在碳基燃料下的析碳动力学研究已有较多的报道，主要实验研究方法有电化学测试与热分析方法。例如，Ihara 等[6]研究了功率密度随时间的变化；Chen 等[7]研究了 CH_4 燃料对 SOFC 开路电压和 EIS 的影响；Park 等[8]用重量分析法测定了 Ni-Cu-YSZ 阳极表面的积碳速率；Maček 等[9]利用质谱测氢得到不同阳极材料对应的析碳动力学曲线。

文献[10]中认为高温对减小甲烷在电极表面析碳有利，这与电极反应有关。如图 7.2 所示，标准状态下甲烷析碳反应在 528℃后才能自发进行。由于它是一个吸热反应，因此温度的升高将有利于甲烷析碳反应的发生。但是温度升高将会抑制 CO 歧化反应（红线）和逆向水煤气生成反应（蓝线）的进行，从而在一定程度上有利于减少积碳。

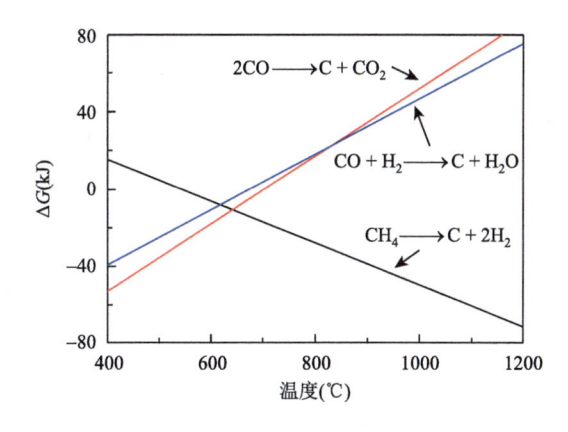

图 7.2 CH_4 及 CO 析碳相关反应的标准吉布斯自由能变化

图 7.3 中为甲烷在 Ni 粉表面析碳质量变化与温度关系曲线，可见，甲烷析碳分为三个阶段。这三个阶段与碳沉积的形貌有关。其中第一个阶段（<700℃）析出较小晶粒度的碳颗粒，第二个阶段（700～1050℃）析出纳米碳纤维，第三个阶段（>1050℃）析出相为较大晶粒度的碳颗粒。在 SOFC 操作温度下，发生的主要反应是第一和第二阶段的反应。

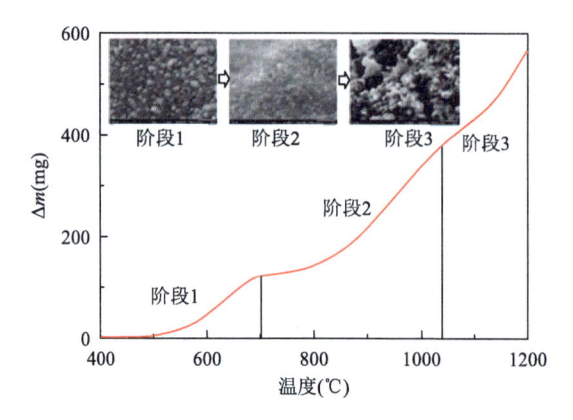

图 7.3 纯甲烷气氛下 Ni 颗粒积碳质量变化曲线及对应阶段微观形貌

图 7.4 所示为中低温时甲烷析碳时气相的质谱分析结果。由质谱分析结果可知，气体中主要由甲烷（质荷比峰 16 及附近峰）组成（质荷比峰 28 为热天平保护气 N_2，未从反应室通过），另外有质荷比峰 2 及 1 为氢气对应峰。对室温至 900℃ 范围内析碳反应气体在线监测可知，在析碳反应第一阶段与第二阶段之间析碳速率较低时，所对应的逸出气体中氢气含量也较低。这与甲烷裂解析碳反应方程式是相一致的。据质量变化曲线与气相分析结果，可以得出结论：在甲烷析碳过程中，甲烷析碳速率在中温区（约 800℃）会有所下降。这与此时析出相为纳米碳纤维密切相关。

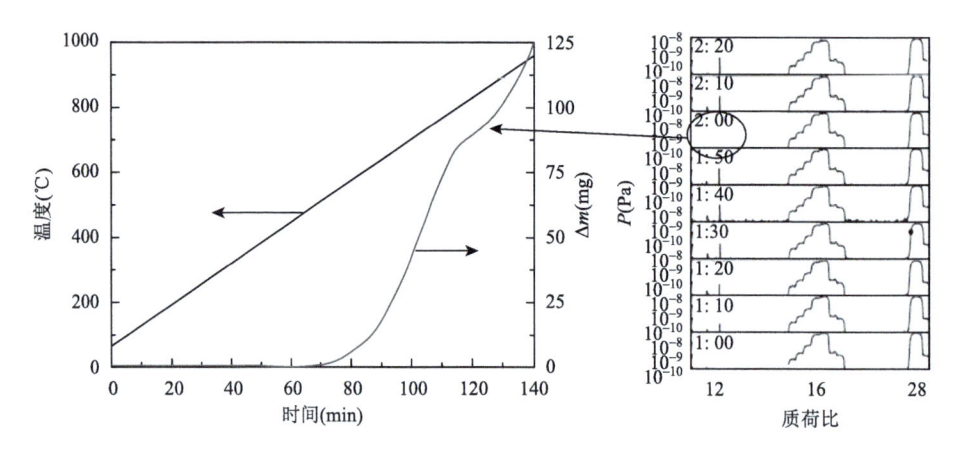

图 7.4 纯甲烷气氛下 Ni 颗粒积碳质量变化曲线及对应逸出气体质谱成分

等温碳沉积实验结果与上述程序升温结果一致，如图 7.5 所示，在不同的温度条件下，积碳微观形貌会发生改变。当温度从低到高时，析出碳的形貌分别为较小晶粒度的碳颗粒、纳米碳纤维和较大晶粒度的碳颗粒。

图 7.5　纯甲烷气氛下 Ni 颗粒经 2 h 碳沉积后表面形貌（从左到右温度依次升高）

根据王丽君等[11]提出的数学模型，如果 Ni 表面的积碳反应为扩散控速时，则等温条件下积碳量可表示为

$$\xi_C = \left(1 + \sqrt{\frac{2B(P^x - P_{eq}^x)\exp\left(-\frac{\Delta E}{RT}\right)}{R_0^2}t}\right)^3 - 1 \tag{7.1}$$

式中，B 和 ΔE 是待拟合参数；其余参数可由实验条件确定。

非等温反应时：

$$\xi_C = \left(1 + \sqrt{\frac{2B(P^x - P_{eq}^x)\exp\left(-\frac{\Delta E}{RT}\right)}{R_0^2}\frac{T-T_0}{\eta}}\right)^3 - 1 \tag{7.2}$$

式中，T_0 是初始温度；η 是升温速率。

如果为表面反应控速时，则等温条件下积碳量可表示为

$$\xi_C = \frac{B}{R_0^2}(P^x - P_{eq}^x)\exp\left(-\frac{\Delta E}{RT}\right)t \tag{7.3}$$

非等温反应时：

$$\xi_C = \frac{B}{R_0^2}(P^x - P_{eq}^x)\exp\left(-\frac{\Delta E}{RT}\right)\frac{T-T_0}{\eta} \tag{7.4}$$

根据图 7.6 中的等温积碳实验及与上述模型的拟合结果，可以得到结论：在较低温度下，析碳反应为表面反应控速过程；在中温阶段，析碳反应为扩散控速过程；而在高温阶段，析碳反应为前期扩散控速、后期表面反应控速过程。

在 SOFC 中，Ni-YSZ 金属陶瓷阳极与上述纯 Ni 析碳动力学条件有所不同。Ni-YSZ 阳极是多孔块体，Ni 颗粒表面析碳受到 YSZ 骨架限制；而纯相 Ni 颗粒为球形颗粒。由图 7.7 可见，Ni-YSZ 阳极析碳速率与温度的关系和纯相金属 Ni 颗粒是相似的，Ni-YSZ 阳极析碳速率在中温区也有一个随温度升高而降低的过程，体现出控速步骤的变化。但是，当析碳量达到阳极原始质量的 10%以上时，Ni-YSZ 阳极会发生破裂。

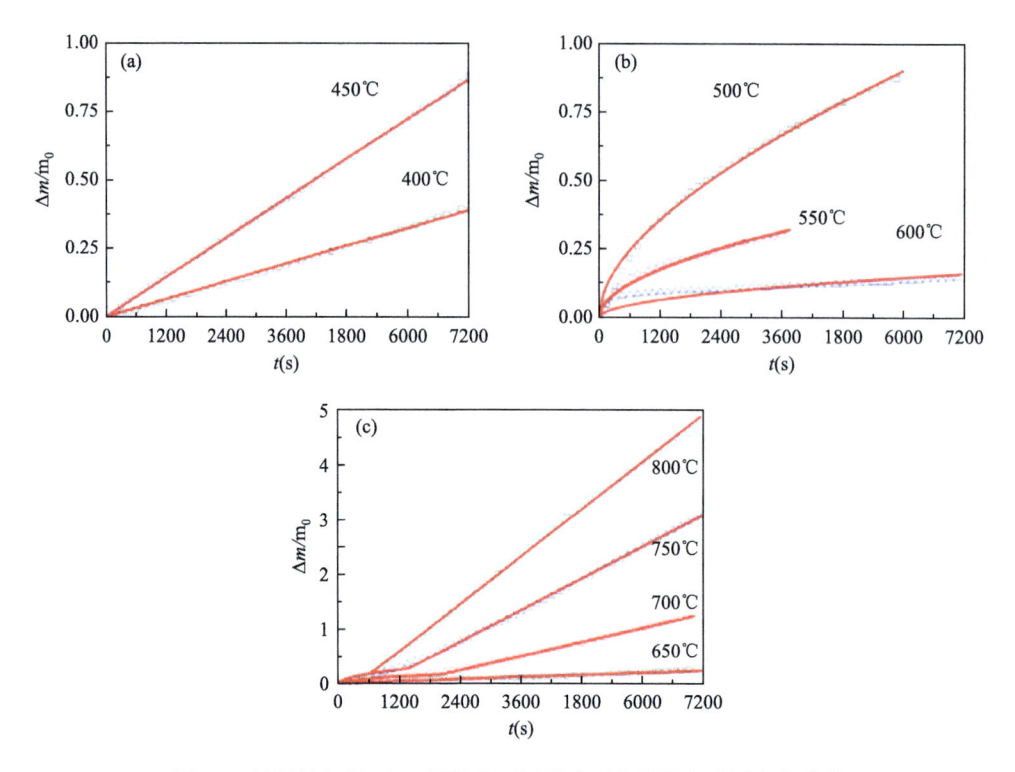

图 7.6 纯甲烷气氛下 Ni 颗粒在不同温度下的等温积碳量变化曲线

（a）400～450℃；（b）500～600℃；（c）650～800℃

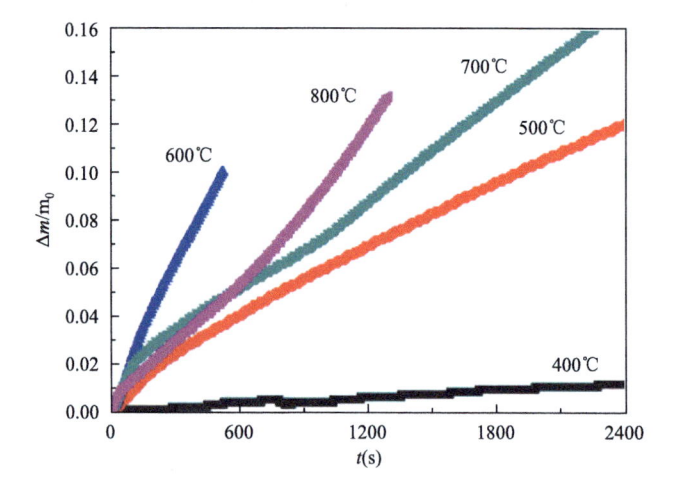

图 7.7 纯甲烷气氛下 Ni-YSZ 阳极在不同温度下的等温积碳质量变化曲线

7.1.3 甲烷混合物析碳动力学

为了抑制阳极积碳，通常 SOFC 不会直接使用纯 CH_4 作为燃料，而会在其中混合一定比例的重整介质，如 H_2O、空气或 CO_2 等。一方面，这有助于提升燃料气中的氧分压，从热力学的角度降低积碳趋势；另一方面，重整介质的加入能够提升重整反应速率，加快积碳转化，从动力学的角度抑制积碳。由于重整反应和电化学反应同时在 SOFC 阳极发生，这一方式通常被称为直接内部重整（DIR）。

图 7.8 所示为甲烷混合气析碳质量变化与温度关系曲线。分别在甲烷内加入 CO_2、空气和 H_2O 作为重整介质，可以观察到明显的两阶段积碳动力学特性，积碳速率在中温区有所减缓。采用 7.1.2 节中的数学模型拟合图 7.8 中的积碳动力学测试结果，可以得到 Ni 颗粒在甲烷混合气下的两阶段积碳反应动力学参数，参数值如表 7.1 所示。

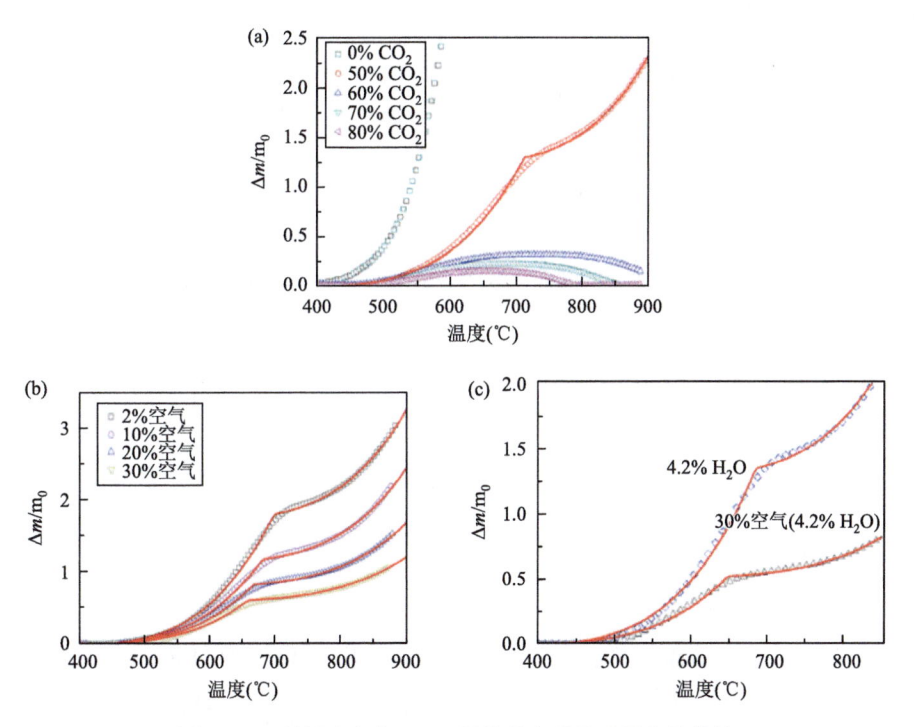

图 7.8 甲烷混合气氛下 Ni 颗粒程序升温质量变化曲线
（a）CO_2 内重整；（b）部分氧化内重整；（c）其他内重整

表 7.1　镍颗粒在不同甲烷混合气下的两阶段积碳反应动力学参数

CH_4	CO_2	空气	H_2O	ΔE_1	B_1	ΔE_2	B_2
50				55831	0.01872	81415.91	0.00555
25	25			45514.02	0.17227	60290.64	0.07496
49		1		44243.15	0.10918	71900.86	0.01721
45		5		35171.39	0.42013	84682.06	0.00552
40		10		28631.67	1.20807	77982.27	0.01749
35		15		20573.98	4.10064	65006.79	0.10142
50			2.1	48012.95	0.08199	78940.98	0.00911
35		15	2.1	18488.62	5.69919	63922.96	0.14041

通过添加适量的重整介质，可以使得甲烷混合气在 SOFC 阳极不产生积碳。如图 7.8（a）所示，在干甲烷条件下，随着 CO_2 含量增加，积碳量明显下降；当通入 CO_2：CH_4 为 3：2 时，即可有效抑制高温区积碳。使用 Ni-YSZ 复合阳极进行验证，结果如图 7.9 所示。当 CO_2：CH_4 为 3：2 时，阳极在低温下产生积碳，但是当温度升高后，低温时析出的碳逐渐被气化消除。

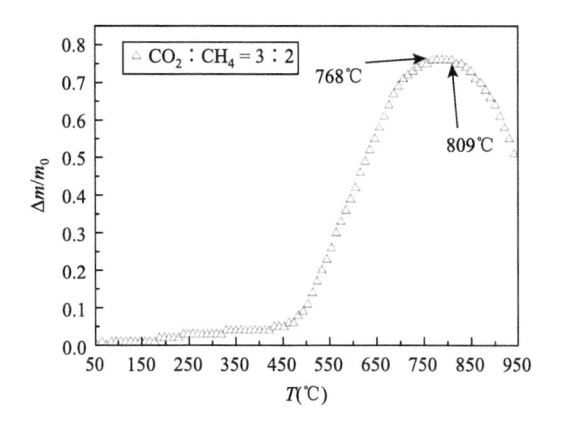

图 7.9　甲烷混合气氛下 Ni-YSZ 阳极的析碳动力学曲线

7.1.4　合成气析碳动力学

在 SOFC 中，如果碳氢燃料的预处理方式采用外部重整（ER）或间接内部重整（IIR），那么电池阳极的气氛以 H_2 和 CO 为主。有必要研究以 H_2 和 CO 为主要成分的合成气的析碳动力学。

下面首先考察纯 CO 条件下的析碳反应。在图 7.2 中可以看到，从热力学的角度，温度升高，CO 析碳反应的趋势降低。纯 CO 析碳反应的质谱检测结果见

图7.10。当温度在500~600℃时，尾气中的CO_2含量最高，表明CO歧化反应的速率较快。在这一温度区间内，反应动力学条件较好，并且CO歧化反应的热力学优势仍然发挥作用，故析碳较快。因此，SOFC应尽量避免在这一区域内使用纯CO燃料。

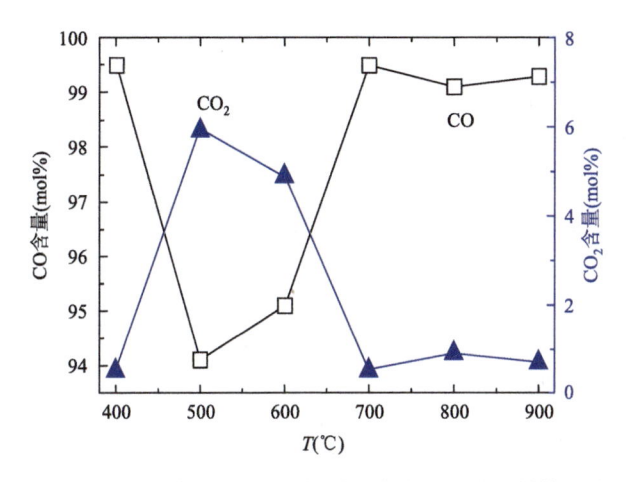

图7.10 不同温度下纯CO的析碳反应逸出气体质谱检测结果

而对于含有H_2和CO的合成气，积碳反应更为复杂，因为同时包含了CO歧化反应以及CO和H_2作为反应物的逆向水煤气生成反应。700℃时不同气氛下的积碳质量变化曲线和反应速率常数如图7.11所示。一定量的H_2会促进CO的析碳反应，这是由于逆向水煤气生成反应的平衡移动。但是，当H_2的摩尔分数超过了50%以后，积碳速率开始下降，原因是CO和H_2的化学计量比为1，当超过这一比例时，多余的H_2并不参与反应，反而降低了CO的分压，反应速率下降。

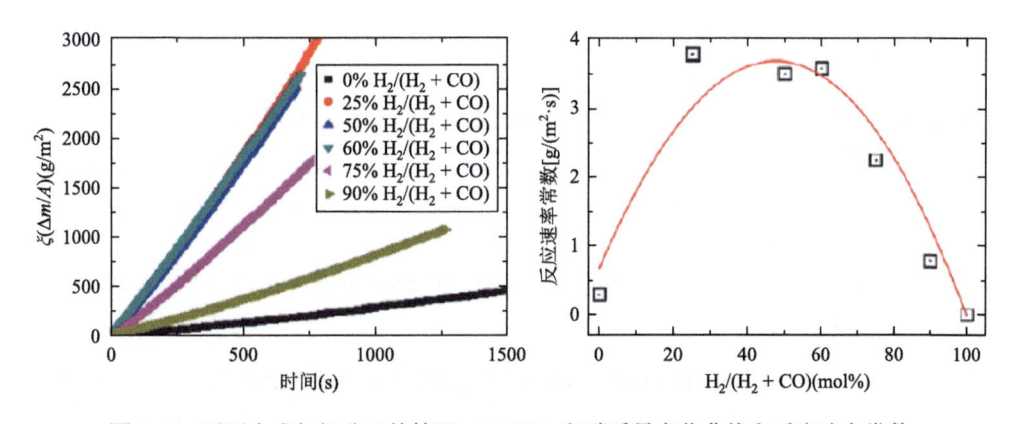

图7.11 不同合成气组分下的等温（700℃）积碳质量变化曲线和反应速率常数

如图 7.12 所示，质谱所测得的析碳反应气体产物中 CO_2 与 H_2O 的比例在不同合成气组分下也有所不同。与上面的结果一致，对于主导积碳反应，H_2 含量较低时以 CO 歧化反应为主，而 H_2 含量较高时以 CO 和 H_2 共同参与的逆向水煤气生成反应为主。

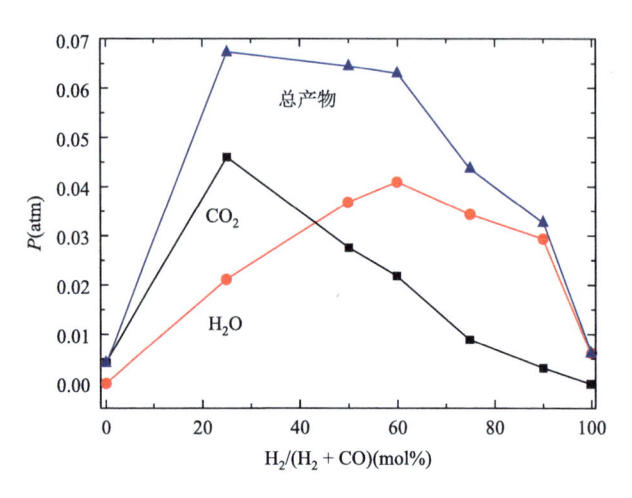

图 7.12 不同合成气组分下 700℃时析碳反应逸出气体的质谱分析结果

7.2 甲烷燃料 SOFC 电化学特性

7.2.1 燃料组分对电化学性能的影响

在对阳极积碳过程和机理有所认识的基础上，可以开展 SOFC 在甲烷燃料下的电化学特性研究。本节使用的 SOFC 包括纽扣电池和工业尺寸电池，两者结构类似，均为 NiO-YSZ|YSZ|GDC|LSCF 阳极支撑平板式构型，但是有效面积不同，纽扣电池的有效面积为 0.45 cm^2，工业尺寸电池的有效面积为 100 cm^2。图 7.13 中展示了电池在 CH_4-H_2O、CH_4-CO_2 燃料组分下的 j-V 曲线和 EIS，其中 S/C 调节范围为 0.03~2.5，CO_2/CH_4 分压比的调节范围为 0.25~2.0。比较图 7.13（a）和（c）可见，电池在 CH_4-H_2O 燃料下的输出性能（约 0.2 W/cm^2）要明显优于 CH_4-CO_2 燃料（约 0.1 W/cm^2）。

在 CH_4-H_2O 和 CH_4-CO_2 燃料下，电池阳极侧产生有效燃料（即 H_2 和 CO）的途径分别为：

$$CH_4 + H_2O \rightleftharpoons CO + 3H_2, \Delta H^\ominus = 206 \text{ kJ/mol} \quad (7.5)$$

$$CH_4 + CO_2 \rightleftharpoons 2CO + 2H_2, \Delta H^\ominus = 247 \text{ kJ/mol} \quad (7.6)$$

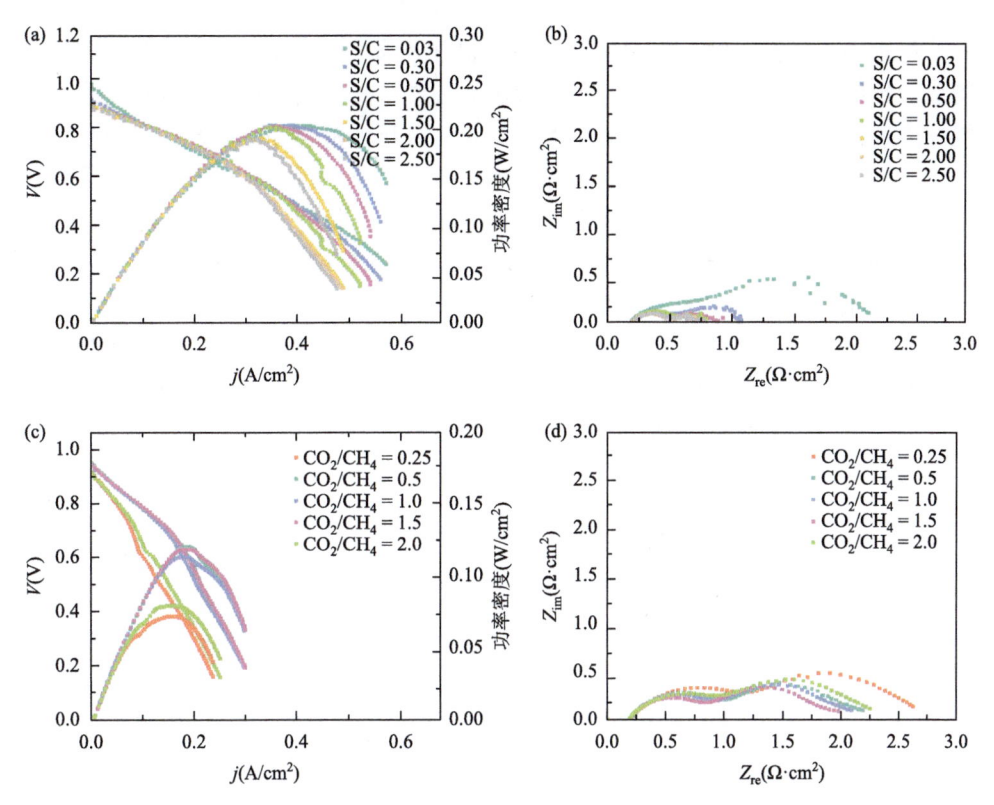

图 7.13　电池在 CH_4-H_2O 燃料下的 j-V 曲线（a）和 EIS（b）；电池在 CH_4-CO_2 燃料下的 j-V 曲线（c）和 EIS（d）

在上述两个反应中，最为关键的步骤之一分别是 H_2O 和 CO_2 的吸附解离，分别需要断开 H_2O 中的 O—H 键和 CO_2 中的 C═O 键。O—H 键的键能为 463 kJ/mol，而 C═O 键的键能为 745 kJ/mol，因此 CO_2 解离的难度更大，导致 CO_2 重整反应的速率更为缓慢，在阳极侧产生的 H_2 和 CO 较少[12]。

在 CH_4-H_2O 燃料下，当 S/C 逐渐增加时，电池的 OCV 逐渐下降，并且大电流下的浓差极化逐渐加剧，这反映了 H_2O 的加入导致 H_2 浓度逐渐降低。在 CH_4-H_2O 燃料下，由于 H_2O 的吸附解离较快，一般认为 CH_4 吸附是速控步骤[13]，因此在很低的 S/C 下就能达到较高的重整速率，继续添加 H_2O 反而会稀释 CH_4，从而降低重整反应速率。

但是在 CH_4-CO_2 燃料下，电池性能随 CO_2/CH_4 分压比的变化规律明显不同：①当 CO_2/CH_4 分压比从 0.25 增加到 0.5 时，电池的 OCV 明显上升，输出性能也显著增加，表明 H_2 浓度有所上升；②CO_2/CH_4 分压比从 0.5 增加到 1.5，电池输出性能基本维持稳定；③CO_2/CH_4 分压比继续增加到 2，则电池的 OCV 再次下降，输出性能也显著降低，表明此时 H_2 浓度明显下降。

尽管学术界已经对 CH_4-CO_2 重整反应机理开展了一些研究，但是目前还没有得到一致的认可[14, 15]。由于 CO_2 的吸附解离很慢，在较低的 CO_2/CH_4 分压比下可能成为速控步骤，因此电池性能随着 CO_2/CH_4 分压比的增加而提升；但是在较高的 CO_2/CH_4 分压比下，CO_2 的吸附解离已不再是速控步骤，继续添加 CO_2 反而会稀释 CH_4，从而降低重整反应速率，导致电池性能下降。

此外，比较图 7.13（b）和（d）可见，电池在 CH_4-H_2O 燃料下的极化阻抗明显低于 CH_4-CO_2 燃料。对极化阻抗进行 DRT 分析，有助于分辨不同弛豫时间电极过程对极化阻抗的贡献，结果如图 7.14 所示。基于第 5 章中介绍的 DRT 敏感性分析实验，以及其他研究机构对相同结构电池的 DRT 分析[16, 17]，DRT 中各特征峰与电极过程的对应关系已基本明确，相关结论列于表 7.2。

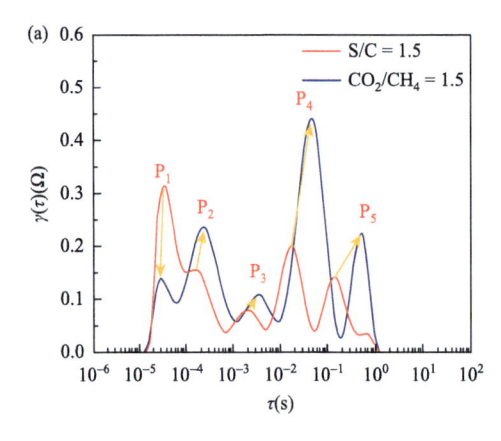

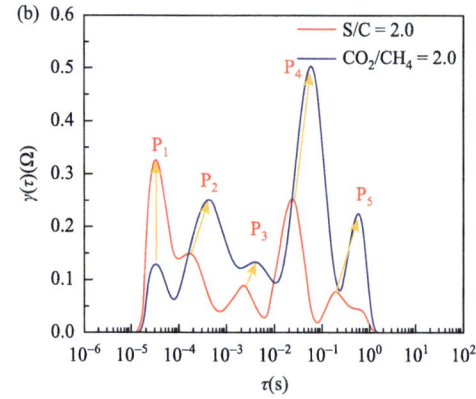

图 7.14　电池在 CH_4-H_2O、CH_4-CO_2 燃料下的 DRT

（a）分压比均为 1.5；（b）分压比均为 2.0

表 7.2　DRT 中各特征峰对应的电极过程

特征峰	弛豫时间（s）	对应电极过程
P_0	$<10^{-5}$	电感引起的计算偏差
P_1	$2\times10^{-5}\sim1\times10^{-4}$	阳极 YSZ 中的离子传递
P_2	$1\times10^{-4}\sim1\times10^{-3}$	阳极 TPB 附近的电荷转移反应
P_3、P_4	$1\times10^{-3}\sim1\times10^{-1}$	阴极氧表面交换及离子传递、阳极侧气相扩散
P_5	$1\times10^{-1}\sim2\times10^{0}$	阳极侧气体转化、WGSR、阴极侧气体扩散

由图 7.14 可见，在相同的 S/C 和 CO_2/CH_4 分压比下，DRT 结果中最大的差异来自 P_4 峰，即阳极侧气相扩散。CH_4-CO_2 气氛下的 P_4 峰要显著高于 CH_4-H_2O 气氛，表明相同的 S/C 和 CO_2/CH_4 分压比下，由 CH_4-CO_2 重整反应产生的 H_2 浓度

更低，这与 j-V 曲线的分析结果一致。此外，由于 CH_4-H_2O 气氛下 H_2O 分压更高，因此 H_2O 分压敏感的 P_2 峰更低，并且 H_2O 分压也会对 P_4 峰有所影响。

已有研究表明，在 H_2、CO 混合燃料下，P_5 峰与阳极侧气体转化、WGSR 密切相关[18]。在含 CH_4 燃料下，由于阳极侧气体组分复杂，目前开展 DRT 研究还比较少，但是至少可推测 P_5 峰也会受到重整反应的影响。

7.2.2 燃料组分对运行稳定性的影响

在 CH_4-H_2O 燃料下，分别测试了电池在不同 S/C 下的运行稳定性，如图 7.15（a）所示，运行电流为 0.1 A/cm^2。S/C 为 0.03 时，尽管初始电压最高，但是在 20 h 内就发生了严重衰减；S/C 增加至 0.3 时，电池在经历初期 30 h 左右的快速衰减后，在 0.72 V 电压下稳定输出约 50 h，为防止 Ni 氧化，在电压降低至 0.7 V 后便停止运行；S/C 增加至 0.5 时，电池在运行初期仍然会经历约 40 h 的快速衰减；S/C 增加至 1.0 时，电池在运行初期不发生快速衰减，并且能够在 0.75 V 左右稳定运行 70 h；但是，当 S/C 继续增加至 2.5 时，电池衰减反而显著加剧，这主要是由于阳极侧过高的 H_2O 分压会促进 Ni 烧结团聚，不利于电池运行稳定[19]。

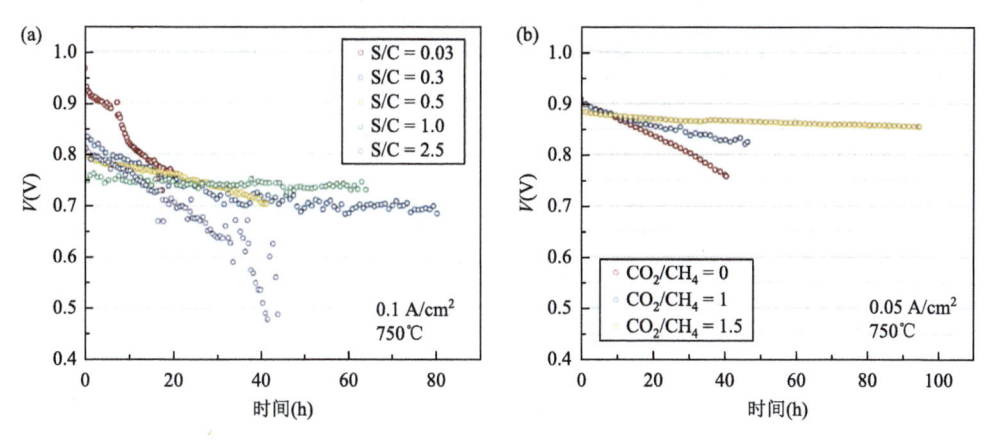

图 7.15　电池在不同气氛下的运行稳定性
（a）不同 S/C；（b）不同 CO_2/CH_4 分压比

在 CH_4-CO_2 燃料下，由于电池输出性能较低，因此设置了更小的运行电流（0.05 A/cm^2），稳定性测试结果如图 7.15（b）所示。CO_2/CH_4 分压比为 0 时，电池在运行初期快速衰减，电压在 40 h 内从 0.9 V 衰减至 0.75 V；CO_2/CH_4 分压比增加至 1 时，稳定性有所改善，电压在 50 h 内从 0.9 V 衰减至 0.82 V；CO_2/CH_4 分压比继续增加至 1.5 时，电压在初始 2 h 内从 0.9 V 快速下降至 0.88 V，随后稳定运行约 100 h，电压仅衰减至 0.85 V。

因此，电池在含 CH_4 燃料下运行时，阳极积碳对运行稳定性有显著的影响。根据以上测试结果，S/C 在 1 附近，或者 CO_2/CH_4 分压比在 1.5 附近时，电池能够展现出较好的稳定性。根据热力学计算结果，上述组分实际上处于热力学预测的 750℃ 积碳边界附近。当 H_2O 或 CO_2 含量较低时，阳极易发生积碳，从而导致电池性能衰减；但是当 H_2O 或 CO_2 含量过高时，一方面电池的输出性能下降（图 7.13），另一方面可能促使 Ni 颗粒烧结甚至氧化[19, 20]。

图 7.16 中展示了电池在不同的 CO_2/CH_4 分压比下进行稳定性测试后阳极/电解质界面附近的微观形貌，为了便于比较，图 7.16（a）中同时也给出了刚还原后阳极/电解质附近的形貌。

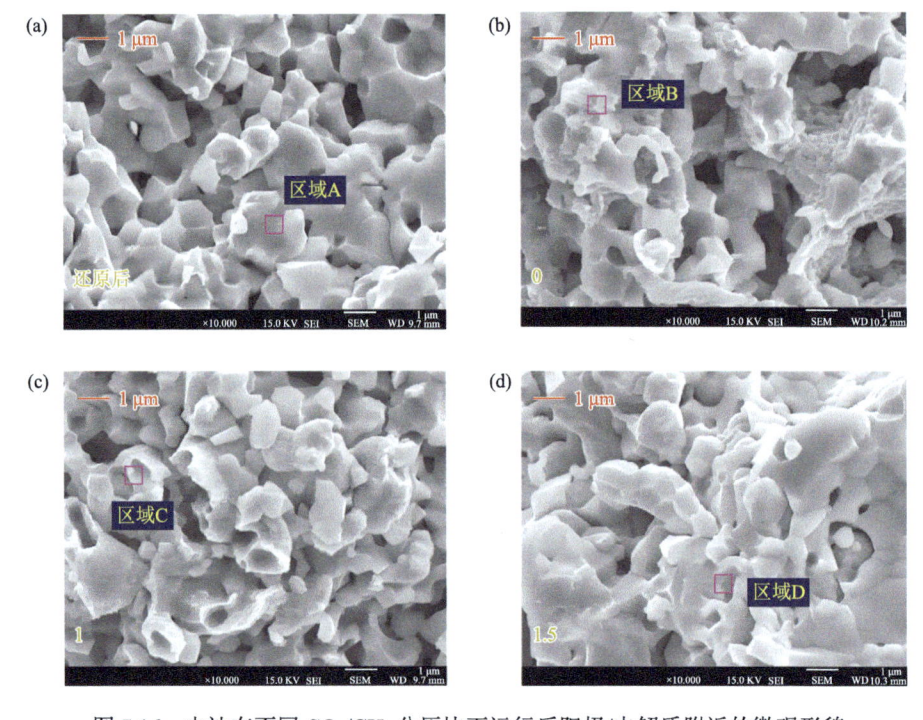

图 7.16 电池在不同 CO_2/CH_4 分压比下运行后阳极/电解质附近的微观形貌
（a）刚还原后；（b）CO_2/CH_4 分压比 = 0；（c）CO_2/CH_4 分压比 = 1；（d）CO_2/CH_4 分压比 = 1.5

（1）CO_2/CH_4 分压比为 0 时，运行 40 h 后阳极侧 Ni 颗粒表面附着大量条状积碳，部分区域积碳生长形成片状，几乎完全包裹 Ni 颗粒。

（2）CO_2/CH_4 分压比为 1 时，运行 50 h 后 Ni 颗粒表面出现一层细颗粒状积碳，这也会导致 Ni 催化活性降低。与图 7.16（a）相比，Ni 颗粒明显发生肿胀。据 He 和 Hill[21] 报道，CH_4 裂解产生的 CH_x 中间组分可能会溶于 Ni 颗粒，使 Ni 颗粒发生膨胀，继而 C 原子在 Ni 颗粒表层析出，逐渐生长形成积碳。

（3）CO_2/CH_4 分压比为 1.5 时，电池能够稳定运行 100 h，运行后未在 Ni 颗粒表面发现明显的积碳。

使用 EDS 对阳极 Ni 颗粒进行元素分析，分析位置见图 7.16 中方框标注，分析结果如图 7.17 所示。已有研究表明，当使用 SEM-EDS 分析样品中 C 元素含量时，由于背景噪声和环境 C 源污染，样品中 C 元素质量分数需大于 1%才比较可靠[22]。由图 7.17 可见，电池在 CO_2/CH_4 分压比为 0、1 和 1.5 下运行后，Ni 颗粒表面 C 元素的质量分数分别为 10.97%、8.85%、6.92%，C/Ni 元素质量比分别为 16.30%、13.33%、8.88%。结合 SEM 微观结构分析，可以判断：随着 CO_2/CH_4 分压比的增加，电池运行后阳极 Ni 颗粒表面的积碳量逐渐减小；当 CO_2/CH_4 分压比达到 1.5 时，电池稳定运行 100 h，运行后阳极无明显积碳。

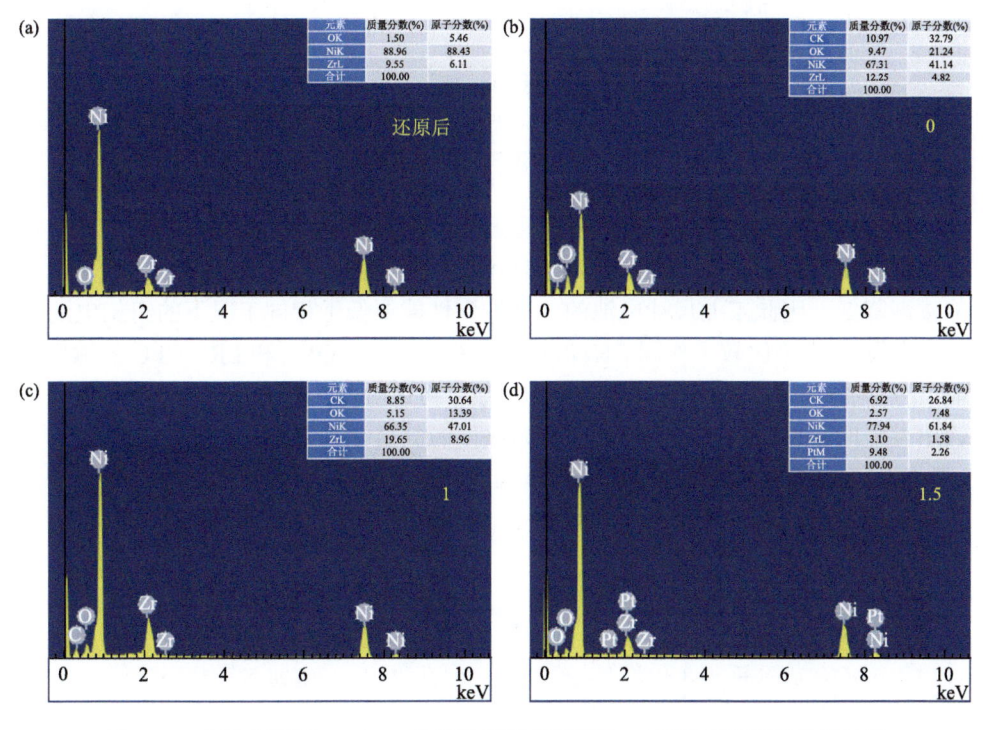

图 7.17 电池在不同 CO_2/CH_4 分压比下运行后阳极 Ni 颗粒表面元素分析结果
（a）刚还原后；（b）CO_2/CH_4 分压比 = 0；（c）CO_2/CH_4 分压比 = 1；（d）CO_2/CH_4 分压比 = 1.5

7.2.3 工业尺寸电池测试

图 7.18 中展示了工业尺寸（有效面积 10 cm×10 cm）DIR-SOFC 在不同 S/C 下的性能。与图 7.13（a）中纽扣电池的测试结果相比，工业尺寸电池在相同 S/C

下的性能略低。此外，随着 S/C 增加，电池的 OCV 和输出性能都逐渐下降，这与纽扣电池测试结果一致。

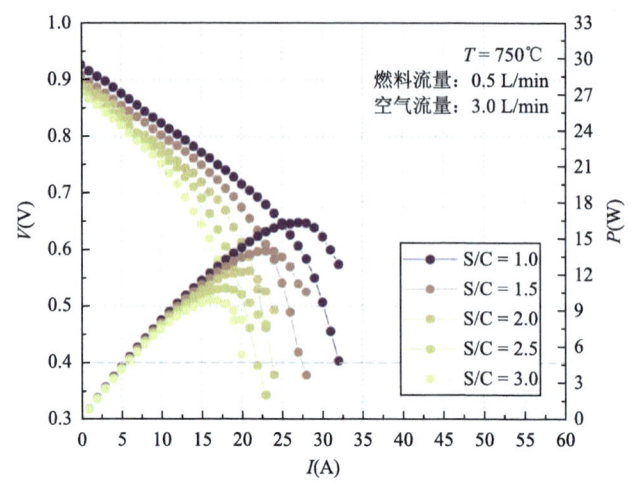

图 7.18　工业尺寸 DIR-SOFC 在不同 S/C 下的输出性能

在纽扣电池测试中，燃料供应严重过量，可认为电池表面 S/C 均匀分布。而在工业尺寸电池测试中，S/C 会沿着燃料流动方向逐渐增加，这会造成电池局部性能逐渐降低，因此工业尺寸电池的"平均"性能要低于相同工况下的纽扣电池。

在图 7.19 中比较了相同 CH_4 流量和 S/C 下 DIR-SOFC 和 ER-SOFC 的输出性能，两者唯一的区别是甲烷燃料的重整位置。可以看到，相同工况下 DIR-SOFC 的输出性能明显更低，推测主要是由于阳极侧燃料转化并不充分。

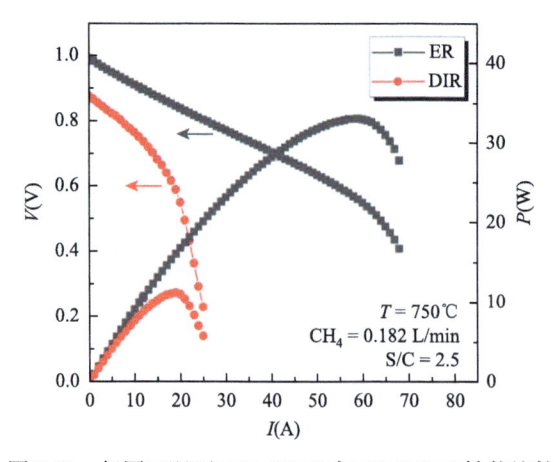

图 7.19　相同工况下 DIR-SOFC 与 ER-SOFC 性能比较

为了验证上述推测，测试了 DIR-SOFC 的阳极尾气组分，并与热力学平衡计算结果进行比较，如图 7.20 所示。DIR-SOFC 运行工况为图 7.18 中 S/C = 1.5 时的工况，阳极尾气在开路条件下收集。由图 7.20 可见，阳极尾气组分与热力学平衡预测之间有较大差距：CH_4 的实测转化率仅有 22.8%，而理论值为 94.3%。而作为有效燃料的 H_2 和 CO，两者的实测浓度均显著低于理论值。

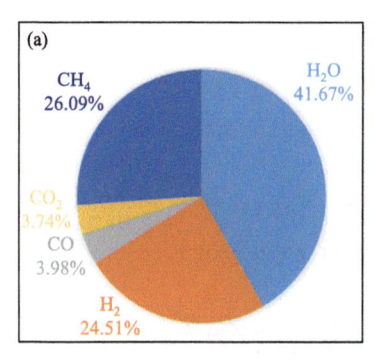

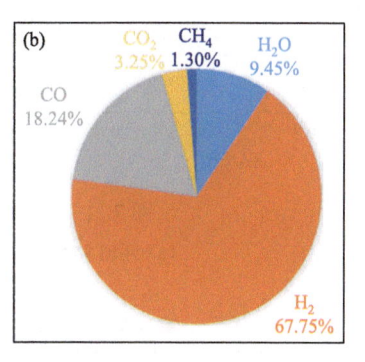

图 7.20　DIR-SOFC 尾气组分

(a) 实测结果；(b) 热力学计算结果

对于常见的工业用 CH_4 外部重整器，对重整合成气的组分分析结果表明，重整温度高于 650℃时，不同 S/C 下外部重整合成气组分均与热力学计算结果吻合良好，合成气中甲烷浓度低于 5%，基本被完全转化。两者比较，可以判断 DIR-SOFC 输出性能偏低的主要原因是重整效果不够理想。因此，DIR-SOFC 的输出性能还有进一步提升的空间。

7.2.4　热中性状态确定方法

在 DIR-SOFC 运行时，阳极侧同时发生吸热的重整反应和放热的电化学氧化反应。因此，在燃料电池内部可能会达到自热平衡，即热中性状态。虽然许多研究人员提出了类似的想法，但迄今为止，通过实验方法研究在 DIR-SOFC 中如何实现热中性状态仍然是比较困难的。通过单纯的数值模拟又难以复现实际电堆在各类复杂工况下的性能变化，因此模拟结果可能会与实际情况有较大的偏差。因此，本节将通过 DIR-SOFC 实测数据确定其热中性工况参数。

基于 DIR-SOFC 在不同 S/C、CO_2/CH_4 分压比下的 j-V 曲线，采用最小二乘法对测得的 j-V 曲线进行多项式拟合，拟合关系式如下：

$$V = A_0 + A_1 j + A_2 j^2 + A_3 j^3 \tag{7.7}$$

测试结果及相应的拟合曲线如图 7.21 所示，拟合得到的各项待定系数及判定系数（COD，R^2）列于表 7.3、表 7.4 中。不同 S/C、CO_2/CH_4 分压比下 R^2 均大于 0.99，因此可认为拟合精度已足够高，后续将用于热中性工况参数的确定。

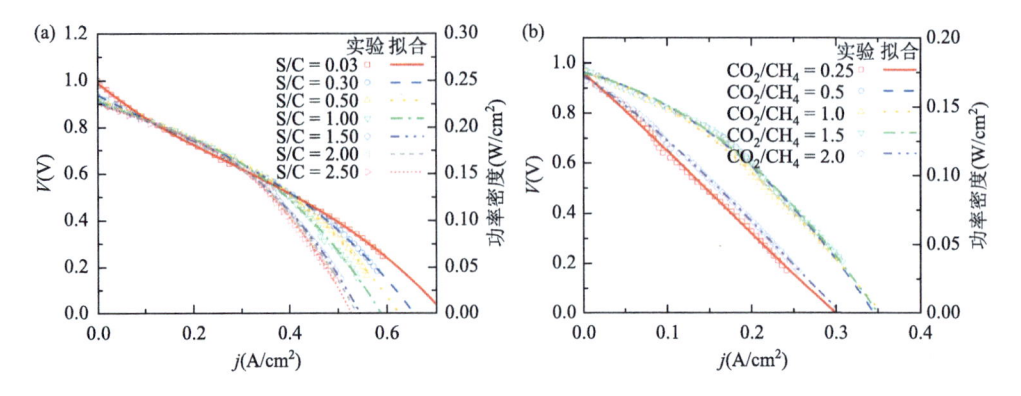

图 7.21 j-V 曲线多项式拟合结果

(a) 不同 S/C 下;(b) 不同 CO_2/CH_4 分压比下

表 7.3 不同 S/C 下 j-V 曲线拟合结果

S/C	A_0	A_1	A_2	A_3	R^2
0.03	0.99063	−1.67525	2.25261	−2.57461	0.99975
0.3	0.94034	−1.12531	1.22147	−2.59246	0.99972
0.5	0.91966	−0.85212	0.58657	−2.53598	0.99969
1.00	0.91504	−0.86152	0.93944	−3.60858	0.99844
1.50	0.90747	−0.8072	0.90221	−4.52681	0.99955
2.00	0.90318	−0.72591	0.6643	−4.51434	0.99894
2.50	0.90015	−0.70997	0.67389	−4.83541	0.99844

表 7.4 不同 CO_2/CH_4 分压比下 j-V 曲线拟合结果

CO_2/CH_4	A_0	A_1	A_2	A_3	R^2
0.25	0.96662	−2.93581	−2.39732	4.99299	0.99741
0.5	0.96702	−0.88503	−4.3069	−3.51518	0.99562
1.0	0.96145	−0.68547	−7.4566	4.98915	0.99765
1.5	0.9631	−0.77068	−5.0291	−1.727	0.99784
2.0	0.95174	−2.06762	−5.69628	7.59087	0.99927

根据热力学第一定律，DIR-SOFC 在运行时的净放热量可根据燃料由阳极入口至阳极出口的焓变和发电功率计算：

$$Q = -(\dot{n}_{out}h_{out} - \dot{n}_{in}h_{in}) - W_e \tag{7.8}$$

$$W_e = I \times V \tag{7.9}$$

式中，Q 是放热量；$\dot{n}_{out}$ 和 h_{out} 是阳极出口摩尔流量和焓值；$\dot{n}_{in}$ 和 h_{in} 是阳极入口摩尔流量和焓值；W_e 是发电功率；I 和 V 分别是输出电流和电压。对于 DIR-

SOFC，阳极入口燃料的组分和流量已给定，可直接计算焓值，而阳极出口组分和流量需要使用气相色谱等方法测定。

一种简化处理方法是，通过热力学平衡计算来预测阳极出口组分。根据上一节中的测试结果，单片堆阳极尾气组分与热力学预测结果存在较大偏差。但是，如果将数十片单电池组装成电池堆，在运行温度较高、片均燃料流量较低时差距通常会明显减小。图 7.22 中展示了热力学预测的阳极出口组分随电流（或燃料利用率）的变化规律，计算中取 S/C 和 CO_2/CH_4 分压比均为 1。

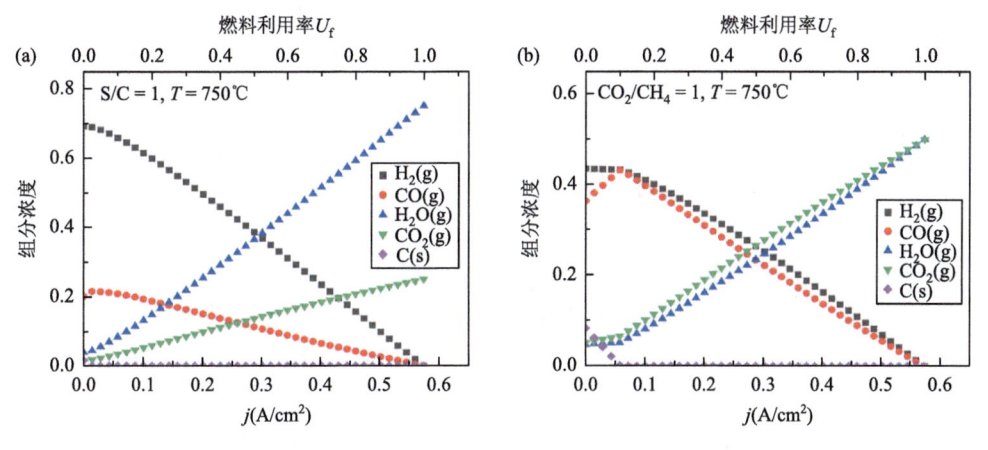

图 7.22 不同电流（燃料利用率）下阳极出口组分

（a）S/C = 1；（b）CO_2/CH_4 分压比 = 1

在得到不同电流下阳极入口、出口焓值及发电功率后，在放热量 Q 为 0 时即为自热平衡（或热中性）状态。图 7.23 中展示了不同燃料组分下的自热平衡电流密度 j_T 及相应的燃料利用率 U_T。

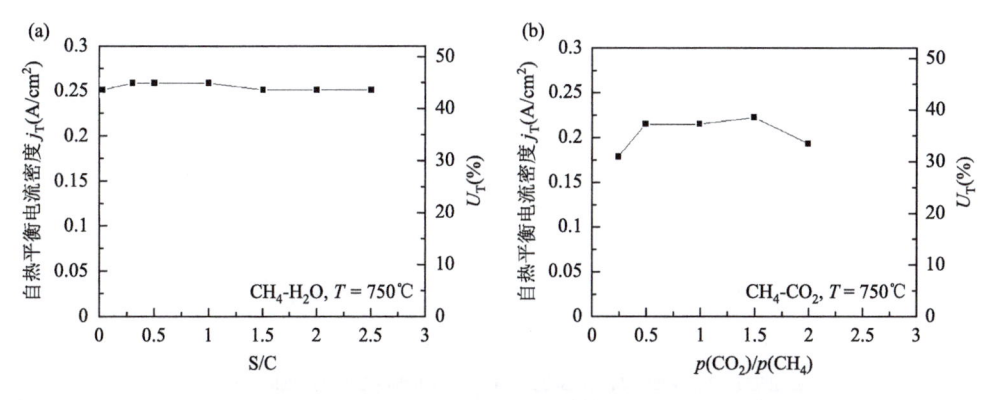

图 7.23 自热平衡电流密度及相应的燃料利用率计算结果

（a）不同 S/C 下；（b）不同 CO_2/CH_4 分压比下

（1）在 CH_4-H_2O 燃料下，j_T 随 S/C 的变化较小，始终稳定在 0.25 A/cm^2 左右，根据图 7.21，相应的输出电压约为 0.7 V；

（2）在 CH_4-CO_2 燃料下，j_T 随 CO_2/CH_4 分压比的变化相对较大，当分压比为 0.5~1.5 时，j_T 维持在 0.22 A/cm^2 左右，相应的输出电压约为 0.5 V。

然而，考虑到电堆实际运行时对稳定性和安全性的需求，输出电压不应太低（即过电势不能太大），一般要求输出电压不低于 0.7 V。因此，在现有 DIR-SOFC 的输出水平下，无论是采用 H_2O 内部重整还是 CO_2 内部重整，完全实现热中性状态仍有一定难度，进一步提升 DIR-SOFC 的输出性能是十分必要的。

7.3 甲烷燃料 SOFC 阳极结构优化

7.3.1 阳极结构优化策略

根据上一节的分析，DIR-SOFC 输出性能较低的主要原因在于阳极侧重整反应速率受限，产生 H_2 和 CO 有效燃料的浓度较低，显著低于理论值。为了进一步提升 DIR-SOFC 的输出性能，本节采用两种策略对传统 Ni-YSZ 阳极结构进行优化：

（1）在 Ni-YSZ 阳极侧浸渍 GDC 溶液，烧结后形成 GDC 纳米颗粒。YSZ 骨架表面的 GDC 纳米颗粒可以提供额外的重整或电化学反应位点，从而有助于提高电池性能；而 Ni 颗粒表面的 GDC 纳米颗粒可以减少 Ni 与 CH_4 的接触面积，从而抑制积碳，同时也可以缓解 Ni 颗粒之间的烧结团聚。

（2）在 Ni-YSZ 阳极侧通过丝网印刷制备一层 Ni-GDC 催化层。燃料在到达阳极表面后，首先在 Ni-GDC 催化层中发生重整反应；重整产物到达 Ni-YSZ 阳极支撑层，其中的 CO 与电化学反应产生的 H_2O 发生 WGSR，进一步提高 H_2 浓度；产物继续扩散至阳极功能层，进而发生电化学反应。

图 7.24 中展示了制备好的纽扣电池样品，具体的制备流程见文献[23]。其

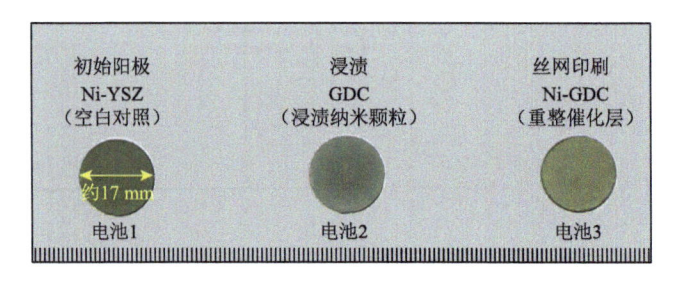

图 7.24 制备好的纽扣电池样品

中电池 1 为原始未处理的电池样品，电池 2 为阳极浸渍 GDC 的样品，电池 3 为阳极制备 Ni-GDC 重整催化层的样品。

7.3.2 H_2 燃料下性能比较

首先比较了不同电池在 H_2 燃料下的电化学性能，如图 7.25 所示。电池的关

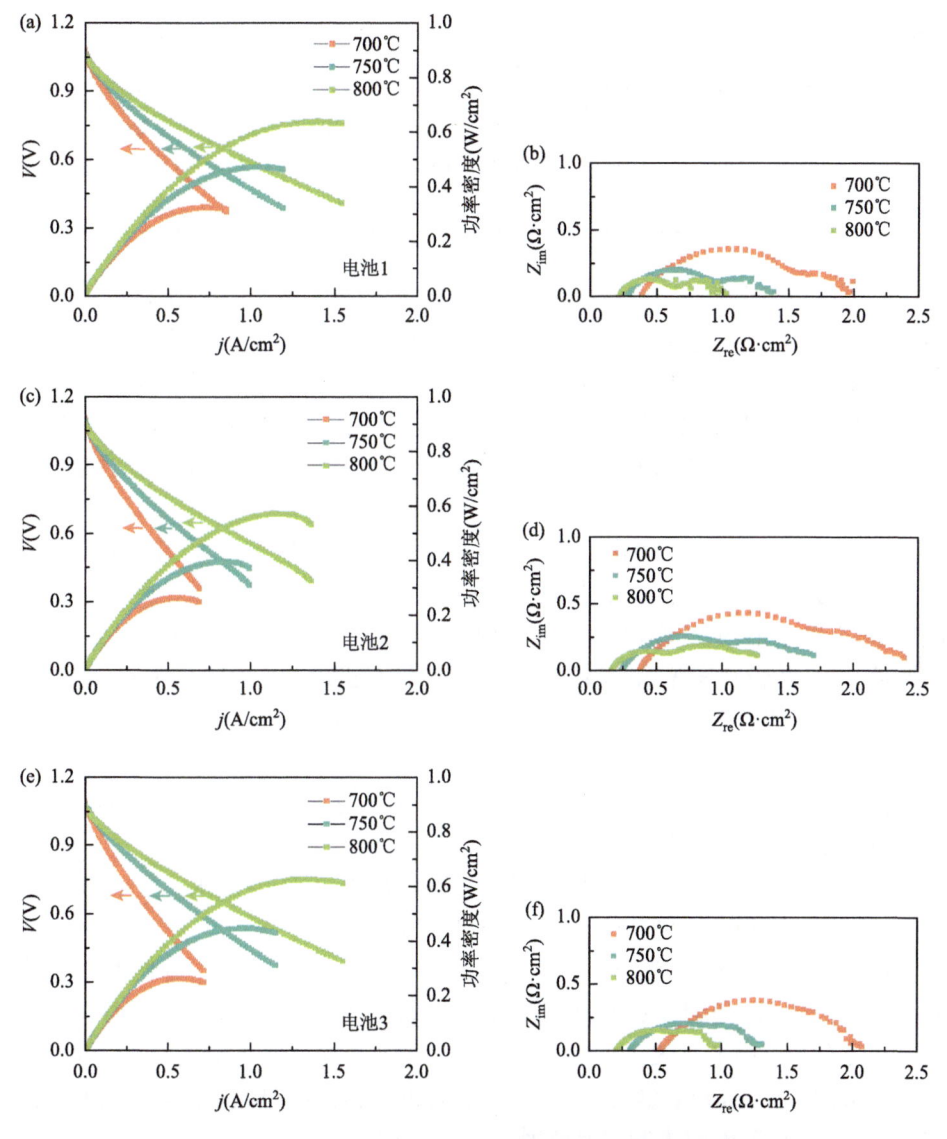

图 7.25 不同类型电池在 H_2 燃料下的 j-V 曲线和 EIS
（a）（b）电池 1；（c）（d）电池 2；（e）（f）电池 3

键性能指标，包括峰值功率密度（PPD）、欧姆电阻（R_s）和极化电阻（R_p）总结于表 7.5 中。总体而言，三种电池在 H_2 燃料下的输出性能差异并不大。具体来看，不同温度下 PPD 的排列顺序如下：电池 1＞电池 3＞电池 2。这一结果表明，阳极修饰对电池在 H_2 燃料下的输出性能有一定的负面影响。

表 7.5 不同类型电池在 H_2 燃料下的关键性能指标

电池序号	700℃ PPD (W/cm²)	700℃ R_s (Ω·cm²)	700℃ R_p (Ω·cm²)	750℃ PPD (W/cm²)	750℃ R_s (Ω·cm²)	750℃ R_p (Ω·cm²)	800℃ PPD (W/cm²)	800℃ R_s (Ω·cm²)	800℃ R_p (Ω·cm²)
1	0.326	0.381	1.609	0.475	0.277	1.093	0.640	0.216	0.786
2	0.264	0.382	2.008	0.396	0.251	1.459	0.573	0.165	1.085
3	0.268	0.538	1.463	0.452	0.317	0.964	0.631	0.211	0.749

R_s 的排列顺序如下：电池 3＞电池 1＞电池 2。由于电池 3 阳极表面添加了重整催化层，增加了一层界面电阻，且电子传导距离变长，因此 R_s 有所增加。但是电池 3 和电池 1 在 800℃下的 R_s 几乎相等，表明这一不利影响随着温度的升高而减弱。相反，电池 2 比电池 1 具有更小的 R_s，这是由于纳米 GDC 颗粒在阳极侧还原气氛下具有很好的 MIEC 特性[24]，从而增加了 Ni 颗粒之间的电连接，有助于减小电池的 R_s。

R_p 的排列顺序如下：电池 2＞电池 1＞电池 3。虽然电池 2 的 R_s 比电池 1 小，但电池 2 的 R_p 明显更大，这也导致了其更大的总电阻和更低的输出性能。尽管浸渍 GDC 有助于增强 Ni 颗粒之间的电连接，但可能会带来以下两方面不利影响：①纳米 GDC 颗粒会覆盖 Ni 颗粒表面的部分反应位点，由于 GDC 对 H_2 电化学氧化的催化活性明显低于 Ni，这会导致极化阻抗的增加；②大量的 GDC 颗粒可能会降低阳极孔隙率，增加气相扩散阻力。这两方面不利影响均有可能是电池 2 的 R_p 较大的原因。尽管电池 3 的 R_s 较大，但电池 3 的 R_p 与电池 1 基本相同，表明 Ni-GDC 催化层对 R_p 的影响较小。

为了更深入地分析两类阳极结构优化策略对 R_p 的影响规律，分别比较了电池 2、电池 3 与电池 1 的 DRT 结果，如图 7.26 所示。

电池 2 的 P_2 峰明显低于电池 1，表明阳极浸渍 GDC 有助于降低电荷转移反应阻抗。主要原因是纳米 GDC 颗粒的 MIEC 特性使得 O^{2-} 导电域扩展到电子导电域，从而有利于增加有效 TPB 长度。但是，电池 2 的 P_4、P_5 峰明显高于电池 1，表明阳极侧气相扩散阻抗较大，因此浸渍 GDC 会降低阳极孔隙率，这是导致电池 2 在 H_2 燃料下 R_p 较大的主要原因。

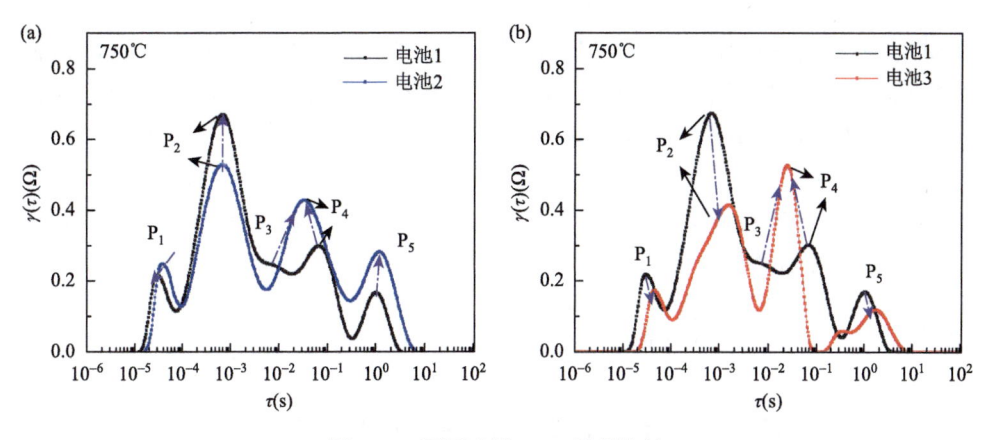

第 7 章　阳极积碳及应对措施　　　·233·

图 7.26　不同电池 DRT 结果比较
（a）电池 1 与电池 2；（b）电池 1 与电池 3

电池 3 的 P_2 峰也低于电池 1，而 P_4 峰高于电池 1，表明 Ni-GDC 催化层的存在促进了阳极电荷转移反应，但是阻碍了阳极气相扩散过程。主要原因是 Ni-GDC 催化层的孔隙率低于阳极支撑层，阻碍了反应物和产物的气相扩散，从而导致较大的扩散阻抗。此外，由于阳极 TPB 附近产生的 H_2O 扩散受阻，局部 H_2O 分压上升，这会导致阳极电荷转移反应电阻下降[25]。

7.3.3　CH_4-CO_2 燃料下性能比较

尽管三类电池在 H_2 燃料下展现出基本相近的输出性能，但是在 CH_4-CO_2 燃料下，阳极结构优化的电池 2、电池 3 具有显著更高的输出性能，如图 7.27 所示。

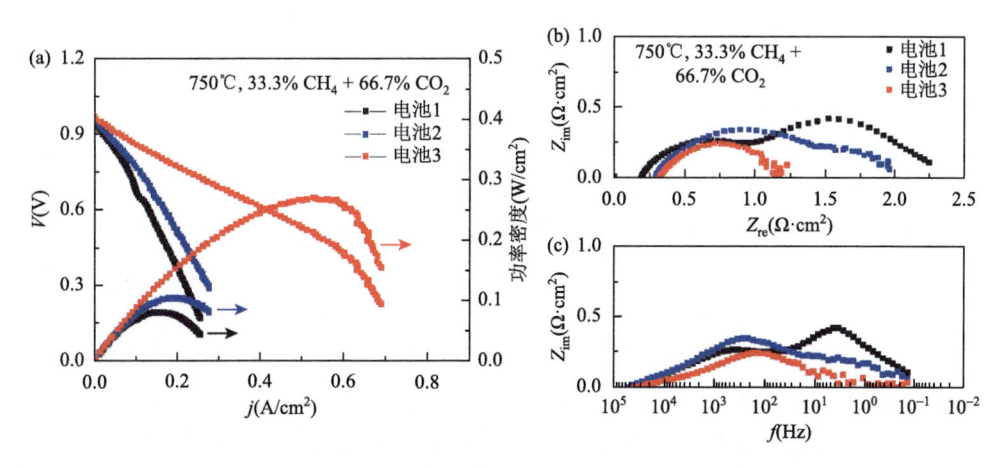

图 7.27　不同类型电池在 CH_4-CO_2 燃料下的电化学性能比较
（a）j-V 曲线；（b）EIS Nyquist 图；（c）EIS Bode 图

测试中采用的燃料为模拟沼气（33.3% CH_4 + 66.7% CO_2），即 CO_2/CH_4 分压比为 2，根据前文中关于燃料组分的分析，这实际上并不是最佳 CO_2/CH_4 分压比，但是仍可用于研究阳极结构优化策略的可行性。

三类电池在 CH_4-CO_2 燃料下的关键性能指标总结于表 7.6。电池的 OCV 和 PPD 都表现出以下顺序：电池 3＞电池 2＞电池 1。电池 3 输出性能最高，在 600 mA/cm^2 电流密度下能够达到 271 mW/cm^2 的 PPD，约为电池 1（81 mW/cm^2）的 3.3 倍。电池 2 的 PPD 为 104 mW/cm^2，仅比电池 1 提高了 28%，表明阳极浸渍 GDC 对性能改善的作用明显弱于添加 Ni-GDC 重整催化层。

表 7.6　不同类型电池在 CH_4-CO_2 燃料下的关键性能指标

电池序号	OCV（V）	PPD（W/cm^2）	R_s（$\Omega \cdot cm^2$）	R_p（$\Omega \cdot cm^2$）
1	0.952	0.081	0.195	2.052
2	0.966	0.104	0.298	1.663
3	0.971	0.271	0.327	0.865

极化电阻 R_p 的排序如下：电池 1＞电池 2＞电池 3。通过比较三类电池的 EIS，可以发现电池 1 的低频弧明显高于电池 2、电池 3，这与 H_2 燃料下的情况恰好相反。从图 7.27（c）的 Bode 图中也可以看到电池 1 在 10^0 Hz 处有明显更大的低频阻抗。这主要是由于阳极结构优化提高了 CH_4-CO_2 重整反应速率，因此电池 2、电池 3 阳极内部 H_2 的浓度高于未优化的电池 1。此外，电池 1 的 R_s 略低于 H_2 燃料下的值，在三类电池中是最小的。这可能是由于电池 1 在测试时阳极侧产生少量积碳，导致阳极的电导率有所增加[26]。

值得注意的是，电池 2 的高频阻抗反而大于电池 1。这与 H_2 燃料下的 EIS 明显不同。如上文所述，在 H_2 燃料下，纳米 GDC 颗粒的 MIEC 特性有助于增加有效 TPB 长度、减小高频阻抗。但是在 CH_4-CO_2 燃料下，由于 H_2 浓度相对较低，这一作用被显著削弱。相反，纳米 GDC 颗粒会覆盖 Ni 颗粒表面的部分反应位点，而 GDC 的催化活性低于 Ni，从而导致高频阻抗的增加。

因此，尽管图 7.27 中的结果初步表明阳极浸渍 GDC 有助于提升电池的输出性能，但是考虑到纳米 GDC 颗粒带来的上述两方面影响，还需要在不同的燃料组分下进行验证。图 7.28 中展示了电池 1、电池 2 在不同 CO_2/CH_4 分压比下的输出性能，可以发现浸渍 GDC 对电池性能的影响与燃料组分密切相关。当 CO_2/CH_4 分压比很低（＜0.25）或很高（＞2）时，浸渍 GDC 有助于改善电池性能；但是当 CO_2/CH_4 分压比在 0.5~1.5 之间时，浸渍 GDC 反而会降低电池性能。

对于电池 1，CO_2/CH_4 分压比对性能的影响已在 7.2 节中进行了详细分析，过低或过高的 CO_2/CH_4 分压比均会降低重整反应速率，从而降低电池性能。

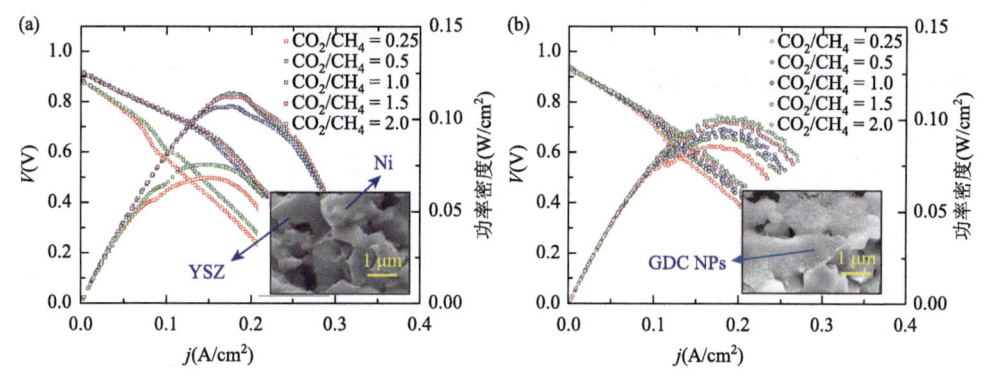

图 7.28 电池在不同 CO_2/CH_4 分压比下的输出性能

(a) 电池 1；(b) 电池 2

对于电池 2，如图 7.28（b）所示，阳极浸渍 GDC 后 YSZ 骨架和 Ni 颗粒表面均出现一层纳米 GDC 颗粒。在阳极支撑层中，YSZ 骨架表面的 GDC 纳米颗粒可以提供额外的重整反应位点，从而提高重整反应速率，因此在很低或很高的 CO_2/CH_4 分压比下，阳极浸渍 GDC 能够提高电池性能。但是当 CO_2/CH_4 分压比在 0.5~1.5 之间时，电池 1 中重整反应速率有所提升，浸渍 GDC 的作用减弱；而阳极功能层中的纳米 GDC 颗粒反而会覆盖 Ni 表面的活性反应位点，降低电池性能。

此外，从图 7.28（b）中可以看出，对于电池 2，随着 CO_2/CH_4 分压比的增加，电池性能持续提升，表明重整反应速率一直在增加。这与电池 1 有明显区别：对于电池 1，重整反应速率在 CO_2/CH_4 分压比为 1.5 左右达到最高，继续增加 CO_2 反而会降低电池性能。主要原因是电池 2 阳极支撑层中的纳米 GDC 颗粒提供了更多重整反应位点，GDC 的储、放氧特性能够促进 CH_4 的吸附解离[27]，因此在较低的 CH_4 浓度下仍然能够达到较高的重整反应速率。

尽管如此，根据图 7.27（a）中电池 2 的输出水平推测，电池 2 阳极侧 H_2 浓度仍然处于较低水平，因此浸渍 GDC 在阳极功能层中主要起负面作用，即覆盖 Ni 表面的电化学反应位点，这会导致高频阻抗增加。因此推测，如果能只在阳极支撑层中浸渍 GDC，而不对阳极功能层进行处理，则电池 2 的输出性能可能会进一步提升，但是这会对电池制备工艺提出更高的需求。

7.3.4 稳定性测试及后表征

根据上一节分析，在 CH_4-CO_2 燃料下，电池 3 中重整催化层能够有效提高重整反应速率，展现出极高的输出性能，但是其运行稳定性还有待检验。因此，分别测试了电池 3 和电池 1 在 CH_4-CO_2 燃料下的运行稳定性，结果如图 7.29 所示。

可以看到，与电池1相比，电池3不仅具有更高的输出性能，而且在不同的电流密度下都展现出更好的稳定性。

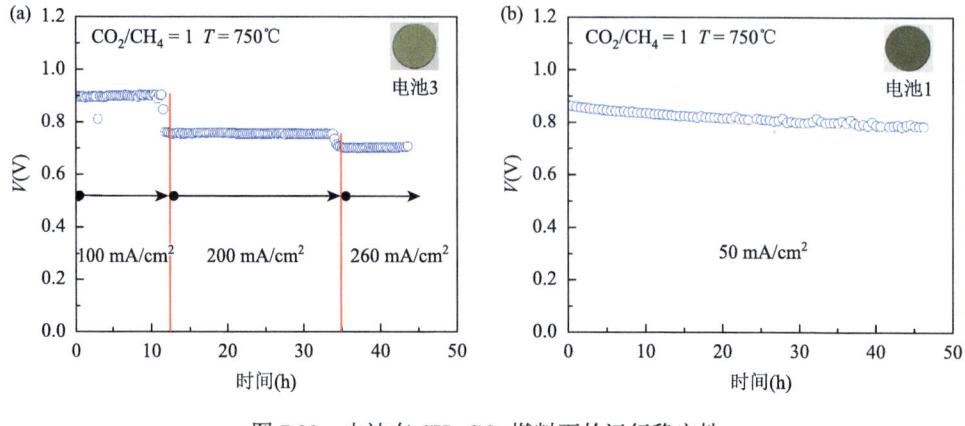

图 7.29 电池在 $CH_4\text{-}CO_2$ 燃料下的运行稳定性

(a) 电池3；(b) 电池1

对电池1的微观结构表征已在7.2.2节中介绍，本节主要介绍电池3的微观结构表征结果。图7.30（a）为电池3在 $CH_4\text{-}CO_2$ 燃料下进行稳定性试验后的断面SEM图像，三层主要结构清晰可见。图7.30（b）为阳极表面附近的断面SEM图像，可以明显观察到阳极支撑层上表面的重整催化层，厚度约为 10 μm。沿图中

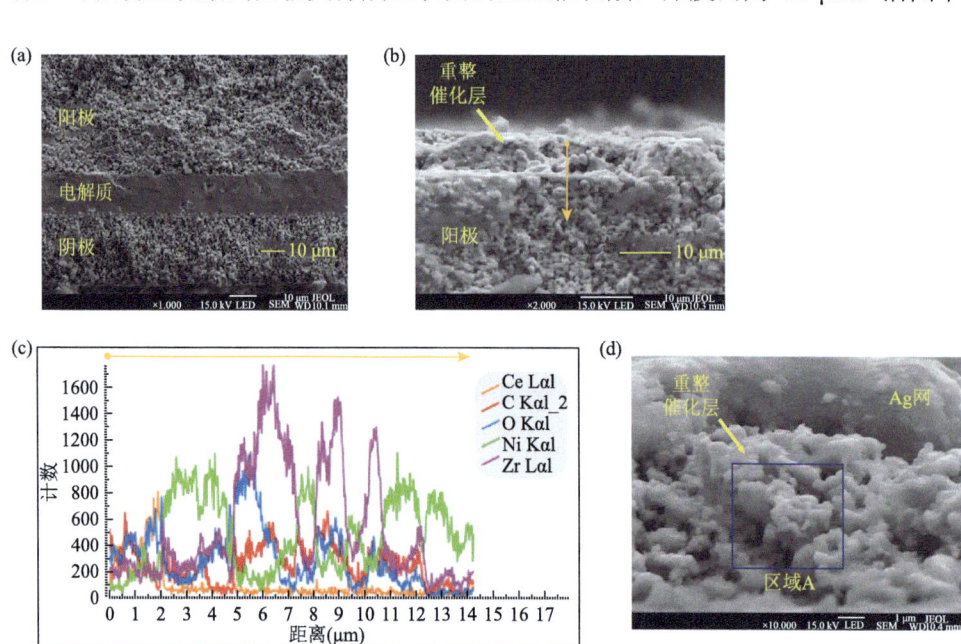

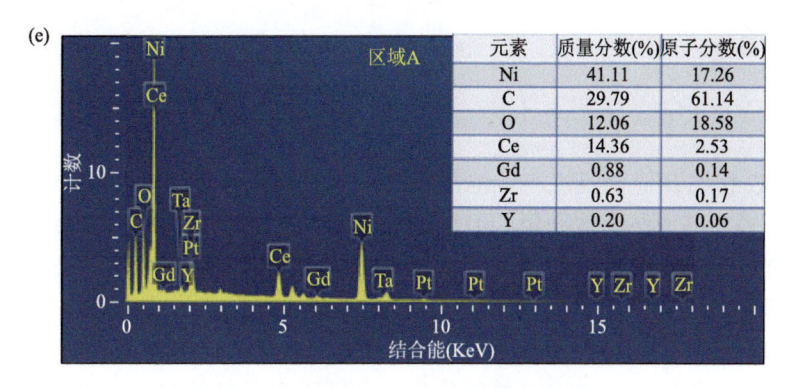

第 7 章　阳极积碳及应对措施　　　　　　　　　　　　　　　　　　　　　　· 237 ·

元素	质量分数(%)	原子分数(%)
Ni	41.11	17.26
C	29.79	61.14
O	12.06	18.58
Ce	14.36	2.53
Gd	0.88	0.14
Zr	0.63	0.17
Y	0.20	0.06

图 7.30　电池 3 运行后微观结构表征

(a) 横截面的 SEM 图像；(b) 阳极表面附近的微观形貌（黄色箭头为 EDS 线扫描轨迹）；(c) EDS 线扫描结果；
(d) Ni-GDC 催化层的微观形貌；(e) 区域 A 的 EDS 面扫描结果

黄色箭头轨迹进行 EDS 线扫描，结果如图 7.30（c）所示。重整催化层中主要元素为 Ni、Ce、O 等，而阳极支撑层中不含 Ce 元素。

此外，尽管上述测试结果表明，Ni-GDC 催化层能够促进 CH_4-CO_2 重整反应，从而显著提升电池的输出性能。但是，由于阳极和催化层之间存在界面电阻，电池的 R_s 有所增加，如表 7.5 和表 7.6 所示。对于本节使用的纽扣电池，界面电阻尚处于可接受的水平；但对于工业尺寸电池，界面电阻的影响还需要进一步研究。

图 7.30（d）为 Ni-GDC 催化层的微观结构。Ni 和 GDC 颗粒的平均尺寸为 1～2 μm，与阳极支撑层中 Ni 颗粒的平均尺寸相近。然而，Ni 和 GDC 颗粒表面覆盖了大量的絮状物质，厚度约为 400～500 nm。对图中标记的区域 A 进行 EDS 面扫描，结果如图 7.30（e）所示，主要元素为 C（61.14%）、Ni（17.26%）、O（18.58%）和 Ce（2.53%），表明电池 3 运行时，Ni-GDC 催化层中产生了大量积碳。尽管如此，电池 3 的稳定性并没有受到不利影响，主要有两方面原因：

（1）Ni 颗粒表面被积碳覆盖，对 C—H 键断裂的催化活性逐渐降低，同时 GDC 颗粒则有助于氧化 Ni 颗粒表面的碳[28]。因此，碳的沉积速率和消耗速率逐渐达到平衡，催化层中不再有新的积碳。

（2）CH_4 和 CO_2 在 Ni-GDC 催化层中发生预重整，部分转化为 H_2 和 CO 后到达阳极，此时积碳的风险已明显降低。因此，虽然催化层中积碳严重，但由于 Ni-GDC 对积碳的耐受性较高，电池 3 仍能实现稳定运行。

需要注意的是，作为对电池 3 运行稳定性的初步检验，本研究的稳定性测试仅持续了 50 h 左右。在更长期的稳定性测试中，Ni-GDC 催化层的结构演变仍然需要研究。此外，Ni-GDC 催化层本身已经对阳极气相扩散产生了不利影响（图 7.26），积碳则会进一步降低催化层的孔隙率，从而加剧这一不利因素。

7.4 本章小结

SOFC相比其他低温燃料电池的优势之一是可以使用CH_4等含碳燃料,从而实现化石燃料的清洁高效利用。但是,如果操作条件不当,Ni基阳极可能会面临积碳的风险。在常见SOFC运行环境下,可能会在阳极中形成碳纤维或碳膜,具体形貌和动力学速率取决于水碳比(S/C)、电池工作条件(如温度、压力、电流密度)和阳极催化剂等因素。

本章针对甲烷DIR-SOFC性能优化,分别研究了CH_4-H_2O、CH_4-CO_2燃料下气体组分对电池电化学特性的影响,获得了最优燃料组分配比,建立了甲烷DIR-SOFC半经验参数模型,确定了热中性工况参数。具体结论如下:

(1)在相同的S/C和CO_2/CH_4分压比下,电池在CH_4-H_2O燃料下的输出性能要明显优于CH_4-CO_2燃料,主要是由重整反应速率的差异引起的。

(2)在CH_4-H_2O燃料下,S/C在0.03~1时对电池性能影响较小,但是S/C>1时,继续增加S/C会导致电池性能显著降低。

(3)在CH_4-CO_2燃料下,CO_2/CH_4分压比在0.5~1.5时电池性能最优,过低或过高的CO_2/CH_4分压比都会导致性能降低。

(4)不同组分下的稳定性测试结果表明,S/C在1附近,或者CO_2/CH_4分压比在1.5附近时,电池能够展现出最佳的稳定性。

(5)在CH_4-H_2O燃料下,j_T约为0.25 A/cm^2,相应的输出电压约为0.7 V;而在CH_4-CO_2燃料下,j_T约为0.22 A/cm^2,相应的输出电压约为0.5 V。因此,在现有DIR-SOFC的输出水平下,完全实现热中性状态仍有困难。

在此基础上,为了进一步提升甲烷DIR-SOFC的输出性能,提出并比较了阳极浸渍GDC和添加Ni-GDC催化层两类阳极结构优化策略。具体结论如下:

(1)阳极浸渍GDC对电池性能的影响与燃料组分密切相关。当CO_2/CH_4分压比很低(<0.25)或很高(>2)时,浸渍GDC有助于改善电池性能;但是当CO_2/CH_4分压比在0.5~1.5之间时,浸渍GDC反而会降低电池性能。

(2)阳极侧添加Ni-GDC重整催化层能够有效提高电池在CH_4-CO_2燃料下的输出性能,优化后峰值功率密度提高3.3倍,运行稳定性也有明显改善,是一种很有前景的阳极结构优化策略。但是在工业尺寸电池上的适用性以及Ni-GDC催化层的长期稳定性还需要进一步研究。

参 考 文 献

[1] Alstrup I. A new model explaining carbon filament growth on nickel, iron, and Ni-Cu alloy catalysts[J]. Journal of Catalysis, 1988, 109(2): 241-251.

[2] Snoeck J W, Froment G F, Fowles M. Filamentous carbon formation and gasification: thermodynamics, driving force, nucleation, and steady-state growth[J]. Journal of Catalysis, 1997, 169 (1): 240-249.

[3] Gupta G K, Hecht E S, Zhu H, et al. Gas-phase reactions of methane and natural-gas with air and steam in non-catalytic regions of a solid-oxide fuel cell[J]. Journal of Power Sources, 2006, 156 (2): 434-447.

[4] Gupta G K, Dean A M, Ahn K, et al. Comparison of conversion and deposit formation of ethanol and butane under SOFC conditions[J]. Journal of Power Sources, 2006, 158 (1): 497-503.

[5] Walters K M, Dean A M, Zhu H, et al. Homogeneous kinetics and equilibrium predictions of coking propensity in the anode channels of direct oxidation solid-oxide fuel cells using dry natural gas[J]. Journal of Power Sources, 2003, 123 (2): 182-189.

[6] Ihara M, Matsuda K, Sato H, et al. Solid state fuel storage and utilization through reversible carbon deposition on an SOFC anode[J]. Solid State Ionics, 2004, 175 (1-4): 51-54.

[7] Chen T, Wang W G, Miao H, et al. Evaluation of carbon deposition behavior on the nickel/yttrium-stabilized zirconia anode-supported fuel cell fueled with simulated syngas[J]. Journal of Power Sources, 2011, 196 (5): 2461-2468.

[8] Park E W, Moon H, Park M, et al. Fabrication and characterization of Cu-Ni-YSZ SOFC anodes for direct use of methane via Cu-electroplating[J]. International Journal of Hydrogen Energy, 2009, 34 (13): 5537-5545.

[9] Maček J, Novosel B, Marinšek M. Ni—YSZ SOFC anodes—minimization of carbon deposition[J]. Journal of the European Ceramic Society, 2007, 27 (2-3): 487-491.

[10] Liu J, Barnett S A. Operation of anode-supported solid oxide fuel cells on methane and natural gas[J]. Solid State Ionics, 2003, 158 (1-2): 11-16.

[11] 王丽君, 陈志远, 卞刘振, 等. CH$_4$气体在Ni颗粒表面的积碳行为研究[C]//第17届全国固态离子学学术会议暨新型能源材料与技术国际研讨会论文集. 中国内蒙古包头, 2014.

[12] Colmenares J C, Colmenares-Quintero R F, Pieta I S, et al. Catalytic dry reforming for biomass-based fuels processing: progress and future perspectives[J]. Energy Technology, 2016, 4 (8): 881-890.

[13] 柯昌明. 甲烷水汽重整动力学研究及抗积碳催化剂设计[D]. 合肥: 中国科学技术大学, 2020.

[14] Osaki T, Horiuchi T, Suzuki K, et al. Kinetics, intermediates and mechanism for the CO$_2$-reforming of methane on supported nickel catalysts[J]. Journal of the Chemical Society, Faraday Transactions, 1996, 92 (9): 1627-1631.

[15] Wang S, Lu G. A comprehensive study on carbon dioxide reforming of methane over Ni/γ-Al$_2$O$_3$ catalysts[J]. Industrial & Engineering Chemistry Research, 1999, 38 (7): 2615-2625.

[16] Leonide A, Sonn V, Weber A, et al. Evaluation and modeling of the cell resistance in anode-supported solid oxide fuel cells[J]. Journal of the Electrochemical Society, 2008, 155 (1): B36.

[17] Endler C, Leonide A, Weber A, et al. Time-dependent electrode performance changes in intermediate temperature solid oxide fuel cells[J]. Journal of the Electrochemical Society, 2010, 157 (2): B292.

[18] Kromp A, Leonide A, Weber A, et al. Electrochemical analysis of reformate-fuelled anode supported SOFC[J]. Journal of the Electrochemical Society, 2011, 158 (8): B980.

[19] Holzer L, Iwanschitz B, Hocker T, et al. Microstructure degradation of cermet anodes for solid oxide fuel cells: quantification of nickel grain growth in dry and in humid atmospheres[J]. Journal of Power Sources, 2011, 196 (3): 1279-1294.

[20] Klotz D, Weber A, Ivers-Tiffée E. Practical guidelines for reliable electrochemical characterization of solid oxide fuel cells[J]. Electrochimica Acta, 2017, 227: 110-126.

[21] He H, Hill J M. Carbon deposition on Ni/YSZ composites exposed to humidified methane[J]. Applied Catalysis A:

General,2007,317(2):284-292.
[22] 吴东晓,郭莉萍,张大同. 探讨用 SEM-EDS 分析材料的碳含量[J]. 电子显微学报,2003,22(6):532.
[23] Lyu Z, Wang Y, Zhang Y, et al. Solid oxide fuel cells fueled by simulated biogas: Comparison of anode modification by infiltration and reforming catalytic layer[J]. Chemical Engineering Journal,2020,393:124755.
[24] Steele B C H. Appraisal of $Ce_{1-y}GdyO_{2-y/2}$ electrolytes for IT-SOFC operation at 500℃[J]. Solid State Ionics,2000,129(1):95-110.
[25] Leonide A, Apel Y, Ivers-Tiffee E. SOFC modeling and parameter identification by means of impedance spectroscopy[J]. ECS Transactions,2009,19(20):81-109.
[26] Kim H, Lu C, Worrell W L, et al. Cu-Ni cermet anodes for direct oxidation of methane in solid-oxide fuel cells[J]. Journal of the Electrochemical Society,2002,149(3):A247.
[27] Zhang Y, Fan H, Han M. Stability of Ni-YSZ anode for SOFCs in methane fuel: the effects of infiltrating $la_{0.8}Sr_{0.2}FeO_{3-\delta}$ and Gd-Doped CeO_2 materials[J]. Journal of the Electrochemical Society,2018,165(10):F756-F763.
[28] Steele B C H, Middleton P H, Rudkin R A. Material science aspects of SOFC technology with special reference to anode development[J]. Solid State Ionics,1990,40-41(PART 1):388-393.

第8章 高性能纳米阴极构建

8.1 一体化基体原位负载纳米阴极

8.1.1 纳米电极原位负载技术

当采用丝网印刷等常规工艺在 YSZ 电解质上制备阴极时，由于需要高温烧结（通常＞1000℃），阴极和电解质材料之间存在化学相容性差等问题[1]。因此，本章将基于第 6 章中介绍的一体化离子传导基体，采用低温负载工艺原位生成纳米电极，从而避免传统高温制备工艺带来的相容性问题。

液相浸渍工艺在电子工业中已经得到广泛应用，最近十几年逐渐在 SOFC 领域得到认可和重视，被广泛应用于纳米电极制备及电极性能优化[2-4]。该工艺是将不同金属的硝酸盐溶液通过毛细作用或外加压力导入具有较高孔隙率的多孔基体中，充分干燥后在一定温度下煅烧，最终得到目标金属氧化物作为电极材料。浸渍工艺制备 SOFC 复合电极的优势在于电极制备温度较低，可以得到电极微观形貌可控、分布均匀的纳米形态电极，并且降低电极材料与基体间的反应活性。

需要注意的是，采用流延工艺制得的一体化基体结构的多孔层表面较基体内部相对致密一些，为了可以均匀且快速地渗透电极溶液，必须对表面进行打磨处理，使表面有大量均匀的孔洞。打磨完毕后用超声清洗，烘干后得到处理好的三层复合结构。通过扫描电镜观察其表面微观形貌，如图 8.1 所示。可以看出，多孔表面处理前，孔的数量不多而且不均匀，颗粒之间相对致密。经打磨处理后的表面孔的数量明显增多，分布均匀，这对溶液或溶胶的渗入是有利的。

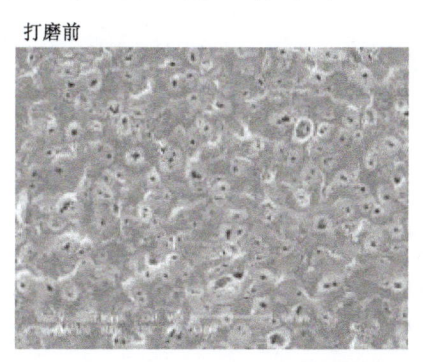

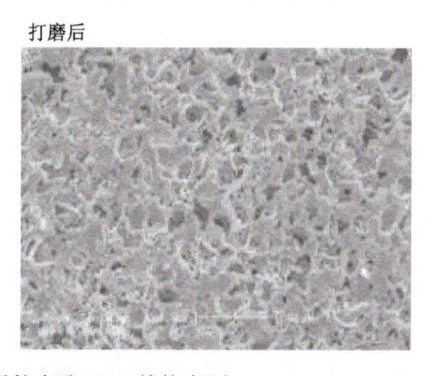

图 8.1 打磨前和打磨后的多孔 YSZ 基体表面

采用定量注入工具,在多孔表面滴适量溶液,之后进行抽真空处理,使液体能够更好、更均匀地渗透到多孔层内部。一般一次抽真空处理后烘干,再滴同样体积的溶液,抽真空后放入电炉中在 450℃煅烧。以上述浸渍过程为一个制备周期,无论制备阴极或阳极,都是上述制备周期的重复,视多孔层厚度不同,重复的次数不同。经过多次重复浸渍的电池最终在 850℃保温 5 h,得到应用浸渍工艺制备的电池。

8.1.2 基体孔隙率的影响

图 8.2 是不同孔隙率的多孔 YSZ 骨架层断面电镜图,孔隙率分别为 55%、60%和 65%。从图中可以看出,不同孔隙率 YSZ 骨架层的孔分布都较为均匀,孔形状呈不规则圆孔,孔径大小在 6~10 μm 之间。随着骨架孔隙率的增加,孔壁厚度逐渐下降,封闭孔的含量也下降。孔隙率为 55%的孔壁比其他两种厚,封闭孔也相对较多。封闭孔在电极结构中属于无效孔,一方面是因为浸渍液体无法进入封闭孔负载电极,另一方面燃料或氧化剂气体不能在封闭孔内进行扩散。因此推测,孔隙率为 55%的骨架不利于电极微结构的优化。浸渍过程中,这三种孔隙率表现出不同的扩散能力:55%孔隙率在浸渍制备过程,扩散面积小,且随着浸渍周期增加,大部分浸渍液堵塞表面毛孔,也进一步说明孔隙率为 55%的多孔 YSZ 骨架层不适合浸渍法的操作;孔隙率为 60%骨架在浸渍过程出现不连续扩散,但扩散面积为孔隙率为 55%的 2 倍左右;孔隙率为 65%骨架出现连续扩散,单次浸渍面积达到最大。此外,孔隙率为 65%的孔壁上存在许多小孔,这些小孔成为浸渍溶液扩散通道,使液体均匀扩散,也是气体扩散潜在通道,也进一步证明孔隙率 65%骨架更利于浸渍工艺制备电极。

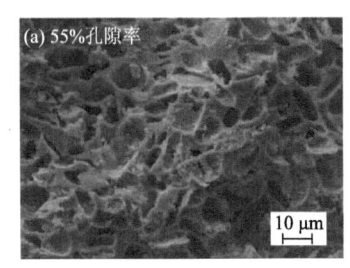

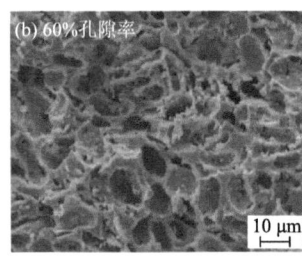

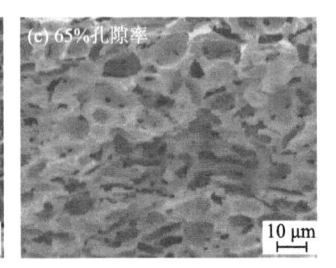

图 8.2 不同孔隙率的多孔 YSZ 骨架层断面电镜图
(a) 55%;(b) 60%;(c) 65%

采用浸渍法制备电极,电极的负载量直接影响 TPB 长度和电化学反应位点的数目,从而影响电池性能。因此,实现足够的电极负载量是制备高活性电极的关键因素之一。孔隙率的大小对电极材料负载量的影响可通过电池增重量反映。

表 8.1 中分别展示了孔隙率为 55%、60%和 65%电池在浸渍 LSCF 阴极时的增重量，其中每个孔隙率取 5 个平行样，每个样品都重复浸渍了 6 个周期。从表中可以看出，重复浸渍 6 个周期后多孔骨架增重量随孔隙率的增加依次增加（65%＞60%＞55%），其中 65%孔隙增重量最高能达到 0.01 g 以上，约为 55%孔隙率增重量的 3 倍。因此，65%孔隙率 YSZ 骨架有利于浸渍工艺的操作，并能在有限浸渍周期得到足够的电极负载量。

表 8.1 不同孔隙率电池增重量

孔隙率	Δm_1	Δm_2	Δm_3	Δm_4	Δm_5
55%	0.0045 g	0.0038 g	0.0047 g	0.0051 g	0.0039 g
60%	0.0069 g	0.0058 g	0.0055 g	0.0062 g	0.0054 g
65%	0.0098 g	0.0103 g	0.0093 g	0.0112 g	0.0101 g

使用孔隙率为 60%和 65%基体制备的电池进行电化学性能测试，结果如图 8.3 所示。可以看出，孔隙率为 60%的 LSCF-YSZ 复合阴极电池在 750℃下峰值功率密度仅为 0.405 W/cm^2，而孔隙率 65%的 LSCF-YSZ 复合阴极电池在同等测试温度和条件下的峰值功率密度达到 0.829 W/cm^2。如前文所述，造成性能差异的原因是 60%孔隙率基体中孔的形貌和连通性限制了 LSCF 电极的负载和分布。另外，随着第二相 LSCF 的进入，原有的孔洞被填充，使得原有的孔隙率进一步下降，阻碍气体在阴极侧的扩散，导致极化阻抗的增加，从而降低了电池性能。

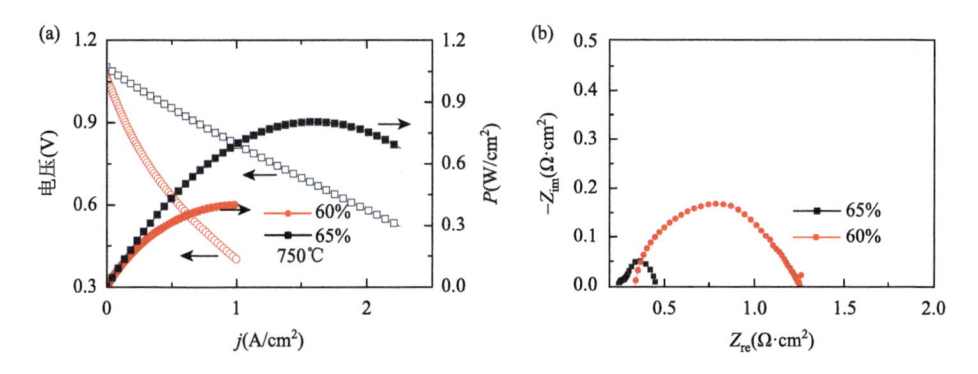

图 8.3 使用不同孔隙率基体制备的 LSCF-YSZ 复合阴极电池在 750℃下性能比较
（a）j-V 曲线；（b）EIS

8.1.3 溶剂种类的影响

在制备电极材料的浸渍溶液时，可以选择不同的溶剂种类。分别选用熔融液、硝酸盐水溶液和硝酸盐-甘氨酸溶液，以便进行比较。具体配制方案见表8.2。

表 8.2 不同浸渍体系配制方案

试剂	熔融液	硝酸盐水溶液	硝酸盐-甘氨酸溶液
La(NO$_3$)$_3$·6H$_2$O(g)	52.23	34.82	34.82
Sr(NO$_3$)$_2$(g)	6.25	4.23	4.23
50%质量分数 Mn(NO$_3$)$_2$(g)	53.55	35.79	35.79
甘氨酸(g)			5.63
溶质浓度（mol/L）	1.5	1.0	1.0

这里的熔融液并不是真正意义上的熔融物的混合，而是因配制过程中用到硝酸镧熔融液而得名。配制过程如下：首先，称量一定量的硝酸镧（熔点 40℃），利用 80℃水浴炉将硝酸镧熔融为透明的液态；依次添加硝酸锰溶液、硝酸锶，搅拌均匀。硝酸镧熔融过程会释放一定的结晶水，硝酸锰溶液自身含水溶剂，而且硝酸锶的溶解度在 80℃时高达到 96.9 g/mL。因此不需要额外添加蒸馏水溶解硝酸锶。按这种方法配制的熔融液浓度可达 1.5 mol/L。由于硝酸锶的溶解度受温度影响较大，随着温度的降低容易析出，从而影响溶液组分，因此整个操作过程需在 80℃恒温下进行。不同于熔融液，硝酸盐水溶液和硝酸盐-甘氨酸溶液可在室温条件下进行操作。

图 8.4 中分别展示了使用 LSM 熔融液、硝酸盐水溶液以及硝酸盐-甘氨酸溶液制备好的阴极形貌。从图中可以看出，利用熔融液制备的 LSM 电极，出现团聚和烧结现象，大部分电极颗粒形貌呈片状，粒径很不均匀（约为 100 nm～2 μm），且无法辨别骨架和电极。这种形貌形成的可能原因是熔融 LSM 溶液浸渍浓度过高，流动性较差。浓度过高还会造成骨架孔堵塞，影响气体扩散。理论上讲，熔融液浸渍液具有较高的浸渍浓度，可以降低浸渍周期，达到降低成本的目的。但实验证明，浓度过高不利于纳微米尺寸电极的形成及颗粒的均匀分布，因此熔融液浸渍工艺并不适合制备纳微米级的电极结构。然而利用硝酸盐水溶液和硝酸盐-甘氨酸溶液浸渍制备的电极颗粒粒径约为 100 nm，并紧紧包覆在 YSZ 骨架上。利用硝酸盐水溶液浸渍得到的电极颗粒形成交叉的通道，而硝酸盐-甘氨酸溶液浸渍得到的电极呈独立的颗粒，并与相邻颗粒连接，从三维空间扩展了电子和气体通道。此外，采用硝酸盐-甘氨酸溶液制备的电极分布较为均匀、疏松，可能的原因是络合剂甘氨酸的添加改善了阴极的微观形貌和分布。表 8.3 中总结了不同浸渍溶液制备的阴极电极形貌对比。

第 8 章 高性能纳米阴极构建

图 8.4 不同浸渍法制备的阴极微观形貌电镜图

表 8.3 不同浸渍溶液制备电极形貌比较

浸渍溶液	粒径大小	微观形貌	电子和气体通道	形貌
熔融液	100 nm~2 μm	片状,无法分辨骨架和电极	不利于电子运动和气体扩散	差
硝酸盐水溶液	100 nm	非独立颗粒,有一定孔隙率	一定程度上增加电子通道	一般
硝酸盐-甘氨酸溶液	100 nm	独立颗粒,具有空间连通性	三维空间扩展了电子通道,有利于气体扩散	良好

图 8.5 中展示了不同浸渍溶液制备得到的单电池的电化学性能,测试时使用的燃料为含有 3% H_2O 的 H_2,氧化剂为空气。由图 8.5(a)可见,在相同条件下,

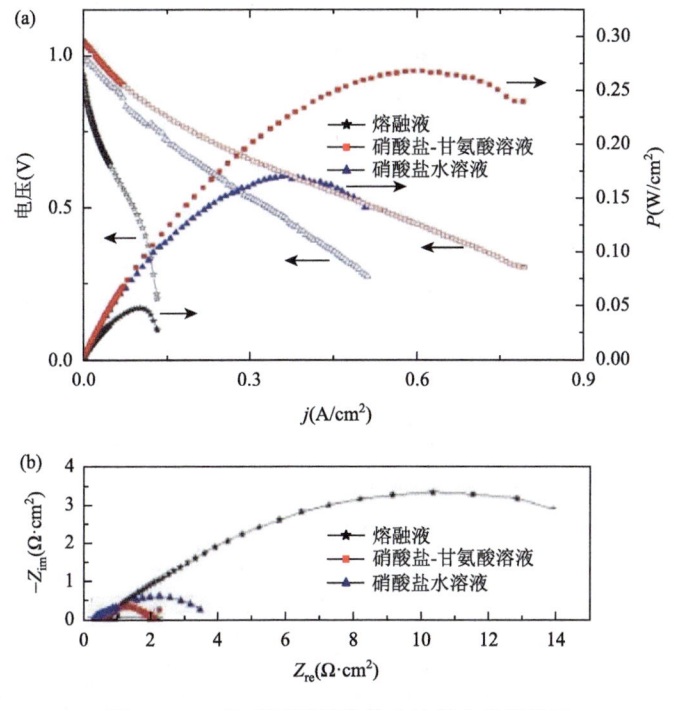

图 8.5 800℃时不同基体单电池的电化学性能

(a) j-V 曲线;(b) EIS

硝酸盐-甘氨酸溶液、硝酸盐水溶液和熔融液制备得到的单电池的峰值功率密度分别为 0.275 W/cm^2、0.170 W/cm^2 和 0.052 W/cm^2；由图 8.5（b）可见，三者的极化阻抗分别为 1.49 Ω·cm^2、3.22 Ω·cm^2 和 13.03 Ω·cm^2，硝酸盐水溶液和熔融液制备得到的极化阻抗约为硝酸盐-甘氨酸制备电池的 2 倍和 9 倍。

造成电化学性能不同最主要的原因是纳微米电极的颗粒尺寸和分布差异。一方面，电极颗粒粒径越小，比表面积越大，气体吸附量越大，使得阴极侧有足够的氧气参与电化学反应；另一方面，均匀分布的纳米颗粒增加了有效 TPB 长度，从而增加了电化学反应位点。熔融液制备的阴极颗粒尺寸较大，因此电池性能较差；而硝酸盐水溶液和硝酸盐-甘氨酸溶液制备的电极都具有纳米尺寸，且具有一定的孔隙率，表明硝酸盐溶液制备的电极能提高电池性能。其中，硝酸盐-甘氨酸溶液制备的电极是相对独立又相互连接的颗粒，从空间上增加了电子运输通道和气体吸附面积，因此硝酸盐-甘氨酸溶液制备的电池表现出最佳的电池性能。

8.1.4 溶质浓度的影响

通过以上研究证明利用硝酸盐-甘氨酸溶液制备电极，能获得具有纳微米尺寸、颗粒分布均匀的阴极。浸渍液的浓度对阴极的制备也有很大影响：一方面，如果浓度过低，需要经过多次重复浸渍才能达到所需的电极浸渍量，增加了制备成本；另一方面，如果浓度过高，则骨架孔洞容易被堵塞，阻碍气体扩散，导致电池性能的降低。因此，选择适当的浸渍液浓度对提高电池性能、降低制备成本有着至关重要的作用。

本节主要从电极微观形貌和电化学性能角度研究浸渍液浓度对电极制备的影响。

制备三种浓度分别为 0.1 mol/L、0.3 mol/L 和 0.5 mol/L 的 LSM-甘氨酸溶液，具体配制方案见表 8.4。在制备电极时，浸渍周期均为 6 次。

表 8.4 不同浸渍浓度配制方案

	摩尔分数（mol/L）		
	0.1	0.3	0.5
La(NO$_3$)$_3$·6H$_2$O（g）	3.48	10.45	17.41
Sr(NO$_3$)$_2$（g）	6.25	4.23	2.12
50%质量分数 Mn(NO$_3$)$_2$（g）	3.42	10.74	17.90
甘氨酸（g）	5.63	5.63	5.63

图 8.6 是 800℃烧结后得到的阴极横截面微观形貌。从图中可以看出，使用上

述三种浸渍浓度制备的 LSM 颗粒大小约为 100 nm，分布较为均匀。然而，电极厚度却随着浓度的不同而有所变化，对于上述三种浸渍液浓度，纳米颗粒电极的覆盖厚度分别为 1 μm、2 μm 和 2 μm 左右，其中浓度为 0.3 mol/L 和 0.5 mol/L 的差异较小。阴极覆盖厚度会对电子传导速率有显著影响。在一定范围内，阴极覆盖厚度越大，电子传导越容易，并且气体可吸附的位置越多，则电化学反应速率越快。然而，电极负载量过多，也有可能堵塞骨架孔洞，影响气体在阴极层的扩散，导致气相扩散阻力增加。

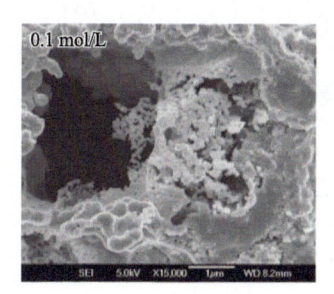

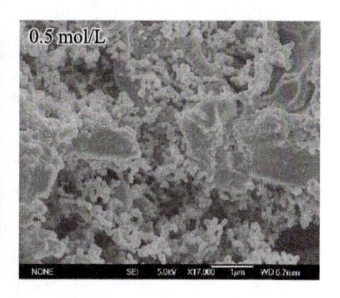

图 8.6　使用不同浓度浸渍溶液制备的电极横截面微观形貌

大量实践结果表明：如果浸渍浓度过低（<0.1 mol/L），则需要增加浸渍周期以达到所需的浸渍量，增加时间成本；而如果浸渍浓度过高（>0.5 mol/L），则很容易堵塞基体孔隙，导致浸渍液难以渗透到多孔结构的底部，最终降低有效 TPB 长度。

图 8.7 是使用不同浸渍浓度制备的单电池的 j-V 曲线。在 800℃下，浸渍浓度 0.1 mol/L、0.3 mol/L、0.5 mol/L 对应的峰值功率密度分别为 0.192 W/cm²、

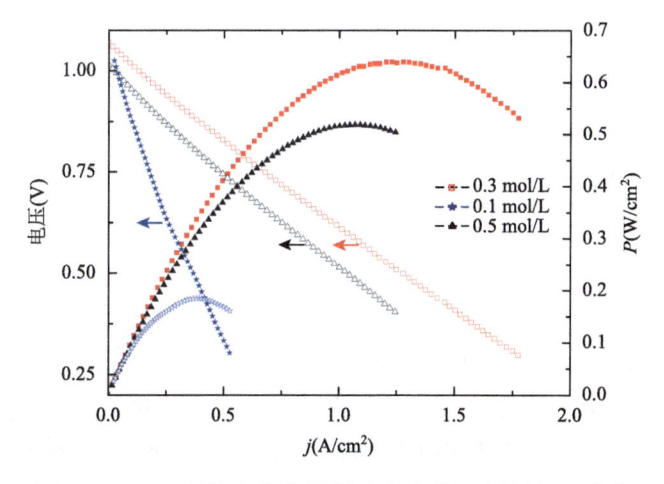

图 8.7　800℃时使用不同浸渍浓度制备的单电池的 j-V 曲线

0.648 W/cm² 和 0.521 W/cm²。浸渍液浓度为 0.3 mol/L 和 0.5 mol/L 得到的电池输出功率远高于浸渍液浓度 0.1 mol/L 得到的电池性能。主要原因是 0.1 mol/L 的浸渍浓度偏低，6 次的浸渍周期使负载在骨架上的电极颗粒不足以提供足够的反应位点。在相同浸渍周期下，0.3 mol/L 和 0.5 mol/L 的溶液能获得足够的电极负载量，且颗粒形貌和分布较为均匀，因此表现出较好的性能。其中采用 0.5 mol/L 的浸渍液浓度略微偏高，会对电池性能有一定的不利影响。因此，采用 0.3 mol/L 的浸渍液浓度制备具有纳微米结构的阴极，能够实现最佳电化学性能。

为进一步研究浸渍浓度对电极性能的影响，分别测试了上述电池在 700℃、750℃和 800℃下的性能。如图 8.8 所示，在不同温度下 0.3 mol/L 浸渍液制备的单电池都具有最大峰值功率，进一步说明 0.3 mol/L 的浸渍液有利于阴极微观结构的优化。

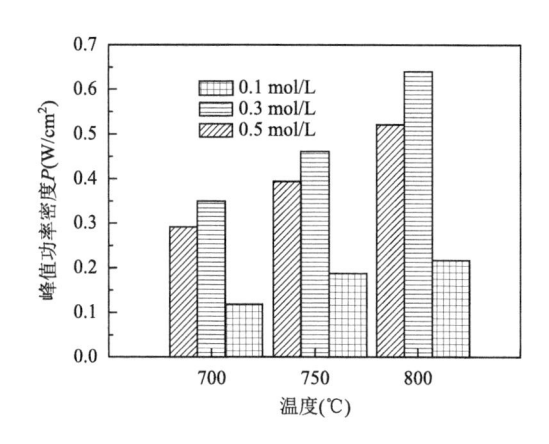

图 8.8 不同浸渍浓度的电池不同温度的电化学性能

8.1.5 阴极负载量的影响

根据上述优化结果，配制 0.3 mol/L 的 LSCF-甘氨酸溶液，采用不同的浸渍周期，使电极负载量分别达到 15 wt%、30 wt%、45 wt%和 60 wt%。

电极负载量计算方法如式（8.1）所示。

$$w = \frac{\Delta m}{M} \times 100\% \tag{8.1}$$

式中，w 是 LSCF 负载量（wt%）；Δm 是浸渍后电极增加质量；M 是多孔 YSZ 质量。为了得到 M 的值，选用与上述电池样品同一生产批次的大尺寸多孔 YSZ 流延样品（面积为 100 cm²），在 1300℃下烧结 6 h，然后称重并计算出每平方厘米多孔 YSZ 的质量，最后根据电池的面积（直径为 15 mm）计算出单电池上多孔 YSZ 的质量。

通过扫描电镜观察不同 LSCF 浸渍量电池的阴极断面图，分析 YSZ 多孔支撑骨架中 LSCF 微粒的数量及微观分布和形貌。

图 8.9 是阴极侧 15 wt%浸渍量的电池运行后的阴极断面扫描电镜图。由图可以看出在阴极侧 YSZ 骨架的孔洞中，已被部分填入 LSCF 阴极，且采用浸渍工艺在 850℃制备的 LSCF 阴极十分蓬松，微粒大小控制在纳米级左右，确保了 LSCF 的高催化活性。但浸渍量较小，使得阴极层的连通性较差，必然会导致电池电阻增加，不利于电池性能的提高。

图 8.9　850℃制备的 15 wt% LSCF 阴极

图 8.10 是阴极侧 30 wt%浸渍量的电池运行后的阴极断面扫描电镜图。在该图中，阴极侧 YSZ 支撑体骨架的大部分孔洞中都有浸渍的 LSCF 纳米微粒，且有些 LSCF 微粒均匀覆盖在 YSZ 骨架内表面。与浸渍量为 15 wt%的电池相比，其骨架内部含有更多的 LSCF 微粒，由于浸渍量的增加，阴极侧的连通性提高，有利于电池性能的提升。此外，YSZ 骨架中仍然含有较多空洞，有利于空气在阴极侧的扩散。

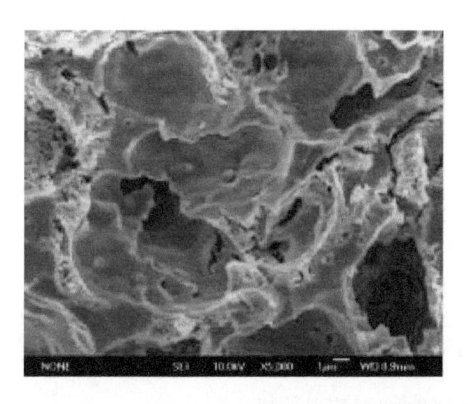

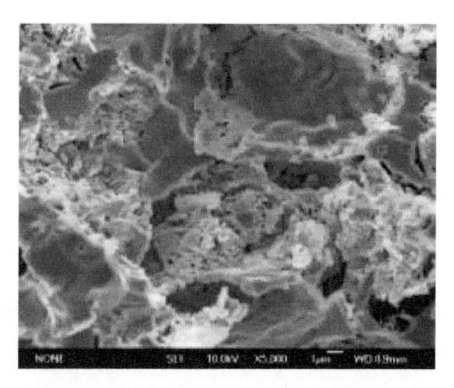

图 8.10　850℃制备的 30 wt% LSCF 阴极

图 8.11 是阴极侧 45 wt%浸渍量的电池运行后的阴极断面扫描电镜图。可以看出，阴极侧 YSZ 骨架层的大部分的孔洞中被填满了 LSCF 微粒，只有一些直径较大的孔洞没有被 LSCF 微粒填满，仍然留有较大的孔隙，此结构不论是对于电池阴极的连通性还是空气在阴极侧的扩散都是十分有利的。与浸渍量为 15 wt%和 30 wt%的电池相比较，YSZ 骨架中 LSCF 的渗入量也有了明显的提高，分布也较为均匀，并且 LSCF 微粒大小仍然控制在纳米级水平，具有较高的催化活性。

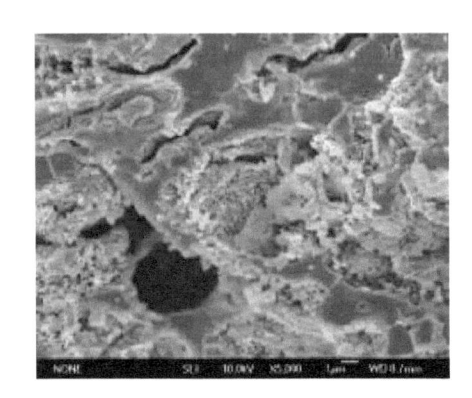

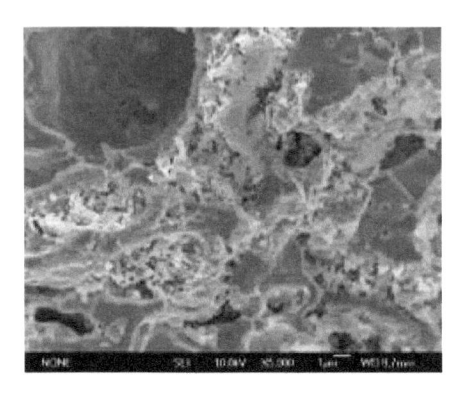

图 8.11　850℃制备的 45 wt% LSCF 阴极

图 8.12 是阴极侧 60 wt%浸渍量的电池运行后的阴极断面扫描电镜图。从扫描电镜图中可以看出，在浸渍量为 60 wt%的电池的阴极侧 YSZ 骨架中，绝大部分孔洞已经被 LSCF 微粒填满，只有极少部分的孔洞还留有空隙。但是 LSCF 微粒填充较满，可能使得阴极侧空气的扩散受到阻碍，浓差极化变大，电池的极化电阻也随之增加。此外还能看出，LSCF 晶粒经过反复多次的烧结，已经增大到亚微米至微米级水平，使得其催化活性大大降低。但并未发现 LSCF 与 YSZ 骨架发生反应。

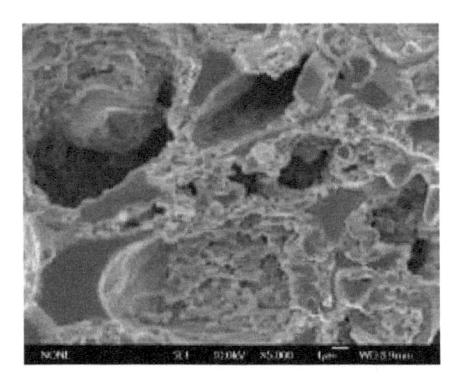

图 8.12　850℃制备的 60 wt% LSCF 阴极

第 8 章 高性能纳米阴极构建

综上所述，随着阴极侧 LSCF 的浸渍量从 15 wt%逐渐增加到 45 wt%，覆盖在 YSZ 多孔支撑骨架上的 LSCF 微粒的厚度也逐渐增加，电池阴极侧的连通性能也有所提高，且 YSZ 骨架中的孔隙逐渐减少，不过并未影响空气在阴极侧的扩散，LSCF 微粒也控制在纳米尺度范围内，蓬松多孔、保持着较高的催化活性。但随着浸渍量继续增加到 60 wt%时，LSCF 微粒填充过满，使得 YSZ 多孔支撑骨架内的孔隙大大减小，且 LSCF 微粒已经明显粗化，严重影响电极的催化性能。

图 8.13 和图 8.14 为阴极侧不同 LSCF 浸渍量的纽扣电池在 850℃下的 j-V 曲线和 EIS，表 8.5 中总结了不同浸渍量的电池在 850℃下的关键性能数据。阴极侧 LSCF 浸渍量为 15 wt%时，电池在 850℃下的峰值功率密度只有 0.64 W/cm^2，极化电阻高达 0.77 Ω·cm^2。这是由于阴极侧浸渍量较少，电池阴极侧的连通性较差。随着 LSCF 浸渍量的逐渐增加，电池的峰值功率密度有所提升，电池的极化电阻也随之降低。当 LSCF 浸渍量达到 45 wt%时，其峰值功率密度提升至 1.0 W/cm^2，而极化电阻也下降到了 0.20 Ω·cm^2。但是当阴极侧 LSCF 浸渍量进一步增加至 60 wt%时，电池的峰值功率密度却下降至 0.83 W/cm^2，与浸渍量为 45 wt%的电池

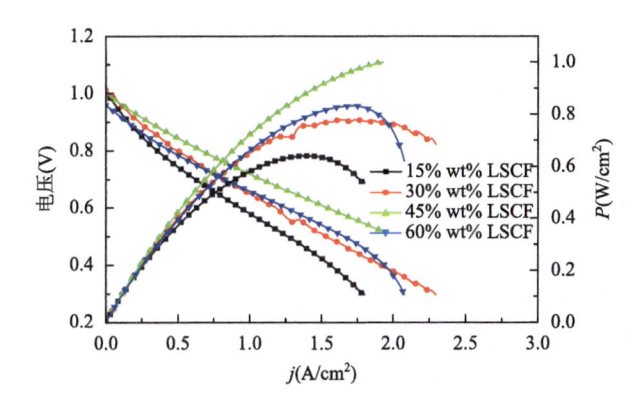

图 8.13 阴极不同浸渍量电池在 850℃运行的 j-V 曲线

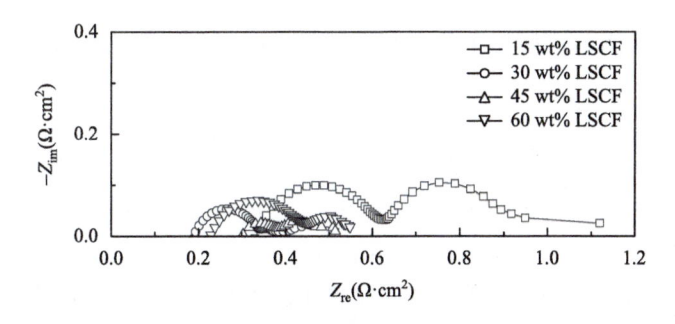

图 8.14 阴极不同浸渍量电池在 850℃运行的 EIS

相比，电池的功率密度下降了17%，极化电阻也上升至0.32 Ω·cm²。这主要是由于当LSCF浸渍量进一步增加时，阴极侧空气扩散通道受阻，增大了电池的浓差极化。另外，随着LSCF浸渍周期的增加，LSCF颗粒在不断烧结过程中逐渐长大，使其催化活性有所降低，导致电池的性能随着浸渍量的增加又出现了回落。

表8.5 阴极侧不同浸渍量电池在850℃运行的电池性能数据

浸渍量	15 wt%	30 wt%	45 wt%	60 wt%
开路电压（OCV）(V)	1.01	1.00	1.00	0.96
峰值功率密度（P_{max}）(W/cm²)	0.64	0.69	1.00	0.83
极化电阻（R_p）(Ω·cm²)	0.77	0.35	0.20	0.32
总电阻（R_t）(Ω·cm²)	1.12	0.53	0.51	0.55

因此，对于使用浸渍工艺制备的电池，其性能随着阴极侧LSCF浸渍量的不断增加，呈现出先上升后下降的趋势。当阴极侧LSCF浸渍量为45 wt%时，其电池的性能最优。

8.1.6 纳米电极数值模拟

采用浸渍工艺原位负载的纳米电极具有独特的微结构，而比表面积、TPB和孔隙率等微结构特征对于电极的性能有决定性的作用。对于制备工艺的优化是获得理想电极结构的关键。关于制备工艺对微结构和性能的影响有大量的实验研究报道，但是相关理论和模型研究还相对缺乏[5-7]。此外，一体化电极的微结构研究也困难重重。即使是最先进的三维重构技术，如聚焦离子束-扫描电镜双束系统（FIB-SEM）或X射线断层扫描（X-CT）技术[8, 9]，其分辨率可以达到20 nm左右，能够分析最小粒径为200 nm左右的体系，但是无法分析粒径为40 nm左右的一体化电极。

一些学者采用数值模拟手段研究了纳米电极制备参数的影响。Zhang等[10, 11]采用数值模拟的方法重构了浸渍电极3D微结构，可用于计算一体化电极的微结构参数，包括纳米粒子的渗流概率、有效TPB长度、纳米粒子比表面积等。进一步计算了微结构参数与制备参数之间的关系，包括骨架结构、纳米粒子尺寸、含量和粒子团簇等。研究发现，骨架结构对TPB长度有显著影响，但是对纳米粒子lx表面积几乎没有影响（图8.15）；减小纳米粒子尺寸不仅可以增加比表面积，还显著增加TPB长度；粒子团簇的形成对比表面积基本没有影响，但是会影响TPB与浸渍量的关系。最后，他们提出了计算一体化电极TPB和比表面积的解析模型，结果表明，当电极骨架表面被纳米粒子覆盖63%时，可以获得最高的TPB长度。

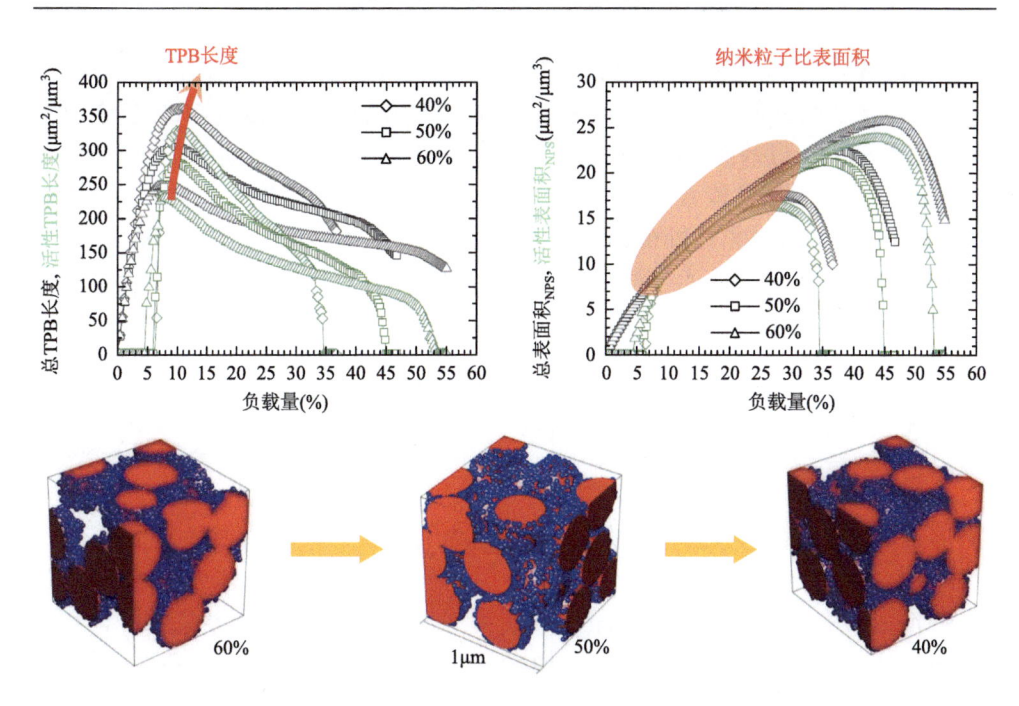

图 8.15　一体化电极的 TPB 长度（左）和纳米粒子比表面积（右）与骨架孔隙率、纳米粒子负载量的关系

综合以上各节内容，通过对基体孔隙率、浸渍体系、浸渍浓度以及浸渍量的优化，最终优选了 65%孔隙率的多孔基体作为阴极侧的多孔层，浸渍液体系为 0.3 mol/L 的甘氨酸水溶液，浸渍量达到 45 wt%时电池表现出最佳功率输出。该优化结果已在制备标准尺寸一体化电池中同样得到验证，将在第 8.4 节中介绍。

8.2　纳米阴极材料的选择

8.2.1　LSCF 纳米阴极

LSCF 是一种常用中低温阴极材料，能够在较低的工作温度下表现出较高的混合离子电子传导率（MIEC），并对氧还原反应（ORR）有良好的催化活性。上文中的结果表明，当浸渍量达到 45 wt%时，浸渍制备的 LSCF-YSZ 复合阴极表现出最高活性，一体化电池在 850℃下的峰值功率密度达到 1 W/cm^2 以上。

图 8.16 为批量化制备的阳极支撑 NiO-YSZ∥YSZ∥YSZ-LSCF 结构的一体化电池在 650~800℃温度段的性能。在电池制备中，首先采用第 6 章所述工艺获得结

构为 NiO-YSZ‖致密 YSZ‖多孔 YSZ 的异质异构一体化基体,之后采用上一节中介绍的浸渍工艺原位负载纳米结构 LSCF 阴极。浸渍法制备的 LSCF-YSZ 复合阴极厚度约为 60 μm,有效面积约为 0.7 cm²。在表 8.6 中总结了批量化制备电池在 650～800℃温度段的关键性能数据。电池在 800℃下峰值功率密度能达到 1.040 W/cm²,在 800℃、750℃、700℃和 650℃下的极化电阻分别为 0.29 Ω·cm²、0.38 Ω·cm²、0.48 Ω·cm² 和 0.68 Ω·cm²。测试结果表明,阳极支撑一体化电池表现出良好的电化学性能,显著高于传统丝网印刷工艺制备的相同材料体系的电池。

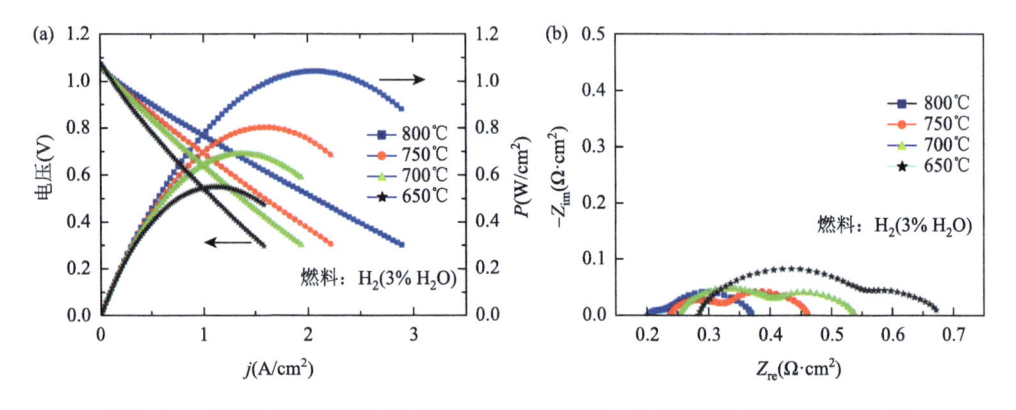

图 8.16 浸渍 LSCF 阴极 NiO-YSZ 阳极支撑三层一体化纽扣电池的电化学性能

表 8.6 NiO-YSZ 阳极支撑三层一体化电池的性能数据

T (℃)	800	750	700	650
OCV (V)	1.102	1.110	1.116	1.124
P_{max} (W/cm²)	1.040	0.628	0.490	0.356
R_Ω (Ω·cm²)	0.26	0.30	0.35	0.44
R_p (Ω·cm²)	0.29	0.38	0.48	0.68

图 8.17 是 NiO-YSZ‖YSZ‖YSZ-LSCF 结构一体化电池阴极侧的微观形貌。只有电极达到一定的负载量后,阴极微纳米结构电极才能有效承担电极催化和传导功能。图 8.17(a)表明,通过足够的浸渍周期(此处为 8 次),多孔 YSZ 基体中能够充分地负载纳米结构的 LSCF 阴极材料。在 YSZ 基体表面,LSCF 的浸渍厚度约为 1～2 μm,并保留了一定的孔隙空间,这些贯通孔为气体的流动扩散提供了通道,有利于降低阴极侧浓差极化。图 8.17(b)表明,浸渍工艺制备的 LSCF 颗粒尺寸<100 nm,且颗粒疏松、分布均匀,无大面积的 LSCF 颗粒的团聚现象发生。主要原因是络合剂甘氨酸的存在避免了 LSCF 纳米颗粒的明显团聚。此外,阴极立体疏松的结构有助于构建无限连续的传导结构,为氧还原过程提供更多的

电子和离子通道，增加电化学反应位点和有效 TPB 长度，因此提高电池的电化学性能。

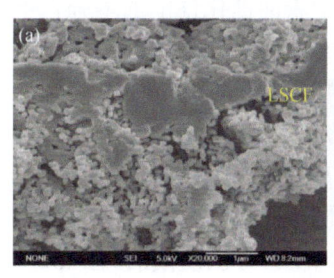

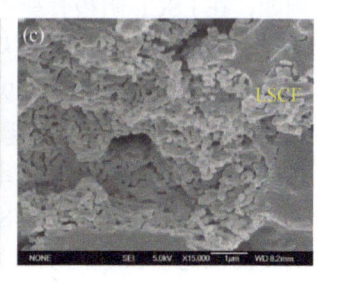

图 8.17 一体化电池阴极侧微观形貌

(a) 浸渍 LSCF 层的厚度约为 2 μm；(b) LSCF 纳米颗粒；(c) LSCF 和 YSZ 界面无新相层

但是，LSCF 阴极在耐久性方面仍存在不可避免的问题。在高温下，LSCF 中的 La、Sr 的离子易发生迁移，与 YSZ 容易生成 La_2ZrO_7 和 $SrZrO_3$ 绝缘相，从而降低材料的 MIEC 性能，使电池性能发生衰减。刘美林等[12, 13]采用浸渍工艺在 LSCF 阴极表面分别制备了 $La_{0.85}Sr_{0.15}MnO_{3-\delta}$（LSM）和 $La_{0.4875}Ca_{0.0125}Ce_{0.5}O_{2-\delta}$（LCC）薄膜保护层，有效地提升了 LSCF 阴极的催化活性和耐久性（图 8.18）。根据其测试结果，与未修饰的电池相比，具有 LCC 保护层的电池阴极极化电阻降低了 60%，峰值功率密度提高了 18%（在 750℃下达到 1.25 W/cm^2），能够在 0.7 V 电压下稳定运行 500 h 以上。

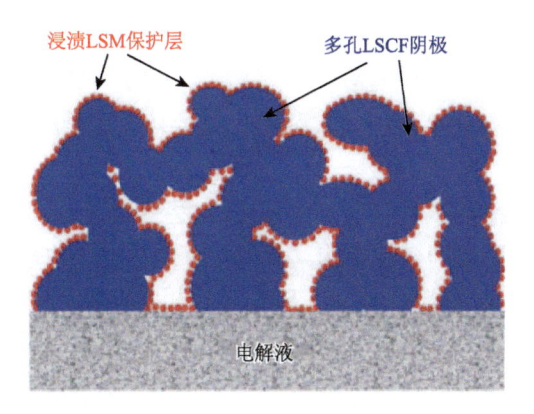

图 8.18 采用浸渍工艺在多孔 LSCF 阴极表面制备 LSM 薄膜保护层[14]

8.2.2 SSC 纳米阴极

与 LSCF 类似，$Sm_{0.5}Sr_{0.5}CoO_{3-\delta}$（SSC）通过在 A 位引入 Sm 以取代 La，也

是一种具有 MIEC 特性的钙钛矿材料。Sm 的掺杂增强了其表面氧交换速率，与 LSCF 材料相比，SSC 具有更高的表面氧交换系数，对 ORR 具有更强的催化活性。例如，在 LSCF 阴极骨架中浸渍 SSC 纳米颗粒后，由于表面催化性能的增强，电池在 750℃下的极化阻抗从 0.103 $\Omega\cdot cm^2$ 减小到 0.036 $\Omega\cdot cm^2$[15]。在 700℃下，电池的峰值功率密度约为 695 mW/cm^2，这比未修饰的电池提升了约 22%。根据微观结构表征结果，LSCF 颗粒表面被 SSC 纳米薄膜（厚度约为 80 nm）覆盖，这有助于增强表面氧交换速率，并在一定程度上抑制了 LSCF 的团聚[15]。

本节仍然使用 NiO-YSZ‖致密 YSZ‖多孔 YSZ 异质异构一体化基体，并采用多次浸渍工艺使 SSC 在 YSZ 多孔骨架中的负载量达到 45 wt%。每次浸渍后，在 450℃下烧结 2 h 使硝酸盐分解，以便于下一次浸渍；当浸渍量达到要求后，在 850℃下烧结 5 h 使阴极形成钙钛矿结构。图 8.19 中显示了最终制备得到的阳极支撑 NiO-YSZ‖YSZ‖YSZ-SSC 结构的一体化电池。

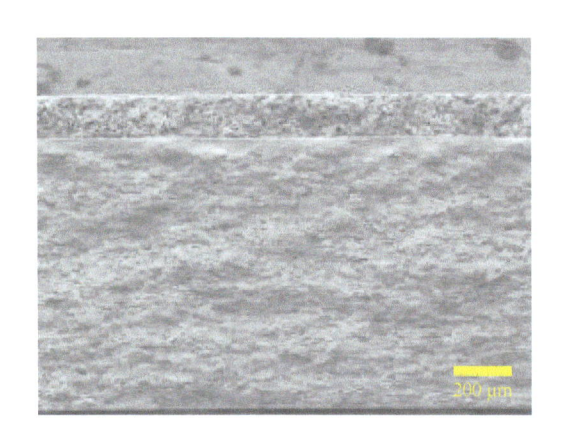

图 8.19　浸渍 SSC 阴极的异质异构一体化电池

图 8.20 是利用硝酸盐-甘氨酸溶液浸渍 YSZ 骨架，并在 850℃烧结 5 h 后得到的 SSC-YSZ 复合阴极的微观结构。从图中可以看出，纳米 SSC 颗粒大小约为 100 nm，均匀地分布在 YSZ 骨架上。SSC 颗粒相互连接形成薄层，厚度约为 2～5 μm。这种纳米尺寸颗粒相互连通构成的三维网络结构，极大地从立体空间扩宽了三相界面长度。此外，850℃烧结后电极颗粒并没有出现团聚或烧结过度的现象。

图 8.21 是 SSC-YSZ 复合阴极电池在不同温度下的 $j\text{-}V$ 曲线和 EIS，表 8.7 中则总结了相关的性能数据。在 800℃下，电池的峰值功率密度为 1.040 W/cm^2，其欧姆和极化电阻仅为 0.20 $\Omega\cdot cm^2$ 和 0.12 $\Omega\cdot cm^2$；在 750℃下，电池的峰值功率密度为 0.895 W/cm^2，其欧姆和极化电阻分别为 0.21 $\Omega\cdot cm^2$ 和 0.15 $\Omega\cdot cm^2$；在 700℃

第 8 章 高性能纳米阴极构建

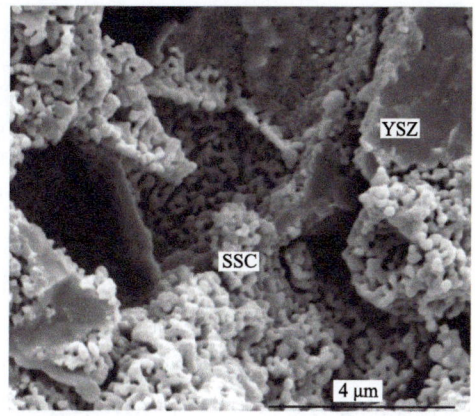

图 8.20 SSC-YSZ 复合阴极的微观形貌

下，电池依然表现出良好的电化学性能，其峰值功率密度能达到 0.736 W/cm², 欧姆和极化电阻分别为 0.22 Ω·cm² 和 0.25 Ω·cm²。SSC-YSZ 复合电极表现出良好的电化学性能主要有两个原因：一方面，浸渍工艺很好地优化了阴极结构，有助于增加 TPB 长度，促进 ORR 的进行；另一方面，由于 SSC 具有较强的电子导电能力（电导率约为 10^3 S/m）和表面氧交换速率，具有纳微米结构的 SSC-YSZ 复合阴极表现出优异的 ORR 催化活性。

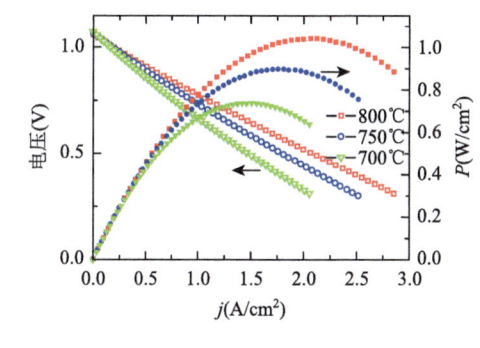

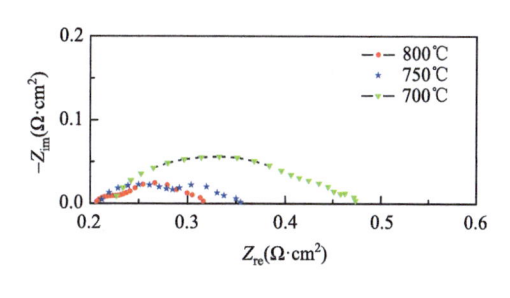

图 8.21 SSC-YSZ 复合阴极一体化电池不同温度下的电化学性能

表 8.7 SSC-YSZ 复合阴极一体化电池在不同温度下的性能数据

T（℃）	800	750	700
OCV（V）	1.058	1.065	1.072
P_{max}（W/cm²）	1.040	0.895	0.736
R_p（Ω·cm²）	0.12	0.15	0.25
R_Ω（Ω·cm²）	0.20	0.21	0.22

8.2.3 性能及稳定性比较

本节将从输出性能和稳定性两方面来对 LSCF 和 SSC 阴极一体化结构电池进行优选评价，以便于之后开展实际工业尺寸电池的制备。

分别对浸渍 LSCF 和 SSC 阴极的一体化电池进行电化学性能测试，结果如图 8.22 所示。与浸渍 LSCF 阴极的电池相比，浸渍 SSC 阴极的一体化电池在 750℃下表现出更好的电化学性能。SSC 一体化电池的峰值功率密度为 0.98 W/cm², 显著高于 LSCF 一体化电池的峰值功率密度 0.69 W/cm²。在电池阻抗方面，SSC 一体化电池具有更低的 R_Ω 和 R_p，具体数据见表 8.8。

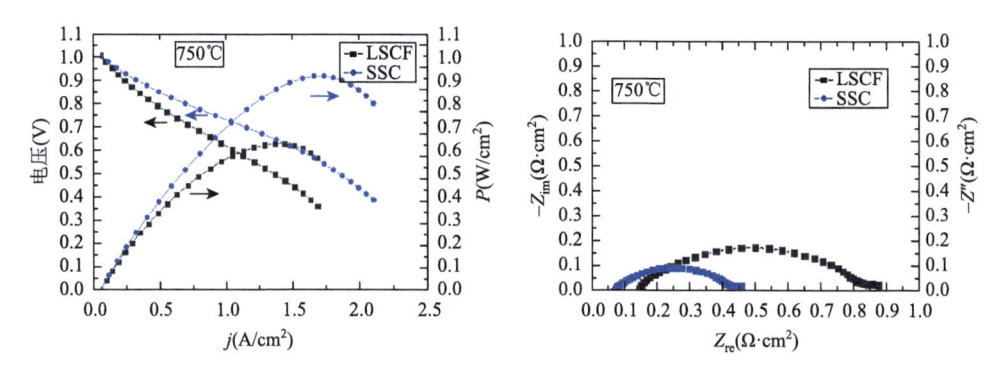

图 8.22 浸渍 LSCF 和 SSC 阴极一体化电池的电化学性能（$T = 750℃$）

表 8.8 浸渍 LSCF 和 SSC 阴极一体化电池的性能数据（$T = 750℃$）

	SSC 电池	LSCF 电池
P_{max}	0.98 W/cm²	0.69 W/cm²
R_Ω	0.08 Ω·cm²	0.16 Ω·cm²
R_p	0.39 Ω·cm²	0.73 Ω·cm²

在实际使用中，除了输出性能之外，电池的长期稳定性也是重要的考量指标。在相同的测试条件下，即温度为 750℃、电流密度为 0.7 A/cm²，分别使用浸渍 LSCF 和 SSC 阴极的一体化电池进行长期稳定性测试，结果如图 8.23 所示。由于 SSC 电池在初始测试时表现出更好的电化学性能，在电池开始运行时，SSC 电池的运行电压更高。但是，在电池运行的前 20 h，SSC 阴极性能迅速衰减，而 LSCF 阴极性能却基本保持稳定。在随后的运行中，两者的运行电压基本维持在相同水平。因此，尽管 SSC 阴极较 LSCF 阴极表现出更好的初始活性，但是 SSC 阴极稳定性较差，初期衰减过于明显，这会给电池的实际使用和运行管控带来不便。相比之

下，LSCF 阴极的稳定性较好，没有明显的初期衰减。因此，基于电池长期稳定运行考虑，优选 LSCF 作为阴极材料，制备工业尺寸单电池和电池堆。

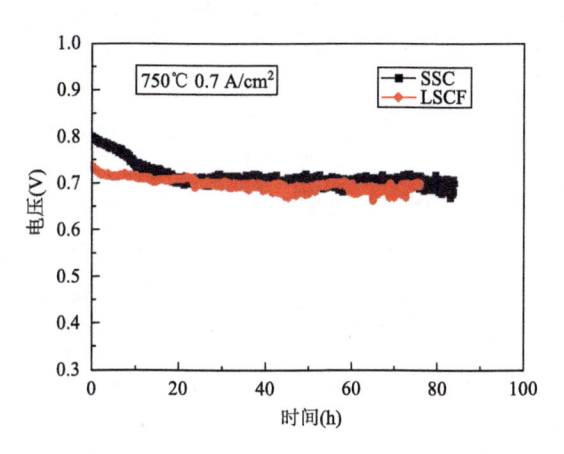

图 8.23 浸渍 SSC 和浸渍 LSCF 一体化电池长期稳定性

8.3 纳米阴极运行稳定性

8.3.1 LSCF 阴极稳定性

应用浸渍 LSCF 阴极的一体化电池进行电化学稳定性研究。首先对运行前的电池样品的阴极进行 EDS 面扫描，扫描结果见图 8.24。由元素分布可知，Zr 元素和 Y 元素大量富集的区域为 YSZ 骨架部分，没有元素分布的黑色区域为孔隙区。观察 La、Sr、Co、Fe 四种元素的分布，从 La 元素的分布图中可以看出，暗色区域基本上是致密 YSZ 骨架和孔隙区域，高亮区域是浸渍电极的负载区域。Fe 元素和 Co 元素的富集区域与 La 元素基本相同，但是 Sr 元素的分布和 La 元素略有

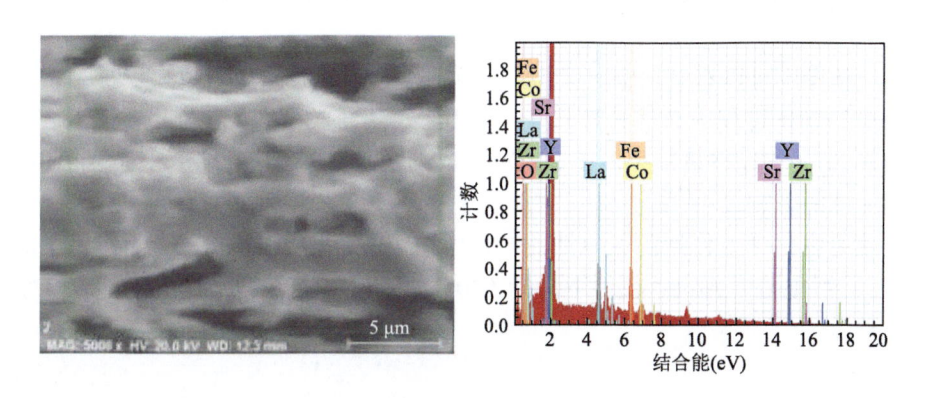

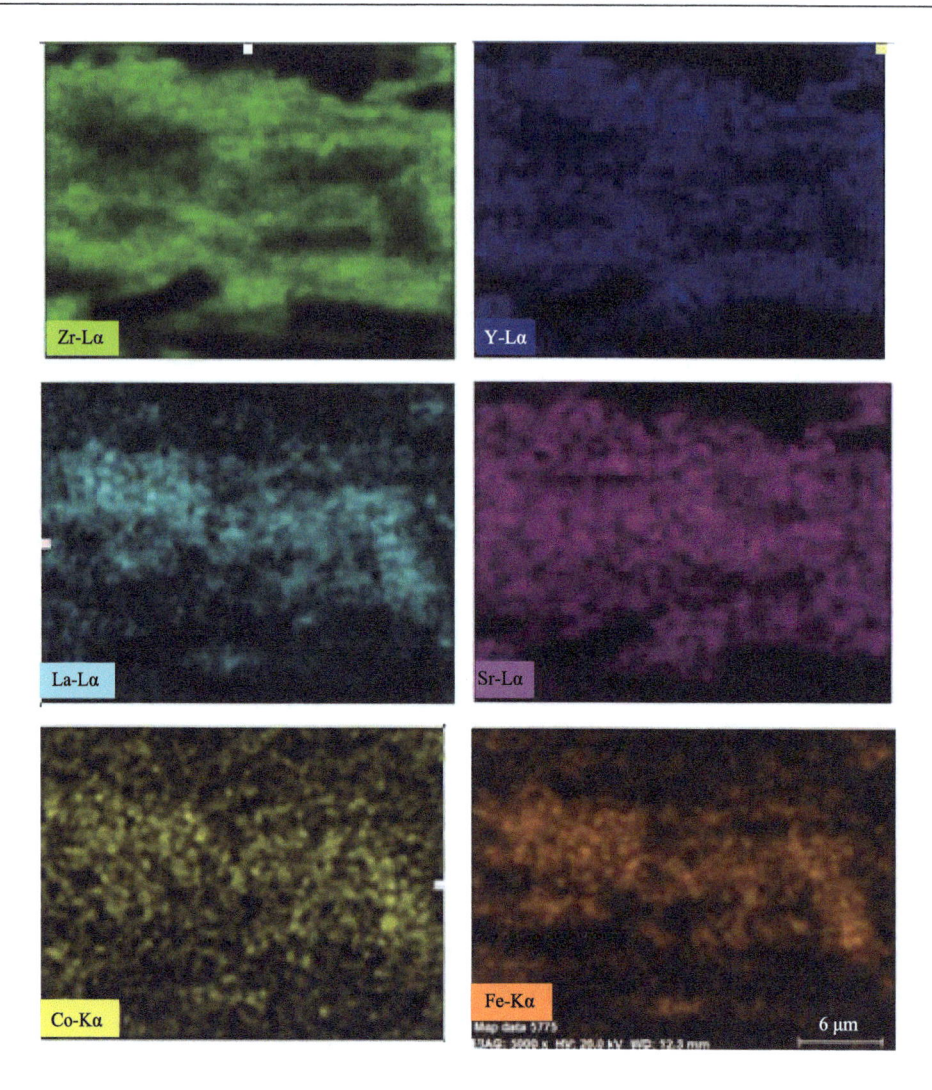

图 8.24 浸渍 LSCF 阴极在 850℃煅烧 2 h 制备电池 EDS 面扫描图

不同。从图中可以看到，Sr 元素分布出现在了 YSZ 骨架区域，这就说明 Sr 元素在电极的制备过程中有部分迁移。但是相比于传统丝网印刷工艺，浸渍工艺制备的阴极 Sr 元素迁移量很少，在 XRD 表征中也没有明显新相的峰，因此对阴极电化学活性的影响较小[16]。

使用电化学工作站测试电池的电化学稳定性，结果如图 8.25 所示。电池在 750℃、恒电流 1 A/cm^2 条件下运行 530 h，运行电压整体比较稳定，衰减率约为 3.8%。

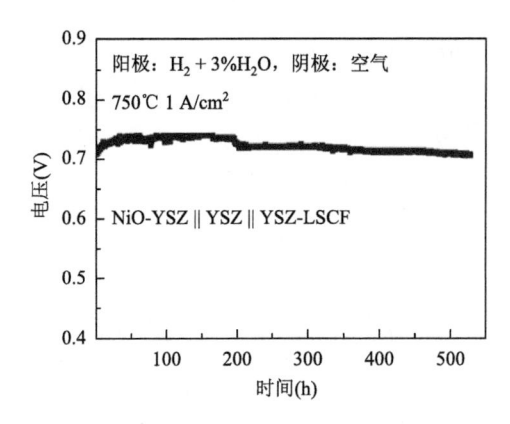

图 8.25　浸渍 LSCF 阴极一体化电池的电化学稳定性

在电池运行的前 100 h，性能有较小幅度的提升，即表现出初期活化的行为。SOFC 在运行初期性能活化的现象在文献中亦有所报道，但是关于具体机制尚没有形成一致的认识。Koch 等[17]研究了电池在运行初期性能的活化/钝化行为，认为其主要原因是 LSM 阴极在带载/开路下发生可逆结构演变。但是本节中使用的是 LSCF 阴极，并且电池的性能活化并不可逆，即在开路下并不存在性能再次钝化的现象，这与 Koch 等报道的现象不同。此外，Haanappel 等[18]发现电池的升温和还原程序对其初期性能活化有显著影响，认为主要的贡献可能来源于阳极侧，但是并没有明确具体的影响机制。我们在之前的研究中也发现，电池运行初期性能活化与阳极侧孔隙率的增加相关，但是其具体原因还有待于进一步确定，可能是残余 NiO 被进一步还原，或者是运行初期 Ni 颗粒的烧结团聚[19, 20]。

电池运行 200 h 后，性能开始发生衰减。随着电池的荷电运行，浸渍阴极的微观形貌发生变化，纳米颗粒与 YSZ 骨架更紧密地连接在一起，同时纳米颗粒之间也开始出现粗化现象，这就使得反应活性位数量减少，导电性降低，电池开始出现衰减。电池运行 300 h 后，性能衰减有所加快，可能是由于纳米电极颗粒继续长大和团聚所致。

以上测试结果表明，浸渍工艺制备的纳微结构的 LSCF-YSZ 阴极具有较好的初期稳定性，但是更长期的稳定性有待优化。Zhan 等[16]使用浸渍 LSCF 阴极的一体化电池开展了 800~1400 h 的稳定性测试，观察到欧姆电阻的增长率为 8.86%/1000 h，极化电阻的增长率高达 53.9%/1000 h。长期运行后，电极材料与电解质基体之间并没有发生明显的固相反应，性能下降的主要原因是 LSCF 颗粒的形貌变化。因此，尽管浸渍 LSCF 阴极的初始性能优异，但长期运行中的性能衰减需要进一步改善，以将该技术推向实际应用。

图 8.26 中显示了浸渍 LSCF 阴极在不同运行阶段的微观形貌。电池运行前，纳米 LSCF 颗粒在 YSZ 骨架上均匀分布，电极结构疏松，电极表面的反应活性位

较多，并且利于气体传输。随着电池运行时间的延长，纳米 LSCF 电极的微观形貌发生了一些变化，阴极颗粒发生粗化，少部分开始团聚。这些变化都会减少电极表面的反应活性位的数量，影响电池性能。根据文献[16]报道，经过长期高温运行，浸渍电极颗粒趋向于形成致密的薄膜或棒状结构，这是造成浸渍 LSCF 电池性能衰减的主要原因。

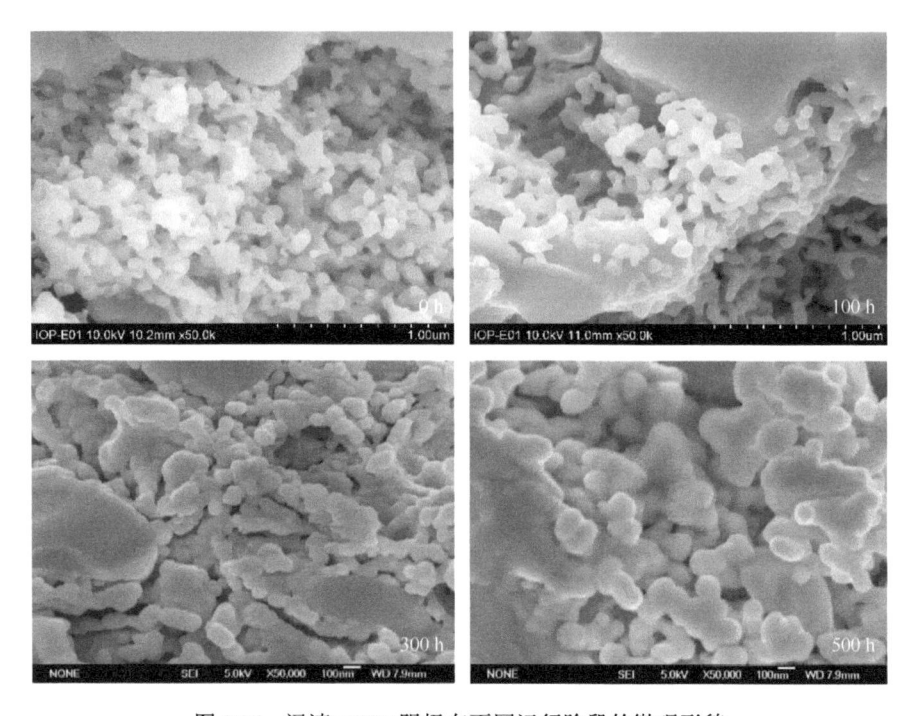

图 8.26 浸渍 LSCF 阴极在不同运行阶段的微观形貌

对运行后的电池样品进行 EDS 面扫描，结果见图 8.27。与运行前的电池样品类似，Zr 元素和 Y 元素大量富集的区域为 YSZ 骨架部分，没有元素分布的黑色区域为孔隙区。观察 La、Sr、Co、Fe 四种元素的分布，从 La 元素的分布图中可以看出，暗色区域基本上是致密 YSZ 骨架和孔隙区域，高亮区域是浸渍电极的负载区域。Fe 元素的富集区域与 La 元素基本相同，但是 Sr 元素和 Co 元素的分布略有不同。从图中可以看到，Sr 元素分布出现在了 YSZ 骨架区域，这与运行前的电池样品类似，主要是由于 Sr 元素在电极的制备过程中有部分迁移。此外，Co 元素少量出现在了 YSZ 骨架区域，说明 Co 元素在电极制备或运行过程中也有部分迁移。但是，这两种元素的迁移量很少，在 XRD 图中也没有出现新相的峰，因此不作为影响电池电化学性能的主导因素。

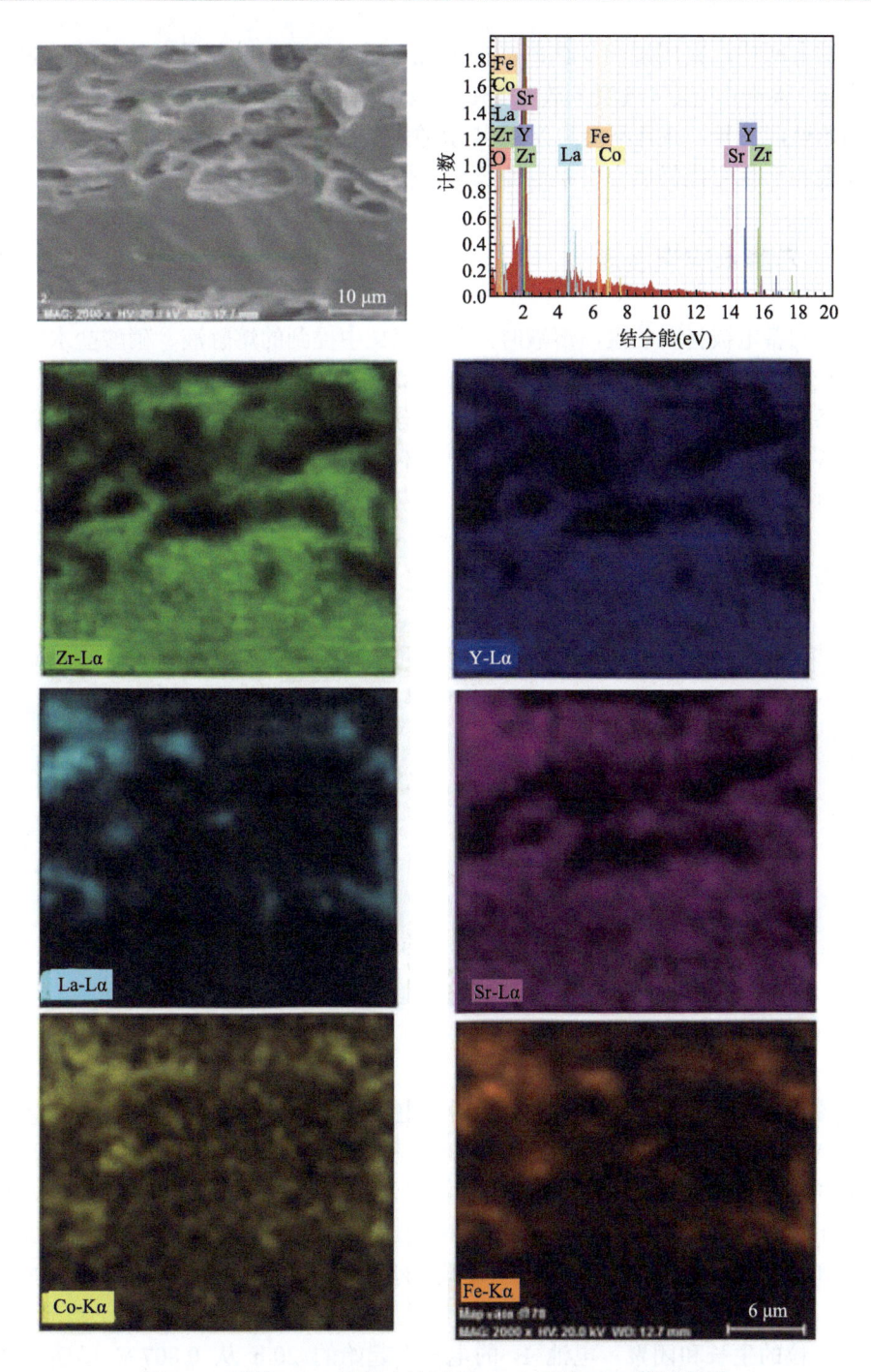

图 8.27 浸渍 LSCF 阴极电池运行 530 h 后的 EDS 面扫描图

综上所述，采用浸渍工艺制备的 LSCF 阴极异质异构一体化电池在 750℃、恒电流 1 A/cm² 、氢气气氛下放电 530 h，衰减率约为 3.8%。尽管浸渍 LSCF 阴极的初始性能优异，并且不会与 YSZ 电解质发生明显的固相反应，但是 LSCF 颗粒的团聚和形貌变化仍然会引起电池长期运行性能衰减。

8.3.2 乙醇水溶液浸渍

在制备电极材料的浸渍溶液时，除了上文中提到的熔融液、硝酸盐水溶液和硝酸盐-甘氨酸溶液，本节尝试使用硝酸盐-乙醇水溶液作为 LSCF 阴极浸渍溶液。乙醇添加浓度与甘氨酸相同。在图 8.28 中分别展示了采用甘氨酸溶液和乙醇水溶液制备的 LSCF 阴极的微观形貌。从图中可以看出，采用乙醇水溶液制备的 LSCF 纳米电极颗粒尺寸更小，而且更加均匀。附着在 YSZ 骨架上的颗粒团簇更加蓬松多孔，这样更有利于阴极气体流通，大大增加了电极反应的三相界面长度，其适合作为优化的电极结构。

图 8.28 采用不同浸渍溶液得到的 LSCF 阴极微观形貌

(a) 硝酸盐-甘氨酸溶液；(b) 硝酸盐-乙醇水溶液

图 8.29 中展示了上述两种 LSCF 浸渍电池在 750℃下的运行稳定性测试结果。其中 A 是优化后的电池（采用乙醇水溶液浸渍），在 0.75 A/cm² 恒定电流下运行约 435 h；B 是优化前的电池（采用甘氨酸溶液浸渍），作为参考，在 0.7 V 恒定电压下运行 90 h。从图中可以看出，电池 A 的性能有轻微的衰减，从 706 mV 下降到 690 mV，整个过程中的电压衰减率小于 3%，在前 250 h，由于电流的活化作用，运行电压有轻微的升高，300 h 之后工作电压的下降可能是由于浸渍 LSCF 纳米颗粒的生长和团聚。电池 B 的电压在起始的 20 h 从 0.807 V 迅速下降到 0.750 V，这与图 8.25 中电池的初期活化行为有所不同，可能是由于此处运行电流更大（约 1.1 A/cm²），而图 8.25 中电流密度为 1 A/cm²。

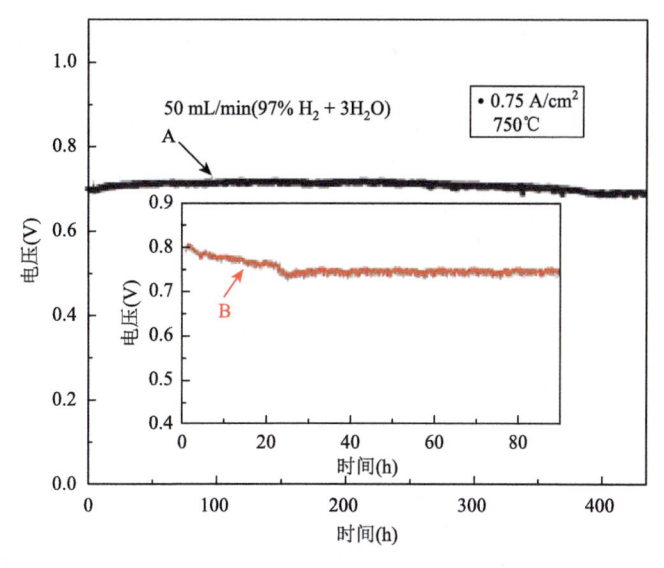

图 8.29 优化后（A）和优化前（B）LSCF 浸渍电池在 750℃下的运行稳定性

图 8.30 中展示了采用乙醇水溶液浸渍 LSCF 电池在不同运行阶段的微观形貌，包括运行前、运行 250 h 后和运行 435 h 后（运行电流 0.75 A/cm²）。电池在运行 250 h 后，阴极 LSCF 的微观形貌与运行前基本相同。但是，在运行 435 h 后，LSCF 颗粒明显出现长大和团聚的现象，电极分布不再均匀疏松，这直接导致电池极化阻抗的增大，电池性能出现衰减。

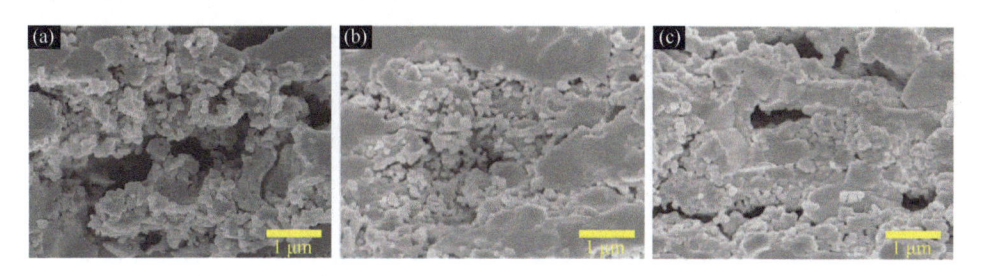

图 8.30 采用乙醇水溶液浸渍 LSCF 电池在不同运行阶段的微观形貌
(a) 运行前；(b) 运行 250 h 后；(c) 运行 435 h 后

因此，尽管采用乙醇水溶液浸渍的方法能够一定程度上提升电池的运行稳定性，但是，长期运行中仍然会出现 LSCF 颗粒的团聚和形貌变化。

8.3.3 LSCF-GDC 复合纳米阴极

LSCF 是离子电子混合电导材料，并且其电子电导占主导地位，如 800℃下其离子和电子电导率分别为 10^{-2} S/cm 和 10^2 S/cm。因此，有很多研究报道，在 LSCF 阴极上浸渍少量 SDC 或 GDC 等离子导电材料，一方面可以提高电极的离子电导率，高的离子电导率就具有高的氧空位浓度，更多的氧空位可以有效促进表面反应速率，因此可以提升阴极性能；另一方面，SDC 或 GDC 的存在，可以一定程度上限制 LSCF 电极颗粒的生长和团聚，并且抑制 Sr 元素的迁移以及 Cr 毒化[21]。

用硝酸盐-甘氨酸法分别制备 0.3 mol/L 的 LSCF 前驱体溶液和 GDC 前驱体溶液：选用 $La(NO_3)_3 \cdot 6H_2O$、$Sr(NO_3)_2$、$Co(NO_3)_2 \cdot 6H_2O$、$Fe(NO_3)_3 \cdot 9H_2O$ 和甘氨酸，以原子比为 La：Sr：Co：Fe：甘氨酸 = 0.6：0.4：0.2：0.8：2.5 配制 0.3 mol/L 的 LSCF 溶液；选用 $Ce(NO_3)_3 \cdot 6H_2O$、$Gd(NO_3)_3 \cdot 6H_2O$ 和甘氨酸，以原子比为 Gd：Ce：甘氨酸 = 0.2：0.8：2.5 配制 0.3 mol/L 的 GDC 溶液。之后，以体积比 LSCF：GDC = 3：1 制备 LSCF-GDC 混合浸渍溶液。仍然选用异质异构一体化电池基体作为载体，将 LSCF-GDC 混合浸渍溶液在阴极 YSZ 多孔骨架中反复浸渍，最后在 850℃煅烧 5 h，制备得到一体化电池。

在图 8.31 中比较了 LSCF 单相浸渍电池和 LSCF-GDC 复相浸渍电池的运行稳定性，其中 LSCF 单相浸渍电池的测试结果与 8.3.1 节相同。复相浸渍 LSCF-GDC 电池在 750℃、恒电流 1 A/cm² 条件下运行 500 h，衰减率约 3.4%/1000 h，明显低于 LSCF 单相浸渍电池（衰减率约 7.6%/1000 h）。

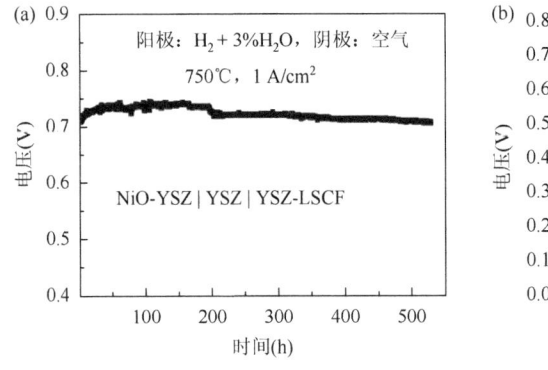

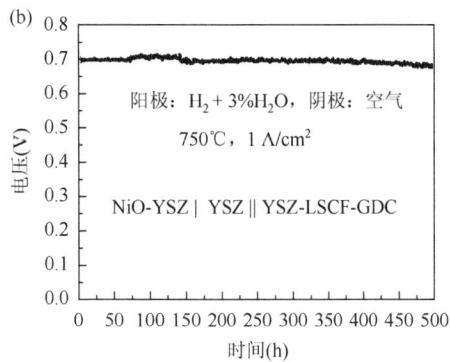

图 8.31 运行稳定性比较
（a）LSCF 浸渍阴极；（b）LSCF-GDC 复相浸渍阴极

在图 8.32 中展示了 LSCF 单相浸渍电池和 LSCF-GDC 复相浸渍电池在运行前后的微观形貌。可以看到，单相浸渍 LSCF 时电极颗粒团聚严重，运行 500 h 后粒径约为 200~300 nm；而 LSCF-GDC 复相浸渍阴极则没有发生明显的团聚，运行 500 h 后粒径仍然维持在 100 nm 左右，而且分布均匀，多孔疏松。

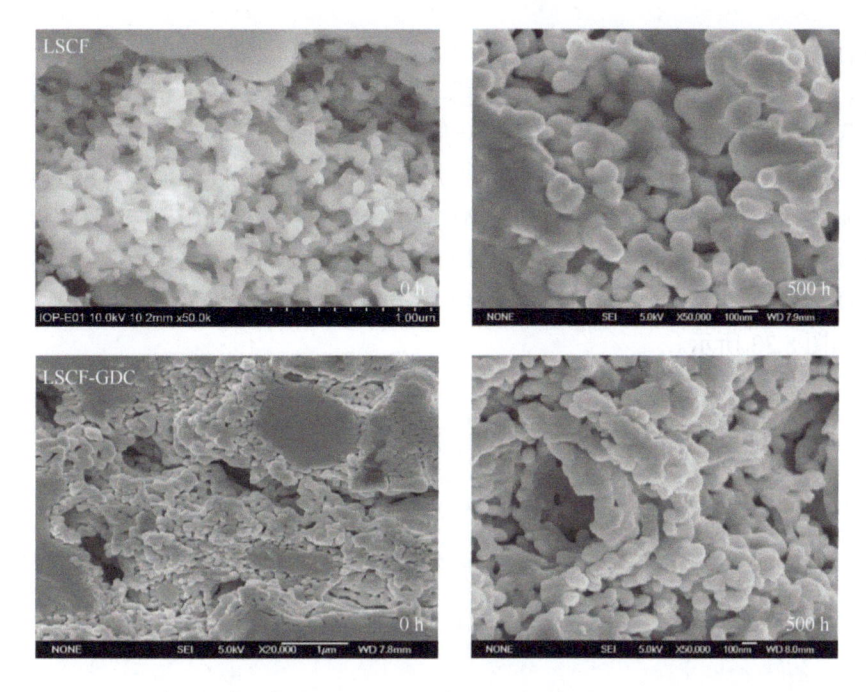

图 8.32　LSCF 单相浸渍阴极和 LSCF-GDC 复相浸渍阴极在 500 h 测试前后的微观形貌

上述结果表明，与只浸渍 LSCF 的电池相比，GDC 的加入不仅提高了阴极的氧离子传导和氧表面交换速率，增加了电极反应的三相界面，提高了电池性能，同时还限制了 LSCF 纳米颗粒的团聚和生长，很好地保持了电极的纳米形貌和均匀分布。

8.4　工业尺寸一体化电池制备及评价

8.4.1　工业尺寸电池制备

根据上述关于应用液相原位负载纳米电极工艺（浸渍工艺）制备纽扣电池阴极的性能研究，归纳总结出浸渍工艺制备单电池 LSCF 阴极的最优工艺参数：阴极侧 LSCF 溶液的浸渍量为 45 wt%，阴极的最终烧结温度为 850℃。进一步将此工艺推广到制备工业尺寸（10 cm×10 cm）异质异构一体化电池。待浸渍的标准尺寸异质异构一体化基体由一步共烧结工艺制备得到。首先通过流延工艺分别制备致密电解质层、NiO-YSZ 阳极支撑层和阴极 YSZ 多孔层，然后将得到的各层生坯进行表面清洁处理后，按照多孔 YSZ 层、致密 YSZ 层、NiO-YSZ 阳极层的顺序进行叠压，得到具有多孔 YSZ‖致密 YSZ‖NiO-YSZ 阳极结构的异质异构一体化坯体，按收缩率计算后制成大尺寸生坯，经 1350℃煅烧 5 h，最终得到待浸渍的标准尺寸（10 cm×10 cm）异质异构一体化基体。

与纽扣电池相同，标准尺寸的异质异构一体化单电池同样使用 LSCF 作为阴极，制备标准尺寸电池与制备纽扣电池所用 LSCF 浸渍液的配制方法和溶液参数均相同。为了确保多孔层表面的孔结构有利于浸渍液的导入，多孔层表面需要进行打磨预处理。标准尺寸异质异构一体化基体多孔 YSZ 层表面预处理前后的微观形貌如图 8.33 所示。

(a) 多孔YSZ层预处理前　　(b) 多孔YSZ层预处理后

图 8.33　预处理前后的多孔 YSZ 表面

常温常压下，将 LSCF 阴极浸渍溶液导入到多孔 YSZ 层，待溶液充满整个骨架后，将电池以 1~2℃/min 的速度升温至 450℃，保温 1 h 后自然冷却至室温。重复浸渍多个周期，使 YSZ 基体负载足够的纳米催化材料。随后，以 1~2℃/min 的速度升温至 850℃，保温 5 h 后自然降温至室温，最终获得负载量为 45 wt%的具有纳微米结构 LSCF 阴极的异质异构一体化电池，如图 8.34 所示。

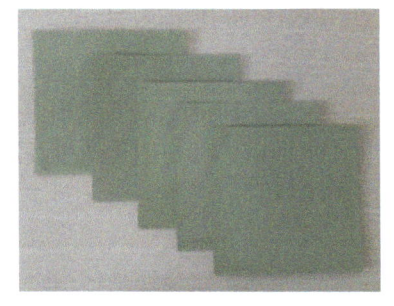

图 8.34　标准尺寸（10 cm×10 cm）异质异构一体化单电池外观形貌

图 8.35 中展示了单电池横截面的整体微观形貌(阳极还原后)。致密电解质层厚度约为 10~20 μm,阴极层厚度约为 130 μm,NiO-YSZ 阳极层厚度约为 700~800 μm。图 8.36 为单电池阴极侧 YSZ 骨架中负载 LSCF 纳米电极的原始微观形貌。从图中可以看出,采用浸渍工艺在 850℃下制备的 LSCF 阴极十分蓬松,微粒大小控制在纳米级左右,阴极侧 YSZ 骨架层大部分的孔洞中被填满了 LSCF 微粒,此外还留有一些连通孔。此结构不论是对于电池阴极的连通性还是空气在阴极侧的扩散都是十分有利的。

图 8.35 标准尺寸(10 cm×10 cm)异质异构一体化单电池截面微观形貌

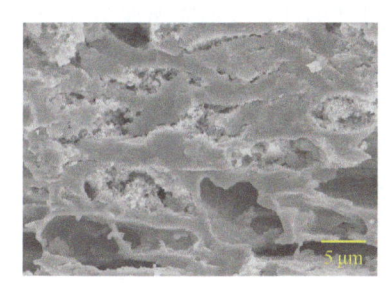

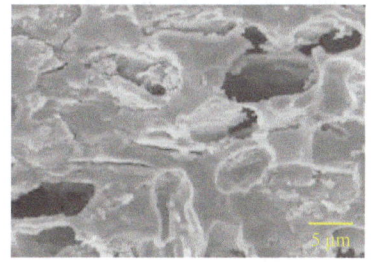

图 8.36 标准尺寸一体化单电池 LSCF 纳米阴极的微观形貌

8.4.2 输出性能评价

随机选取上述工业尺寸异质异构一体化单电池进行性能测试评价。在测试过程，阳极侧燃料气为氢气 + 水蒸气（H_2/H_2O = 96/4），气体流量为 0.4 L/min，阴极侧为空气，气体流量为 2.3 L/min。单电池在不同温度下的极化曲线（j-V）如图 8.37 所示。由图中可以看出，实测 OCV 非常接近对应气氛下的理论 Nernst 电势，说明电池的电解质致密度和封接工装都达到较好水平。单电池在 700℃、750℃、800℃和 850℃测试温度下都表现出很好的电化学性能，在 850℃及 0.7 V 电压下，电池的输出功率密度高达 1.05 W/cm^2。

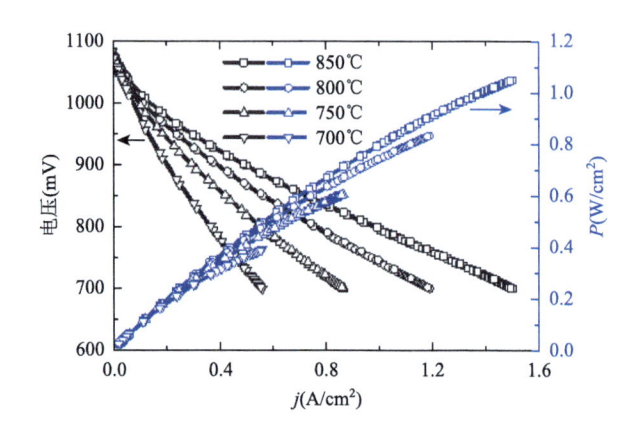

图 8.37 工业尺寸一体化单电池在不同温度下的 j-V 曲线

此外，制备了不同电解质厚度（25 μm 和 10 μm）的工业尺寸一体化单电池，并进行了性能测试，结果如图 8.38 所示。电解质厚度对欧姆电阻有非常显著的影响，更薄的电解质能够显著提升电池的输出性能。例如，在 0.7 V 电压下，对于电解质厚度为 25 μm 和 10 μm 的单电池，其电流密度分别为 0.8 A/cm^2 和 1.2 A/cm^2。

此外，还测试了上述电池在模拟甲烷重整气燃料（水碳比 S/C 为 2）下的性能。在 850℃及 0.7 V 电压下，电池的输出功率约为 52 W（即功率密度 0.52 W/cm^2）（图 8.39）。

8.4.3 耐久性评价

对工业尺寸一体化单电池进行耐久性测试和评价。在测试中，阳极侧燃料气为氢气 + 水蒸气（H_2/H_2O = 96/4），气体流量为 0.4 L/min，阴极侧为空气，气体流量为 2.3 L/min，运行电流密度为 0.25 A/cm^2，结果如图 8.40 所示。电池在整个测试期间表现出缓慢的线性衰减趋势，衰减率约为 1.7%/1000 h。测试期间微小的电压波动是由阻抗测量引起的，不影响电池的总体性能。

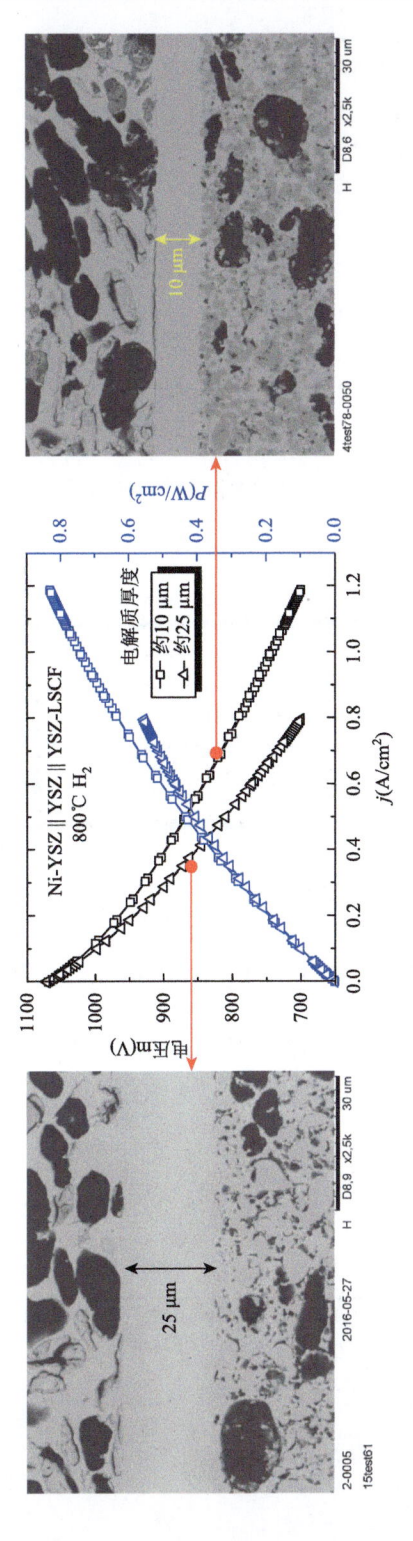

图 8.38 不同电解质厚度（25 μm 和 10 μm）一体化单电池的性能

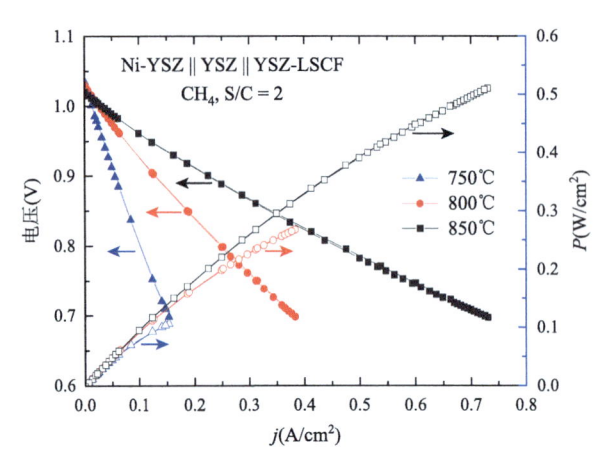

图 8.39 工业尺寸一体化单电池在模拟甲烷重整气燃料下的性能

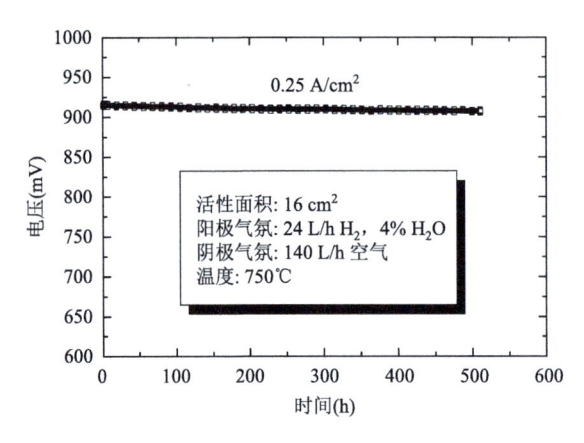

图 8.40 工业尺寸一体化单电池稳定性测试

图 8.41 中展示了一体化电池在上述 500 h 耐久性测试期间 EIS 的演变规律,以

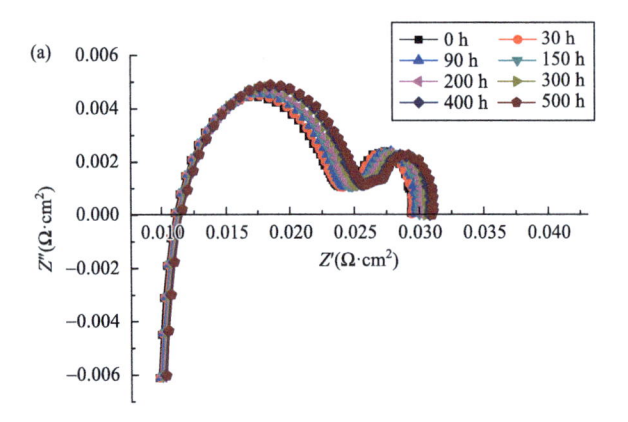

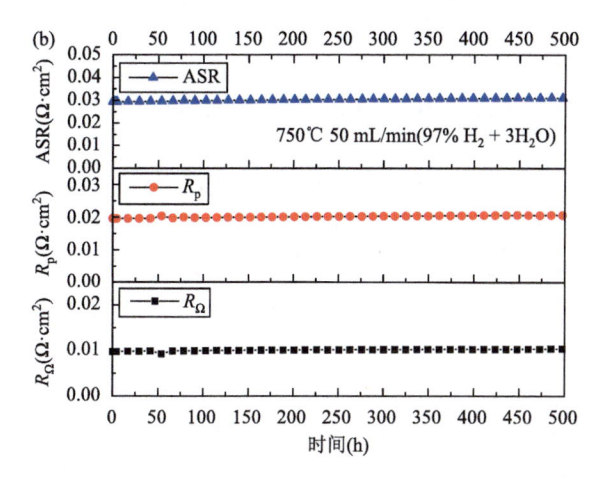

图 8.41　工业尺寸一体化单电池在耐久性测试期间的阻抗演变

(a) EIS (OCV)；(b) 面比电阻 ASR、极化电阻 R_p 及欧姆电阻 R_Ω

及据此得到的面比电阻 ASR、极化电阻 R_p 及欧姆电阻 R_Ω 的变化情况。在整个运行期间，欧姆电阻 R_Ω 非常稳定，极化电阻 R_p 有所增长，反映了电极极化过程的劣化。整体而言，制备的工业尺寸一体化电池衰减率较低，表现出较好的稳定性。

图 8.42 中展示了一体化单电池在上述耐久性测试后的微观形貌。与测试前的微观形貌（图 8.35）相比，在 500 h 运行后，电极的连续界面仍然完好，浸渍阴极的形貌没有发生太大变化。在阴极骨架层和电解质层中部发现一条纵向裂缝，由于测试中并未发现明显的电压波动或 OCV 下降，裂缝可能是在降温或后处理过程中产生的。

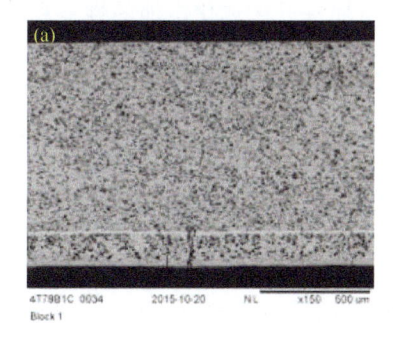

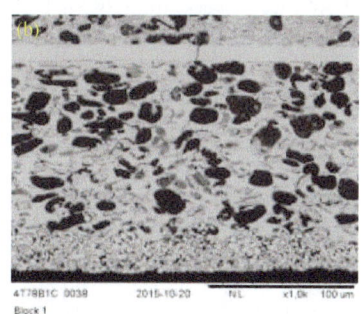

图 8.42　工业尺寸一体化单电池在耐久性测试后的微观形貌

(a) 整体；(b) 阴极侧

以上结果表明，异质异构一体化电池结构设计可以推广应用于标准工业尺寸电池，采用浸渍工艺能够原位负载得到纳米级的 LSCF 阴极。工业尺寸一体化单电池在不同温度和不同燃料下均展现出良好的输出性能，在 500 h 的耐久性测试中展现出良好的稳定性。

8.5 本章小结

为了避免传统高温制备工艺带来的层间相容性问题，本章基于第 6 章中介绍的一体化离子传导基体，采用低温负载工艺原位生成纳米电极。通过对基体孔隙率、浸渍体系、浸渍浓度以及浸渍量的优化，最终优选了 65%孔隙率的多孔基体作为阴极侧的多孔层，浸渍液体系为 0.3 mol/L 的甘氨酸溶液，浸渍量约为 45 wt%。在此基础上，在工业尺寸（10 cm×10 cm）一体化单电池中验证了制备工艺的可靠性。

此外，本章着重考察了浸渍工艺制备纳米阴极的稳定性。

尽管 SSC 阴极较 LSCF 阴极表现出更好的初始活性，但是 SSC 阴极稳定性较差，初期衰减过于明显，这会给电池的实际使用和运行管控带来不便。LSCF 阴极的稳定性相对较好，没有明显的初期衰减。因此，基于电池长期稳定运行考虑，优选 LSCF 作为阴极材料，制备工业尺寸单电池和电池堆。测试结果表明：采用浸渍工艺制备的 LSCF 阴极异质异构一体化电池在 750℃、恒电流 1 A/cm^2、氢气气氛下放电 530 h，衰减率约为 3.8%；工业尺寸电池在 750℃、0.25 A/cm^2 下运行 500 h，衰减率约为 1.7%/1000 h。

相比于传统丝网印刷工艺，浸渍工艺制备的阴极 Sr 元素迁移量很少，因此对阴极电化学活性的影响较小。尽管如此，LSCF 颗粒的团聚和形貌变化仍然会引起电池长期运行性能衰减。因此，进一步验证了采用 LSCF-GDC 复相浸渍能够有效地抑制 LSCF 纳米颗粒的团聚和生长，从而提升一体化电池的性能和稳定性。

参 考 文 献

[1] 何帅，邹远锋，蒋三平. 表面偏析在固体氧化物燃料电池阴极/电解质界面形成和反应中的作用[J]. 陶瓷学报，2023，44（3）：434-446.

[2] Vohs J M, Gorte R J. High-performance SOFC cathodes prepared by infiltration[J]. Advanced Materials，2009，21（9）：943-956.

[3] Mo B, Rix J, Pal U, et al. Improving SOFC anode electrocatalytic activity using nanoparticle infiltration into MIEC compositions[J]. Journal of the Electrochemical Society，2020，167（13）：134506.

[4] Tucker M C, Lau G Y, Jacobson C P, et al. Performance of metal-supported SOFCs with infiltrated electrodes[J]. Journal of Power Sources，2007，171（2）：477-482.

[5] Jiang S P. Nanoscale and nano-structured electrodes of solid oxide fuel cells by infiltration: advances and challenges[J]. International Journal of Hydrogen Energy，2012，37（1）：449-470.

[6] Ding D, Zhu W, Gao J, et al. High performance electrolyte-coated anodes for low-temperature solid oxide fuel cells: model and Experiments[J]. Journal of Power Sources，2008，179（1）：177-185.

[7] Shah M, Nicholas J D, Barnett S A. Prediction of infiltrated solid oxide fuel cell cathode polarization resistance[J]. Electrochemistry Communications，2009，11（1）：2-5.

[8] Wilson J R, Kobsiriphat W, Mendoza R, et al. Three-dimensional reconstruction of a solid-oxide fuel-cell anode[J]. Nature Materials, 2006, 5 (7): 541-544.

[9] Iwai H, Shikazono N, Matsui T, et al. Quantification of SOFC anode microstructure based on dual beam FIB-SEM technique[J]. Journal of Power Sources, 2010, 195 (4): 955-961.

[10] Zhang Y, Sun Q, Xia C, et al. Geometric properties of nanostructured solid oxide fuel cell electrodes[J]. Journal of the Electrochemical Society, 2013, 160 (3): F278-F289.

[11] Zhang Y, Ni M, Xia C. Microstructural insights into dual-phase infiltrated solid oxide fuel cell electrodes[J]. Journal of the Electrochemical Society, 2013, 160 (8): F834-F839.

[12] Lynch M E, Yang L, Qin W, et al. Enhancement of $La_{0.6}Sr_{0.4}Co_{0.2}Fe_{0.8}O_{3-\delta}$ durability and surface electrocatalytic activity by $La_{0.85}Sr_{0.15}MnO_{3\pm\delta}$ investigated using a new test electrode platform[J]. Energy & Environmental Science, 2011, 4 (6): 2249-2258.

[13] Liu M, Ding D, Blinn K, et al. Enhanced performance of LSCF cathode through surface modification[J]. International Journal of Hydrogen Energy, 2012, 37 (10): 8613-8620.

[14] Liu Z, Liu M, Yang L, et al. LSM-infiltrated LSCF cathodes for solid oxide fuel cells[J]. Journal of Energy Chemistry, 2013, 22 (4): 555-559.

[15] Lou X, Wang S, Liu Z, et al. Improving $La_{0.6}Sr_{0.4}Co_{0.2}Fe_{0.8}O_{3-\delta}$ cathode performance by infiltration of a $Sm_{0.5}Sr_{0.5}CoO_{3-\delta}$ coating[J]. Solid State Ionics, 2009, 180 (23-25): 1285-1289.

[16] Zhan W, Zhou Y, Chen T, et al. Long-term stability of infiltrated $La_{0.8}Sr_{0.2}CoO_{3-\delta}$, $La_{0.58}Sr_{0.4}Co_{0.2}Fe_{0.8}O_{3-\delta}$ and $SmBa_{0.5}Sr_{0.5}Co_{2.0}O_{5+\delta}$ cathodes for low temperature solid oxide fuel cells[J]. International Journal of Hydrogen Energy, 2015, 40 (46): 16532-16539.

[17] Koch S, Hendriksen P V, Mogensen M B, et al. Solid oxide fuel cell performance under severe operating conditions[J]. Fuel Cells, 2006, 6 (2): 130-136.

[18] Haanappel V A C, Mai A, Mertens J. Electrode activation of anode-supported SOFCs with LSM-or LSCF-type cathodes[J]. Solid State Ionics, 2006, 177 (19-25): 2033-2037.

[19] Lyu Z, Han M. Performance evolution of Ni-YSZ anode-supported SOFCs during initial-stage operation[J]. ECS Transactions, 2021, 103 (1): 1271-1281.

[20] 吕泽伟, 韩敏芳, 孙再洪, 等. 固体氧化物燃料电池运行初期电化学性能演变机制[J]. 化学学报, 2021, 79 (6): 763-770.

[21] Li D, Zhang X, Liang C, et al. Study on durability of novel core-shell-structured $La_{0.8}Sr_{0.2}Co_{0.2}Fe_{0.8}O_{3-\delta}@Gd_{0.2}Ce_{0.8}O_{1.9}$ composite materials for solid oxide fuel cell cathodes[J]. International Journal of Hydrogen Energy, 2021, 46 (55): 28221-28231.

第9章 高性能电堆组件制备

金属连接体、密封件和界面接触材料是 SOFC 电堆装配过程中的关键组件，但其化学组成、热膨胀系数、机械强度等与陶瓷单电池具有较大差异，这会对电堆的性能和耐久性有显著影响。在高温和强氧化气氛下，金属连接体表面会生成氧化层，金属基体中 Cr 元素逸出会毒化阴极。密封材料与单电池和金属连接体界面容易产生元素迁移和扩散并生成腐蚀界面，在阳极侧还会遭受高浓度水蒸气和二氧化碳等组分的侵蚀，降低强度，导致密封件开裂和漏气。此外，现有阴极和连接体界面接触采用简单的钙钛矿氧化物阴极材料，其孔隙率高、电导率低，长时间运行还容易粉化和脱落。上述关键组件在高温和长时间运行过程中的性能演变均会对电堆输出性能造成影响，因此，本章将介绍上述关键组件的优化制备工艺和应用效果，为提升电堆的输出性能和长期稳定性奠定基础。

9.1 锰钴尖晶石涂层制备及应用

9.1.1 概述

对于 SOFC 金属连接体的高温防护，采用$(Mn, Co)_3O_4$尖晶石保护膜层是目前最有前景的方法之一。其中，$Mn_{1.5}Co_{1.5}O_4$尖晶石氧化物因其抑制 Cr 毒化能力强、热膨胀系数与不锈钢基底相匹配、导电性能好而受到了更多的关注。本节将采用电弧离子镀制备工艺制备锰钴合金镀层样品，并对锰钴尖晶石膜层进行了铈掺杂，以进行对比研究。

具体内容包括以下几个方面：

（1）膜层的制备：首先制备 Mn、Co 比例为 4:6 及 Mn、Co、Ce 比例为 38:57:5（质量比）的合金靶材；之后通过电弧离子镀技术在 SUS441 连接体材料表面上制备相同厚度的两种合金保护镀层；将制备好的镀层样品置于 750～800℃的空气气氛下进行氧化，以模拟在 SOFC 运行环境下原位形成尖晶石结构。

（2）膜层长期氧化行为分析：通过扫描电镜（SEM）结合能谱仪（EDS）对两种合金镀层样品做表面形貌的观测；采用 XRD 对两种样品表面合金镀层的成分在长期氧化环境下随时间的变化情况做对比探究；以及通过 EDS 对样品表面镀层中各元素的种类及含量随氧化时间的延长的变化情况做具体分析。

(3) 膜层性能测试与分析：通过表征两种合金镀层样品的横截面以及氧化增重随时间的变化情况来表征两种合金镀层样品的抗氧化性能以及抑制铬毒化的性能；随后通过自行设计搭建的面比电阻（ASR）测试装置进一步表征其电学性能，对比探究两种合金镀层样品的电学性能随时间的变化规律。

9.1.2 涂层制备与表征

1. 金属连接体基材

本节中使用到的连接体基底型号是 SUS441，这是一种常用于 SOFC 连接体的铁素体不锈钢材料，其厚度约为 1 mm。SUS441 的具体成分组成见表 9.1。SUS441 不锈钢合金是优化后的铁素体合金，C 和 N 元素含量很低。此外，添加了 430 不锈钢所不具备的高价态 Nb 和 Ti 等高价态元素，因此赋予了 SUS441 更为突出的耐蚀性、焊接性、高温强度和加工性能等综合性能。就高温下的热膨胀率而言，SUS441 不锈钢合金的热膨胀系数为 $11.5\times10^{-6}℃^{-1}$，与锰钴尖晶石膜层的热膨胀系数十分匹配。

表 9.1 SUS441 铁素体不锈钢合金中的元素种类及占比状况（wt%）

元素	C	Si	Mn	P	S	Cr	Nb	Ti
含量	0.009	0.38	0.25	0.024	0.001	17.9	0.45	0.18

2. 电弧离子镀制膜

采用电弧离子镀工艺于 SUS441 基底上分别制备锰钴保护涂层及锰钴铈保护涂层。制备方法为：在经过表面清洗等预处理工艺之后的连接体基底表面采用电弧离子镀工艺分别镀上 Mn：Co = 40：60 及 Mn：Co：Ce = 38：57：5（质量比）的合金镀层，随后通过在马弗炉中煅烧来模拟 SOFC 阴极运行环境（即高温氧化环境），从而原位制备得到锰钴尖晶石膜层及锰钴铈尖晶石膜层。具体镀膜工艺如下。

（1）样品准备：具体包括除去 SUS441 不锈钢基底表面的油污、除去基底表面的杂质物相、采用机械力对基板进行表面抛光处理以及超声清洗等流程。

（2）镀膜准备：将表面清洗完成后的 SUS441 样品置于真空镀膜机的真空腔内，抽真空至所需真空度（$<1\times10^{-4}$ Pa），同时，将腔体加热至 200℃，调整偏压器至 800 V，打开直流电源进行辉光清洗，清洗时间设定为 30 min。

（3）镀锰钴膜层：辉光清洗后通入惰性气体（氩气）至真空度为 0.1 Pa，同时腔体温度保持 200℃。设定锰钴合金电弧源（Mn∶Co = 40∶60）各项参数：镀膜电流为 30 A，镀膜偏压为 –100 V，镀膜时长为 60 min。

（4）镀锰钴铈膜层：辉光清洗后通入惰性气体（氩气）至真空度为 0.1 Pa，同时腔体温度保持 200℃。设定锰钴铈合金电弧源（Mn∶Co∶Ce = 38∶57∶5）的各项参数：镀膜电流为 30 A，镀膜偏压为 –100 V，镀膜时长为 60 min。

（5）镀膜结束：镀膜进程终止后关闭设备电源，打开充气阀解除真空状态，关闭加热器使温度降至室温，将镀有锰钴合金镀层或锰钴铈合金镀层的 SUS441 不锈钢基板取出。

（6）烧结氧化：将镀有合金镀层的 SUS441 不锈钢基板置于马弗炉中，马弗炉温度设定为 800℃，以合适的升降温速率进行氧化烧结。不锈钢基板表层合金镀层逐渐氧化，预期形成锰钴尖晶石氧化物膜层及锰钴铈尖晶石氧化物膜层。

3. 样品处理及表征

通过线切割工艺对具有两种膜层的 SUS441 不锈钢基体进行切割，以得到大小符合 SEM、EDS、XRD 及面电阻等分析测试要求的样品。如果使用激光切割，由于激光会在肉眼可见的范围内大面积地灼蚀合金镀层，且激光切割所得到的样品边缘也不平整，因此效果不理想。选用线切割工艺后，不锈钢基底及合金镀层结构在肉眼可见的范围内没有明显灼蚀现象，且线切割能够严格控制切割样品的大小，便于批量制备理想尺寸的样品。

图 9.1 所示为镀膜之后、尚未氧化样品的扫描电镜照片。可以发现，镀膜之后两种成分的膜层均表现出了较好的表面形貌。尽管电弧离子镀容易产生一些尺寸较大的颗粒，但膜层表面整体平整，且并无膜层脱落的现象产生。

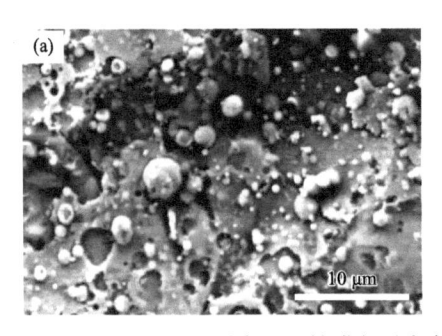

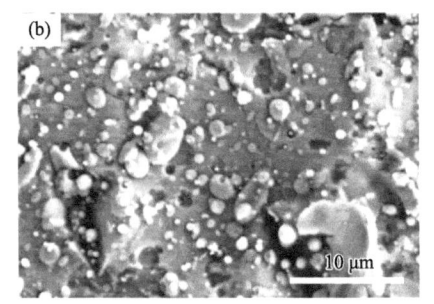

图 9.1　镀膜之后尚未氧化的样品表面形貌
(a) MnCo 涂层；(b) MnCoCe 涂层

将镀膜之后的样品置于 800℃的空气气氛下烧结，以模拟 SOFC 阴极的工作环境。图 9.2 中展示了不同烧结时长下膜层的 XRD 衍射图谱分析。可以发现，经过 200 h 氧化之后，两种成分的膜层均呈现出尖晶石结构，随着氧化时间延长至 1000 h，膜层的尖晶石结构并不会发生明显改变。

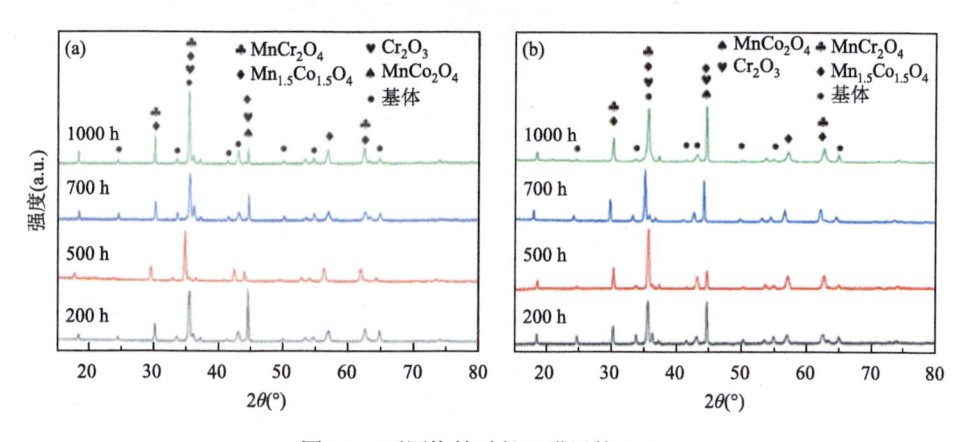

图 9.2　不同烧结时长下膜层的 XRD
（a）MnCo 涂层；（b）MnCoCe 涂层

对 800℃下烧结 1000 h 后的样品进行扫描电镜观察，如图 9.3 所示。可以看到膜层呈现出典型的尖晶石结构的表面形貌，并且两种涂层的形貌差异较小，Ce 元素的加入并没有引起显著的结构变化。对烧结 1000 h 后的膜层进行 EDS 面扫描分析，结果如图 9.4 所示。两种膜层中各种元素的分布都比较均匀。以上分析证明了采用电弧离子镀制备尖晶石涂层的有效性。

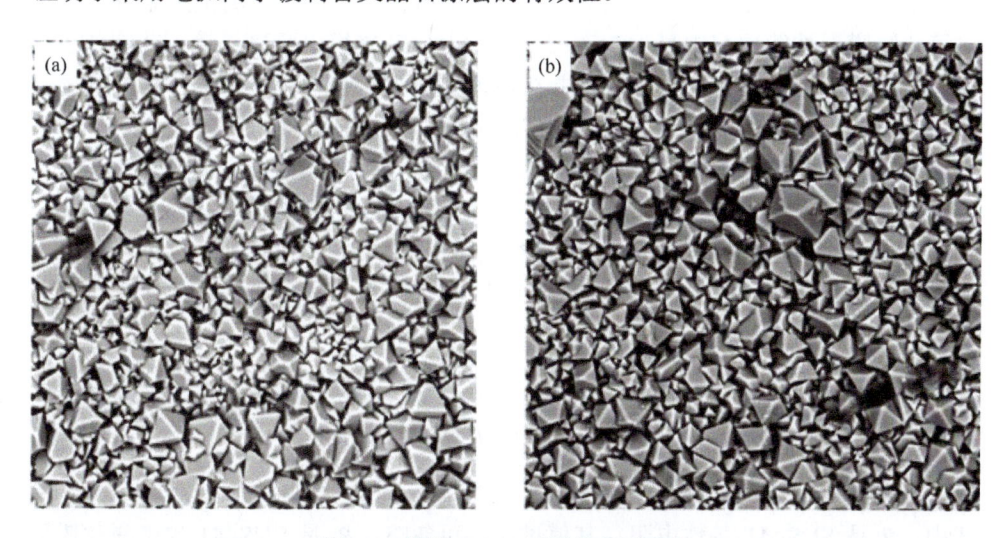

图 9.3　烧结 1000 h 后样品表面形貌
（a）MnCo 涂层；（b）MnCoCe 涂层

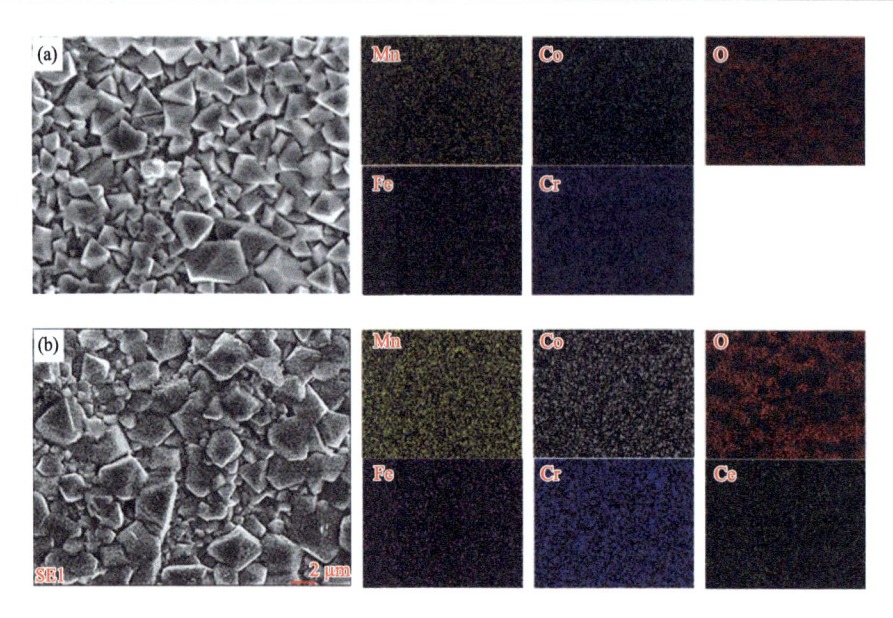

图 9.4　氧化 1000 h 后样品 EDS 面扫描分析

（a）MnCo 涂层；（b）MnCoCe 涂层

9.1.3　涂层稳定性及应用效果

面比电阻（ASR）能够用于量化合金材料作为 SOFC 连接体的高温导电性，间接反映其抗铬毒化性能以及抗氧化性。对连接体进行面电阻测试是 SOFC 连接体氧化物膜层性能探究中最为关键的一环。上一节采用电弧离子镀工艺制备了锰钴保护涂层以及锰钴铈保护涂层，并在模拟 SOFC 阴极环境下形成了均匀致密的尖晶石结构。本节将对制得的锰钴涂层样品进行长期高温面电阻测试。

ASR 测试示意图如图 9.5 所示。采用四探针法测定合金镀层样品的面电阻，是通过电化学工作站中的计时电位法来完成的。设定 40 mA 的恒定电流为输入电流，测试所选用的电压值控制在 –0.2～0.2 V 之间。设定管式炉保温及测试所在温度区间为 600～800℃。关于 ASR 的具体计算公式，如式（9.1）和式（9.2）所示。

$$R + 2R_1 + 2R_2 = \frac{U}{I} \quad (9.1)$$

$$ASR = \frac{U \cdot S}{2I} \quad (9.2)$$

式中：R 是 SUS441 基体电阻，其值过小，可忽略；R_1 是 SUS441 单侧氧化膜层的电阻值；R_2 是铂网及铂浆的电阻值，其值过小，可忽略；U 是计时电位法所测电压值；I 是计时电位法设定的恒流电流值；S 是 SUS441 与铂网铂浆的有效接触面积。

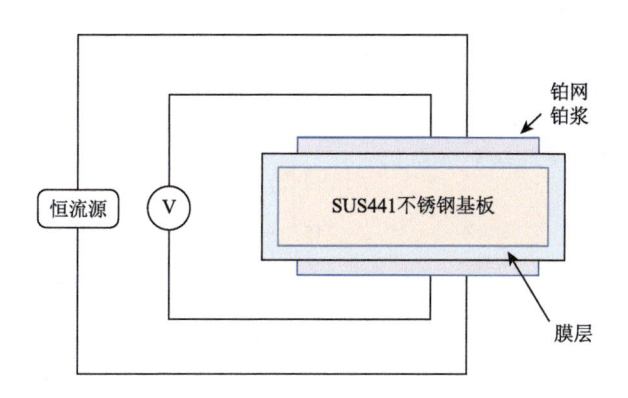

图 9.5　面电阻测试原理图

在高温空气气氛下对 MnCo 镀层样品进行面电阻测试，得到结果如图 9.6 所示。在 800℃下，氧化初期面电阻增长速度较快；经过 1000 h 的长期氧化之后，面电阻增长趋于平缓；1000 h 之后将温度降低至 SOFC 常用温度 750℃，在接近 1500 h 的长期测试中，膜层面电阻在一定范围内轻微波动且无明显增长趋势，面电阻千小时增长率为 0.24%。

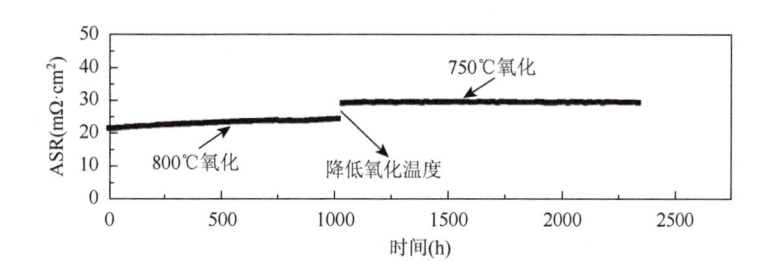

图 9.6　750℃下涂层面电阻变化

将上述涂层制备工艺应用于实际工业尺寸电池的金属连接体，并进行恒电流长期稳定性测试，如图 9.7 所示[1]。在运行初期，有 MnCo 镀层的电池面电阻较高，这是容易理解的，因为 MnCo 镀层引起了额外的欧姆电阻。但是，由于 MnCo 镀层对于连接体的保护作用，连接体的抗氧化能力增强，电池的长期稳定性也有显著改善。

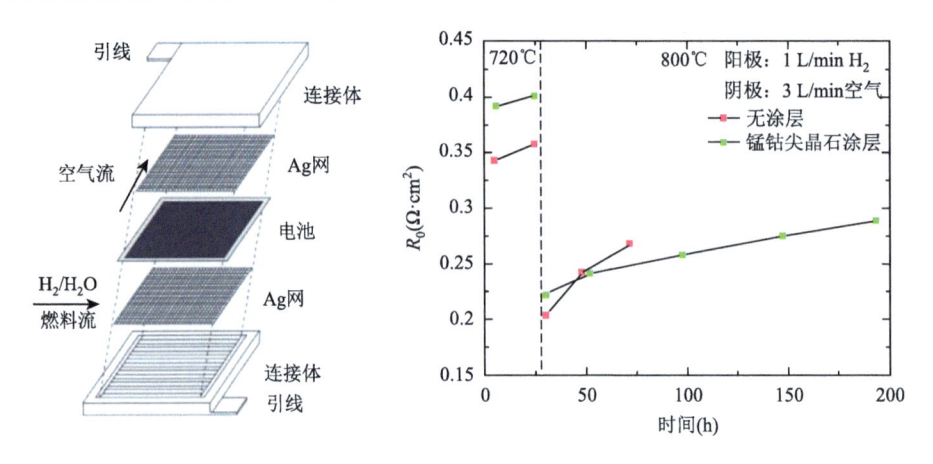

图 9.7 涂层对于工业尺寸电池稳定性的作用

9.1.4 GDC/MCO 复合涂层

为了进一步提升锰钴尖晶石膜层（MCO）的稳定性，在本节中，我们提出一种新的复合膜层结构——GDC/MCO 双层膜层，如图 9.8 所示。其中，MCO 膜层的制备方法与前文相同；对于 GDC/MCO 双层膜层，按照先后顺序在 SUS441 不锈钢基体上制备铈-钆和锰-钴镀层，镀膜完成后，将样品放置于马弗炉中，在 800℃下烧结 10 h，分别获得锰钴尖晶石膜层以及 GDC/锰钴尖晶石复合膜层。实验设计的 MCO 膜层厚度为 2 μm，GDC/MCO 复合膜层的 GDC 厚度为 100 nm。

图 9.8 800℃下烧结后的膜层结构示意图
（a）MCO 膜层；（b）GDC/MCO 双层膜层

对于单独的 MCO 膜层，经 10 h 高温氧化后表面形貌图如图 9.9 所示。样品表面形成了连续且致密的尖晶石结构，并未观察到膜层脱落的现象，膜层与基体的结合力较强，在 20000 倍的放大倍数下可以明显观察到尖晶石结构的大小存在差异。对 MCO 样品表面进行 EDS 元素分析，得到的结果如图 9.10 所示。尖晶石结构大的区域的 Cr 含量相对于尖晶石结构小的区域较高，这是由于 Cr 在晶界位置处扩散得更快，在这些区域有更多的 Cr 元素扩散出来，促进了尖晶石结构的生长。

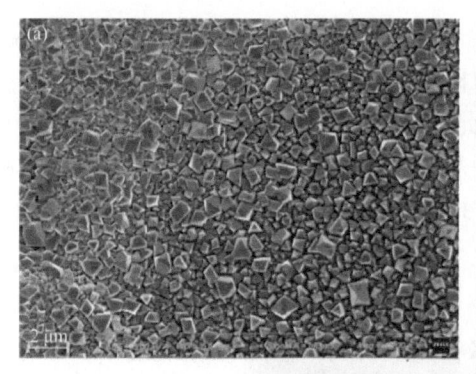

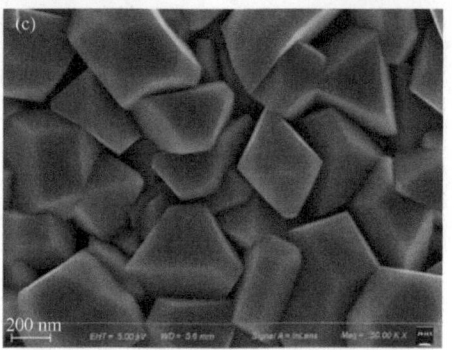

第 9 章 高性能电堆组件制备 ·283·

图 9.9 高温氧化后 MCO 膜层表面形貌

(a) 5000 倍；(b) 20000 倍；(c) 50000 倍

元素	线系	表观浓度	k比例	质量分数(%)	原子分数(%) Sigma	原子分数(%)	标准标签	厂商校准
O	K	120.25	0.40467	28.78	0.17	58.89	SiO$_2$	是
Cr	K	16.46	0.16465	8.65	0.12	5.45	Cr	是
Mn	K	41.32	0.41322	21.62	0.18	12.89	Mn	是
Fe	K	1.88	0.01881	1.05	0.13	0.61	Fe	是
Co	K	68.70	0.68704	39.90	0.24	22.16	Co	是
合计				100.00		100.00		

元素	线系	表观浓度	k比例	质量分数(%)	原子分数(%) Sigma	原子分数(%)	标准标签	厂商校准
O	K	109.20	0.36746	23.50	0.14	52.28	SiO$_2$	是
Cr	K	7.61	0.07614	3.44	0.09	2.35	Cr	是
Mn	K	61.10	0.61097	27.45	0.18	17.78	Mn	是
Fe	K	2.42	0.02420	1.16	0.13	0.74	Fe	是
Co	K	88.73	0.88725	44.45	0.22	26.85	Co	是
合计				100.00		100.00		

图 9.10 高温氧化 10 h 后 MCO 膜层表面形貌的元素分布图

GDC/MCO 复合膜层在 800℃下氧化 10 h 的表面形貌如图 9.11 所示。在 GDC/MCO 复合膜层的样品上同样生成了连续且致密的尖晶石结构，并未观察到膜层脱落的现象，膜层与基体的结合力较强。此外，可以观察到此样品的尖晶石结构与单独的 MCO 膜层尖晶石结构存在差别。相较于单独的 MCO 膜层，此样品的尖晶石更小，同时不同尖晶石结构之间的尺寸差异也更小。

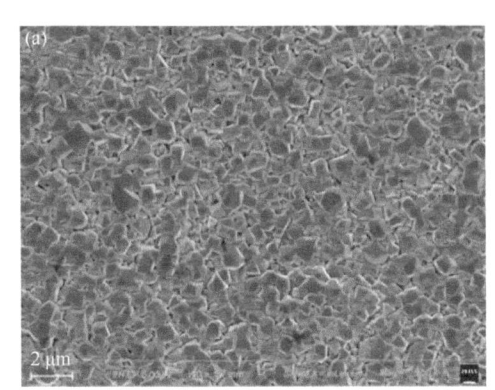

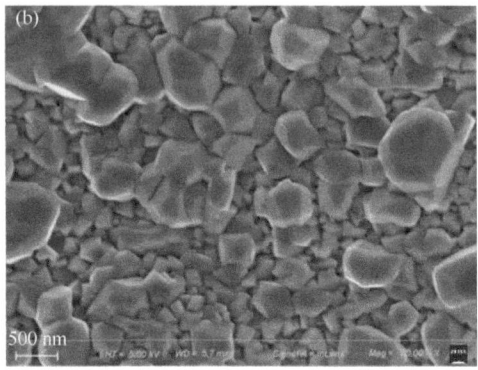

图 9.11 高温氧化后 GDC/MCO 膜层表面形貌

(a) 5000 倍；(b) 20000 倍；(c) 50000 倍

图 9.12 是 GDC/MCO 复合膜层在 800℃下氧化 10 h 的表面形貌 EDS 分析。GDC/MCO 复合膜层表面的尖晶石结构比单纯的 MCO 膜层更小，大小也更均匀，尖晶石结构中的 Cr 含量更低，并且不同大小的尖晶石结构中 Cr 含量的差异也更小。GDC 膜层可能对晶界产生钉扎作用，抑制了晶界处 Cr 元素的扩散，使生成的尖晶石结构更均匀，从而进一步提升了连接体涂层对 Cr 元素扩散的抑制能力。

将两种样品分别在 800℃下氧化 100 h，图 9.13 显示了氧化后横截面的微观结构及对应的元素分布照片。根据元素分布，横截面照片中不同的彩色带可以代

第 9 章 高性能电堆组件制备

元素	线系	表观浓度	k比例	质量分数(%)	质量分数(%) Sigma	原子分数(%)	标准标签	厂商校准
O	K	116.54	0.39216	27.61	0.16	57.57	SiO$_2$	是
Cr	K	13.41	0.13413	6.87	0.11	4.41	Cr	是
Mn	K	43.77	0.43774	22.30	0.18	13.54	Mn	是
Fe	K	1.71	0.01713	0.93	0.13	0.56	Fe	是
Co	K	74.52	0.74516	42.28	0.24	23.93	Co	是
合计				100.00		100.00		

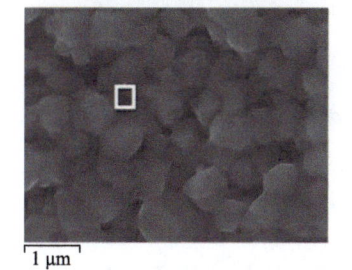

元素	线系	表观浓度	k比例	质量分数(%)	质量分数(%) Sigma	原子分数(%)	标准标签	厂商校准
O	K	108.22	0.36418	23.73	0.14	52.56	SiO$_2$	是
Cr	K	11.84	0.11843	5.46	0.10	3.72	Cr	是
Mn	K	54.34	0.54338	24.88	0.18	16.05	Mn	是
Fe	K	2.16	0.02156	1.05	0.13	0.67	Fe	是
Co	K	87.79	0.87794	44.88	0.23	26.99	Co	是
合计				100.00		100.00		

图 9.12 高温氧化 10 h 后 GDC/MCO 膜层表面形貌的元素分布图

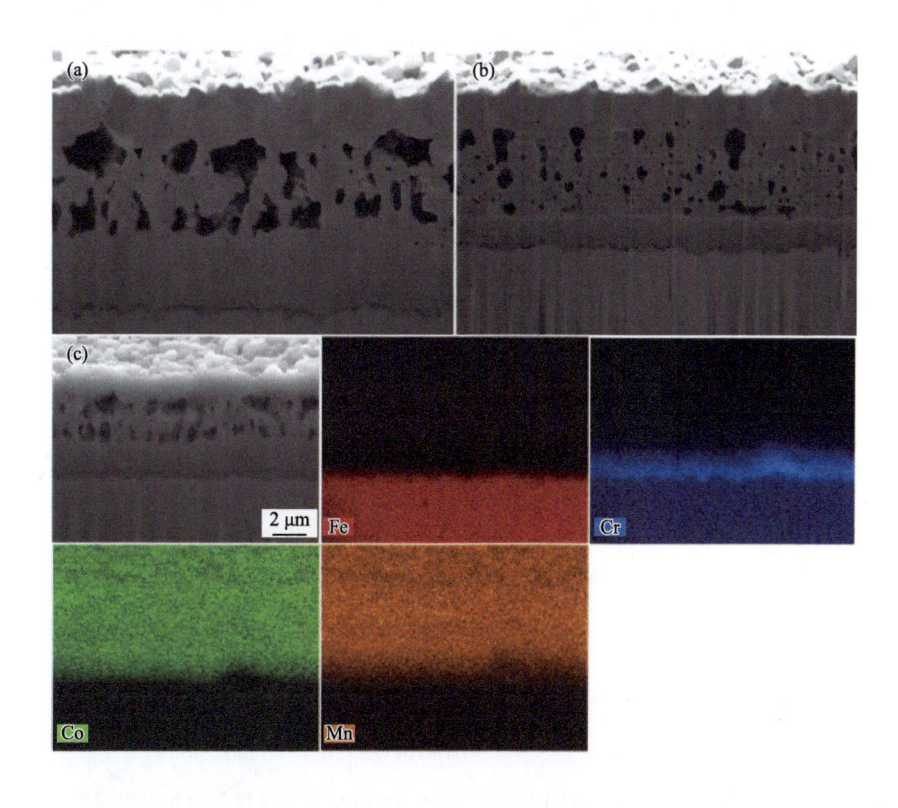

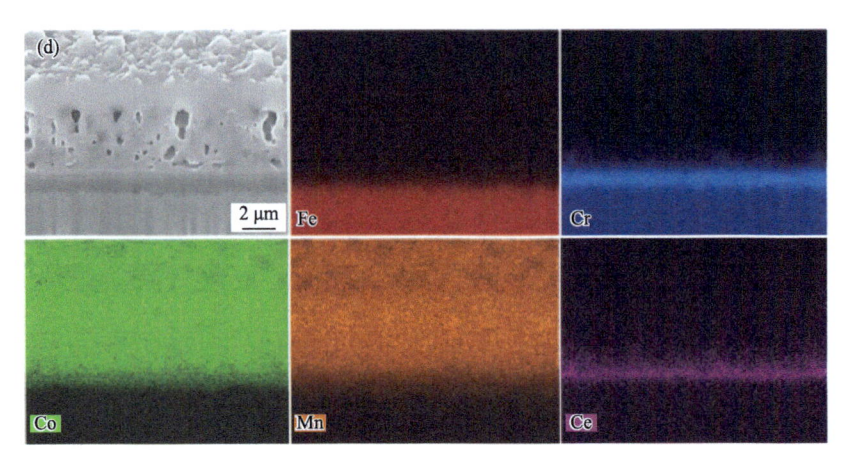

图 9.13 氧化 100 h 后 MCO 涂层与 GDC/MCO 复合涂层样品横截面及元素分布
（a），(c) MCO 涂层；(b)，(d) GDC/MCO 复合涂层

表不同的物相：红色为基体，蓝色为 Cr_2O_3，紫色为 GDC 膜层，绿色为 MCO 尖晶石膜层。可以看到，两个样品的 MCO 涂层显示出相似的分层特征，外层更为致密，靠近不锈钢基体的一侧出现了许多孔隙，这是由 Co/O 在涂层中的扩散造成的；同时，相比于单独的 MCO 涂层，GDC/MCO 复合涂层的孔隙尺寸更小，这表明 GDC 膜层的添加减缓了氧气的内向扩散，从而降低了氧化速率。这一点可以与 Cr_2O_3 层厚度的减少相互印证——MCO 涂层样品中 Cr_2O_3 厚度约为 2.2 μm，而 GDC/MCO 复合涂层样品中 Cr_2O_3 厚度仅有 800 nm 左右。

此外，对于在空气中氧化 100 h 后的 MCO 涂层和 GDC/MCO 复合涂层样品，测试了不同温度下的面电阻，并由此计算面电阻活化能，从而对两种膜层的抗氧化速率进行对比，结果如图 9.14 所示。GDC/MCO 复合涂层样品的活化能为

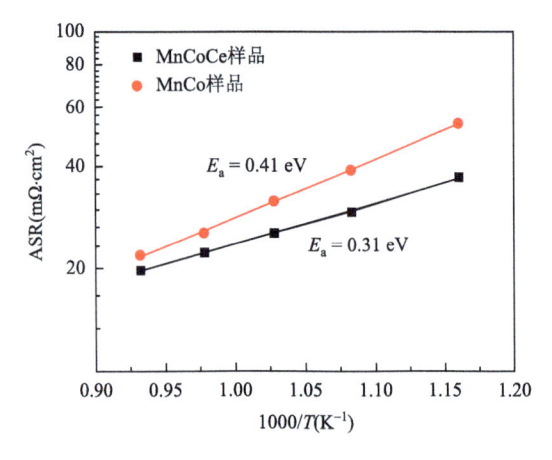

图 9.14 氧化 100 h 后 MCO 涂层与 GDC/MCO 复合涂层样品的面电阻对比

0.31 eV，小于 MCO 涂层样品的活化能；同时，在不同温度下，GDC/MCO 复合涂层样品的面电阻均小于 MCO 涂层样品，进一步说明了添加 GDC 薄层有助于提高连接体的抗氧化能力，降低连接体的面电阻。

9.2 钙钛矿接触组件制备及应用

9.2.1 LNF 接触层的制备与表征

本节将以 LNF（$LaNi_{0.6}Fe_{0.4}O_3$）钙钛矿氧化物为例，介绍阴极侧接触材料的性质研究和工艺优化。采用溶胶-凝胶法制备 LNF，在 600℃煅烧后获得了 LNF 前驱体粉体。采用球磨机和三辊机将 LNF 前驱体与丝印胶充分混合，配制丝印浆料，并将其丝印在薄膜基体（GDC）表面后煅烧，煅烧温度分别为 800℃和 900℃。煅烧获得的 LNF 薄膜为圆形，面积为 0.5 cm^2，厚度约为 7 μm。如图 9.15 所示，在 800℃和 900℃煅烧后均表现出以钙钛矿为主体的结构（其余为 GDC 电解质的萤石结构衍射峰）。在 900℃煅烧后的 XRD 图谱中没有其他杂相生成，说明 900℃煅烧后的 LNF 成相较好。

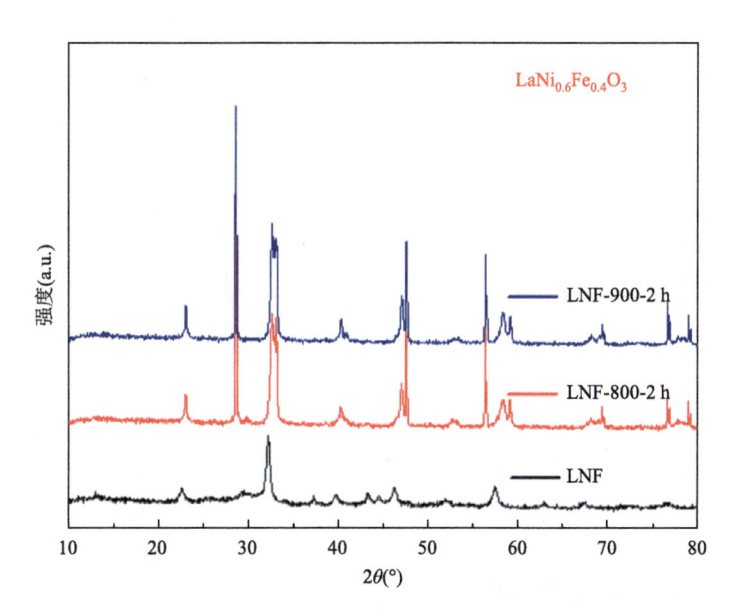

图 9.15 LNF 前驱体及其在不同温度下煅烧后的物相结构

采用范德堡直流电导率测试法[2]对上述 900℃制备的 LNF 薄膜的电导率进行测试，结果如图 9.16 所示。电导率采用图中所示方法计算，其中 U 和 I 分别为测试直流电压和电流，d 为薄膜厚度。温度为 800℃时，LNF 薄膜的电导率约为 17.5 S/cm，满足接触层的使用需求。此外，在 600～800℃测试区间，电导率随温度升高而增大，并且表现出直线增长的现象，说明在该温度区间，LNF 以电子电导为主，这也符合阴极接触材料对电导性能的要求。

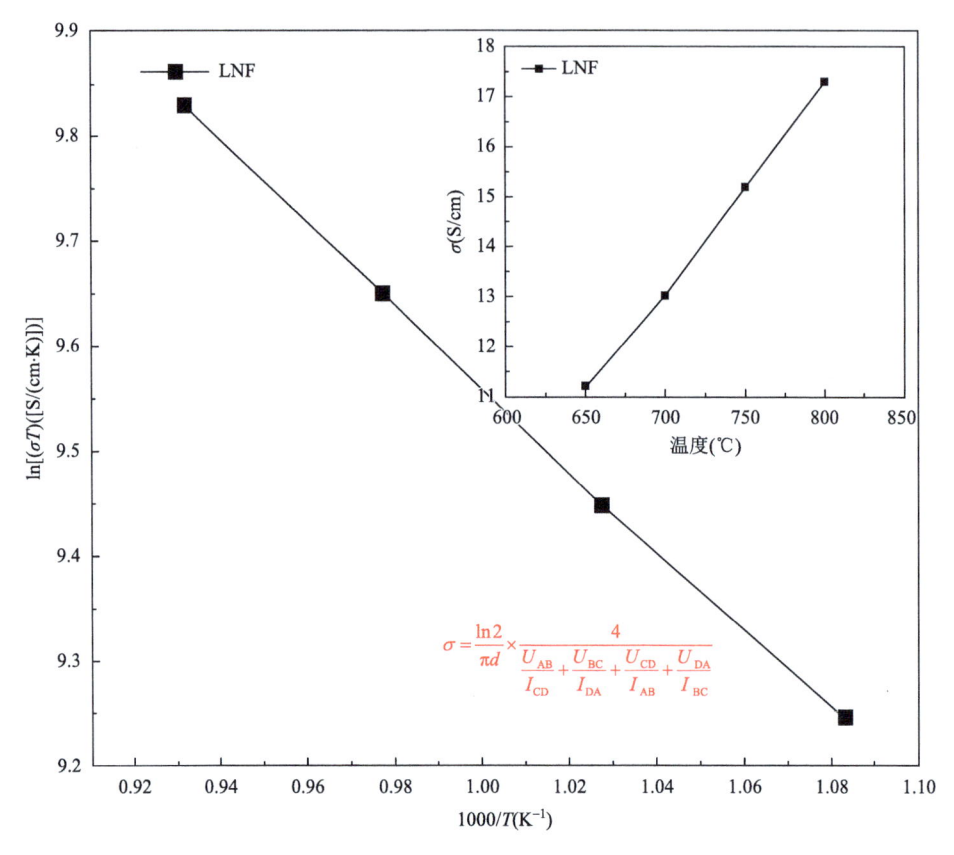

$$\sigma = \frac{\ln 2}{\pi d} \times \frac{4}{\frac{U_{AB}}{I_{CD}} + \frac{U_{BC}}{I_{DA}} + \frac{U_{CD}}{I_{AB}} + \frac{U_{DA}}{I_{BC}}}$$

图 9.16　丝印法制备的 LNF 薄膜的范德堡直流电导率

通过丝网印刷并在 900℃下煅烧制备的 LNF 接触层的表面微观形貌和断面厚度如图 9.17 所示。从图中可以看出，900℃煅烧后 LNF 薄膜厚度约为 7 μm，表面主要呈疏松多孔结构，在集电的同时有利于阴极侧空气的传输与扩散。

9.2.2　接触层面电阻稳定性

除了高导电性之外，接触组件还需要在高温、氧化性气氛和电流负载下具备优异的化学稳定性。因此，测试了 LNF 接触层在不同电流负载下的长期面电阻演化，具体信息如下。

第9章 高性能电堆组件制备 · 289 ·

图9.17 LNF接触层表面（a）与断面（b）微观形貌

一号样品作为对比样，电流负载为0，采用范德堡法测试了薄膜LNF的面电阻（图9.18中方法1），发现其在750℃和没有电流负载的工况下表现出较高的面电阻，计算得到的面电阻增长率为2.74%/1000 h。

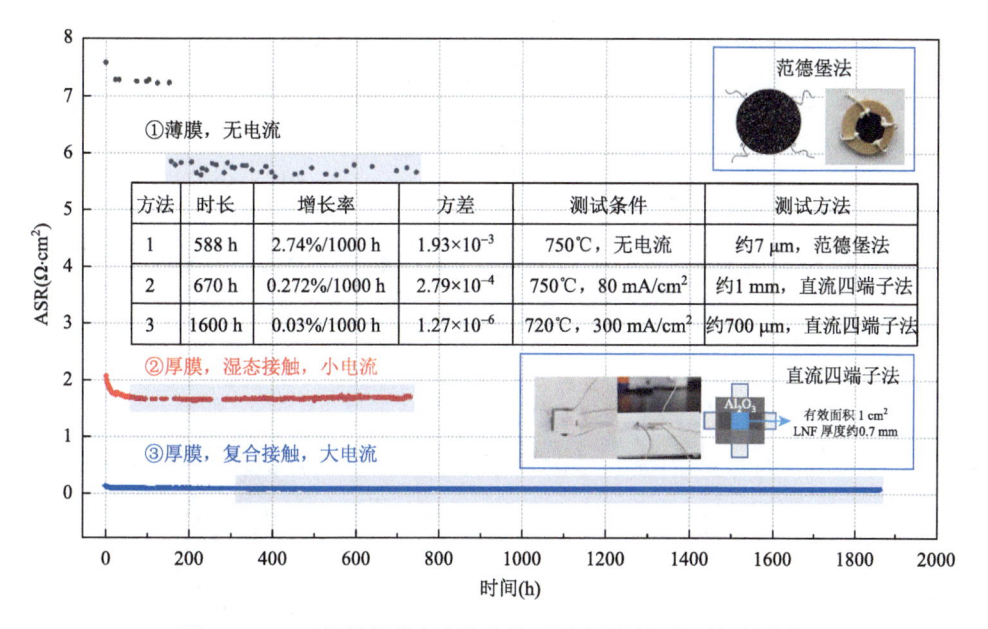

方法	时长	增长率	方差	测试条件	测试方法
1	588 h	2.74%/1000 h	$1.93×10^{-3}$	750℃，无电流	约7 μm，范德堡法
2	670 h	0.272%/1000 h	$2.79×10^{-4}$	750℃，80 mA/cm²	约1 mm，直流四端子法
3	1600 h	0.03%/1000 h	$1.27×10^{-6}$	720℃，300 mA/cm²	约700 μm，直流四端子法

图9.18 LNF接触组件在电流负载下面电阻随运行时间的变化

2号样品在有电流负载的工况下，采用直流四端子法测试，以模拟SOFC中LNF的实际工作条件。首先，用银片模拟阴极侧的金属连接体，在银片上涂一层LNF浆料，然后再涂一层LNF浆料，共涂三层后，在湿态与另一块银片相交覆盖。

制备的 LNF 接触组件厚度约 1 mm，工作面积为 0.25 cm²，然后使用氧化铝板和陶瓷胶进行固定，测试中采用的电流负载为 80 mA/cm²。在施加直流电流负载后，ASR 在最初 2 天内从约 2.12 Ω·cm² 下降到约 1.67 Ω·cm²，然后逐渐稳定。在约 60～730 h 的测试期间，计算得到的 ASR 增加率为约 0.272%/1000 h。

3 号样品同样采用直流四端子法测试，如图 9.19 所示。先在银片上涂一层 LNF 浆料，让其干燥，然后再涂一层 LNF 浆料，涂覆三层并分别干燥后，与另一块银片相交覆盖，连接银线进行测试，制备了 LNF 接触组件（厚度约 0.7 mm），工作面积为 1 cm²，然后使用氧化铝板和陶瓷胶进行固定，测试中采用的电流负载为 300 mA/cm²，ASR 在通电 3 天后降低到稳定值。与方法 2 样品相比，其初始 ASR 仅为约 0.0948 Ω·cm²。在约 340～2000 h 期间，ASR 保持稳定，数值在 0.08606 Ω·cm² 和 0.08609 Ω·cm² 之间波动（方差为 1.27×10^{-6}），面电阻增长率几乎为零（0.03%/1000 h）。结果表明，采用优化后的接触组件制备工艺可以显著降低面电阻、提高电流负载下的运行稳定性，获得低面电阻高稳定性的接触组件。

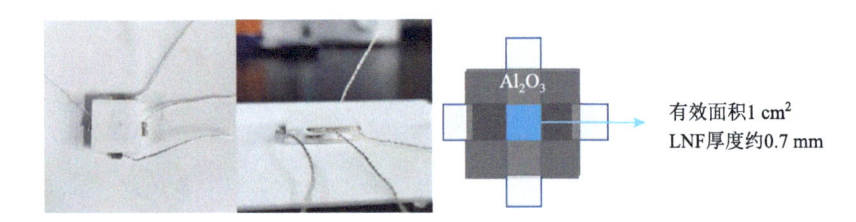

图 9.19　LNF 接触组件直流电导率测试方法示意与实物图

图 9.20 所示为 1 号样品（无电流负载）在长期运行前后的表面微观形貌与元素分布图。从元素分布图中可以看出，在 900℃煅烧制备后，LNF 表面发现较多

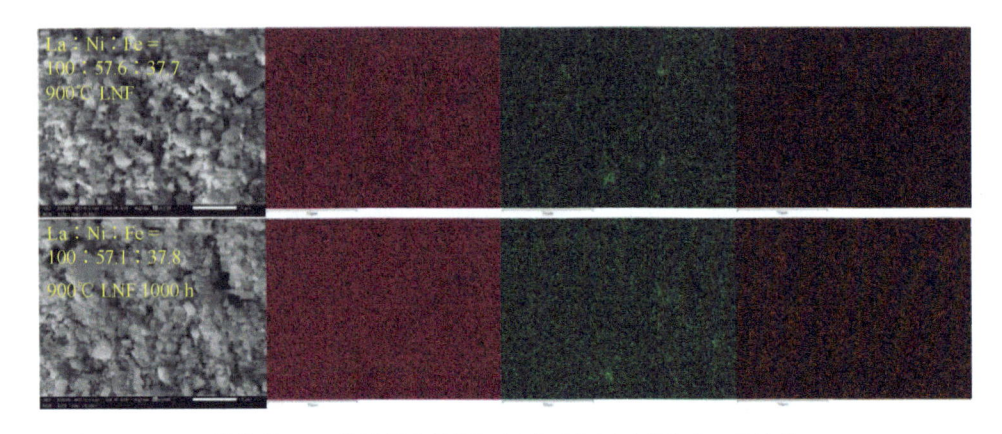

图 9.20　900℃煅烧的 LNF 接触层在长期运行前后表面元素分布（依次为 La、Ni、Fe）

Ni 元素团聚，这主要与煅烧温度较低相关，Ni 元素并未全部进入 LNF 钙钛矿晶格结构。经过长期运行后，LNF 表面 Ni 元素团聚现象减弱。同时 La-Ni-Fe 三种元素定量分析结果表明，表面 Ni 元素含量降低、La 元素相对含量增高。结果表明，在高温长期运行过程中，Ni 元素的迁移扩散较活泼，且表现出从钙钛矿表面向体相内部扩散的现象。Ni 元素迁移可能在一定程度上提高了 LNF 的体相电导，从而在长期运行中表现为面电阻减小。

图 9.21 对比了不同温度煅烧 LNF 接触层在长期运行前后表面的微观形貌。从图中可以看出，900℃煅烧的 LNF 颗粒更小，经过 1000 h 测试后，其颗粒发生了明显团聚，从而导致了 LNF 接触层内部产生缝隙，孔隙率增大，导致面电阻显著增大；而 950℃煅烧制备的 LNF 颗粒较大，但在长期运行前后颗粒大小一致，没有发生明显变化。因此，提高初始煅烧温度可以显著增大 LNF 颗粒尺寸，较大的 LNF 颗粒表现出较高的体相电导率，从而表现出较小的面电阻[3]。高温煅烧后的 LNF 在长期运行过程中表现出更高的结构稳定性。

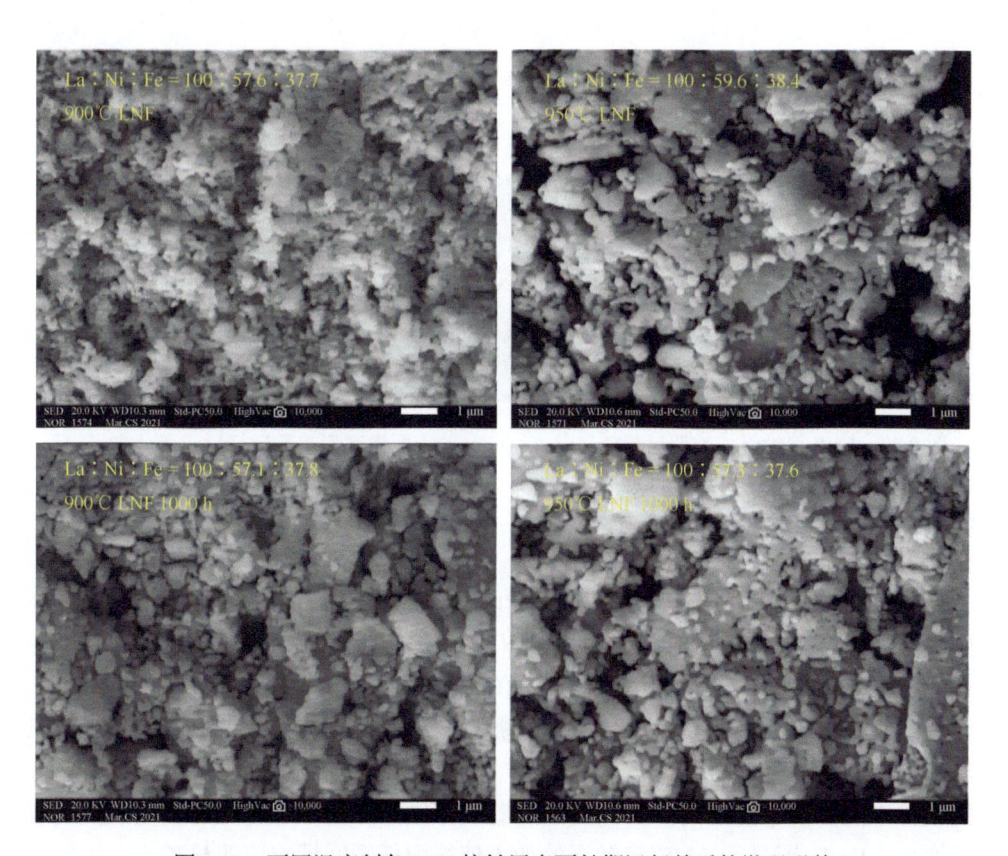

图 9.21 不同温度制备 LNF 接触层表面长期运行前后的微观形貌

图 9.22 中展示了 LNF 接触层（3 号样品）在电流负载下长期运行前后的表面微观形貌。可以看到，电流负载促进了接触材料颗粒烧结，运行后 LNF 颗粒尺寸明显增大。从 EDS 图中可以看出，运行后 LNF 接触层表面元素分布较均匀，没有发现明显的 Ni 元素团聚现象，表明 Ni 元素从表面向 LNF 钙钛矿体相的迁移扩散[4]。这与 1 号样品中观察到的现象一致，可能有助于提高 LNF 的体相电导。

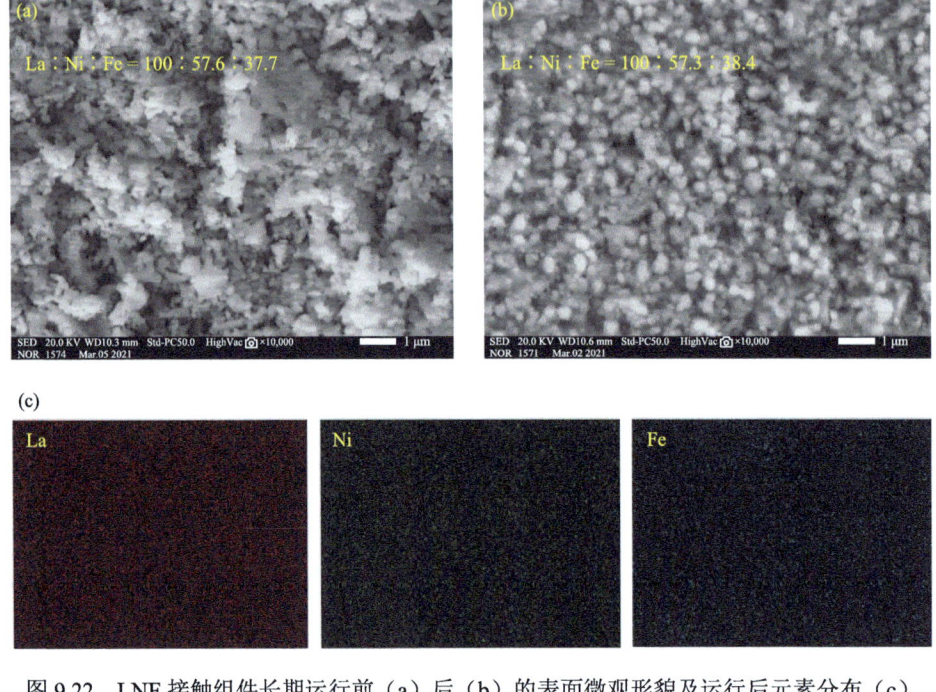

图 9.22 LNF 接触组件长期运行前（a）后（b）的表面微观形貌及运行后元素分布（c）

9.2.3 在纽扣电池中的应用

以具有上述 LNF 接触层的阳极支撑电池为研究对象，系统研究阴极侧氧气浓度梯度、接触层煅烧温度和厚度等因素对接触组件结构稳定性和单电池电化学性能的影响，以阐明 LNF 接触层对单电池电化学性能的影响机制。

图 9.23 为单电池在 750℃时不同阴极侧氧分压下的 EIS。从 Nyquist 图中可以看出，在 LSCF-GDC 阴极表面添加 LNF 接触层后，单电池的欧姆电阻变化不大，但极化电阻出现了明显的降低。同时随着氧分压的降低，单电池的极化阻抗均有所增加。Bode 图显示 LNF 接触层的加入使得中低频区域响应明显减小，可能促进了阴极表面的氧还原反应过程。

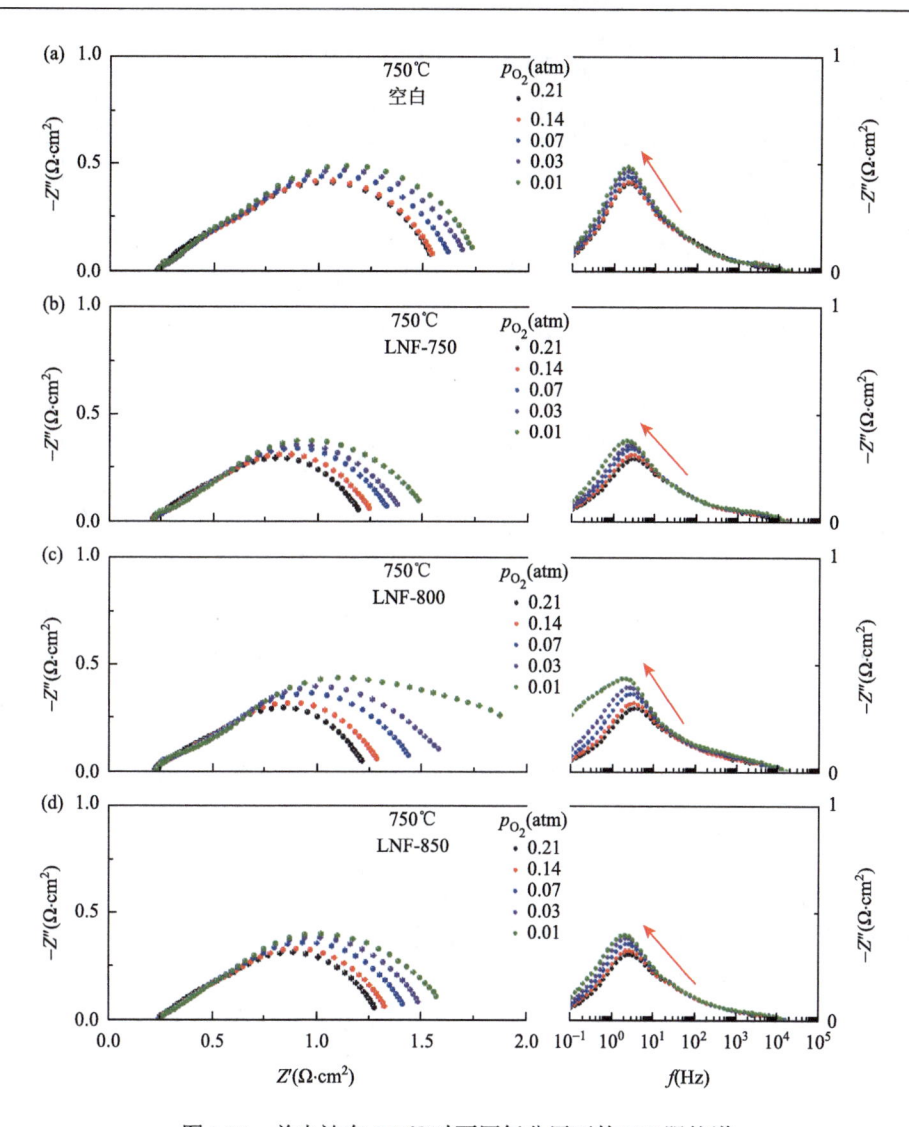

图 9.23 单电池在 750℃时不同氧分压下的 EIS 阻抗谱

图 9.24 为单电池在不同氧气分压下测试单电池的 j-V 曲线，从图中可以看出，在单电池阴极表面丝印了 LNF 接触层后，在 750℃，0.21 atm 和开路电压下，相比于空白组单电池，添加 LNF 接触层后性能均有提升。这说明 LNF 接触层的加入使电子更好地均匀分布在阴极表面。同时，随着氧分压的降低，单电池的输出性能都下降；然而，具有 LNF 接触层的电池虽然在更高的 p_{O_2} 下显示出更高的功率输出，但是，在较低的 p_{O_2} 条件下，具有 LNF 接触层的电池却表现出更低的性能。

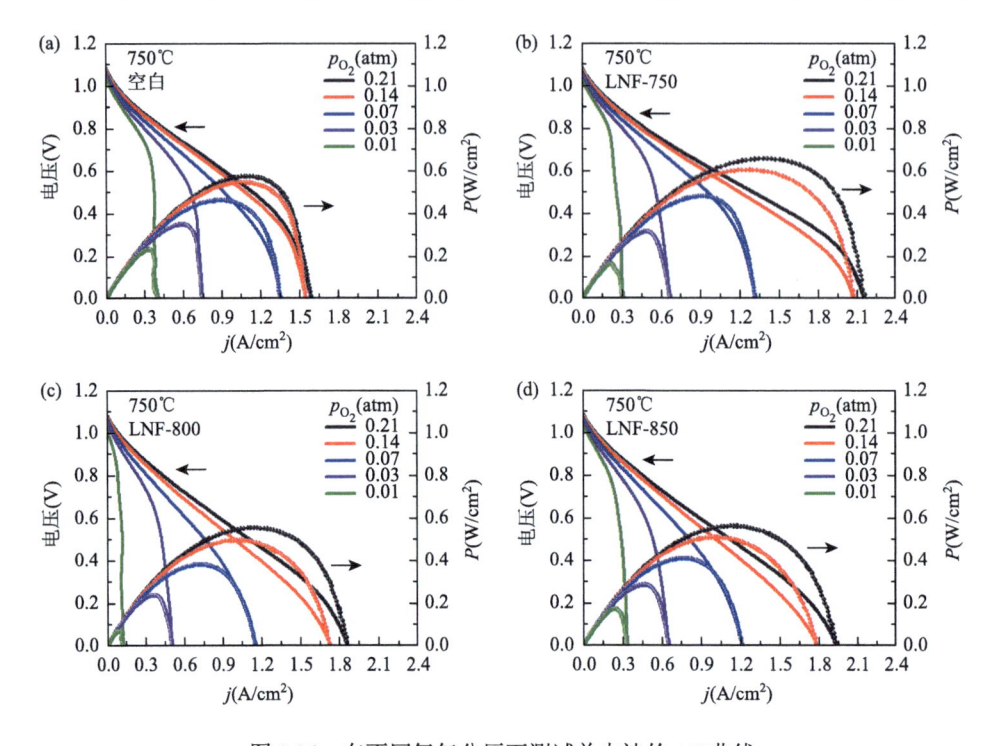

图 9.24 在不同氧气分压下测试单电池的 j-V 曲线

图 9.25 比较了不同测试温度下添加 LNF 接触层的单电池和空白组单电池的峰值功率密度随氧分压变化关系。从图中可以明显看出，在高氧分压区域（$p_{O_2} >$ 0.07 atm），LNF 单电池性能明显高于空白组单电池；而在低氧分压区域（$p_{O_2} <$ 0.07 atm），LNF 单电池性能输出反而低于空白组单电池，而且 LNF 单电池的性能在较低的氧分压下下降得更快。这表明，LNF 的加入可以显著提高单电池电化学性能，这主要是由于增强了从 LSCF-GDC 阴极整个表面到电流引线的集流和传

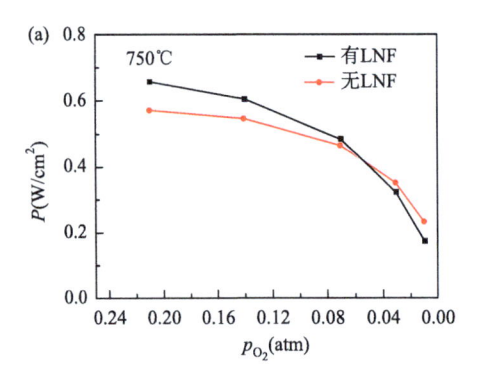

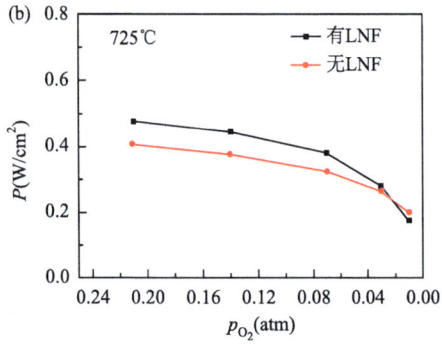

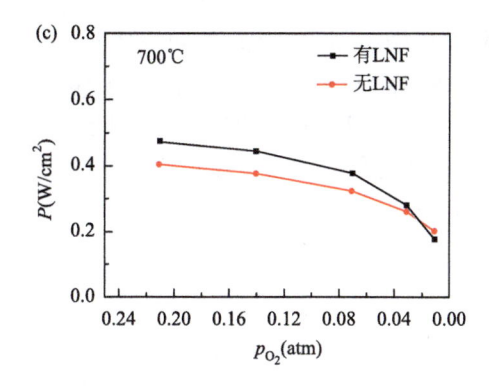

图 9.25 在不同温度下测量的峰值功率密度与氧分压的关系

导；然而，额外的 LNF 接触层也会阻碍氧气向阴极内部的扩散，导致单电池性能随氧分压的降低下降更快。

因此，上述 LNF 接触层适合应用在常规或较高的氧分压下；若要在较低的氧分压（p_{O_2}<0.07 atm）下应用 LNF 接触层，则需要进一步优化其气体传输性能。

研究表明，接触层只有在具有一定厚度时才能有效地收集阴极上的电流，且单电池的输出电流密度强烈依赖于阴极接触层的厚度，因此接触层厚度的影响也需要被关注[4]。通过控制丝网印刷次数制备了三种不同厚度的接触层，图 9.26 为三种厚度接触层的断面微观形貌图，通过电镜观察可知 LSCF-GDC 阴极的厚度为约 12 μm，LNF 接触层厚度分别为约 17 μm、27 μm、42 μm。

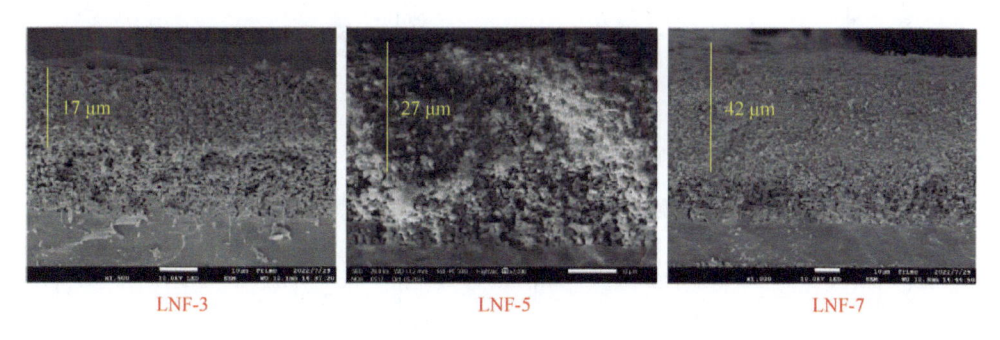

LNF-3　　　　　　LNF-5　　　　　　LNF-7

图 9.26 三种厚度接触层的断面微观形貌图

图 9.27 为添加不同厚度接触层单电池在 750℃和不同阴极氧分压下的 EIS。从图中可以看出，添加不同厚度接触层的单电池欧姆阻抗相近，但其极化阻抗随着厚度的增加有所降低。图 9.28 为在 750℃，0.21 atm 氧分压和开路电压下单电池欧姆电阻、极化电阻和峰值功率密度与接触层厚度的变化关系。从图 9.28（a，b）可以看出，在 LSCF-GDC 阴极表面施加 LNF 接触层后，单电池欧姆阻抗基本保

持不变，但极化阻抗随着接触层厚度的增加先明显降低，在接触层厚度增加至一定程度（约 30 μm）后，极化阻抗有所增加。因此，实验结果表明 LNF 接触层厚度为约 10～20 μm 时，对单电池性能提升有限；当接触层厚度增加至约 20～30 μm 后，单电池性能得到了明显提升；随着接触层厚度继续增加至约 40～50 μm，

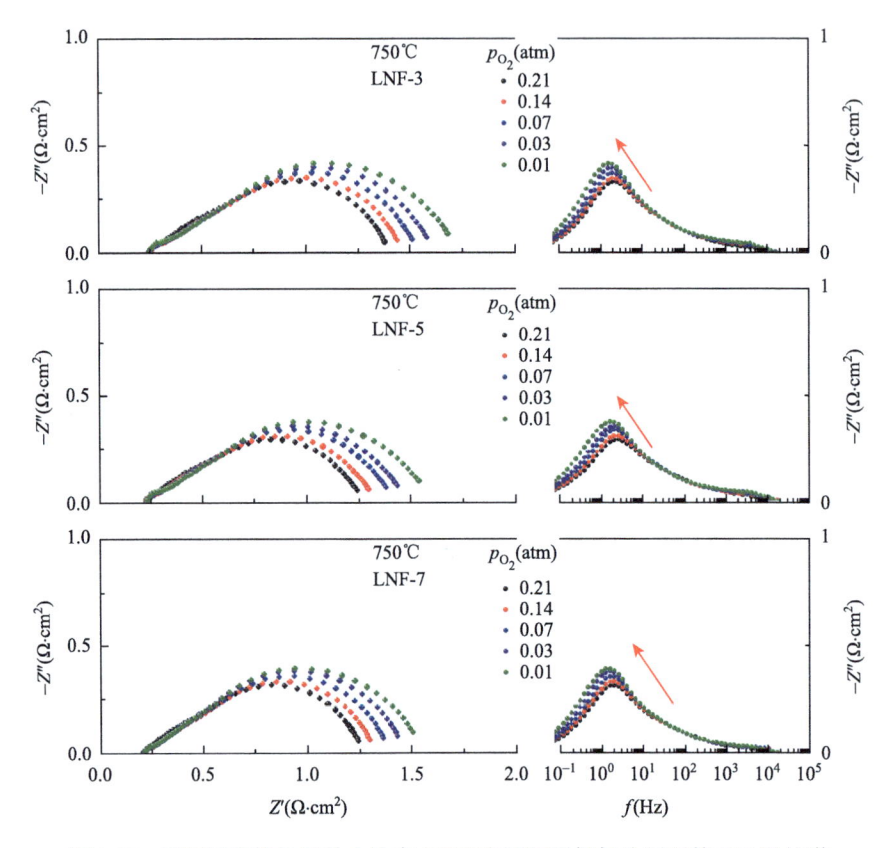

图 9.27 不同厚度接触层单电池在 750℃和不同阴极氧分压下的 EIS 阻抗谱

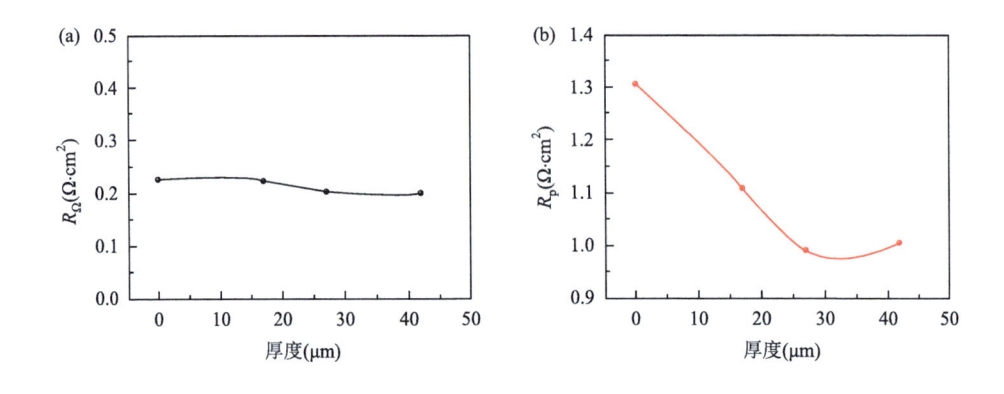

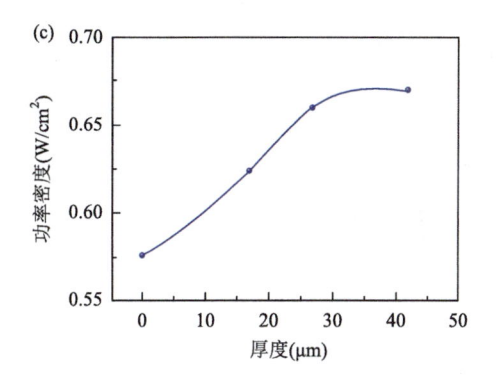

图 9.28 在 750℃，0.21 atm 工况下单电池性能与接触层厚度的关系

厚度的增加已经不能再继续提高单电池的电化学性能，反而可能导致单电池输出性能下降。

图 9.29 为上述 LNF-750 单电池测试后断面微观形貌图和相应的 EDS 元素分布图。其中 LNF 接触层厚约 27 μm，并且与 LSCF-GDC 阴极界面接触良好，在测试前后都保持了非常好的结构稳定性。从 EDS 分析结果可以看出在接触层和单电池之间没有明显的元素相互扩散，表明各组件之间化学相容性较好；接触层/阴极

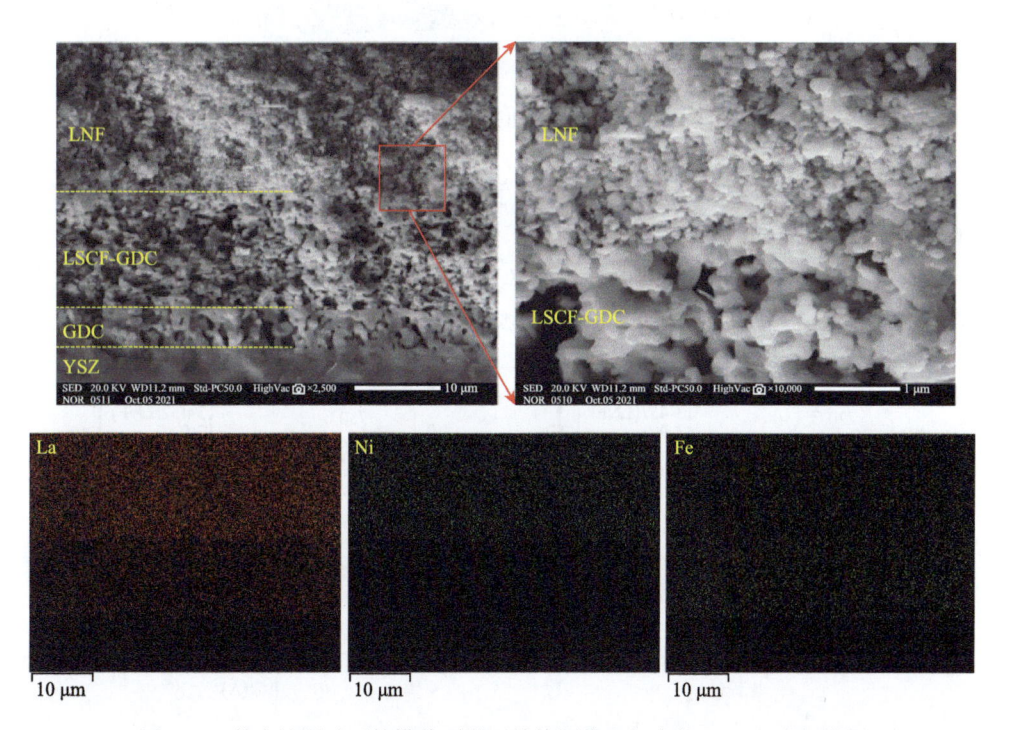

图 9.29 单电池测试后的横截面微观结构图像和相应的 EDS 元素扫描图

的界面接触微观形貌显示出 LSCF-GDC 阴极和 LNF 接触层之间界面接触效果好，没有任何分层和裂纹，表明 LNF 材料作为 LSCF-GDC 阴极的接触层具有优良的集电效果。

9.2.4 在工业尺寸电池中的应用

进一步验证上述 LNF 接触层在工业尺寸电池中的应用效果。采用阳极支撑单电池（阴极为 LSCF-GDC，有效工作面积 10 cm×10 cm），将 LNF 浆料丝印在阴极表面，并进行电化学性能测试。如图 9.30 所示，左图为单电池（编号为 13-9）阴极表面；右图为丝印 LNF 之后的单电池［编号为 13-452（LNF）］阴极表面。

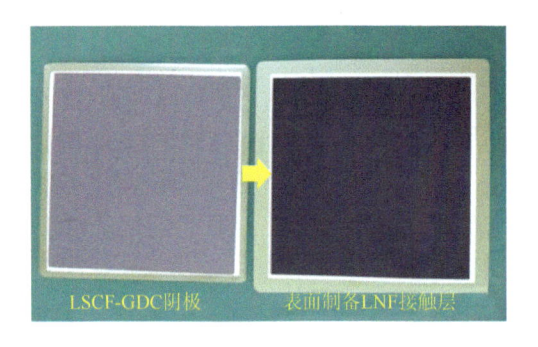

图 9.30　单电池阴极表面制备 LNF 接触层前后对比

测试结果如图 9.31 所示。在 720℃下，编号 13-9 单电池在 0.7 V 下的功率为 30.9 W；13-452（LNF）单电池性能则有了显著提升，达到了 41.4 W，增长了约 34%；在 750℃下，编号 13-452（LNF）在 0.7 V 下的功率达到了 48.42 W，相比于空白电池提高了约 53%。结果表明，LNF 接触层的制备可以显著提升 LSCF-GDC 阴极

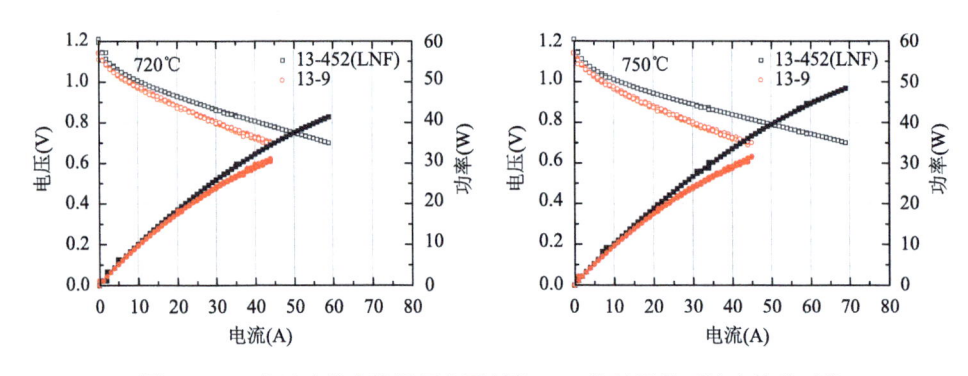

图 9.31　工业尺寸单电池阴极表面制备 LNF 接触层前后输出性能对比

表面的电流收集作用，改善陶瓷单电池与金属连接体之间的硬接触，降低界面接触电阻，提高单电池性能输出。

除了上述丝网印刷方法之外，也可以采用流延法制备 LNF 接触组件。流延并干燥后的坯体如图 9.32 所示，其厚度约为（500±50）μm。流延法制备的 LNF 表现出优异的韧性、延展性和可压缩性。在工业尺寸单电池电堆装配中，将其置于单电池与连接体之间，可以在很大范围内调控阴极与连接体之间的界面接触。测试后的工业尺寸电池阴极如图 9.33 所示，流延 LNF 接触组件与单电池阴极和金属连接体之间均具有较高的连接强度。同时，在 LNF 接触组件表面还可以观察到明显的气道痕迹，说明柔性流延 LNF 接触组件起到了调节单电池与连接体之间界面接触的作用，具有较强的实际应用价值。

图 9.32　流延法制备的柔性自支撑 LNF 接触组件坯体

图 9.33　测试后单电池表面 LNF 接触组件形貌

9.3　密封件优化及应用

9.3.1　Ba-Si 系玻璃陶瓷

正如第 4 章中介绍，由于 SOFC 运行环境对密封提出了较高的要求，目前可供选择的封接材料主要是玻璃陶瓷类。本节以传统的 Ba-Si 系玻璃密封材料为基体（组分配比见表 9.2），为了提高其使用温度、机械强度和稳定性，以适用于多种 SOFC 电堆的运行条件，在 Ba-Si 系玻璃封料基体中添加 ZrO_2、MgO 脊性骨料，开发出系列玻璃陶瓷复合封接材料，其中氧化物陶瓷的添加量为 10%～30%，具体如表 9.3 所示。

表 9.2 Ba-Si 系玻璃密封材料的组分配比（%）

成分	SiO_2	BaO	Bi_2O_3	K_2O	Na_2O	CaO	Al_2O_3
Ba-Si	45～55	5～12	18～25	5～10	5～10	<5	<5

表 9.3 玻璃陶瓷复合封接材料的氧化物含量（%）

编号	BaSi+10Zr	BaSi+20Zr	BaSi+30Zr	BaSi+10Mg	BaSi+20Mg	BaSi+30Mg
ZrO_2	10	20	30	—	—	—
MgO	—	—	—	10	20	30

图 9.34 为不同组分 BaSi、BaSi+ZrO_2、BaSi+MgO 玻璃封料的热膨胀曲线。通过计算得到，Ba-Si 玻璃基体的热膨胀系数（CTE）约为 $11.5×10^{-6} K^{-1}$（50～450℃），BaSi+ZrO_2 复合玻璃封料的热膨胀系数在 $(11～12)×10^{-6} K^{-1}$ 范围内，BaSi+MgO 复合玻璃封料的热膨胀系数在 $(10～13)×10^{-6} K^{-1}$ 范围内，与 YSZ 电解质（$10.2×10^{-6} K^{-1}$）和 SUS430 合金连接体（$11.3×10^{-6} K^{-1}$）的 CTE 比较接

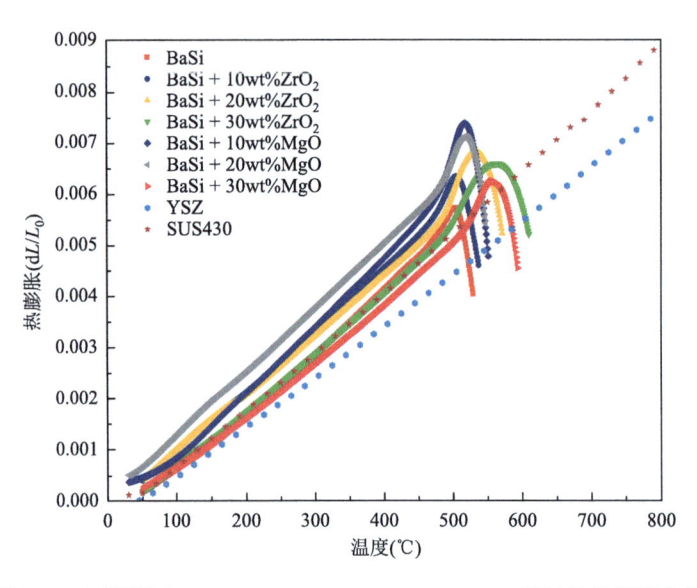

图 9.34 不同组分 BaSi、BaSi+ZrO_2、BaSi+MgO 封料的热膨胀曲线

近，能够满足 SOFC 封接的要求。从表 9.4 可以看到，玻璃陶瓷复合封料的转化温度（T_g）和软化温度（T_f）均增大，表明玻璃陶瓷封料需要在更高的温度下才能达到要求的黏度，因此复合后提高了玻璃封料的使用温度区间。

表 9.4 不同组分 BaSi、BaSi + ZrO₂、BaSi + MgO 封料的 T_g、T_f 和 CTE

编号	T_g（℃）	T_f（℃）	CTE（50~450℃）（$10^{-6}\,\text{K}^{-1}$）
BaSi	476.4	502.6	11.4832
BaSi + 10ZrO₂	476.3	504.1	11.9760
BaSi + 20ZrO₂	489.3	533.0	11.5120
BaSi + 30ZrO₂	491.7	563.2	11.2158
BaSi + 10MgO	483.1	516.6	12.5249
BaSi + 20MgO	486.4	518.2	12.5032
BaSi + 30MgO	518.6	558.2	10.4660

如图 9.35 所示，通过观察玻璃封料圆柱体样品在升温过程中，圆柱体棱角钝化、圆柱体向半球体转化、半球体坍塌三个阶段的形状变化，可以分析玻璃陶瓷封料的软化流变规律；通过观察圆柱体与 SUS430 不锈钢板的接触角变化，可以分析封料与连接体黏合的润湿性，温度越高，玻璃黏度越低。棱角钝化温度到半球温度区间定义为玻璃的使用温度。由图可见，Ba-Si 玻璃基体的使用温度范围为

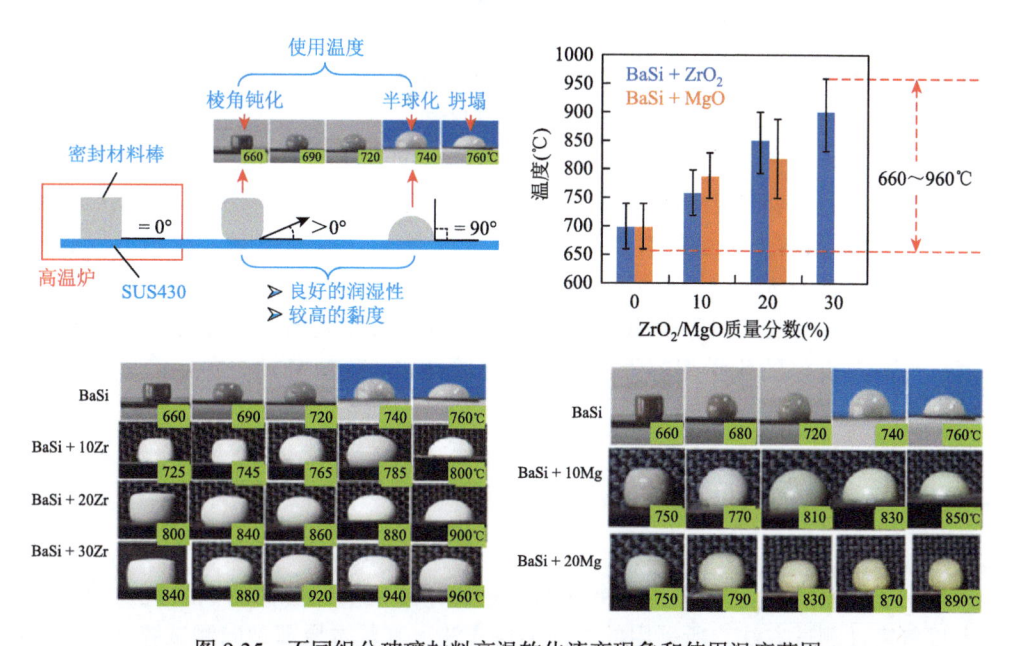

图 9.35 不同组分玻璃封料高温软化流变现象和使用温度范围

660～740℃；通过添加 ZrO$_2$ 和 MgO 骨料改善玻璃封料在高温下的软化流变性能，可以将玻璃封料的使用温度范围提高到 660～960℃之间。

上述 BaSi 系列玻璃/玻璃陶瓷密封材料与 SOFC 电堆热膨胀性能匹配，使用温度区间适宜，具体组分可根据实际电堆运行工况进行调整。由于初步选定电堆运行温度为 720℃左右，最高不超过 750℃，因此首先尝试使用 BaSi 玻璃封料。图 9.36 给出了 BaSi 玻璃封料在 720℃分别保温 10 h、50 h 和 75 h 的 XRD 图谱。恒温热处理不同时间后，BaSi 玻璃的 XRD 图谱未出现结晶峰，仍为非晶态，扫描电镜图像中也未发现明显结晶相，说明玻璃体在 SOFC 运行温度下热稳定性良好。

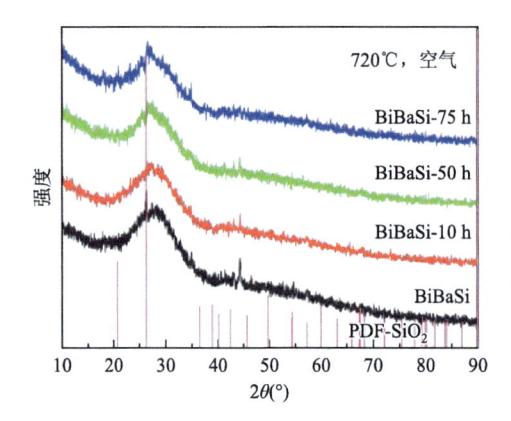

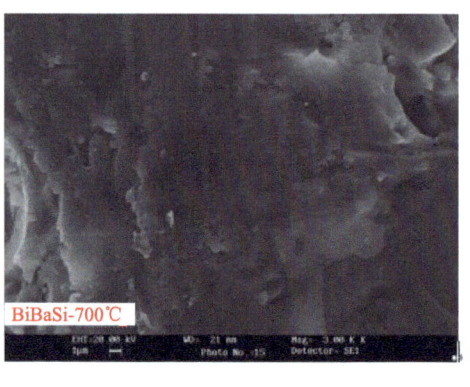

图 9.36　BaSi 玻璃封料在 720℃分别保温 10 h、50 h 和 75 h 的 XRD 图谱以及在 700℃热处理 75 h 的微观形貌

为了检验封料与电堆组件的化学相容性，制备了不锈钢连接体/BaSi 玻璃密封件/YSZ 电解质夹层封接样品，如图 9.37 所示，经高温度（720℃）、不同保温时长（1～100 h）处理后，利用 SEM-EDS 对夹层界面进行 EDS 线扫描，热处理 100 h 内未观察到明显的元素扩散，表明 BaSi 玻璃密封件与连接体和电解质均具有良好的化学相容性。下面将检验 BaSi 玻璃密封在实际电堆中的应用效果。

9.3.2　电堆密封性检验方法

为了定量评价电堆封接效果，本节主要介绍电堆气密性测试装置，并提出电堆气密性测试方法。所采用的方法为保压法，其基本原理是向测试腔体内通入

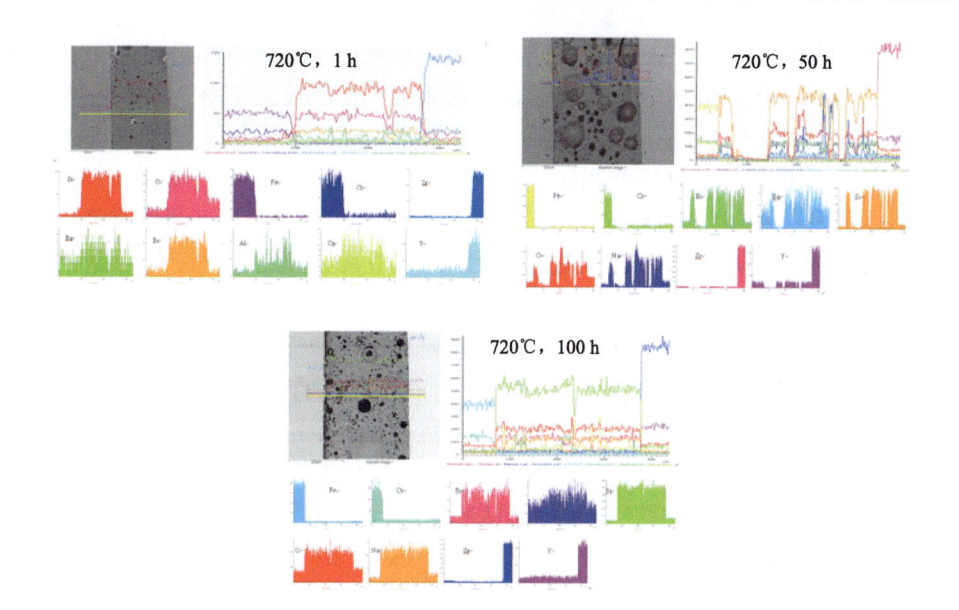

图 9.37 不锈钢/BaSi 玻璃封料/YSZ 电解质在 720℃下保温 1~100 h 的微观形貌和界面元素扩散分析

一定压力的气体，密闭腔体，保压一段时间，记录腔体内压力的变化，利用保压前后压力差，计算测试腔体的漏气率。该方法可以定量检测电堆阴极腔和阳极腔是否向电堆外漏气，并计算漏气率，同时定性检测电堆阴极腔和阳极腔是否相互窜气。

具体测试步骤如下：

（1）按照图 9.38 所示，连接好电堆气密性测试装置。

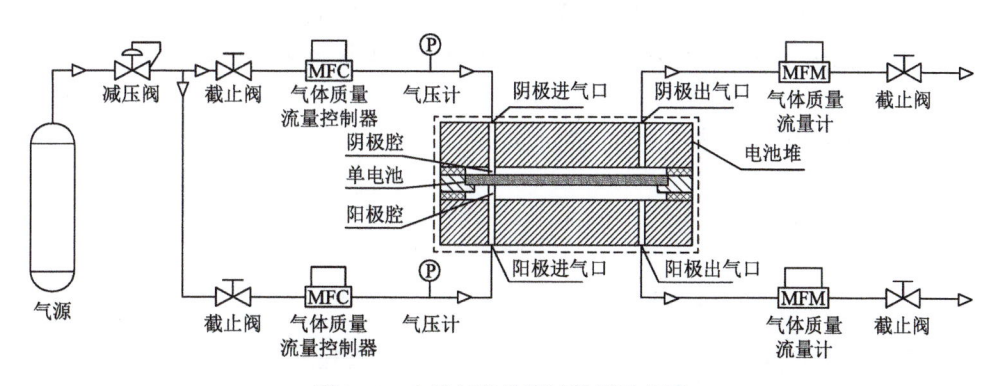

图 9.38 电堆气密性测试装置示意图

（2）气体吹扫：保持气路开放，以适宜流量（推荐片均额定工作流量的 10%）向阳极进气口、阴极进气口分别通入氮气，吹扫 2~3 min。

(3) 对电堆阳极腔进行气密性测试，关闭电堆阳极出气口和阴极进气口，阴极出气口保持开放，以适宜流量（推荐片均额定工作流量的 10%）向阳极进气口通入氮气，使电堆阳极腔压力升至制造商要求的电堆工作压力，关闭阳极进气口，停止充气，记录阳极腔气压计初始示数（P_i），并开始计时。

(4) 保压一段时间（t）（建议 2~5 min）后，记录阳极气压计最终示数（P_f），同时记录测试时温度（T_i）。如果观察到阴极气体质量流量计示数变化，说明出现阳极腔向阴极腔窜气现象。

(5) 参照步骤（3）~（4）对电堆阴极腔进行气密性测试（在阴极为开放式气道的情况下不进行阴极腔的气密性测试；在电堆工作温度下不进行阴极腔的气密性测试）。

(6) 计算阳极腔标准漏气率（L_{astp}）和阴极腔标准漏气率（L_{cstp}）。计算阳极腔和阴极腔在标准状态（273.15 K, 101.325 kPa）下的漏气率（L_{stp}），如下式所示：

$$L_{stp} = \frac{(P_i - P_f)VT_o}{tP_oT_i} \tag{9.3}$$

式中，L_{stp} 是标准漏气率（sccm）；P_i 是测试腔体初始压力（kPa）；P_f 是测试腔体最终压力（kPa）；P_o 是标准大气压（kPa），取值为 101.325 kPa；T_o 是标准温度，取值为 273.15 K；T_i 是测试电堆温度（K）；V 是测试腔体体积（cm^3）；t 是保压时间（min）。

将标准漏气率除以腔体的封接长度 l（cm），即可得到单位封接长度的标准漏气率（L_{pstp}），如下式所示：

$$L_{pstp} = \frac{L_{stp}}{l} = \frac{(P_i - P_f)VT_o}{tP_oT_il} \tag{9.4}$$

式中，L_{pstp} 是单位封接长度的标准漏气率（sccm/cm）。

作为案例，依据上述步骤，对我们所开发的采用复合密封方式的 30 片电池堆的阳极腔进行了气密性测试。测试采用了如图 9.39（a）所示的 30 片电池堆及测试管路，图 9.39（b）为电池堆气路示意图。

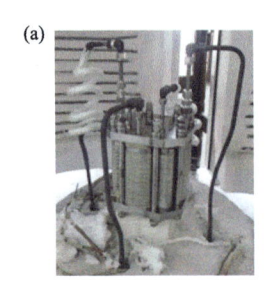

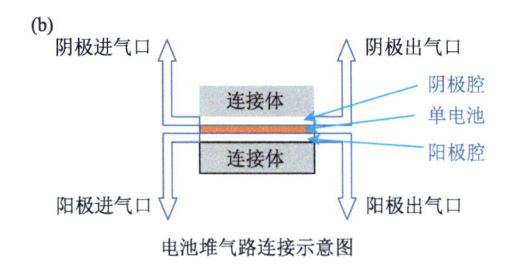

图 9.39 （a）气密性测试所用 30 片电池堆及工装；（b）电池堆气路示意图

测试参数与结果如表 9.5 所示。

表 9.5　30 片电堆气密性测试结果

流量 (L/min)	P_i (Pa)	P_f (Pa)	t (s)	V (cm^3)	L_{spt} (sccm)	l (cm)	L_{pstp} (sccm/cm)
0.2	2000	1000	150	818	2.96	1356	0.002

9.3.3　实际电堆封接应用

在实际应用中，采用上述 Ba-Si 系玻璃陶瓷封料，通过直接点胶封接工艺实施电堆封接，在氢气燃料下实现了电堆 300 h 以上的连续运行。耐久性测试结束后，对电堆进行气泡实验和吸红实验，观察电堆的漏气点。拆堆后验证漏气位置，比对性能下降的电池片，分析电堆的漏气原因。如图 9.40 所示，密封件的失效过程推测为，电池片和连接体间封料流失或不足，导致阴阳极窜气，燃料灼烧空气出口处的封料，导致电堆局部漏气。电池片和连接体间封料流失或不足，是玻璃密封件在长期运行中失效的主要原因。

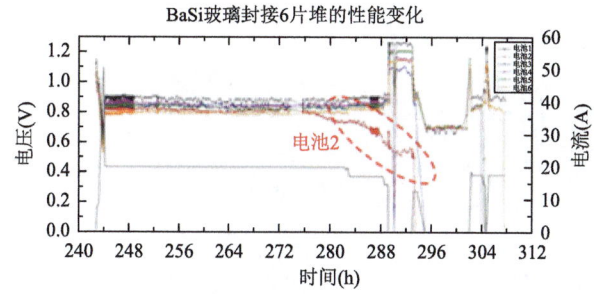

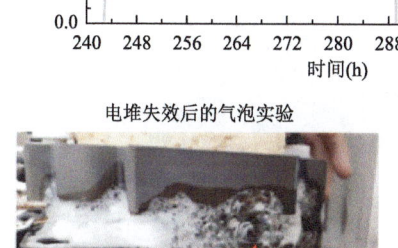

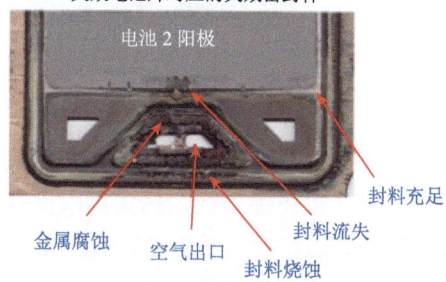

图 9.40　玻璃封接的电堆性能及密封件失效分析

对比观察密封件烧结前后的宏观形貌特征（图 9.41），发现烧结后，密封件表面变绿，推测为连接体中 Cr 元素向密封件的扩散和氧化导致。利用 SEM-EDS 分析密封件的微观结构变化和界面元素扩散情况（图 9.42），发现了连接体中 Cr 元素向密封件扩散，而 Fe 元素没有扩散到密封件中。因此，尽管 Ba-Si 系玻璃陶瓷封料具备较好的短期密封性能，但是由于 Cr 等元素的固相扩散，其长期耐久性还需要进一步改善。

图 9.41 玻璃密封件在烧结前后的形貌特征

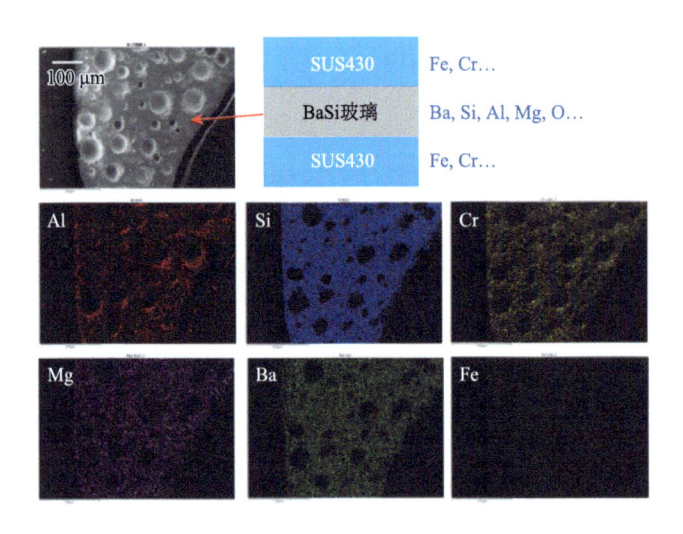

图 9.42 玻璃密封材料长期使用后的微观结构特征和元素扩散分析

除了上述玻璃陶瓷封料，我们还应用 ZrO_2 基陶瓷封料，采用流延预制成型制备密封件，以压缩密封的形式对电堆进行封接，同样能够实现数百小时的连续运行。长时间运行后（图 9.43），电堆表面出现明显的红色锈蚀，可能是燃料侧漏气灼烧加速了不锈钢制件的腐蚀。拆堆后发现阳极气体进、出口处有水渍浸蚀痕迹，推测是密封件有裂隙导致。微观形貌表征发现密封件上有不均匀分布的 Fe-Co 金属氧化物颗粒，表明密封件与连接体发生元素扩散反应，这会影响电堆的长期密封性能。

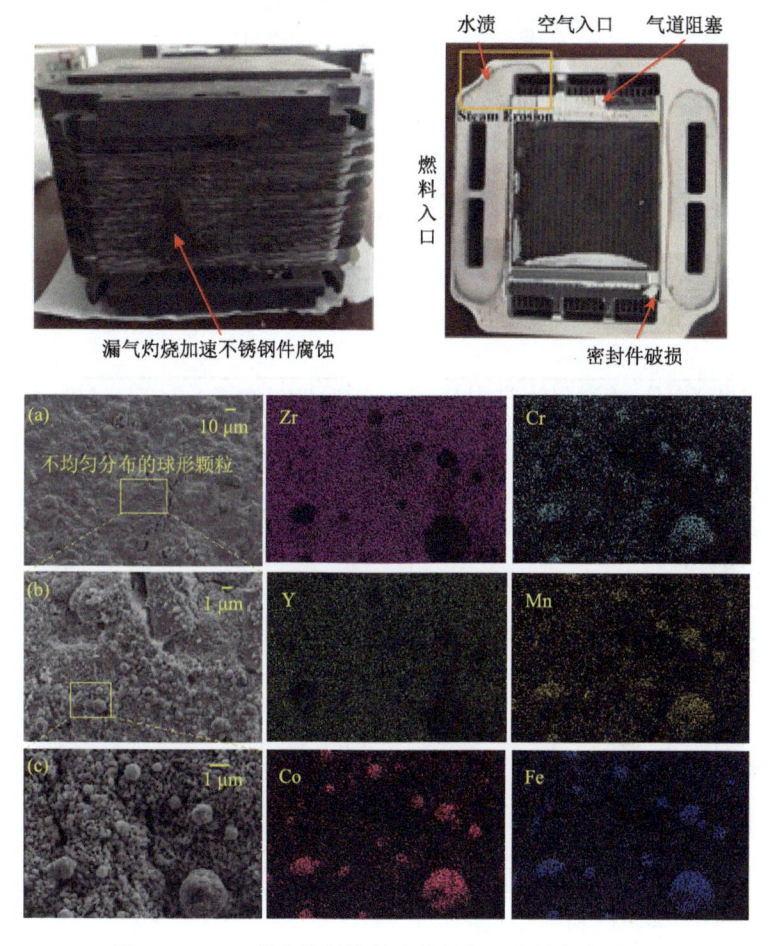

图 9.43 ZrO$_2$ 基陶瓷封接的电堆性能及密封件失效分析

此外，我们还应用 Al$_2$O$_3$ 基高温陶瓷封料，采用直接涂覆封接的方式对电堆进行封接，实现了电堆长期稳定运行，运行后仍能保持良好的密封效果，如图 9.44 所示。对不同位置陶瓷封料的 XRD 分析结果表明（图 9.45），长时间运行后封料的主要成分仍为 Al$_2$O$_3$，同时生成了少量的 NaAlSiO$_4$ 晶体，为封料中氧化铝和硅酸钠反应所致。通过显微形貌和元素分布分析发现：Al$_2$O$_3$ 基陶瓷封料呈现连续片状结构，结构中存在孔隙；少量连接体中的 Cr 元素向密封件扩散，如图 9.46 和图 9.47 所示。由于密封效果良好，这一结果表明尽管微量不锈钢连接体中的 Cr 元素扩散进入封料层，但是不会影响封接效果。

图 9.44　长期运行后高温陶瓷封接电堆拆堆后的内部照片

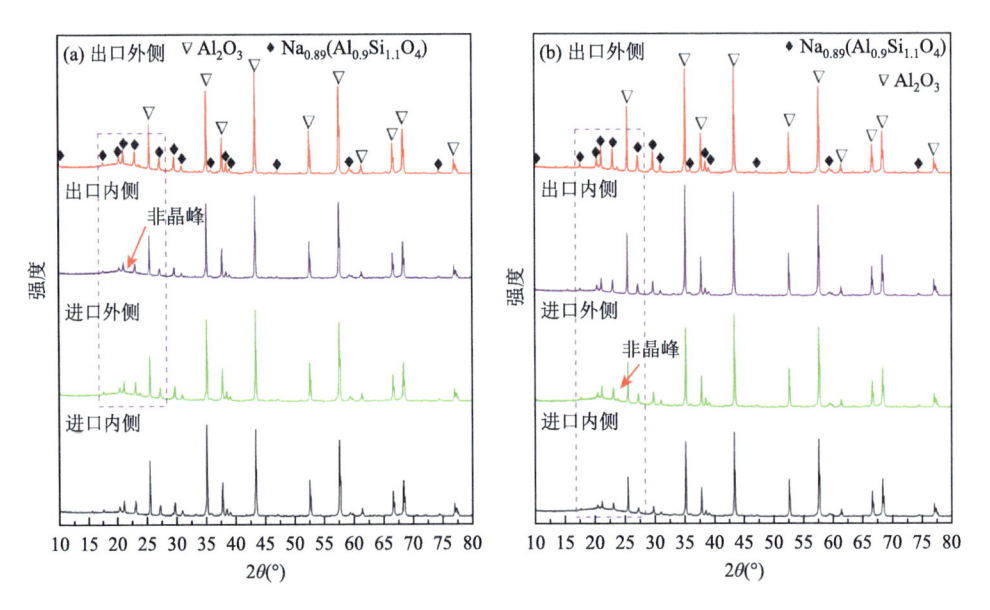

图 9.45　不同位置高温陶瓷封料的 XRD 分析结果
（a）阳极；（b）阴极

图 9.46 阳极侧 Al_2O_3 基陶瓷封料的显微结构和元素分布

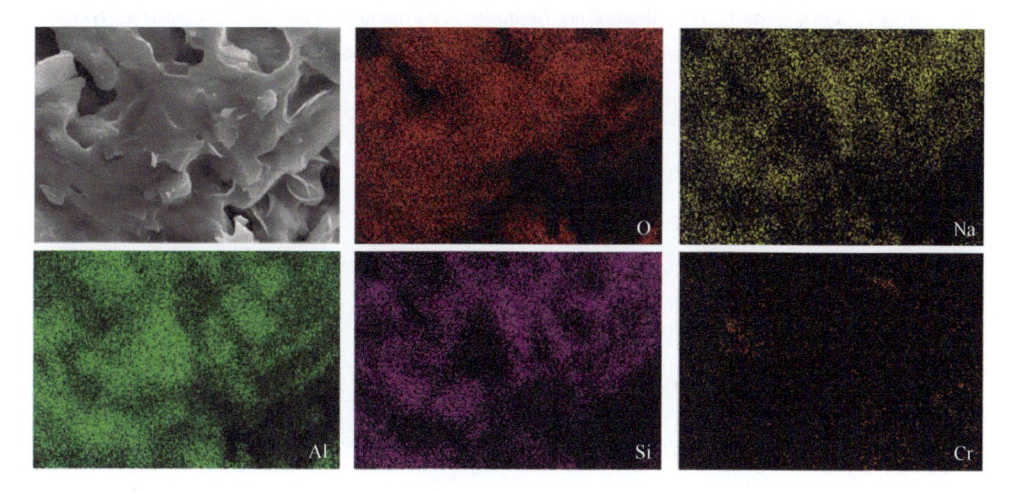

图 9.47 阴极侧 Al_2O_3 基陶瓷封料的显微结构和元素分布

9.4 本章小结

针对 SOFC 金属连接体，本章采用电弧离子镀工艺制备了锰钴合金保护涂层，并对锰钴尖晶石膜层进行了铈掺杂和结构改进，通过对膜层的高温氧化行为及电学性能的表征，探究了电弧离子镀工艺制备锰钴尖晶石作为连接体保护膜层的可行性。

此外，本章设计并研究了 LNF（$LaNi_{0.6}Fe_{0.4}O_{3-\delta}$）阴极接触材料，揭示了高温运行过程中 LNF 接触层的微观形貌演变与元素迁移规律。设计并制备的柔性自支撑 LNF 接触组件成功调控了工业尺寸电池与连接体之间的界面接触和高效集流。

最后，本章介绍了 Ba-Si 系列玻璃陶瓷封料，包括其热膨胀性能、高温软化流变规律、化学和结构稳定性等材料性能特征，以及密封件与连接体、电解质之间的界面扩散特性。此外，针对实际电堆应用，还介绍了电堆气密性测试评价装置及方法，探究了不同封接方法在电堆中的应用效果。

参 考 文 献

[1] Cui T, Liang F, Sun R, et al. Preparation, evaluation, and application of SUS430/441 interconnect with Mn-Co coating in solid oxide fuel cells[J]. ECS Transactions, 2021, 103 (1): 1713-1721.

[2] 张晓渝, 臧涛成, 葛丽娟, 等. 基于范德堡法测试金属薄膜电阻率的改进[J]. 物理教师, 2018, 39 (12): 59-61.

[3] Lyu Q, Wang Y, Zhu T, et al. Conducting property and performance evaluation of LNF as cathode current contact layer in solid oxide fuel cell[J]. ECS Transactions, 2021, 103 (1): 1461-1468.

[4] Wang Y, Lyu Q, Zhu T, et al. Electrical and electrochemical performances evaluation of $LaNi_{0.6}Fe_{0.4}O_3$ cathode contact and current collecting layer in SOFCs[J]. Journal of the Electrochemical Society, 2022, 169 (4): 044531.

第10章 发电系统设计、集成和运行

10.1 系统设计原理

燃料电池系统的设计是为了将燃料中的化学能高效率地转化为电能和高品位的热能。图10.1是一类以高温燃料电池堆为核心的固定式热电联供燃料电池系统的示意图，包括主要的化学反应器、必要的辅助设备、物质流、热量流和电线路。该燃料电池系统利用高温燃料电池组，能够以甲醇、天然气、生物质气甚至汽柴油等碳基化合物为燃料，为建筑物同时提供电能和热能。该系统包括四个主要的子系统：燃料处理子系统、燃料电池子系统、热管理子系统和电力电子子系统。燃料处理子系统由流动的多股气流、化学反应器和泵、换热器等辅助部件组成（图中分别表示为箭头和模块）；燃料电池子系统由一个或多个高温燃料电池堆构

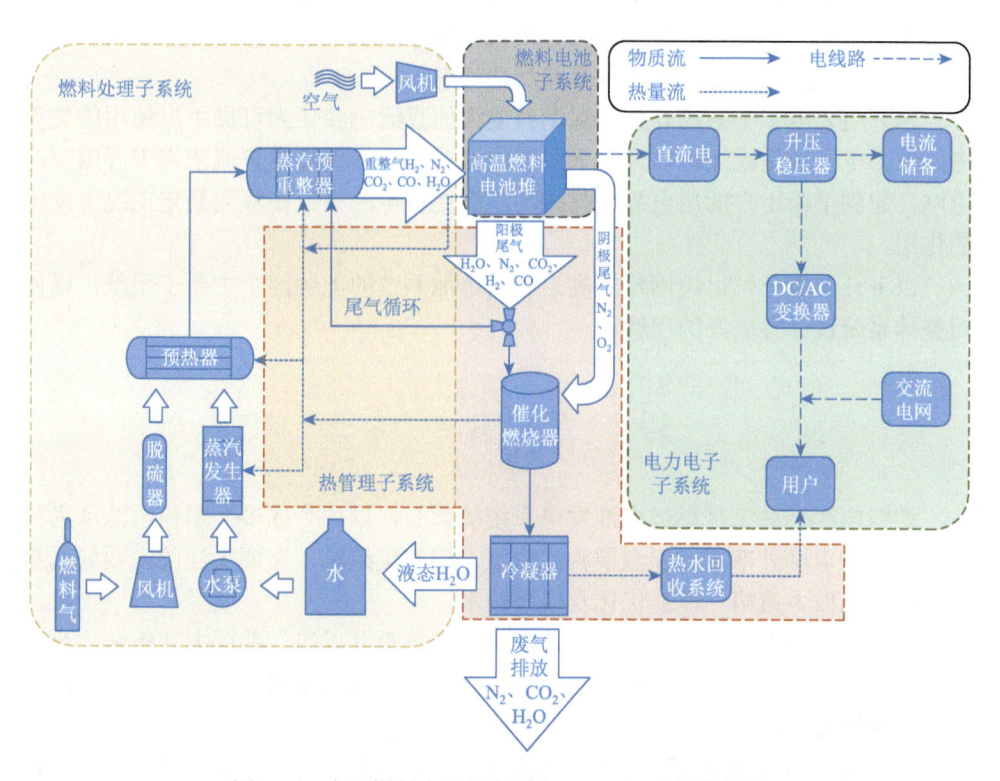

图10.1 高温燃料电池热电联产（CHP）系统流程图

成；热管理子系统表示为带箭头的热量流点线，包括由化学反应器、换热器和物质流体构成的网络。电力电子子系统由虚线表示的电线路和右上角互联的方框组成。

如图10.1所示的四个子系统具有以下几项功能：

（1）燃料处理子系统。一般以化学反应的方式将碳基化合物燃料转化为富氢的合成气，同时兼具净化气体以去除或减少毒害性物质（如硫化物）的功能。纯化后的气体能更安全地应用于燃料预重整器及高温燃料电池电极中的催化剂（如镍基催化剂）。例如在图10.1中，脱硫器反应器会预先在燃料气升温前净化气流中的少量硫化物。此外，该子系统带着未被高温燃料电池消耗的过量燃料（有时也包括氧化剂）在系统内实现尾气循环利用。

（2）燃料电池子系统。主要包括把富氢合成气和氧化剂转化为直流电及热量的燃料电池组、与之相连的歧管管路以及用于隔热的电堆热盒。该子系统不仅是燃料消耗利用的核心载体，也是影响系统内部热量平衡的关键组件。

（3）热管理子系统。高温燃料电池系统内存在各种吸热放热过程，该子系统负责实现各吸放热过程的平衡，并收集多余的热量。例如在图10.1中，蒸汽预重整器内部发生吸热的水汽重整反应，一般需要吸收额外的热量来维持反应的进行。参与反应后尾气中过剩的热量可用于预热气体、给用户供热。为提高热效率，系统设计时应尽量避免过多的热量散发到空气中。

（4）电力电子子系统。把高温燃料电池的直流电转化为可供用户使用的交流电。电力电子子系统还可以通过采用蓄电池或电容等储能装置或依赖于周围交流电网，起到平衡用户的用电需求与控制高温燃料电池系统在较为稳定工况下发电的作用。

以下几节将分别讨论固定式高温燃料电池系统的上述四个主要子系统，以便对整体系统设计有更好的理解。

10.2　燃料电池子系统

燃料电池子系统是燃料电池发电系统的核心，以一个或多个燃料电池堆为核心，通过在电堆外部集成保温层构建模组。构建模组时，需要关注的主要问题是电堆模块化放大策略、性能优化及集成技术。

（1）为获得大功率模组，需将若干个电堆堆叠并以串、并联方式组装。为降低后端功率变换损失，提高模组鲁棒性，需综合考虑系统终端输出电压、电流及其他可靠性需求。

（2）模组中各单电堆性能受气体流量、压力和温度等多因素影响，气流分布不均会导致各电堆一致性差，进而影响模组整体性能与稳定性，需优化设计燃料主管与多分支歧管匹配方案，确保供气均匀。

（3）电堆的性能与稳定性受工作温度影响巨大，过量空气既能提供充足的氧化剂，也能带走电化学反应释放的大量热，从而维持电堆工作在安全温度范围。负载变化时，模组内温度和温度梯度随之发生改变，需优化设计模组空气供/排气管路。

（4）模组在高温复杂环境中工作，电堆、模块锁紧装置、燃料及空气供排气管路等必须保持稳定，以防止发生锁紧失效、气体泄漏和大幅温度损失等恶劣情况，需重点研究模组机械装配和保温方式。

图 10.2 所示为一个额定功率为 1 kW 的双层电堆模组的内部结构（不含外部保温层），在进行设计时综合考虑了上述关键需求。

图 10.2　SOFC 电堆模组
来源：徐州华清京昆能源有限公司

10.3　燃料处理子系统

燃料处理子系统详见图 10.3，该子系统的主要目的是把碳基化合物燃料（如天然气）转化为富氢的合成气。该系统由一系列的催化化学反应器、热交换器、气体净化装置以及相关的泵、管路和阀门组成。起初，液态水在水蒸气发生器中被加热并转化为水蒸气，后续将会作为反应物参与碳基燃料的催化重整反应。实际应用中液态水一般需要净化除去固态颗粒以及部分离子，起到延长化学反应器中催化剂的寿命的作用。另外，与水蒸气管路并行的是碳基燃料气路。以天然气为例，燃料气首先需要经过脱硫装置实现杂质净化，而后以特定的比例与水蒸气混合，并在预热器中初步升温。紧接着，燃料混合物进入预重整器，并在催化剂的参与下于 600℃的高温下发生反应，产生富氢气流（或称重整合成气）。合成气在燃料电池内反应后，排出的阳极尾气当中除了生成的水和二氧化碳，可能还含有大量可以利用的氢气及一氧化碳。这些过剩燃料一方面可以用于催化燃烧以回收前述燃料处理过程中所需要的热量；另一方面，可以依靠循环泵输送回至重整器前的气路中，与新鲜燃料混合。这种阳极尾气循环的方式可以一定程度提高系统层面的燃料利用率，从而达到提升电效率的目的。经过催化燃烧生成的水亦可提供给系统其他单元循环利用。最后，在催化燃烧器之后可以设置冷凝器将水蒸气液化，实现水气分离并捕获冷凝过程的放热。冷凝器对实现系统用水自循环和提升系统热效率具有重要意义。

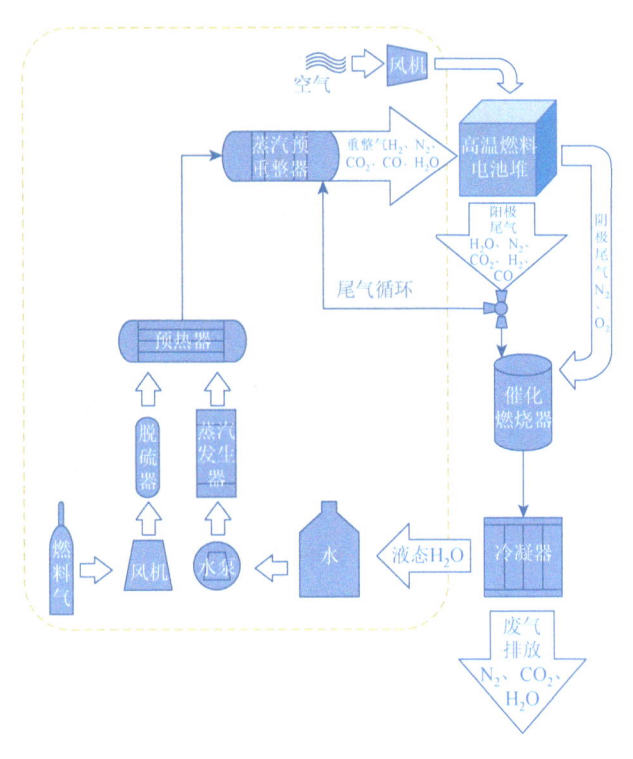

图 10.3　燃料处理子系统

10.3.1　燃料的需求

高温运行（700～1000℃）的 SOFC 有很多优势，其中最重要的一点是可以直接采用碳氢化合物作为燃料，不需要使用燃料重整器。低温质子交换膜燃料电池（PEMFC）需要高纯度的氢作为燃料，即使含有很少量的一氧化碳也会使其中毒，因此需要昂贵、复杂的外部燃料处理流程，如图10.4所示。在 SOFC 系统中，碳基燃料除了可以利用预重整器进行处理外，通常还能借助阳极材料对重整反应的催化效果，在燃料电池内部发生催化转化（内部重整），生成氢气和一氧化碳（合成气），从而发生电化学氧化反应。在通常情况下，一氧化碳还能够进一步与水蒸气反应转化为氢气和二氧化碳，并放出一定的热量。

图 10.4　燃料电池系统的燃料处理示意图（包括几个阶段的反应器）

对于 SOFC，燃料的内部重整有两种方式，如图 10.5 所示。直接内部重整指（碳基燃料的重整反应）以阳极材料为催化剂，直接在阳极内部进行；而间接内部重整虽然同样发生在电堆内部，但重整反应实际并不依赖阳极催化剂，而间接利用单独的重整腔体来实现。在 SOFC 系统中，燃料内部重整一方面能够避免使用昂贵的燃料预重整器，降低系统的复杂程度，从而降低成本；另一方面，内部重整使得吸热的重整反应与放热的电化学反应之间更高效地进行热量交换，有效控制电堆温度的同时提高了系统热效率。但吸放热反应在电堆内的耦合容易造成局部过高的温度梯度，这对 SOFC 系统实现长寿命运行来说是不小的挑战。因此，更加深入地研究燃料处理工艺，开发一种良好的、低成本的燃料处理方式，对于 SOFC 系统的市场化是至关重要的。

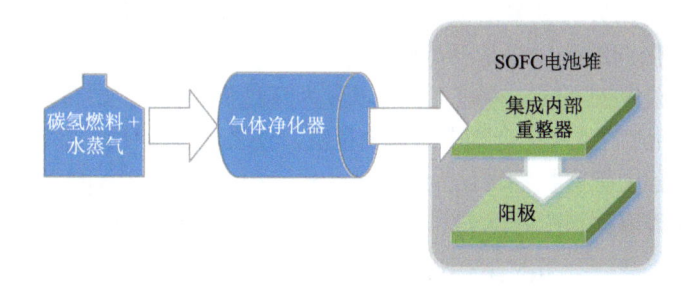

图 10.5　SOFC 电池堆中内部重整示意图（包括直接和间接两种方式）

高温 SOFC 电堆在发电的同时，也产生了高品位的热能。这些热能可以通过多种方式加以利用，例如燃气轮机-固体氧化物燃料电池联合循环（GT-SOFC）系统，SOFC 高温的尾气能够驱动燃气轮机继续发电；再或者热电联供系统，SOFC 尾气高品位的热能可为用户供热。这使得高温燃料电池具有大幅提升系统总效率的优势。

与其他燃料电池相比，SOFC 系统的另一突出优点是燃料选择的灵活性，这得益于电池系统高的运行温度和对燃料中一氧化碳和其他少量杂质的耐受性。对于 PEMFC 电池堆来说，少量杂质就会使其中毒，而 SOFC 电池堆在燃料中存在部分杂质或者燃料组分波动的情况下表现出很好的稳定性。这样就为 SOFC 系统使用诸如生物质气、秸秆和垃圾填埋气等可再生燃料资源提供了可能性。SOFC 系统这种燃料选择的灵活性以及燃料电池模块化的特点，使之非常适合在偏远地区小规模、独立式的场景下工作，如农场、偏远供气管路附近等场合。在较大型的热电联供系统和数兆瓦级的联合循环系统中，适合使用以煤或生物质气为燃料的 SOFC 系统。

10.3.2 燃料的纯化

天然气等碳氢燃料中的含硫化合物杂质，如二甲基硫[$(CH_3)_2S$]、乙硫醇[$(C_2H_5)HS$]、二乙基硫[$(C_2H_5)_2S$]、叔丁基硫醇[$(CH_3)_3CHS$]和四氢噻吩(C_4H_8S)，大约含量为 5 ppm，同时天然气中也少量存在硫化氢和二氧化碳。虽然 SOFC 电池堆在高温下运行，镍基阳极和内部重整催化剂显示了一定的耐硫性，但是在通常情况下，把天然气输入 SOFC 电池堆之前仍要除去其中大部分的硫，以防止阳极和重整催化剂中毒。

如果化合物的含硫量较低，镍对硫的吸收是可逆的，因而燃料气中含有少量的硫是可以接受的。在较高的运行温度下更是如此，因为阳极和重整催化剂耐硫性随着温度升高而增强。通过替换使用无硫燃料或者短暂提高水蒸气含量，可以除去吸收的硫化物并且恢复活性。然而，当燃料中存在较高浓度硫化物的情况下，阳极或重整催化剂的硫化将是不可逆的。

根据操作温度的不同，除硫工艺可以分为高温和低温[1]。如高温除硫法（加氢脱硫），即在相应的碳氢化合物中添加少量氢，使之通过氧化钴支撑的钼或者钴催化剂，在此过程中把有机物转化为硫化氢。式（10.1）是二乙基硫的转化反应。而硫化氢在氧化锌表面被吸收除去[式（10.2）]。加氢脱硫一般在 350～400℃下进行。

$$(C_2H_5)_2S + 2H_2 \longrightarrow 2C_2H_6 + H_2S \qquad (10.1)$$

$$H_2S + ZnO \longrightarrow ZnS + H_2O \qquad (10.2)$$

此外，低温除硫催化剂也有所发展，能够在室温下除去有机硫化物和硫化氢[2]。

在小型 SOFC 系统中，可以用吸收法除硫，常用的是活性炭和分子筛。通过化学浸渍可以显著提高活性炭吸收硫化氢的能力。这种吸收系统通过加热处理可以恢复活性。然而，将其用于大型 SOFC 系统就不现实了，因为吸收量较大，而且还有活性恢复和硫处理的相关问题。

10.3.3 燃料的重整

虽然高温 SOFC 系统完全可以采用独立的燃料预重整器，但是这种外部重整降低了 SOFC 系统相对于低温燃料电池的效率优势和成本优势。与低温燃料电池相比，SOFC 电池堆的主要优势表现在内部重整碳氢化合物燃料的能力、电化学氧化 CO 的能力以及对于燃料中硫等杂质的高耐受性。对于 SOFC 系统来说，给燃料处理子系统供热通常需要回收电池堆中的余热，因此将吸热的重整反应转移到电池堆内部进行（即内部重整）可以显著提高系统的效率。同时，取消外部重整器及其相关加热设备，减少堆内空气冷却装置及其相关设备，大幅度地降低了 SOFC 系统的成本和复杂程度。因此，与低温燃料电池相比，内部重整的 SOFC 电池堆系统效率高，结构简单，燃料选择灵活。

原则上说，SOFC 系统应该比其他类型燃料电池更简单、更灵活、更高效，并且具有很大的成本优势。然而，仍有一些问题困扰着 SOFC 电池堆中的内部重整。这些问题会造成电池失活和性能下降，在某些情况下，会出现材料性能降低，进而导致电池寿命缩短。SOFC 电池堆中内部重整的主要问题就是碳氢化合物热解 [式（10.3）和式（10.4）] 导致的积碳。积碳主要发生在镍基阳极上，同时也出现在其他活性组件如金属管路中。式（10.3）是甲烷热解积碳反应，式（10.4）通常是长链碳氢化合物热解反应：

$$CH_4 \longrightarrow C + 2H_2 \qquad (10.3)$$

$$C_nH_{2n+2} \longrightarrow nC + (n+1)H_2 \qquad (10.4)$$

燃料中加入水蒸气可以抑制这些反应。碳氢化合物水汽重整 [式（10.5）和式（10.6）] 是一种强吸热反应，例如甲烷水汽重整反应 [式（10.5）] 的反应焓为 $\Delta H = +206$ J/mol。在缓慢放热的燃料电池电化学反应 [式（10.7）和式（10.8）] 和快速、强吸热的重整反应 [式（10.5）和式（10.6）] 之间，存在着潜在的不稳定性。此外，在冷启动和低负荷运行阶段，电池堆产生的热量不能够满足碳氢化合物重整所需要的热量，因此内部重整难以自维持进行。

$$CH_4 + H_2O \longrightarrow CO + 3H_2 \qquad (10.5)$$

$$C_nH_{2n+2} + nH_2O \longrightarrow nCO + (2n+1)H_2 \qquad (10.6)$$

$$H_2 + O^{2-} \longrightarrow H_2O + 2e^- \qquad (10.7)$$

$$CO + O^{2-} \longrightarrow CO_2 + 2e^- \qquad (10.8)$$

在阳极侧，氢气发生电化学氧化反应生成水 [式（10.7）]，这些水经过阳极尾气的循环与新的碳氢化合物燃料混合，若满足水汽重整反应的需要，则不需要给系统持续供水，从而实现了水在系统内的自循环。

燃料内部重整既可以直接在镍阳极上进行，也可以使用单独的重整催化剂和腔室，但是需要间接借助 SOFC 电池堆的散热，或者采用直接和间接混合的方法进行。直接与间接内部重整混合指的是在 SOFC 电池堆中，先使用独立催化剂把大部分碳氢化合物转化成合成气，而后在镍阳极上进一步发生燃料重整以达到化学平衡。

以下分别介绍外部重整、直接内部重整和间接内部重整。

1. 外部重整

1）水汽变换反应

尽管 SOFC 的电极材料不像低温燃料电池一样会因为少量的一氧化碳发生中毒，甚至可以催化一氧化碳发生电化学反应，一氧化碳的电化学活性仍然与氢气存在很大的差距。因此在系统的实际运行中，一般会借助水汽变换反应 [式（10.9）] 将尽可能多的一氧化碳转化为氢气。该反应既可以与重整反应一并发生在预重整器中，也可以在电池堆内部在催化剂的作用下进行。因此水汽变换反应的总体目标是：①增加重整气流中氢气的产率；②减少一氧化碳的产率。如果一氧化碳的产率表示为式（10.10）的形式，其中 $\dot{n}_{CO}$ 表示重整气中一氧化碳的摩尔流量，$\dot{n}$ 表示重整气的总摩尔流量，则从水汽变换反应式来看，一氧化碳产率的减少量与氢气产率的增加量相同。

$$CO + H_2O \rightleftharpoons CO_2 + H_2 \tag{10.9}$$

$$y_{CO} = \frac{\dot{n}_{CO}}{\dot{n}} \tag{10.10}$$

根据 Le Chatelier 原理，由于水汽变换反应为放热反应（反应物为水蒸气时，$\Delta H = -41.2 \text{ kJ/mol}$），在高温下，化学反应平衡倾向于逆向进行；而当温度降低，平衡则倾向于正向进行。因此从这个角度讲，过高的温度反而不利于提高氢气的产率。但实际上，温度不仅影响着化学平衡的移动，同时也影响着反应速率的快慢。较低的温度虽然促进反应平衡逆向进行，但低温下缓慢的反应速率不足以使反应在有限的时间内达到平衡；相反，高温却能够推动反应快速进行，反而能够使更多的一氧化碳转化为氢气。在低温燃料电池系统中一般会在燃料预重整器之后设置专门的水汽变换反应器，在特殊的催化剂作用下，水汽变换反应通常可以把一氧化碳的产率降低到 0.2%~1.0% 的范围内。对于高温燃料电池，水汽变换反应一般会在电池堆内阳极材料的催化下进行，随着氢气在阳极内部的快速消耗和水蒸气的生成，水汽变换反应也不断正向进行。可见合理地设计进入电池堆中合成气的组分，对提高电池性能有着重要的意义。

2）水蒸气、二氧化碳以及部分氧化重整

在水汽重整催化过程中，通常水碳比（反应物中水分子数量与碳原子数量之

比）在 2~3 之间，也就是说水分子远超过了化学计量比［式（10.5）］中所需的量，这一方面是为了促进水汽变换反应［式（10.9）］的平衡正向进行，以获得更多的氢气；另一方面，高水碳比能够推动重整反应的正向进行，以及促进水煤气反应［式（10.11）］，从而抑制积碳的发生。

$$C + H_2O \longrightarrow CO + H_2 \quad (10.11)$$

图 10.6 给出了天然气和水蒸气在 SOFC 内部重整过程中的各种可能反应路径。在一些 SOFC 系统中，特别是小规模和直接重整系统中希望采用较低的水碳比，这是由于过量的水不仅会提高系统寄生功率从而增加成本，还会给热管子系统增添更多困难，增大了系统设计的复杂性，另外在一些研究中还发现了高水蒸气含量下镍阳极颗粒烧结团聚的问题[3]。因此，人们对于催化剂材料和阳极结构的研究很有兴趣，希望 SOFC 电池堆能够在较低水碳比下运行的同时保证不发生积碳，从而实现电池堆的长寿命运行。

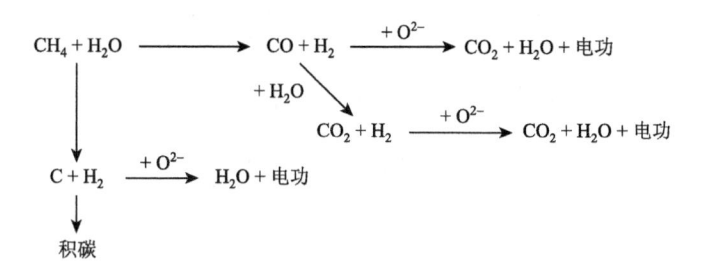

图 10.6 天然气和水蒸气的 SOFC 内部重整过程中的各种可能反应路径

通过水汽变换反应［式（10.9）］和一氧化碳的电化学氧化反应［式（10.8）］生成的二氧化碳从阳极逸出，这些二氧化碳在电池中可以循环利用。与水蒸气的作用类似，在合适的催化剂下，二氧化碳可以作为碳氢化合物的氧化剂，这就是干重整［式（10.12）和式（10.13）分别是甲烷和长链碳氢化合物的干重整反应］：

$$CH_4 + CO_2 \longrightarrow 2CO + 2H_2 \quad (10.12)$$

$$C_nH_{2n+2} + nCO_2 \longrightarrow 2nCO + (n+1)H_2 \quad (10.13)$$

与水汽重整一样，干重整也是一个强吸热反应。在甲烷的干法重整反应中，反应热 $\Delta H = +248\ kJ/mol$。对于干重整，尤其在镍基催化剂条件下，积碳是一个突出问题[4]。

水汽重整需要考虑系统内的水循环，导致成本提高和系统复杂度增加。因此在一些特殊的场景中，使用氧气或者直接使用空气作为重整氧化剂而非水蒸气，这种重整方式称为部分氧化重整［式（10.14）和式（10.15）分别是甲烷和长链碳氢化合物的部分氧化重整反应］。一些研究已经证明了以天然气或者瓶装气（丙烷或者丁烷）为燃料的 SOFC 电池堆采用空气进行部分氧化的可行性[5]。采用部分氧化重整的系统具有结构简单、成本低廉的优势。然而部分氧化重整的不足也很明显，区别于水汽重整和干法重整，部分氧化重整是一个放热反应，反应热 $\Delta H = -37\ kJ/mol$。因此该过程势必造成能量的损失，从而导致发电效率的下降。

$$CH_4 + 1/2O_2 \longrightarrow CO + 2H_2 \tag{10.14}$$

$$C_nH_{2n+2} + n/2O_2 \longrightarrow nCO + (n+1)H_2 \tag{10.15}$$

对于部分氧化重整来说，不均匀催化也是存在的问题之一。部分区域如果氧气含量过低，则可能造成局部积碳；然而，如果使用过量氧气，就有可能出现完全氧化（燃烧），生成二氧化碳和水蒸气［式（10.16）和式（10.17）］。

$$CH_4 + 2O_2 \longrightarrow CO_2 + 2H_2O \tag{10.16}$$

$$C_nH_{2n+2} + (3n+1)/2O_2 \longrightarrow nCO_2 + (n+1)H_2O \tag{10.17}$$

二氧化碳和水蒸气不能被电化学氧化，所以如果在催化氧化过程，生成任何一种完全氧化产物都会使系统效率大幅度下降。图 10.7 给出了天然气和空气的 SOFC 内部重整过程中的各种可能反应路径。近年来的研究表明，镍基阳极对甲烷部分氧化重整具有良好的选择性，并且很少积碳[6, 7]。

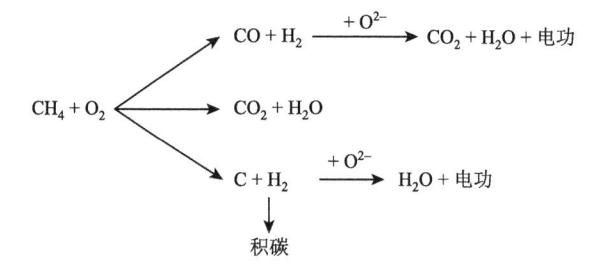

图 10.7 天然气和空气的 SOFC 内部重整过程中的各种可能反应路径

尽管大多数 SOFC 系统都使用水蒸气或二氧化碳进行天然气的内部重整，但由于水汽重整和干重整的强吸热特性，在低温启动和低负载运行时，只依靠这两种内部重整的方式都难以维持内部热平衡。相比之下，部分氧化重整为放热过程，甲烷的完全氧化［式（10.16）］可以放出更多热量（反应热 $\Delta H = -193\ kJ/mol$）。因此，采用部分氧化重整的 SOFC 系统，为低温启动和低负载运行时维持内部热平衡提供了可能。倘若将放热的部分氧化重整和吸热的水汽重整结合在一起，即在低温启动和低负载自热运行中，采用部分氧化；而在额定负载运行时采用水汽重整或干重整，就能满足 SOFC 系统从启动到低负载直至满负载运行的需要。在吸放热两种类型的重整之间，存在一个吸热与放热刚好平衡的状态。在该状态下，碳氢燃料的重整反应既不吸热也不放热，对外表现出热中性的特点，这就是自热重整。自热重整对优化系统热管理具有重要意义。

2. 直接内部重整

就 SOFC 系统而言，燃料在阳极上直接内部重整是最简单最经济的方法，并且理论上可以达到最高的系统效率和最少的能量损失。在直接内部重整过程中，阳极有三种作用：第一，作为碳氢化合物的重整催化剂，催化碳氢化合物转化成氢气和一氧化碳；第二，作为电催化剂分别将氢气和一氧化碳电化学氧化成水和二氧化碳；第三，作为导电电极传输电子。为了满足上述性能，对阳极材料出了严格的要求，开发合适的直接内部重整阳极材料或结构是主要的挑战。

SOFC 系统的直接内部重整有两个直观的优势。其一是在物质传输方面，阳极内部的电化学反应不断消耗氢气产生水蒸气，而这些水蒸气能作为反应物重整更多的碳氢化合物，这样能够有效平缓阳极气道中氢气和水蒸气的浓度梯度；其二是在热量传输方面，直接内部重整能够使吸热的重整反应更高效地利用电化学氧化反应释放的热量，这也是直接内部重整提升系统效率的主要原因。然而，直接内部重整的一个重要问题是重整反应在电池堆燃料进口处快速吸热，导致局部温度显著下降，产生沿着阳极气道流向较大的温度梯度，这种温度的不均匀分布对电堆内部材料造成很大的挑战，甚至会导致阳极和电解质材料发生破裂。尽管有不少研究遇到了重整吸热导致电池运行温度大幅度下降的情况，但在保证高温的运行条件下，在 Ni-YSZ 阳极上仍然能观察到甲烷直接内部重整可以表现出良好的动力学性能[8,9]。

直接内部重整的另一个问题是镍阳极催化甲烷和长链碳氢化合物容易热解积碳 [式（10.3）和式（10.4）]。图 10.8 给出了 SOFC 重整过程在阳极出现的可能反应路径。尽管诸如铑和铂类的贵金属比镍更容易抑制积碳，但由于阳极金属用量较大，因此一般不常用昂贵的贵金属。目前已经有许多研究致力于改进镍基阳极，使其既能够对碳氢化合物重整具有足够的活性，又能有效抑制积碳的发生。例如在镍阳极中掺入少量金、钼、铜等，或在 Ni-YSZ 金属陶瓷中掺杂氧化铈，这些措施已经在前面的章节中详细介绍，此处不再赘述。

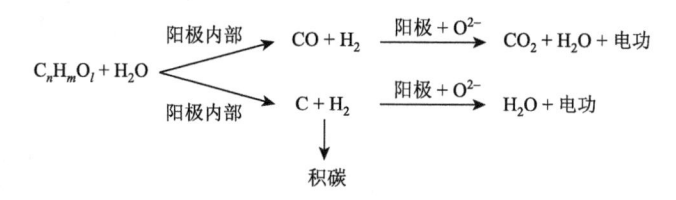

$$C_nH_mO_l + H_2O \xrightarrow{\text{阳极内部}} \begin{cases} CO + H_2 \xrightarrow{\text{阳极}+O^{2-}} CO_2 + H_2O + \text{电功} \\ C + H_2 \xrightarrow{\text{阳极}+O^{2-}} H_2O + \text{电功} \\ \downarrow \\ \text{积碳} \end{cases}$$

图 10.8　直接重整 SOFC 中可能反应途径

3. 间接内部重整

与直接内部重整不同，间接内部重整利用单独催化剂和腔室，集成在 SOFC 电池堆里的阳极燃料进口的上游，利用燃料电池反应产生的热量进行重整。图 10.9 是间接内部重整 SOFC 系统中反应路径的示意图。虽然间接内部重整不如直接内部重整高效和直接，但是和外部重整相比，它仍然是一种高效、简洁和经济的方法。

$$C_nH_mO_l + H_2O \xrightarrow{堆内重整器} CO + H_2 \xrightarrow{阳极+O^{2-}} CO_2 + H_2O + 电功$$

$$+ H_2O \downarrow$$

$$CO_2 + H_2 \xrightarrow{阳极+O^{2-}} CO_2 + H_2O + 电功$$

图 10.9　间接内部重整的 SOFC 系统中反应路径的示意图

从热量传递的角度看，间接内部重整比直接内部重整更容易控制，合理地控制组分的配比能够有效避免电池内部产生巨大的温度梯度。由于独立的催化剂并不像阳极一样需要承担催化电化学反应的任务，因此结构的设计更自由，可以采用高孔隙度的多孔材料。从成本角度考虑，镍基催化剂仍然是一种选择。但从对积碳和硫中毒的抑制作用角度来考虑，高孔隙率的铑和铂类贵金属催化剂也是考虑对象。

对比直接和间接两种内部重整，目前已开发的大多数结构都是在 SOFC 电池堆内部的阳极燃料进口处使用了独立催化剂来间接重整大部分碳氢化合物燃料，残余的碳氢化合物燃料在阳极内部直接重整。图 10.10 中展示了美国 Atrex Energy 公司的微管式 SOFC 产品，在处理碳氢燃料时采用了间接内部重整方式。

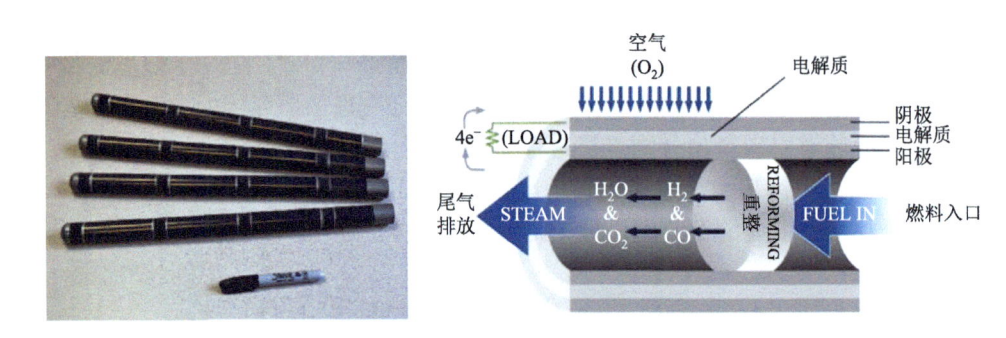

图 10.10　采用内部重整的管式 SOFC 产品

来源：Atrex Energy 公司

10.3.4　电堆尾气处理

在前面的章节中已经提到，由于 SOFC 实际运行时燃料利用率无法达到 100%，因此阳极尾气中仍然含有部分有效燃料。如果能够回收利用这部分剩余燃料，则整体发电效率有望进一步提升。本节共选择了五种尾气处理方式进行比较，甲烷经过水汽重整产生的气体经过分离产生氢气，氢气经过加压进入电堆进行发电。五种尾气处理方式分别为：①尾气直接排出的参考方式；②在第一级电堆后串联第二级电堆的串联方式；③将部分阳极尾气与新鲜氢气混合加压后的阳极循环方式；④将部分阳极尾气回流至重整器的重整器循环方式；⑤将部分阴极尾气与新鲜空气混合的阴极循环方式。

1. 各类尾气处理方式

1）无尾气循环

如图 10.11 所示，天然气与水经过重整反应，反应后的重整气体由分离器分离氢气与含有 CO、H_2O 的杂气，氢气经过冷却后，经过压缩泵加压，由阳极尾气预热后进入电堆，电堆阳极尾气先预热阳极进气，随后冷却重整气分离后的氢气，以达到压缩前降温的目的。目前也有直接对高温气体加压的方式，但是对加压设备要求较高。

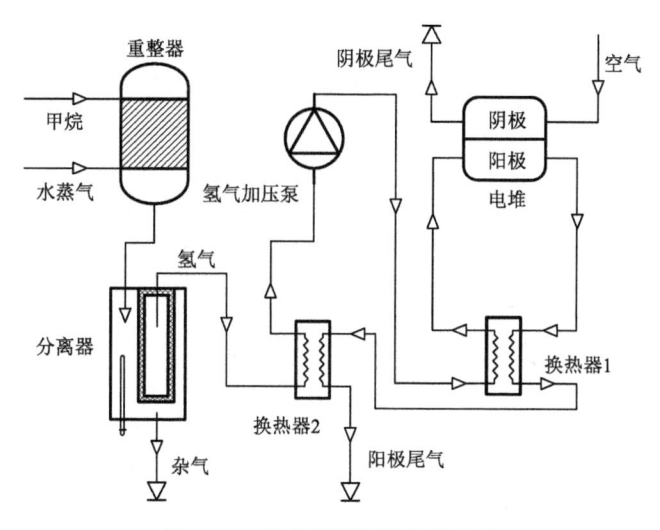

图 10.11 气体不循环的参考方式

2）两级电堆串联的方式

如图 10.12 所示，串联方式主要流程与参考方式相同，在此基础上设置第二级电堆，经过预热的氢气分为两部分，分别进入两级电堆，且第一级电堆的尾气也进入第二级电堆，两级电堆的尾气作为最终的阳极尾气，同时阴极气体也类似于此种供应方式，第一级的阴极尾气通入第二级电堆进行再利用。文献[10]中采用了类似的串联方式，而且在第一级中间加了尾气冷凝分离装置，此种方式能够极大提高系统的燃料利用率,进而提高发电效率,避免单堆燃料利用率较高导致的水分压过高对电堆的影响。

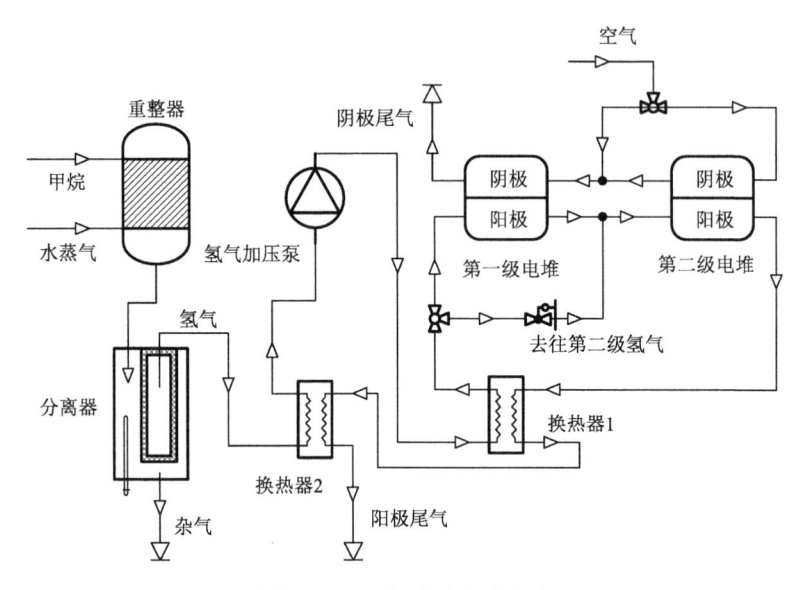

图 10.12 两级电堆串联方式

3)阳极循环方式

如图 10.13 所示,与参考方式相比,阳极循环方式将阳极尾气分为两部分,一部分直接排出,另一部分与新鲜氢气混合加压后再通入阳极,实现阳极气体的

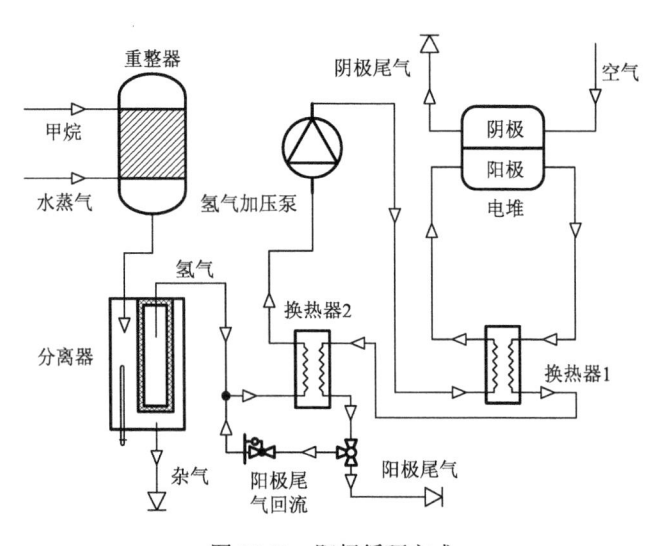

图 10.13 阳极循环方式

循环利用。此方式类似于文献[11, 12]指出的阳极气体直接循环方式，有利于提高整体燃料利用率。对比串联方式，此种方式更为简单，同时由于阳极循环尾气为氢气和水蒸气，不存在积碳的问题。

4）重整器循环方式

如图 10.14 所示，与参考方式相比，重整器循环方式是将阳极尾气分流，一部分直接进入重整器中。这部分气体中含有水蒸气，可以提高重整水碳比，降低重整用水量，而且此部分阳极尾气温度较高，可减少重整反应过程中外界吸热。类似于文献[13-15]中将阳极尾气循环，从而代替蒸发器向重整器供水，达到简化系统结构的目的。此外，文献[16]专门对此种循环方式的喷射器结构进行了优化。

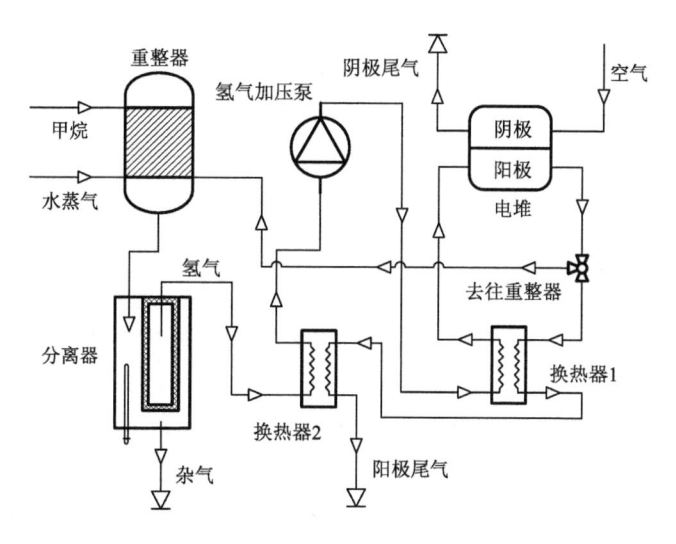

图 10.14 重整器循环方式

5）阴极循环方式

在 SOFC 运行过程中，温度梯度过大会产生较大热应力，所以要求阴阳极出入口温差尽量小，这要求提高阴阳极进气温度。在实际运行过程中，为保证发电效率，阳极侧燃料量一般为固定值，通过控制阴极侧空气量来稳定电堆温度。由于电化学反应为放热反应，需要空气带走电堆中产生的热量，较高的入口空气温度必然导致过量空气系数增大，可能达到 4～10[17]。此外，空气量的增大还会导致寄生功率增大。采取阴极空气循环有助于降低电堆温度梯度，并且可能有助于电堆性能提升。如图 10.15 所示，对阴极尾气进行分流，一部分与新鲜空气混合进入电堆阴极，一部分排出。

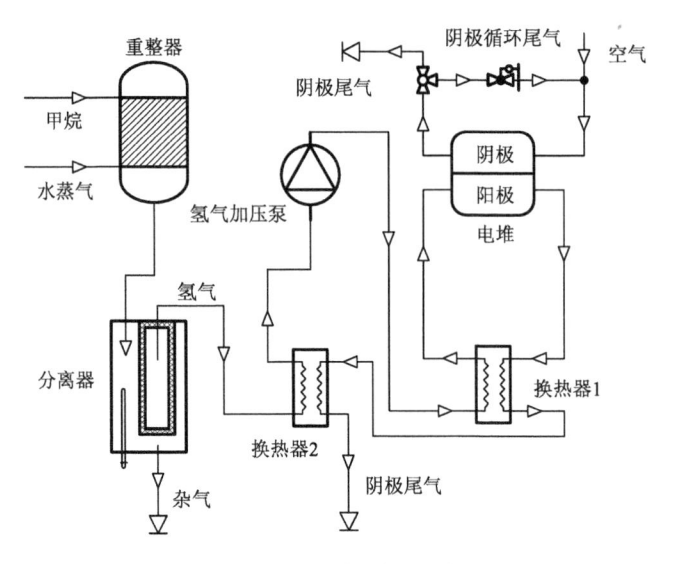

图 10.15 阴极循环方式

2. 不同处理方式对比

采用系统流程模拟的方法比较了上述五类尾气处理方式（依次编号为 1 到 5）的效果，结果如图 10.16 所示。可以看出，对于任何一种尾气循环方式，增加燃料流量对其净电效率总是不利的，但过小的燃料流量会使电堆极限电流密度变小，从而影响整体性能。增大电堆工作电流对净电效率是有利的，但超过一定数值会使扩散损失急剧增大，存在峰值，这类似于单堆的实验现象，所以在电堆实际运行过程中应避免电流超过这一数值。对于任何一种尾气循环方式，增大电堆工作温度总是有利的，能够有效提高净电效率，温度上升 100℃，净电效率增大 5% 以上。对于任何一种尾气循环方式，提高重整温度对净电效率总是有利的，尤其是阳极循环方式和串联方式。

串联方式与参考方式相比，在合适的工作范围内，即使第二级电堆在较小的电流下工作，其净发电效率高于参考方式 10% 左右，能够有效提高净发电效率，所以在 SOFC 工作过程中串联第二级电堆是提高整体净发电效率的有效途径。阳极循环方式与参考方式相比不仅不能提高净发电效率，还会使电堆性能降低，系统耗功增加，所以直接混合循环的方式是不可取的。

重整器循环方式与参考方式相比，在相同的甲烷流量下，能够有效提高电堆峰值电流，即可提高电堆工作电流范围，重整器循环还能够减小重整器所需热量，降低水碳比。阴极循环方式与参考方式相比，在同等情况下净电效率小于参考方式，但是一定的阴极循环能够有效降低系统整体空气量需求，即会降低压缩空气功耗。

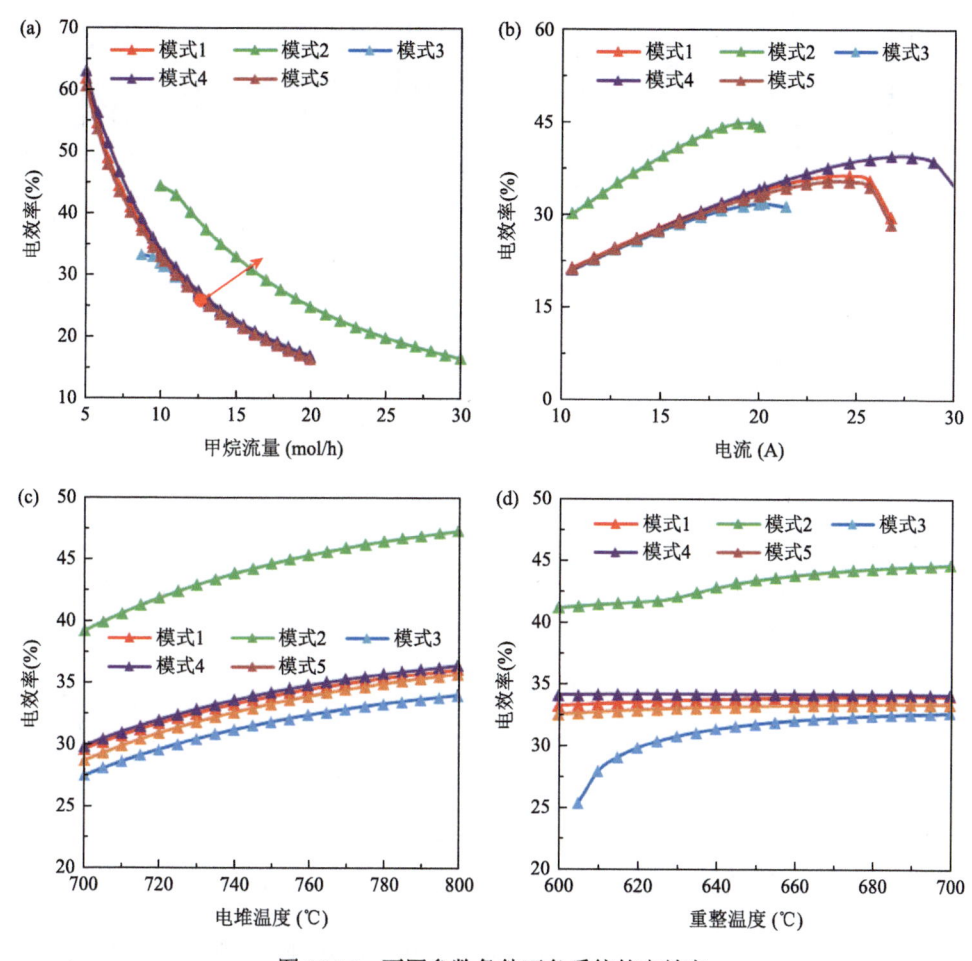

图 10.16 不同参数条件下各系统的电效率
（a）甲烷流量；（b）工作电流；（c）电堆温度；（d）重整温度

此外，对于上述各类尾气处理方式，其循环比或分流比会对能效造成明显的影响。循环比定义为循环的气体流量与循环之前总流量的比值，分流比定义为第一级电堆气体流量与总流量的比值。在一定范围内改变循环比与分流比，结果如图 10.17 所示。

对于串联方式，分流比对净电效率和㶲效率影响较为明显，如图 10.17（a）所示。随着分流比上升（第一级气量增大，第二级气量减小），第一级发电量增大，第二级发电量减小，且第一级增量大于第二级减小量，故㶲效率先上升；接着减小是因为此时第二级电堆电流达到峰值电流，发电量降低明显；再增大时第一级电量上升大于第二级电量降低，其电流又小于峰值电流，㶲效率在 0.65 左右达到最大值，电效率也在此值附近达到较高值。

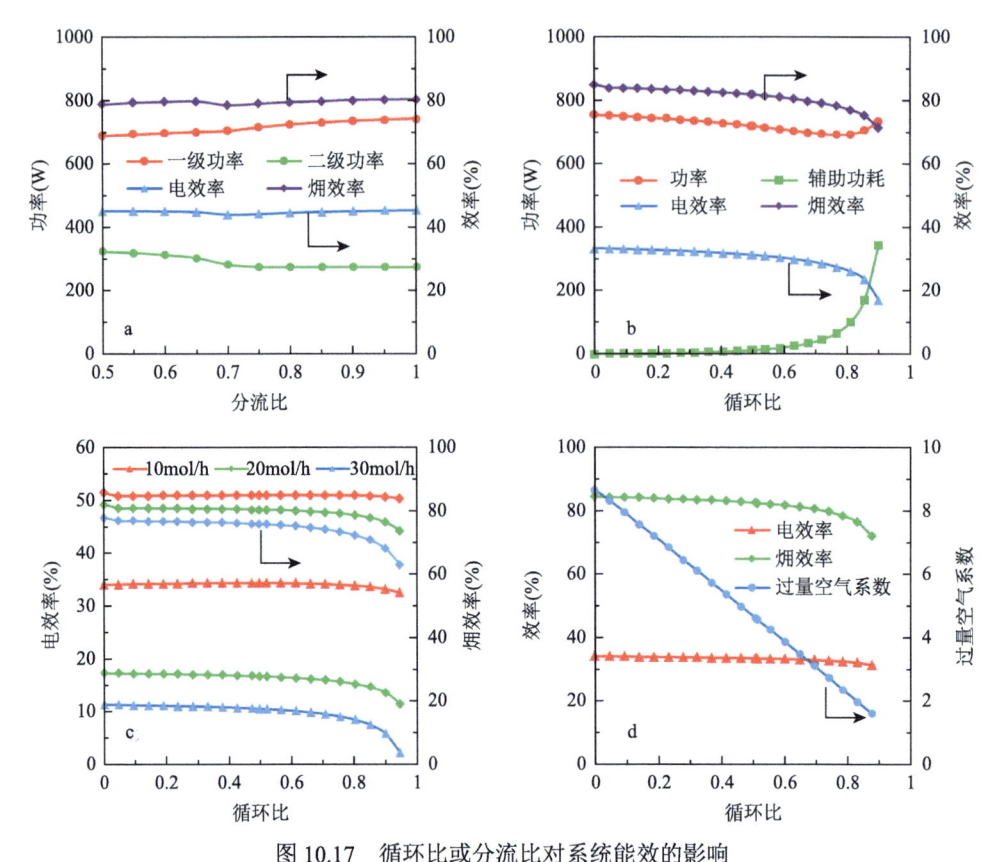

图 10.17 循环比或分流比对系统能效的影响

（a）串联方式；（b）阳极循环方式；（c）重整器循环方式；（d）阴极循环方式

对于阳极循环方式，随着循环比上升，净电效率和㶲效率起初有小幅下降，如图 10.17（b）所示。随着循环比继续增大，压缩氢气所需的功量急剧上升，导致电效率和㶲效率突降。未分离水的情况下直接对阳极尾气进行循环会导致电堆性能下降，故对电堆而言，阳极循环方式并不可取。

对于重整器循环方式，随着循环比上升，净电效率在小流量情况下呈现先轻微上升，后下降的趋势，如图 10.17（c）所示。小循环比时，电堆性能提升引起的发电量增加大于由于氢气量增大而引起的寄生功率增加，因此净电效率有所提升；随着循环比增加，这一有益作用逐渐减弱。尤其是在大流量情况下，重整器循环对电堆性能的提升有限，而寄生功率增加非常明显。

对于阴极循环方式，将阴极尾气与新鲜空气混合循环后，小循环比下，电效率和㶲效率略微下降，过量空气系数明显降低，此时进入电堆阴极的气体中氧分压依旧较高，接近空气。随着循环比的上升，空气量的减少以及循环比例的增大，氧分压的降低导致电堆性能降低，发电量减少，㶲效率下降越来越快。从整体结果来看，虽然阴极循环方式的净电效率和㶲效率没有优势，但是过量空气系数明显下降，当循环比从 0 增加到 0.6 时，过量空气系数从 8 下降到 1.6 左右。

10.4 热管理子系统

10.4.1 基本作用

通常燃料电池在正常功率密度条件下运行时只能达到30%～60%的电效率，没有转化为电能的能量则转化成了热量。如果产生的热量过多，燃料电池堆会出现过热。如果对电池堆的冷却不充分和不及时，或将超过理想的运行温度上限，或导致堆内的温度梯度上升。堆内的温度梯度可能导致各个电池在不同电压下运行从而对其性能有负面影响。在这种情况下燃料电池需要充分有效地冷却以保持最优的运行工况，同时也避免堆内温度梯度的上升。燃料电池的类型和尺寸决定了对冷却的要求。小型低温燃料电池通常采用"被动"的冷却（通过自然对流而冷却），而高温燃料电池和大型低温燃料电池则需要"主动"的冷却（通过强制对流冷却），高功率密度的车用电池堆需要主动的液体冷却。

较大型便携式系统（＞100 W）通常需要液体强制对流冷却。图 10.18 显示了常规空气冷却 SOFC 电堆以及额外水冷设计的 SOFC 电堆样例[18]。一个有效冷却的电池堆也需要一些辅助设备如风扇、鼓风机或泵机来使冷却工质经过管道完成循环。但这些辅助设备将需要消耗一部分燃料电池产生的功率，称为寄生功率。

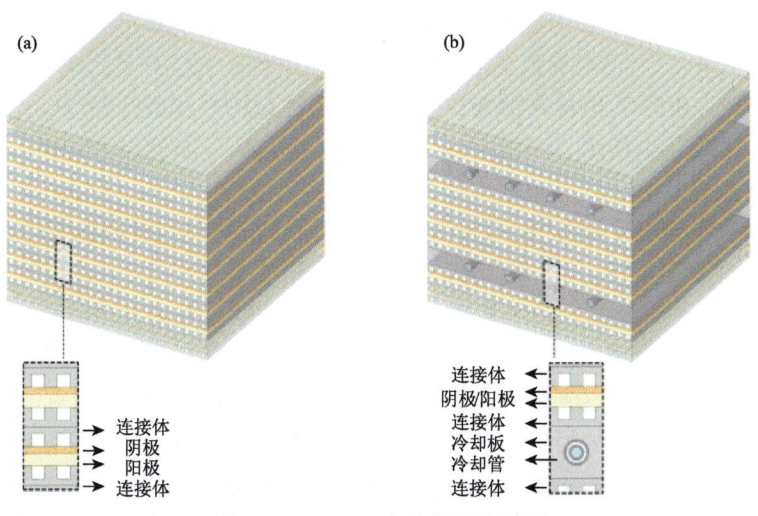

图 10.18 SOFC 电池堆冷却示例
（a）常规空气冷却；（b）额外水冷设计

风扇、鼓风机或泵的选择依赖于要求的冷却速率,以及工质流动需要克服的压降。风扇、鼓风机一般消耗较少的功率,但只适合较低的压降;当要求更高的空气流动速率(和必然的更大的压降)时就需要使用泵机。

一个冷却系统的效率通常由其实现的热量排放与自身消耗的电能的比值来评价:

$$效率 = \frac{热量排放速率}{风扇、鼓风机或泵消耗的电能}$$

设计良好的冷却系统的效率比值通常可达到20～40。

高功率密度的电池堆可以采用主动的液体冷却来代替气体冷却。当一个燃料电池堆的体积受到限制时,如在汽车上的应用,通常使用主动的液体冷却。因为液体的热容量远远大于气体的热容量,小型的液体冷却管道能携带比等量气体大得多的热量。在一个以液体冷却为基础的系统中,冷却的液体是需要循环利用的,这就可能会增加系统的复杂性。如果冷却液是水,那它必须是去离子的,以降低它的导电性。绝大部分汽车用燃料电池堆(50～90 kW)是液体冷却的,冷却工质可以使用水和乙二醇的混合物。

与低温燃料电池系统相比,高温燃料电池如SOFC和MCFC由于运行温度较高,冷却问题不是很重要,事实上产生的热量通常会被有效利用。在高温燃料电池中,高品位余热可以用来:①维持电堆自身高温环境;②预热供应的气体;③为必要的上游过程(如水的蒸发和碳氢燃料的重整)提供热量;④用于热电联供,如为建筑供暖和供应热水。在正常的运行过程中,额外的空气供给就足以实现必要的冷却效果。

对于SOFC系统,当电堆温度低于600℃时,发电功率会急剧下降;而温度高于1000℃时,则可能导致电池堆组件失效或结构破坏,严重影响电堆的寿命。正常运行时,SOFC电堆内部为放热反应,需注意控制其运行温度,避免产生过热问题。同时,电堆阴、阳极入口处气体需要预热到一定温度才能进入电堆,以免对电堆形成热冲击,导致过大的热应力而损坏电堆。此外,SOFC阴极和阳极的尾气中有大量可利用余热,上一节中介绍的电堆尾气的有效利用是提高SOFC系统效率的重要部分。

SOFC系统中的热管理子系统是一个包含加热或冷却组件的热交换器控制系统,用于加热或冷却系统组件,将热量从一个系统组件传输到另一个系统组件,并且把多余的热量输送到外部热能接收器(余热回收装置)以便利用,如图10.19所示。热管理子系统被用于管理SOFC电堆、燃料处理子系统中化学反应器和系统以外任何有热需求的热源中的热量。热管理子系统把放热反应器(如SOFC电堆和后燃烧器)中过剩的热能传送到吸热反应器(如蒸汽重整器和蒸汽发生器)和外部热能接收系统(如为建筑物提供热能的燃料电池余热回收系统)。根据调控对象，SOFC 热管理子系统可被分为内部热管理子系统和外部热管理子系统。内部热管理的控制目标为调节电堆的温度，外部热管理的调控对象则是由重整器、换热器、催化后燃烧器等装置组成的辅助设备（blance of plant，BoP），其目的是保证整个 SOFC 系统的稳定运行。通常情况下，带有热回收功能的 SOFC-CHP 系统总效率可以达到 80%（LHV）及以上。

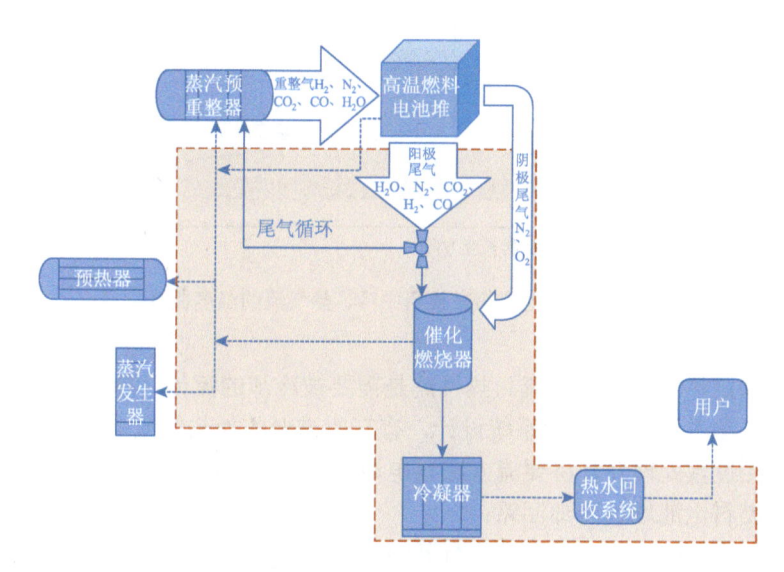

图 10.19　SOFC 热管理子系统

10.4.2　热管理分析方法

狭点分析方法被用于管理燃料电池系统中的热量[19,20]。狭点分析的主要目标是通过最小化额外加热或制冷的需求，使一个设备内部的总热回收得以优化[21,22]。在理想的狭点分析方案中，热流被用来加热冷流，而使来自外部热源的额外传热量最小。不必要的外部热传输会增加燃料消耗，从而降低总能量效率（ε_0）和收益率。最大化热回收和最小化能量补给的目标可以通过设计热交换器网络来实现，各种热交换器网络的不同排列可以利用燃料电池系统的化工流程模拟来分析。

狭点分析是一种热传输分析方法，它遵循以下几个步骤：
（1）确定系统中的热气流和冷气流；
（2）确定这些气流的热力学参数；
（3）选择一个冷、热气流之间可接受的最小温度差（$dT_{min,set}$）；
（4）建立温度-热焓图，并核对 $dT_{min} > dT_{min,set}$；
（5）如果 $dT_{min} < dT_{min,set}$，改变热交换器的布置方案；

（6）进行热交换器定向方案分析，直到 $dT_{min} > dT_{min, set}$。

以图 10.20 所示的换热器设计为例，这些步骤可以解释如下。

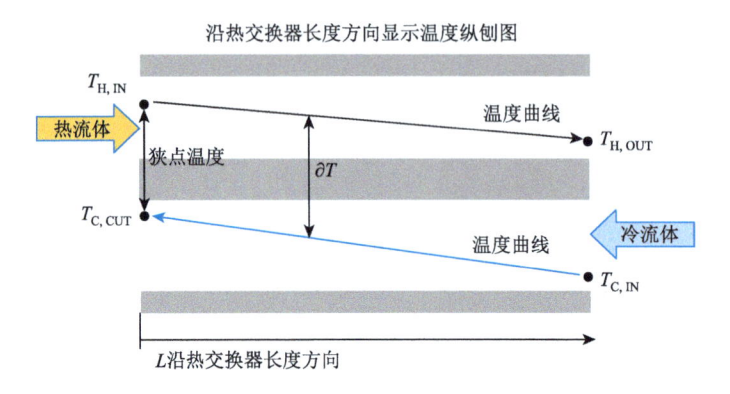

图 10.20　逆流热交换器中冷、热气流的温度曲线

（1）确定热气流和冷气流。热气流是需要被冷却的流体，冷气流是需要被加热的流体。参考图 10.1 中的系统设计，有三股重要的换热气流需要被关注。

（a）经过预处理并且将要流入燃料电池阳极的热重整气流；

（b）燃料电池堆的冷却回路；

（c）经后燃烧器排放后流入冷凝器的电堆尾气。

上述每股气流的热管理都很重要。（a）热重整气流必须保持在某一温度范围内以免使 CO 脱除反应器（可选）和燃料电池阳极的催化剂劣化。（b）燃料电池堆必须在某一温度范围内才能实现长期高效运行。（c）冷凝器需要在一定温度范围内释放出可回收的热能。

（2）确定这些气流的热力学参数。对于所确定的每股热气流和冷气流，必须收集整理这些气流的热学参数。这些参数包括以下几个。

（a）供给温度 T_{in}，即可用的气流进入热交换器之前的初始温度；

（b）目标温度 T_{out}，即气流流出热交换器时所希望的出口温度；

（c）热容流速 $\dot{m}c_p$，即气流的质量流速 $\dot{m}$（kg/s）和气流的流体比热容 c_p [kJ/(kg·℃)]的乘积，假设气流的比热在关注的温度范围内是常数；

（d）流经热交换器的气流的焓变 $d\dot{H}$。

根据热力学第一定律，在常压下，有

$$d\dot{H} = \dot{Q} + \dot{W} \tag{10.18}$$

由于热交换器不做任何机械功（$\dot{W} = 0$），则 $d\dot{H} = \dot{Q} = \dot{m}c_p(T_{out} - T_{in})$，其中 $\dot{Q}$ 代表流动工质吸收的热量，$d\dot{H}$ 代表气流的焓变。供给温度数据可由工作系统中测量或者通过反应器的化学工程模型计算，目标温度（预期温度）可以通过这种方式确定或者基于其他系统约束的方法确定。

（3）选择热气流和冷气流之间额定最小温度差（$dT_{min,set}$）。热力学第一定律描述的能量守恒方程式可用于计算焓的变化；热力学第二定律描述了热流的方向，热量只能从热流流向冷流。因此，在热交换器中，热气流温度不可能降到冷气流温度以下，冷气流不可能被加热到比热气流的供给温度更高的温度。在气流之间必然存在最小温度差 dT_{min} 以驱动热传输，在沿着热交换器方向上任何位置的热气流温度 T_H 和冷气流 T_C 满足下式：

$$T_H - T_C \geqslant dT_{min} \tag{10.19}$$

对一系列气流，在沿着热交换器方向上任意长度的气流之间的最小温度差被称为狭点温度。如图 10.20 所示的热交换器中，冷、热之间的温度差（dT）沿热交换器长度方向发生改变，表现为在其长度 L 上冷、热温度曲线的差异。在该热交换器中，最小温度差 dT_{min} 出现在 $L = 0$ 处，即热气流的进口和冷气流的出口处。在狭点分析法中，dT_{min} 通常被设置为一个期望值，根据热交换器的类型和应用的不同在 3~40℃ 之间取值。例如，管壳式热交换器要求 dT_{min} 为 5℃ 或更高，而紧凑式热交换器由于其较大的有效比表面积可达到更高的热传输速率，可能只要求 dT_{min} 为 3℃。

（4）建立温度-焓图，并核对 $dT_{min} > dT_{min,set}$。温度-焓图（T-H 图）表示冷、热气流中焓随温度的变化。在 T-H 图中，任何具有常数 c_p 的气流都可以由 T_{in} 到 T_{out} 的一条直线所表示。作为案例，图 10.21 中显示了尾气冷凝器中冷热流体的 T-H 图，其中假设冷端 $T_{in} = 25℃$，$T_{out} = 80℃$，热端 $T_{in} = 219℃$，$T_{out} = 65℃$，热气流向冷气流释放 3370 W 能量。要使热气流和冷气流之间能够发生热交换，热气流的 T-H 曲线必须在冷气流的 T-H 曲线之上。冷气流的红色 T-H 线表示完全不与热气流换热的情形，而蓝色 T-H 线则表示充分换热的情形。当冷气流的 T-H 线从右向左平移时，表示冷热气流逐渐发生热交换。

对于一个给定位置，离开热气流的热量（即热气流中累计的焓的变化）必须等于冷气流吸收的热量（即冷气流中累计的焓的变化）。因此，T-H 图中焓的累计变化可以类比于沿着热交换器长度方向的变化。当一个热 T-H 图和一个冷 T-H 图水平平移时（注意两者的斜率不同，由各自的 c_p 决定），可以定性地理解为热管路与冷管路的交叉。因此 T-H 图为换热器中的换热过程提供了非常直观的理解。

（5）如果 $dT_{min} < dT_{min,set}$，则改变热交换器的布置。如果实际的狭点温度小于设置的最小狭点温度，热气流和冷气流都必须重新布置。对于新的布置方案，需要建立一个新的 T-H 图，重新计算狭点温度和在加热网络中的位置。

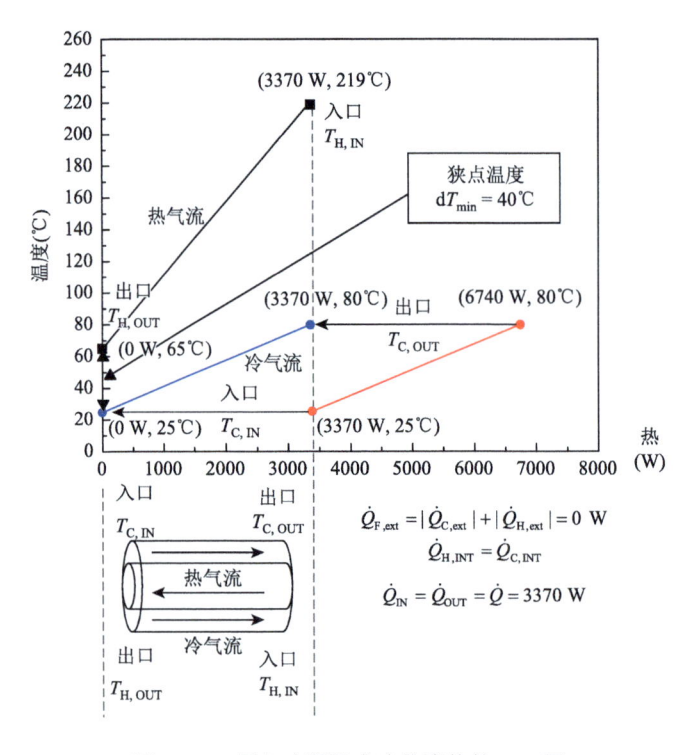

图 10.21　尾气冷凝器中冷热流体的 $T\text{-}H$ 图

（6）进行热交换器布置方案分析，直到 $\mathrm{d}T_{\min} > \mathrm{d}T_{\min,\text{set}}$。需要综合评估不同的热交换器布置方案，结合了化工流程模拟和狭点温度分析能力的计算机软件可以极大地协助这类方案分析。通过这些分析，人们可以确定系统设计中需要的热交换器数量和位置，并引入成本-效益分析来比较不同方案的成本，从而进一步评估经济效益。

10.4.3　热管理子系统示例

1. 热管理子系统部件

阴极风机是 SOFC 系统重要的热管理设备，负责将空气运送至电堆阴极的电化学反应场所，亦负责将电堆产生的热量及时地排出。基于不同风机的可选规格，在小型 CHP 装置的数值模拟器中创建风机流量与压比、流量与效率的关系。Vairex 阴极空气风机被广泛应用于 SOFC 系统中，风机及其流量与压比和效率的关系如图 10.22～图 10.24 所示[23]。风机的实际运行工况受到电堆、换热器、后燃烧器的限制。在电堆增大或减少输出功率时，按需求调节风机的转速，进而合理调控电堆温度。

图 10.22　Vairex 阴极空气风机

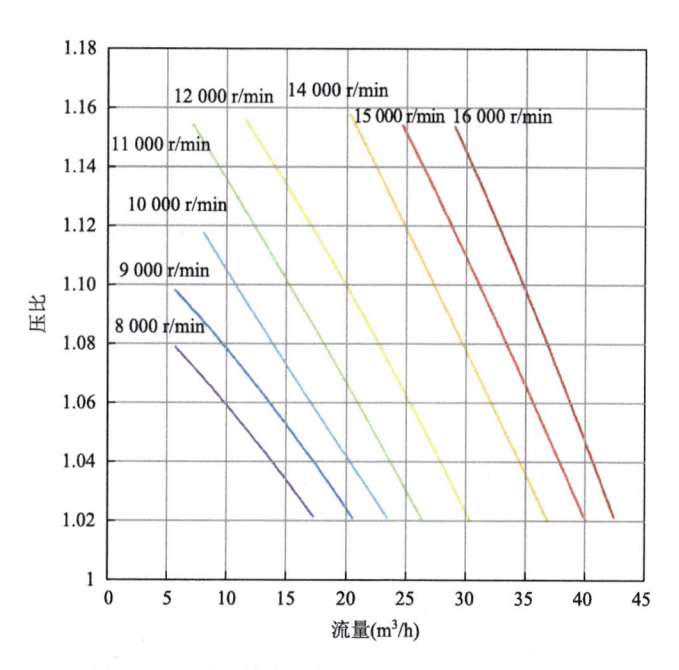

图 10.23　不同转速下空气风机流量与压比的关系

换热器是 SOFC 系统重要的热管理部件，用于冷热流体的热量传递。目前，SOFC 热电联供系统常选用的换热器如图 10.25 所示[24-26]。

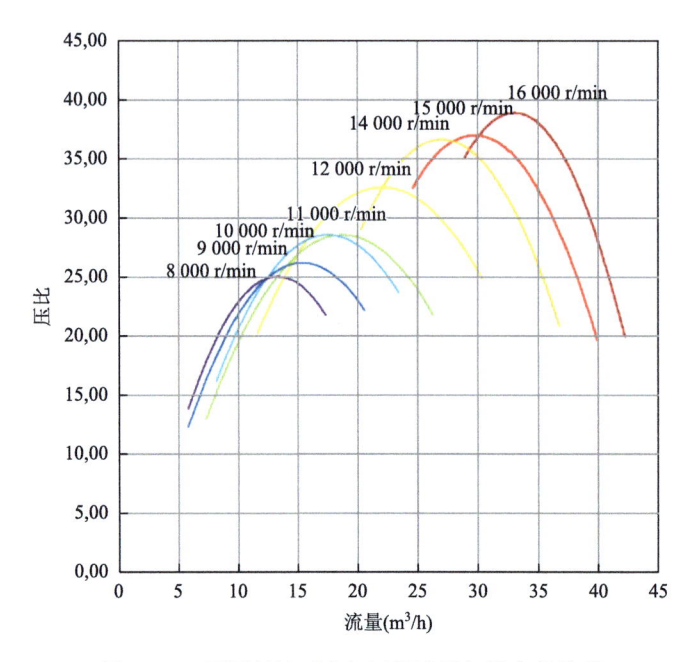

图 10.24 不同转速下空气风机流量与效率的关系

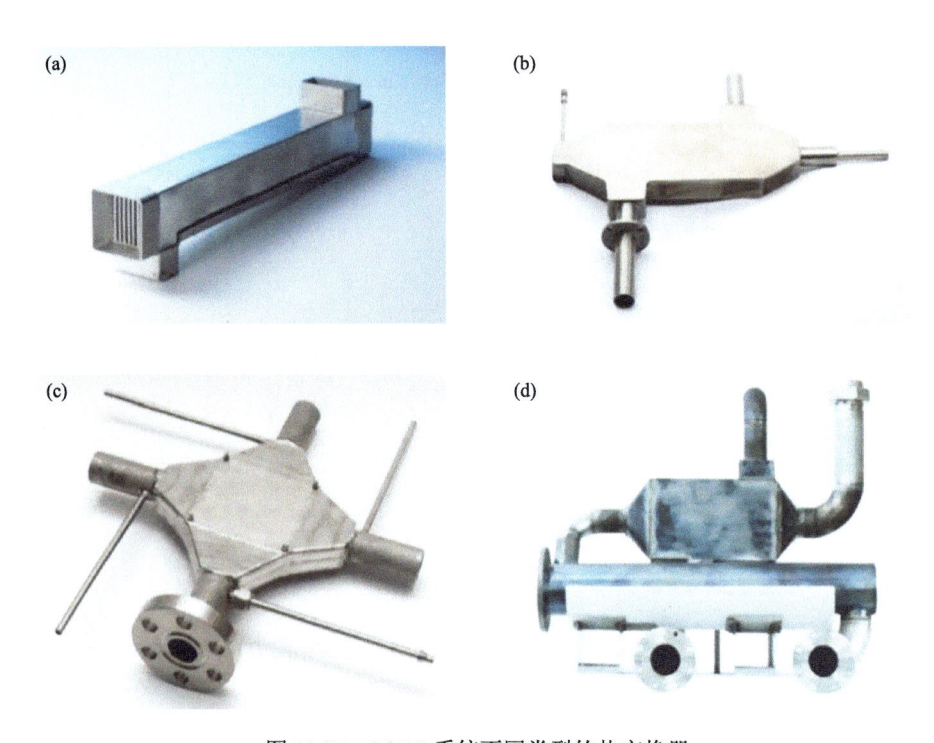

图 10.25 SOFC 系统不同类型的热交换器
（a）Catacel 换热器；（b）EBZ 逆流换热器；（c）同向流换热器；（d）Staxera SOFC 模组的特殊换热器

2. 热管理子系统集成

在完成热管理子系统流程设计及部件选型之后，需要进行热管理子系统的集成。需要注意的是，在众多的 SOFC 企业中，尽管整体系统流程大致相似，但是系统的具体结构设计不尽相同。图 10.26 为 10 kW 天然气 SOFC 热电联供系统，图中左侧柜体包含风机、换热器、重整器、后燃烧器、阀门等 BoP 设备和热管理子系统，中间柜体为电堆热盒部件，右侧柜体主要是电力电子子系统。

图 10.26 天然气 SOFC 热电联供系统 BoP
来源：徐州华清京昆能源有限公司

10.5 电力电子子系统

如图 10.27 所示，电力电子子系统由电力调节、电力转换、监控以及电力供应管理等部分组成。电力电子子系统的这 4 个部分将在接下来的小节中详细介绍。

燃料电池的电力调控通常包括两个任务：电力调节和电力转换。以定电压为例，调节是指提供一个确切的运行电压并且保持这个电压长时间稳定，即使电流载荷发生变化。转换意味着将燃料电池提供的直流电转换为大多数电子设备适配的交流电。对几乎所有的燃料电池应用，电力调节是必要的；对大多数固定和汽车用燃料电池系统，转换也是必要的。固定式系统需要给周围的交流电网和楼房中的交流设备提供电力，汽车系统也经常需要将直流电转换为交流电以供给比直流电机效率更高的交流电机。对一些便携式燃料电池的应用可以不需要转换过程，如燃料电池驱动的笔记本电脑可以直接使用直流电。

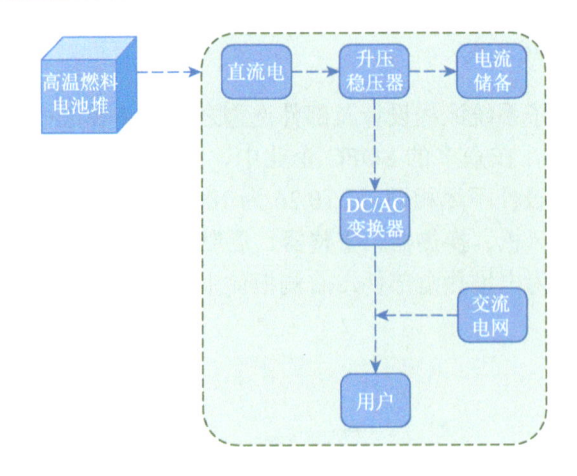

图 10.27　电力电子子系统

实际应用中，电力调节和转换需要牺牲一定的效率和经济性。一般而言，电力调节设备会增加整体系统造价的 10%～15%，而且会使系统的电效率损失 5%～20%。

10.5.1　电力调节

对于绝大部分实际用电设备，需要电源在特定的电压范围内维持稳定。然而，由燃料电池直接发出的电力并不是十分稳定，其电压很大程度上取决于温度、压力、湿度以及反应气体等波动的工况参数。另外，电池的电压也会随着电流负载的变化而显著变化。此外，即使将多个单电池串联组装成电堆，其输出电压通常也不能达到特定应用的准确要求。基于这些原因，燃料电池系统通常需要使用 DC/DC 变换器。DC/DC 变换器将燃料电池直流电压作为输入，然后将它转化为稳定在一定范围内的直流电压输出。

目前主要有两种类型的 DC/DC 变换器：升压变换器和降压变换器。在升压变换器中，由燃料电池提供的输入电压被提升为更高的输出电压；在降压变换器中，由燃料电池提供的输入电压被降低为更低的输出电压。不管输入电压的大小或是波动情况，DC/DC 变换器都会在一定范围内将其转化为设定的输出电压。例如，一个典型的升压变换器能够将燃料电池堆的输出从 10 V、20 A 转化为 20 V、9 A。尽管电压增大了两倍，但是电流减小到比原来的一半还少。通过输出功率与输入功率的比值可以计算出变换器的效率：

$$效率 = \frac{输出功率}{输入功率} = \frac{20 \text{ V} \times 9 \text{ A}}{10 \text{ V} \times 20 \text{ A}} = 0.90$$

一般的 DC/DC 变换器的效率是 85%～98%。降压变换器的效率更高一些，而且变换效率随着输入电压的增大而增大。在理论上，无论负载如何，使用 DC/DC 变换器都能得到一个较为稳定的电压，但是需要考虑变换效率的影响。例如，尽管将单电池的电压从 0.8 V 放大到 120 V 是可行的，但是实际上转换效率很低。因此，在系统设计中，单个电堆中电池的数量需要被仔细考虑。

10.5.2 电力转化

在绝大多数固定式应用中，如公共事业或住宅用电力，燃料电池将会与周边的电网相连或是要满足一般家用电器的需要。这时，实际需要的是交流电而非直流电。依据特定应用，可能会需要单相或三相交流电。公共事业和大型的工业设备通常需要三相交流电，而大多数民用和商用设备需要单相交流电。DC/AC 变换器（逆变器）能够把直流电能转换成交流电（如 220 V、50 Hz 的正弦波）。通俗地讲，逆变器是一种将直流电（direct current，DC）转化为交流电（alternating current，AC）的装置，它由逆变桥、控制逻辑和滤波电路组成。与 DC/DC 变换器相似，DC/AC 变换器的效率通常可以达到 85%～97%。

典型的单相转换方式为脉冲宽度调制（pulse width modulation，PWM）。PWM 的基本控制方式是对逆变电路开关器件的通断进行控制，使输出端得到一系列幅值相等但宽度不一致的脉冲，用这些脉冲组合来合理近似所需要的正弦波或其他波形。也就是在输出波形的半个周期中产生多个脉冲，使各脉冲的等值电压为正弦波形，所获得的输出平滑且低次谐波少。按一定的规则对各脉冲的宽度进行调制，既可改变逆变电路输出电压的大小，也可改变输出频率。

10.5.3 监控系统

一个大型的燃料电池系统本质上是一个复杂的电化学反应装置。在运行过程中，许多可变参数如堆内温度、气体流速、输出功率、换热过程和转化过程都需要监测和控制。燃料电池的控制系统通常由三个独立的部分组成：一是系统检测部分（计量器、感应器等监测燃料电池的运行条件）；二是系统驱动部分（阀门、泵、开关等用来调节并控制系统内部的变化）；三是中心控制单元，它能调节检测感应器与控制驱动器之间的相互作用。中心控制单元的意义是使燃料电池保持在稳定的、特定的条件下运行，它被认为是燃料电池系统的"大脑"。

大部分控制系统是采用反馈运算来维持燃料电池的稳定运行。例如，在燃料电池堆内温度传感器和热管理子系统之间加一个反馈回路，在这样一个反馈回路中，如果中心控制单元探测到燃料电池堆的温度在上升，它可能会增大通过电池堆的冷却气体的流速。另外，如果燃料电池堆的温度下降，控制系统会减小冷却空气的流速。图 10.28 是一种燃料电池控制系统的示意图。

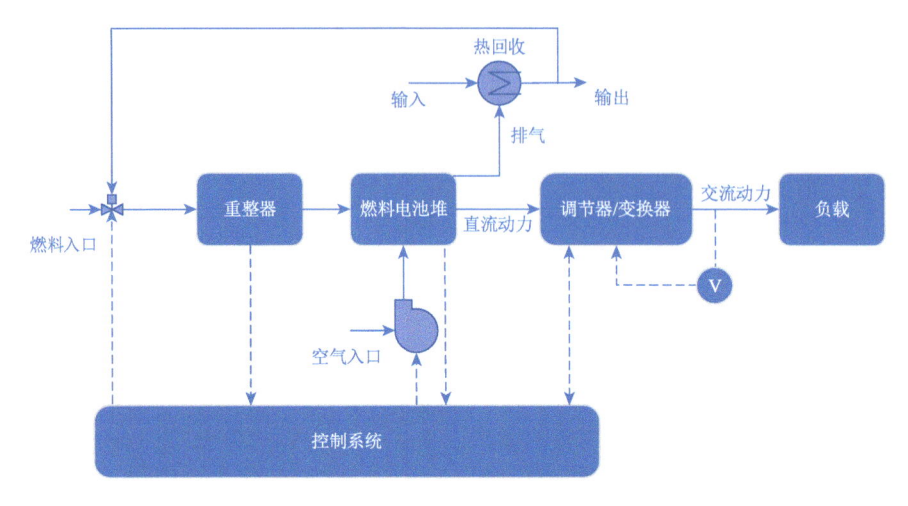

图 10.28　燃料电池控制系统的示意图

10.5.4　电力供给管理

电力供给管理系统是电力电子子系统的一部分，用来使燃料电池的电力输出满足负载的要求。由于系统配件如泵、压缩机和燃料重整器上的延迟时间，燃料电池比其他电子设备（如电池和电容器）具有更为缓慢的动态响应。燃料电池系统可以在无能量缓冲装置或搭配能量缓冲装置（如蓄电池）的条件下运行：在没有能量缓冲装置的条件下，系统的响应时间为几秒到几百秒量级；在有能量缓冲装置的条件下，系统的响应时间能减少到几毫秒。因此，电力供给管理系统也承担了这类处理变化电负载的作用。一辆中型轿车平均消耗 25 kW 的电能，但最高时可达 120 kW。对于移动式应用，燃料电池系统的电力供给需要设计成能够控制在大负载波动下提供动力。对于分布式供电应用，电力供给管理也包含了针对燃料电池系统与本地电网间相互作用，以及满足建筑物对电力要求变化等目标。例如，当出现供电中断的状况时，燃料电池必须适时关闭或者与电网完全断开。

10.6　整体系统运行

基于上述各子系统设计原理和设备选型准则，实际集成了 1~25 kW 的 SOFC 发电/热电联供系统，可以在氢气、天然气、甲醇等各类燃料下运行。图 10.29 中

第 10 章 发电系统设计、集成和运行 ·341·

展示了甲烷燃料千瓦级 SOFC 发电系统的外观和内部结构，包含了上面章节中介绍的各个子系统。

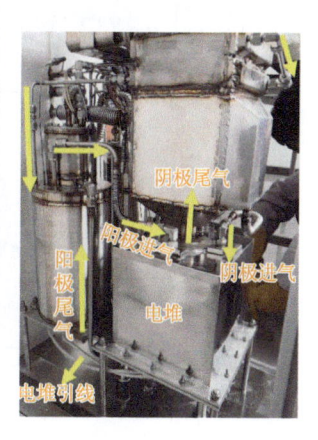

图 10.29 甲烷燃料千瓦级 SOFC 发电系统的外观和内部结构

图 10.30 中展示了电力电子系统的监测界面，可以实时监控电堆电压、电流以及不同温度测点等重要信息，便于及时制定自动或手动的控制策略。

图 10.30 电力电子系统的监测界面

图 10.31 中展示了上述系统连续运行 2650 h 的实地结果，其间根据用户需要经历了多次负载调整，最大输出功率达 1381.6 W。在运行结束后，整体系统仍然能够维持正常的性能输出。这一结果表明，集成的甲烷燃料千瓦级 SOFC 发电系统已经能够基本满足实际应用的需要，未来将会开展进一步的商业化推广。

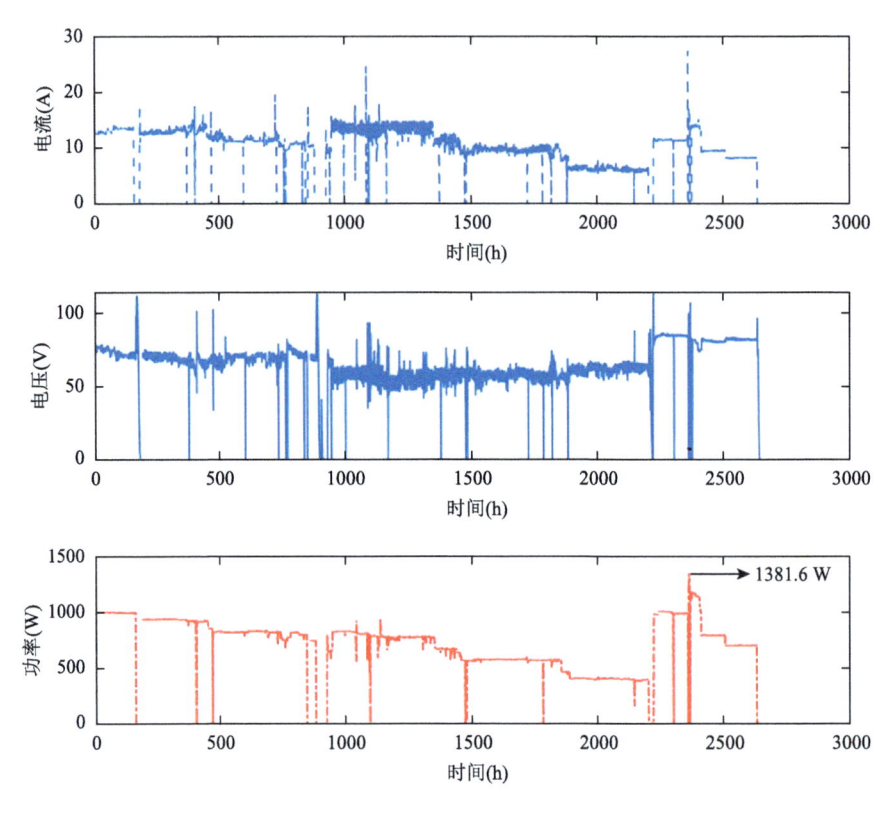

图 10.31　系统实际运行中电流、电压和功率的变化

10.7　本 章 小 结

一般的燃料电池系统主要包括四个子系统：燃料电池子系统、燃料处理子系统、热管理子系统和电力电子子系统。在前面的章节中，已经对燃料电池子系统（包括单电池及电堆组件）进行了详细的介绍；本章则主要聚焦于其他子系统，即 BoP 系统。

燃料处理子系统主要用于产生适用于电堆的燃料，包括常见的净化和重整工艺；此外，在满足电堆要求的基础上，尽量通过尾气再利用或循环等方式提升整体燃料利用率。

热管理子系统主要关注系统中的温度分布。热管理子系统把放热反应器（如电堆和后燃烧器）中过剩的热能传送到吸热反应器（如重整器和蒸发器）和外部系统（如为建筑物提供热能的余热回收系统），其核心目的是保证系统中的温度分布达到设计需求。

电力电子子系统的主要作用包括电力调节和转换、关键参数监控以及电力供给管理。电力调节和转换使用 DC/DC 和 DC/AC 变换器，将燃料电池产生的直流电转换为设备需求的电力形式。参数监控系统主要实现相关参数的测量和调节，其中心控制单元一般采用反馈运算机制。电力供给管理则可以使燃料电池的电力输出满足负载的要求，以应对复杂多变的实际应用场景。

参 考 文 献

[1] 韩盟，王金弟，牛天荧，等. 天然气脱硫技术应用现状及发展趋势[J]. 广州化工，2023，51（1）：41-43.

[2] 黄帮福，耿朝阳，施哲，等. 载镍活性炭低温脱硫及其制备影响因素研究[J]. 生态环境学报，2018，27（1）：108-114.

[3] Kröll L, de Haart L G J, Vinke I, et al. Degradation mechanisms in solid-oxide fuel and electrolyzer cells: analytical description of nickel agglomeration in a Ni/YSZ electrode[J]. Physical Review Applied, 2017, 7（4）: 044007.

[4] Lanzini A, Guerra C, Leone P, et al. Influence of the microstructure on the catalytic properties of SOFC anodes under dry reforming of methane[J]. Materials Letters, 2016, 164: 312-315.

[5] Wang C, Liao M, Liang B, et al. Enhancement effect of catalyst support on indirect hydrogen production from propane partial oxidation towards commercial solid oxide fuel cell（SOFC）applications[J]. Applied Energy, 2021, 288: 116362.

[6] Sengodan S, Lan R, Humphreys J, et al. Advances in reforming and partial oxidation of hydrocarbons for hydrogen production and fuel cell applications[J]. Renewable and Sustainable Energy Reviews, 2018, 82: 761-780.

[7] Bkour Q, Che F, Lee K M, et al. Enhancing the partial oxidation of gasoline with Mo-doped Ni catalysts for SOFC applications: an integrated experimental and DFT study[J]. Applied Catalysis B: Environmental, 2020, 266: 118626.

[8] Lyu Z, Shi W, Han M. Electrochemical characteristics and carbon tolerance of solid oxide fuel cells with direct internal dry reforming of methane[J]. Applied Energy, 2018, 228: 556-567.

[9] Lyu Z, Li H, Han M. Electrochemical properties and thermal neutral state of solid oxide fuel cells with direct internal reforming of methane[J]. International Journal of Hydrogen Energy, 2019, 44（23）: 12151-12162.

[10] Nakajima T, Nakamura K, Ide T, et al. Development of highly-efficient SOFC system using anode off-gas regeneration technique[J]. ECS Transactions, 2017, 78（1）: 181-189.

[11] Mahisanana C, Authayanun S, Patcharavorachot Y, et al. Design of SOFC based oxyfuel combustion systems with anode recycling and steam recycling options[J]. Energy Conversion and Management, 2017, 151: 723-736.

[12] Peters R, Deja R, Engelbracht M, et al. Efficiency analysis of a hydrogen-fueled solid oxide fuel cell system with anode off-gas recirculation[J]. Journal of Power Sources, 2016, 328: 105-113.

[13] Huerta G V, Jordán J Á, Marquardt T, et al. Exergy analysis of the diesel pre-reforming SOFC-system with anode off-gas recycling in the SchIBZ project. Part Ⅱ: System exergetic evaluation[J]. International Journal of Hydrogen Energy, 2019, 44（21）: 10916-10924.

[14] Lee T S, Chung J, Chen Y C. Design and optimization of a combined fuel reforming and solid oxide fuel cell system with anode off-gas recycling[J]. Energy Conversion and Management, 2011, 52（10）: 3214-3226.

[15] Liso V, Nielsen M P, Kær S K. Influence of anodic gas recirculation on solid oxide fuel cells in a micro combined heat and power system[J]. Sustainable Energy Technologies and Assessments, 2014, 8: 99-108.

[16] Genc O, Toros S, Timurkutluk B. Geometric optimization of an ejector for a 4 kW SOFC system with anode off-gas recycle[J]. International Journal of Hydrogen Energy, 2018, 43 (19): 9413-9422.

[17] Apfel H, Rzepka M, Tu H, et al. Thermal start-up behaviour and thermal management of SOFC's[J]. Journal of Power Sources, 2006, 154 (2): 370-378.

[18] Promsen M, Komatsu Y, Sciazko A, et al. Feasibility study on saturated water cooled solid oxide fuel cell stack[J]. Applied Energy, 2020, 279: 115803.

[19] Linnhoff B, Turner J A. Heat-recovery networks: new insights yield big savings[J]. Chemical Engineering, 1981, 88 (22): 56-70.

[20] Linnhoff B, Senior P. Energy targets clarify scope for better heat integration[J]. Process Engineering, 1983, 64: 29.

[21] Isafiade A, Fraser D. Optimization of combined heat and mass exchanger networks using pinch technology[J]. Asia-Pacific Journal of Chemical Engineering, 2007, 2 (6): 554-565.

[22] Sun L, Luo X. Synthesis of multipass heat exchanger networks based on pinch technology[J]. Computers & Chemical Engineering, 2011, 35 (7): 1257-1264.

[23] Kupecki J. Modeling, Design, Construction, and Operation of Power Generators with Solid Oxide Fuel Cells: From Single Cell to Complete Power System[M]. Cham: Springer International Publishing, 2018.

[24] Sunfire company[Z]. http://www.sunfire.de/en/products-technology/power-core. Accesed 3 July 2013.

[25] CatAcel company[Z]. http://catacel.com/products. Accesed 3 July 2013.

[26] EBZ company[Z]. http://www.ebz-dresden.de/. Accesed 3 July 2013.

后 记

  1990 年 7 月，我从清华大学无机非金属材料专业毕业，本科毕业论文题目与氧化锆陶瓷材料有关——《氧化钇部分稳定氧化锆（Y-TZP）相变增韧高温性能研究》，这也算我科研工作的启蒙。1998 年 9 月，第一次踏出国门看世界，我实实在在接触到固体氧化物燃料电池（SOFC）不再只是概念，已经有了示范的产品，而 SOFC 中最核心的电解质材料就是氧化钇稳定氧化锆（YSZ）陶瓷。2002 年 6 月，我完成了博士论文《纳米粉料制备 SOFC 用 YSZ 薄膜电解质工艺与性能研究》。掩卷沉思，我对氧化锆陶瓷的认识和理解愈发深刻，也备感神奇。此时，也正是神州大地上氧化锆陶瓷从材料走向应用的高光时刻，诸如光纤通信行业用的氧化锆陶瓷套筒、风靡日本、出国必购的氧化锆陶瓷刀和世界各大奢侈品牌竞相推出的氧化锆陶瓷手表，等等，都是在这个时间段问世的，真可谓红极一时。"料要成材，材要成器"，氧化锆陶瓷材料完美地展现了这一历程，也不枉我这十多年来对氧化锆陶瓷的心心念念。2004 年 2 月，我终于在科学出版社出版了我的第一部专著《固体氧化物燃料电池材料及制备》。本来也不是作家这个职业，"著书立说"自然都是业余时间所为，不可谓不辛苦！没想到，此书一出，反响极好，很快售罄！随即被出版社要求重修再版。再版不是重印，科研领域的专题著作不是畅销小说，受众群体本来就非常有限。此时，由美国工程院院士 S. C. Singhal 和英国皇家学会院士 K. Kendall 主编、21 位世界顶级专家分章撰写、Elsevier 出版社 2003 年出版的英文著作 *High Temperature Solid Oxide Fuel Cells Fundamentals*, *Design and Applications* 传到中国，可谓是 SOFC 领域的一部百科全书。此时才发现 SOFC 技术领域从材料到系统所涉及的学科真是太广泛了，岂是一种氧化锆陶瓷材料"自娱自乐"的天地。于是，我把这本书推荐给科学出版社，建议用翻译此书来代替我原来那本中文书的再版，科学出版社审核后欣然同意！于是，又开启了上千个日日夜夜的学习和翻译。这是一次很好的学习机会，但也是一项极其艰巨的任务，逐字逐句推敲学习，也迫使自己从一名材料领域的学者真正走向 SOFC 大领域的专家。历时三年，译著《高温固体氧化物燃料电池——原理、设计和应用》终于在 2007 年 3 月由科学出版社出版了！这部译著也赢得了业界的广泛认可，成为中国各层级 SOFC 研究人员的案头必备，在该领域海外留学生和研究工作者中也有广泛受众，多年来被视为 SOFC 领域的必读书目和工具书，也被誉为 SOFC 业界的"红宝书"（因为封面是红色的）。至此，我在 SOFC 领域第一阶段"著书立说"

的艰辛过程就算是告一段落了！

2011年7月，作为首席科学家，获批中国SOFC领域第一个（现在看来也是唯一一个）国家973计划项目"碳基燃料固体氧化物燃料电池体系基础研究（2012CB215400）"，团队中三十余名科学家分工协作，历时5年（2012~2016年），在2016年底顺利完成该项目。这之后又是一大堆的约稿。一旦步入森林深处，满眼皆是参天大树。SOFC技术相关的方方面面都很重要，每一个重要方向都是需要仔细论述的，思忖越多越无从下笔。当时萌生的想法是：SOFC领域可不是一部书，而应该是一套系列书。

2018年12月，我作为项目负责人，又角逐成功科学技术部国家重点研发计划项目"高效固体氧化物燃料电池退化机理及延寿策略研究（2018YFB1502200）"，历时4年（2019~2023年），在2023年底按时圆满完成该项目。

历历在目走过35年，我专注SOFC技术领域，从实验室研发到中试再到产业化落地，也算有所收获，相关成果包括了SOFC单电池、电堆模块、发电系统相关技术及产业，高效安全运行和评价方法，等等：

高性能碳基燃料固体氧化物燃料电池应用基础研究、高温燃料电池模块集成技术及应用、千瓦级固体氧化物燃料电池分布式发电系统、高温燃料电池测试评价方法、高效运行策略及应用、固体氧化物燃料电池全产业链关键技术……

此时，实在应该对SOFC写点什么了，也没有理由再推托这个"著书立说"了。但是，35年积累起来的SOFC已经像一座山，每每此时，愈发觉得无从下手。

恰逢孙世刚院士主编"电化学科学与工程技术丛书"，又是"老东家"科学出版社，不妨先从《高性能固体氧化物燃料电池——理论与实践》入手，开启新一轮的SOFC论著之旅。

但愿，以此为开端，能够继续完成后续系列论著。

韩敏芳

2025.5.28

于清华园